材料科学与工程专业实验指导丛书

丛书主编 滕 杰 陈 刚

材料化学基础实验

主编 范长岭

U0322391

湖南大学出版社

·长沙·

内 容 简 介

本书共 6 章,主要内容包括:材料化学实验基础知识、材料化学实验基本操作、材料化学实验基本技能、材料化学基础实验、材料化学综合实验、材料化学创新实验——以硅酸盐材料成分的测定为例等,其中,大部分实验项目给出了计算公式、思考题。内容编排方面由基础、技能到综合、创新,循序渐进,逐步提高。本书选取了与各种材料、水体等复杂体系相关的实验项目,突出了化学实验中材料的特点,强调了材料相关的实验技能,并将"资源节约型、环境友好型"的理念融入全书。

本书可以作为高等学校材料类、化学化工类、环境类及其他相关专业的化学基础实验课程教材,亦可供有关科技人员参考。

图书在版编目(CIP)数据

材料化学基础实验/范长岭主编 . —长沙:湖南大学出版社,2020. 12

ISBN 978-7-5667-1957-7

Ⅰ.①材… Ⅱ.①范… Ⅲ.①材料科学—应用化学—化学实验—教材 Ⅳ.①TB3-33

中国版本图书馆 CIP 数据核字(2020)第 107977 号

材料化学基础实验

CAILIAO HUAXUE JICHU SHIYAN

主 编:范长岭
责任编辑:张佳佳
印 装:广东虎彩云印刷有限公司
开 本:787 mm×1092 mm 1/16 印张:21.25 字数:453 千
版 次:2020 年 12 月第 1 版 印次:2020 年 12 月第 1 次印刷
书 号:ISBN 978-7-5667-1957-7
定 价:62.00 元

出 版 人:李文邦
出版发行:湖南大学出版社
社 址:湖南·长沙·岳麓山 邮 编:410082
电 话:0731-88822559(营销部),88821315(编辑室),88821006(出版部)
传 真:0731-88822264(总编室)
网 址:http://www.hnupress.com
电子邮箱:pressluy@hnu.edu.cn

前　言

自从进入 21 世纪以来，世界各国的经济取得了长足发展和显著进步。众所周知，在过去的 20 年间，科技对经济社会发展所起的推动作用十分明显，各种新材料、新技术、新设备、新工艺令人眼花缭乱、层出不穷；材料在经济发展和人们日常生产生活中的作用越来越突出，新材料已经成为对经济社会全局和长远发展具有重大引领、带动作用的战略性新兴产业的重要组成部分，轨道交通、智能制造、航空航天、新能源汽车、低碳能源、节能环保、绿色材料等发展热点都有材料的身影。

材料与化学息息相关，很多材料学科的分支都离不开化学基础和化学知识。很多高校的材料专业都开设了化学基础课程，里面大多包含了无机化学、有机化学、物理化学、分析化学等四大化学课程的知识，从而为后期专业课的学习打下基础。与化学相关的基础化学实验教材也比较多，对于化学学科而言，它们十分重要，为高校培养学生的基本技能和实践动手能力发挥了重要的作用。但是，对材料学科来说，它们却是不够"完美"的，因为里面涉及的材料专业相关知识还有所欠缺。目前，涉及材料化学基础实验的教材很少，为此，我们在材料科学与工程专业综合改革中围绕材料化学基础实验进行了有益的探索和实践。我们认为，它首先是化学实验，所涉及的基础知识、基本原理、实验技能都应属于化学专业的范畴；其次，它更是材料的化学实验，相关的实验技能和实验项目最好能与材料专业结合在一起，充分体现材料专业的特点。基于此，我们编写了这本《材料化学基础实验》教材。在编写过程中，我们努力拓展实验涉及的基础知识、基本原理、实际应用，以期开阔学生的视野。

全书分为基础知识、基本操作、基本技能、基础实验、综合实验、创新实验等几部分。在基础知识方面，特别注意数据作为实验结果的重要性。在基本操作方面，梳理了化学实验必须掌握的几种基本操作。在基本技能方面，更多地体现了材料与化学的结合，比如与材料专业密切相关的实现高温、高压、高真空、无水无氧等条件的技能，又比如固液混合物的分离、干燥，固体材料的研磨、破碎、筛分、取样、粒度测定，以及它们的存放等实验技能。基础实验部分，在选择重要化学基础实验的前提下，更加注重选取与材料相关的实验项目，包括与各种常用材料、水体等复杂体系相关的实验。而在综合实验部分，我们特别关注以体系复杂的矿石、工业废弃物、来源丰富的植物为原料，采用适当的技术方案，制备附加值较高的产品；除此之外，还特别关注污染物的测定及无害化处理，使之符合排放标准，体现了"变废为宝"的思想，努力践行建设"资源节约型、环境友好型"社会的理念，让学生在开展实验的同时，了解污染物的危害，增强大家的环境保护意识。最后，在创新实验中，以硅酸盐材料成分的测定为例，将化学实验涉及的基本原理、基本方法、基本技能串联起来，进一步提高大家的实验技能。

在本书的编写过程中，编者参考了部分兄弟院校出版的教材，借鉴了许多有益的内容，特向本书中引用的文献资料的作者表示深深的谢意。湖南大学材料科学与工程学院滕杰教授、韩绍昌教授、李玉平教授、陈刚教授、陈石林副教授、孙培红讲师、何月德讲师等对本书的编写提出了许多建议；学院的各位领导、老师对编者给予了很多关心、支持与帮助，才使本书得以顺利完成；研究生赵燕红、胡壮、原志朋、张维华、张瑞生、易国栋等人参与了本书中图片的绘制和文字校对工作，在此一并表示感谢。

本书获得国家自然科学基金委员会（NO. 51972104、NO. 51672079）、湖南省科技厅（NO. 2017TP1009）及作者所在单位湖南大学材料科学与工程学院教材出版基金的资助，在此一并感谢。

感谢湖南大学出版社各位领导、编辑、工作人员提供的支持与帮助，正是你们的辛苦付出，才使本书以更加完美的形式展现给大家。

由于编者的知识、能力有限，书中难免会有不妥之处，恳请各位专家学者和广大读者批评指正、不吝赐教。

编　者

2020 年 6 月于长沙·岳麓山

目 次

上 篇

下　篇

上 篇

第1章 材料化学实验基础知识

1.1 化学实验基本规则

（1）必须按时到指定实验室上课，不能迟到，有特殊事情的必须事先向指导教师请假。

（2）实验前必须认真预习，仔细阅读实验指导书，写出预习报告，上课时统一交给指导教师。

（3）进入实验室要保持安静、保持秩序，不准高声喧哗、打闹。

（4）严禁在实验室内吸烟、饮食，不得将餐具等无关物品带入实验室。

（5）严禁随地吐痰、乱丢垃圾。

（6）严禁在实验室穿拖鞋、高跟鞋。

（7）不准动用与当次实验无关的仪器设备或器材。

（8）准备工作就绪后，须征得指导教师同意后方可开启仪器设备、进行实验。

（9）严禁直接接触任何化学药品，严禁品尝任何化学药品。

（10）使用有毒药品时，必须戴好橡胶手套，使用有挥发性的有毒试剂时，还应戴好防护面具。

（11）实验过程中应爱护仪器设备，节约水、电、试剂、滤纸及其他耗材等。

（12）使用大型精密仪器设备前，必须进行登记。

（13）实验中产生的试纸条、滤纸等各种废弃物，不得随意丢弃，应放入专用垃圾桶中。

（14）对于废弃不用的药品，要倒入指定的容器中。

（15）实验中产生的各种化学废液必须倒入废液回收桶，严禁直接倒入水池。

（16）实验中要注意安全，严格按操作规程进行规范操作；对不遵守操作规程者，指导教师有权要求其停止实验。

（17）实验中要细心观察，如实记录实验现象和数据，严禁抄袭他人的数据。

（18）实验中出现意外情况时，要保持镇静，并在第一时间报告指导教师，以便及时处理。

（19）实验中停水、停电时，应及时关闭水龙头、电源开关，避免恢复供水、供电时发生意外。

（20）学生要求重做或者开展指导书要求之外的实验，必须征得指导教师的同意。

（21）严禁将化学药品、实验仪器带出实验室。

（22）损坏仪器要主动向指导教师报告，不得藏匿，更不得擅自挪用其他同学的仪器。

（23）实验完成后，要将玻璃仪器洗刷干净，将药品放回原处，将物品摆放整齐，擦干净实验台面。

（24）实验完成后，及时洗干净双手，关闭电源、水源、气源等，经指导教师同意后方可离开实验室。

1.2　化学实验安全知识

1.2.1　实验安全细则

（1）进入实验室前，必须接受学校关于安全、环保知识等方面的教育和培训，并且通过考试。

（2）进入实验室后，必须了解水、电、气开关和消防用品、急救箱等设施的位置和使用方法。

（3）实验开始前，必须了解实验的安全操作规定。

（4）取出的试剂未用完时不能再倒回原来的试剂瓶中，应倒入指定容器中。

（5）用滴管、移液管、吸量管、量筒等取用液体试剂时，不能未清洗干净而移取其他试剂。

（6）加热试管中的液体时，管口不能对着人，不能俯视正在加热的液体。

（7）闻气味辨别气体时不能直接将鼻子对着容器口，而应用手扇动，把少量气体扇向鼻孔。

（8）固体试剂要用干净的药匙取用，液体试剂倒出后应立即盖好瓶塞，尤其是挥发性液体。

（9）使用化学试剂时必须按量取用，不得随意增减，绝对不允许将试剂任意混合。

（10）严禁用矿泉水瓶、饮料瓶盛装化学药品和溶液，如确实需要的，必须做好标记。

（11）可能产生 HF、H_2S、Cl_2 等刺激性比较强的气体的实验，以及加热或者稀释硫酸、盐酸、硝酸、氨水等操作，均必须在通风橱内进行，严禁将头伸进通风橱内。

（12）凡是涉及易燃易爆物质的操作必须在远离火源的地方进行。并尽可能在通风橱内进行。存放易燃易爆物质的试剂瓶在使用后必须及时塞紧瓶塞，放在阴凉处，最好放入沙桶内。

（13）钾、钠应保存在煤油里，白磷、黄磷应保存在水中，取用时必须用镊子，绝对不能直接用手取用。白磷不仅有剧毒，还能烧伤皮肤，应在水中切割，以免在空气中发生自燃。

（14）严禁在酸性溶液中使用氰化物。

（15）稀释浓硫酸(如无特别说明，本书后续部分所涉及浓硫酸均指质量分数为98%的硫酸)时，应在不停搅拌的同时将浓硫酸缓缓加入水中，严禁将水加入浓硫酸中。

（16）使用浓酸、浓碱、液溴、浓过氧化氢溶液和氢氟酸等强腐蚀性试剂时，必须戴好橡胶手套和防护眼镜，小心操作，不要溅到皮肤、眼睛和衣服上。

（17）高氯酸、氯酸钾等强氧化剂与红磷、碳、硫等进行混合时不能研磨或撞击，以免爆炸。

（18）可溶性汞盐、铬化合物、氰化物、砷盐、锑盐、镉盐和钡盐及其他有毒性的物质不得进入口内或接触伤口，废液应装入废液桶，统一处理。

（19）多余的银氨溶液应及时处理，以免长时间放置时产生氮化银，发生爆炸。

（20）氢气与空气的混合物遇明火时会发生爆炸，氢气钢瓶必须远离明火，点燃氢气前必须检验其纯度。实验中产生大量氢气时，必须注意通风。

（21）使用电器时，不能用湿手接触，以防触电，用电结束后应立即关闭电源开关。

（22）电阻炉等加热设备不能直接放在木质台面上，应放在耐火台面上，加热期间必须有人看管。

（23）加热后的坩埚必须放在石棉网或石棉板上，不能直接放置于木质台面上，以防烧坏台面甚至引起火灾，也不能与湿冷的物体接触，以免引起炸裂。

1.2.2 实验事故处理

1. 误食、吸入性中毒

实验中若感到咽喉有灼痛感、嘴唇变色、胃部痉挛，或出现恶心、呕吐、心悸、头晕等症状时，可能是如下情况所致，经简单急救处理后应立即送往医院。

（1）固体或液体有毒物质中毒，嘴里还残留有毒物时，应立即吐掉并用大量水漱口。

发生碱中毒时，应先饮用大量的水，再喝牛奶。

误食酸时，应先喝水，再服用氢氧化镁悬浊液，最后喝牛奶。

重金属中毒者，先喝10 mL $MgSO_4$ 的溶液(质量分数为50%)，再立即就医。

如果发生汞及其化合物中毒，应立即就医。

（2）若不慎吸入一氧化碳、煤气、溴蒸气、氯气、氯化氢、硫化氢等气体，应立即到室外呼吸新鲜空气，并送医院就诊。

2. 酸碱灼伤

（1）酸灼伤皮肤时，先用大量水进行冲洗，再用 $NaHCO_3$ 饱和溶液或稀氨水冲洗，然后再用水冲洗，情况严重者应立即送医。酸液溅入眼睛时，先用大量水冲洗，再用 $NaHCO_3$ 溶液（质量分数为 1%）冲洗，最后用蒸馏水冲洗干净。

氢氟酸能腐蚀指甲、眼睛玻璃体，溅在皮肤表面将造成痛苦的、难治愈的烧伤。使用氢氟酸时，必须认真、细致操作，以免发生意外。

（2）碱灼伤时，先用大量水冲洗，再用柠檬酸溶液（质量分数为 1%），或硼酸溶液（质量分数为 1%），或醋酸溶液（质量分数为 2%）浸洗，最后用水清洗。

3. 溴灼伤

溴灼伤后难以愈合，必须严加防范。凡涉及溴的实验，应预先配制适量的 $Na_2S_2O_3$ 溶液（质量分数为 20%）备用。一旦不慎被溴灼伤，立即用酒精（体积分数为 75%）或 $Na_2S_2O_3$ 溶液（质量分数为 20%）冲洗伤口，再用水冲洗干净，敷上甘油。起泡时，不应将其挑破。

4. 磷烧伤

用 $CuSO_4$ 溶液（质量分数为 5%）、$AgNO_3$ 溶液（质量分数为 1%）或 $KMnO_4$ 溶液（质量分数为 10%）依次冲洗伤口，并用浸过 $CuSO_4$ 溶液的绷带包扎，重者应立即送医。

5. 玻璃割伤

被碎玻璃割伤时，若伤口内有异物，应先小心取出。轻伤时，可用生理盐水或硼酸溶液冲洗，并用 H_2O_2 溶液（质量分数为 3%）消毒，然后涂上龙胆紫溶液，撒上消炎粉，再进行包扎。当伤口较深、出血量较多时，先用云南白药止血或扎止血带，然后立即送医。若玻璃溅入眼里，千万不要揉擦，不要转动眼球，任其流泪也不要揉擦眼睛，迅速送往医院。

6. 烫伤

如果被温度较高的物品烫伤时，立即用大量冷水冲洗，以便迅速降温，避免深度烧伤。若起水泡也不能挑破，用纱布包扎后前往医院处理。若烫伤较轻，用冷水冲洗后，涂上烫伤膏。

7. 触电

一旦有人触电，应立即切断电源，尽快用干燥的竹竿、木棒、塑料管等绝缘物品将触电者与电源隔开，绝对不能直接用手去拉触电者。

1.2.3　火常识

实验室内万一着火，火势较大时，教师要组织学生有序撤离，然后再进行灭火。要根据起火原因和周围情况采取不同的灭火办法，要保持镇静，不能慌张，避免产生更大的危险。应该立即采取如下措施：

（1）停止加热，关闭电闸，转移周围的可燃物以防止火势蔓延。

（2）一般的小火可用湿布、石棉布或沙土覆盖在着火物体上；如果衣物着火，切不可慌张乱跑，应立即用湿布或石棉布压灭火焰。燃烧面积较大时，可在地上打滚将火压灭。能与水发生剧烈反应的化学药品或比水轻的有机溶剂着火时，绝不能用水灭火，以免引起更大的火灾。

（3）根据起火物的种类选择适宜的灭火器，实验室常用的是干粉灭火器。

1.3　化学试剂的分类与管理

化学试剂即化学药品，是指通过化学方法或物理方法获得的，能用于化学实验的物质材料。大多数化学试剂有一定的毒性、腐蚀性，有些化学试剂属于易燃、易爆品，甚至有的具有放射性。实验室的试剂分为一般化学品、危险化学品两类。

化学实验室只能存放少量短期内使用的试剂，应根据试剂的性质分类存放、严格管理。对于长期不用的试剂，应及时交回仓库集中保管。

在贮存、使用过程中，化学试剂受温度、湿度、光照、空气等因素的影响会发生潮解、变质、挥发、升华等变化，从而失效。因此，必须采用合理的贮存与保管方式，保证化学试剂不变质。同时，实验室的化学药品应分类摆放、易于取用，以免取错出现危险。

1.3.1　化学试剂的等级

化学试剂按所含杂质的多少分为不同的级别以满足不同的需要，为了在同种试剂的多种级别中迅速选用所需试剂，不同级别的试剂使用不同颜色的标签。同一种试剂，纯度不同规格不同，价格相差很大，应根据实验要求选择适当规格的试剂，既能保证实验效果，又能避免浪费。我国的试剂主要分为4个级别，级别序号越小，试剂纯度越高。

一级纯：用于精密化学分析和科研工作，又叫保证试剂，符号为GR，标签为绿色。

二级纯：用于分析实验和研究工作，又叫分析纯试剂，符号为AR，标签为红色。

三级纯：用于化学实验，又叫化学纯试剂，符号为CP，标签为蓝色。

四级纯：用于一般化学实验，又叫实验试剂，符号为LR，标签为黄色。

1.3.2　一般化学品的分类与管理

1. 一般化学品的分类

（1）无机材料：主要包含酸、碱、盐、氧化物、单质等。

（2）有机材料：主要有烃类、醇类、酮类、羧酸类等。

（3）指示剂：包括酸碱指示剂、氧化还原指示剂、金属指示剂、吸附指示剂等。

（4）其他：如缓冲溶液、各类试纸等。

2. 一般化学试剂的管理

（1）瓶装试剂应具塞、密封。

（2）见光易分解的试剂应储存于棕色试剂瓶中，并置于阴暗处。

（3）有机物可按照官能团或测试对象进行分类摆放。

（4）指示剂和需要滴加的试剂应装到滴瓶中，做好标签，整齐摆放在试剂架上。

（5）试剂瓶的标签应明显、大小适宜。

（6）不相容的药品不能混放，所有试剂均应避免阳光直射或靠近热源。

（7）使用试剂应做到"原取原放"，避免使用混乱。

（8）使用试剂应注意节约、避免浪费，取用时，多余的试剂不能倒回原试剂瓶中，应倒入指定容器中。

1.3.3　危险化学品的分类与管理

危险化学品指化学试剂中某些易燃、易爆、有腐蚀性、有毒、有放射性的化学品。使用和存放这些特殊化学试剂时，一定要遵守相关安全管理规程。学生实验一般应尽量减少危险化学品的使用，或者用危险性小、无危险的试剂进行替代。

1. 危险化学品的分类

（1）理化危险。

①爆炸物。爆炸性物品在受热、摩擦、撞击、震动等外界作用或与不相容的物质接触后会发生剧烈反应，产生大量的气体和热量，引起爆炸。如三硝基甲苯（TNT）、苦味酸、NH_4NO_3 等。

②易燃液体。自身容易挥发、遇明火容易发生燃烧且闪点不高于 93 ℃的属于易燃液体，如乙醚、汽油、甲醇、乙醇、石油醚、丙酮、硝基苯等。

③易燃固体。其着火点较低，遇到外界的撞击、摩擦、受热后能引起剧烈的燃烧或爆炸，同时产生大量的有毒气体等物质，如硫黄、硝化纤维素等。

④自燃固体。暴露在空气中，由于自身的分解或氧化能产生足够的能量、引发自身燃烧的物质是自燃固体，如暴露在空气中的白磷氧化后释放的能量达到自身的燃点后将自发燃烧。

⑤遇水放出易燃气体的物质或混合物。通过与水作用，容易自燃或放出危险数量的易燃气体的固态、液态物质或混合物，如锂、钠、钾等。

⑥氧化性液体。是指本身未必能燃烧，通常因放出氧气可能引起或促使其他物质燃烧的液体，如 H_2O_2、$HClO_4$ 等。

⑦氧化性固体。是指本身未必能燃烧，通常因放出氧气可能引起或促使其他物质燃烧的固体，如 KNO_3、$KClO_3$、$KMnO_4$ 等。

⑧有机过氧化物。是含有二价—O—O—结构的液体或固体有机物质,可以看作是一个或两个氢原子被有机基替代的过氧化氢衍生物,该类物质是热不稳定物质,容易放热加速分解,如过氧化二苯甲酰、过氧乙酸等。

(2)健康危险。

①急性毒性物质。具有强烈毒性,接触人体皮肤、进入体内能引起中毒甚至死亡,分为剧毒药品和有毒药品,如 As_2O_3、$HgCl_2$、硫酸二甲酯等,属于剧毒药品,而 NaF、CCl_4、$CHCl_3$、硝基苯、二甲苯等,属于有毒药品。

②皮肤腐蚀物质。具有强腐蚀性,能腐蚀皮肤,对皮肤造成不可逆损伤,如硫酸、盐酸、硝酸、NaOH、冰醋酸、液溴、氢氟酸等。

2. 危险化学品的管理

(1)易燃易爆试剂应储存于铁柜中,柜子顶部有通风口,严禁在实验室中大量存放此类化学品。

(2)腐蚀性试剂应放在塑料桶或搪瓷盘中,以免因试剂瓶破裂引发事故。

(3)剧毒试剂的储存、保管、使用都应遵循特殊的管理制度。应存放在仓库的保险箱中,由两人双锁共同负责管理,同时定期检查、有效保护。领用时必须提前申请上报,做到用多少领多少。领取时必须双人领取,使用时多人在场,在相互监督下完成实验。实验后产生的废液应加以处理,并记录废液量以及处理的时间、地点、人员、方法等信息。使用过程中应防止试剂流失,以免造成不良后果。

1.4 化学实验用水

一般实验室用水的原水应为饮用水或适当纯度的水,一般可分为一级水、二级水和三级水三个级别。一级水用于有严格要求的分析实验,包括对颗粒有要求的实验,如高效液相色谱分析用水,它能用二级水经过石英设备蒸馏或交换混床处理后,再经 0.2 μm 的微孔滤膜过滤而制取;二级水用于无机痕量分析等实验,如原子吸收光谱分析用水,它能用多次蒸馏或离子交换的方法来制取;三级水用于一般的化学分析实验,可用蒸馏或离子交换等方法制取。在化学实验过程中,应根据实际工作的需要,选用适当纯度的水。

各级水均要使用密闭的、专用聚乙烯容器盛装,三级水也可装于密闭、专用的玻璃容器中。新容器使用前应采用盐酸(质量分数为 20%)浸泡 2～3 d,用待装水反复冲洗后,装满待装水浸泡 6 h 以上。水在贮存期间,其主要污染来源是容器可溶成分的溶解、空气中的二氧化碳及其他杂质。因此,一级水不能贮存,应在使用前制备。二、三级水可适量制备,分别贮存于经同级水清洗过的容器中。

我国国家标准(GB/T 6682—2008)规定了实验室用水的有关技术指标,列于表 1-1,

在表征水纯度的各项指标中，最常用的是水的电导率，它是在室温 25 ℃时测得的。理论上"绝对水"在 25 ℃时的最大电阻率为 18.3×10^6 $\Omega \cdot cm$，有特殊要求的，还需检验水质的其他指标，如 Fe^{3+}、Ca^{2+}、O^{2-} 等离子及二氧化碳、不挥发物、细菌等含量。由于在一级水、二级水的纯度下，难于测定其真实的 pH，因此，未给出它们的 pH 范围。

表 1-1　化学实验室用水的技术指标

指标	一级水	二级水	三级水
pH 范围	—	—	5.0~7.5
电导率/(μS/cm)	≤0.1	≤1.0	≤5.0
吸光度（254 nm，1 cm 光程）	≤0.001	≤0.01	—
SiO_2/（mg/L）	≤0.01	≤0.02	—
蒸发残渣（105 ℃±2 ℃）/（mg/L）	—	≤1.0	≤2.0

1.5　化学实验废物处理

在化学实验过程中会不可避免地产生一些液体、固体和有毒气体等废物，如果直接排放将会污染周围的水源、土壤和空气，进而损害人体健康。因此，化学实验产生的废液、废气、废渣等必须经过收集处理后，才能排放。化学实验课程应尽可能选择对环境无毒害的实验项目，对于确实有需要又无法避免的"三废"项目，切不可直接排放。

对于产生少量有毒有害气体的实验必须在通风橱内进行，通过排风设备将这些气体排到室外，以免污染室内空气。对于有害气体产生量较大的实验，必须配备吸收、处理装置。NO_2、SO_2、Cl_2、H_2S、HF 等气体可用碱溶液进行吸收，CO 等可直接点燃使其转变为 CO_2。少量有毒的废渣由学校统一收集、统一处理。以下简单介绍一些常见废液的处理方法。

1. 酸碱废液

对于酸的质量分数低于 5% 的酸性废水或碱的质量分数不超过 3% 的碱性废水，通常采用酸碱中和的方法进行处理。不含硫化物的酸性废水，可用浓度相近的碱性废水进行中和。对于金属离子含量较多的酸性废水，应加入 NaOH、Na_2CO_3 等碱性试剂进行中和。

2. 含氰化物废液

废液数量较少时可向其中加入 $FeSO_4$，使氰化物转变成为毒性不高的亚铁氰化物。也可加入碱液将溶液的 pH 调节至大于 10，再用适量 $KMnO_4$ 将氰化物分解。对于大量的含氰废液可采用"碱性氯化法"处理，先调节溶液 pH 大于 10 再加入 NaClO，使其中的氰离子被氧化为氰酸盐，再进一步将其分解为二氧化碳和氮气。

3. 含汞废液

通常采用成本较低的化学沉淀法进行处理，先调节溶液的 pH 至 8~10，然后加入过量的 Na_2S 生成 HgS 沉淀，再加入 $FeSO_4$ 与多余的 Na_2S 反应产生 FeS 沉淀，并将 HgS 以共沉淀的形式吸附下来，然后进行离心分离，当清液中的汞含量低于 0.05 mg/mL 时即可排放。最后将残渣收集起来进行后处理。

4. 含砷废液

石灰法：将熟石灰加入含砷的废液中，使砷转变成为难溶的砷酸盐和亚砷酸盐。

硫化法：采用 H_2S 或 NaHS 作为硫化剂，使其转变成为难溶的硫化物沉淀，沉降分离后，将废液的 pH 调节至 6~8 后再排放。

5. 含铬废液

常用铁氧体法进行处理，在含有 Cr^{6+} 的酸性溶液中添加 $FeSO_4$，将其还原成为 Cr^{3+}，再用 NaOH 将废液的 pH 调节至 6~8，通入适量的空气，控制 Cr^{6+} 与 Fe^{2+} 的比例为适当数值，使其生成难溶于水、组成接近 Fe_2O_3、具有明显磁性的氧化物，再借助磁铁、电磁铁的吸引力将沉淀从溶液中分离出来，当废液中的铬含量达到标准时即可排放。

6. 含一般重金属离子废液

处理此类废液最有效、最经济的方法是加入碱或 Na_2S，把重金属离子转变为难溶于水的氢氧化物或硫化物沉淀，将沉淀过滤后排放，残渣再做进一步的处理。

1.6 实验误差

化学实验结果有些是直接获得的，有些是根据实验数据计算得出的，在获得结果的过程中，不可避免地会遇到实验误差的问题。

1.6.1 误差的概念

化学实验对于结果的准确度有一定的要求，但是，绝对准确是不存在的。即使是实验技术很熟练的人，采用最好的测定方法和仪器进行多次实验，也不可能得到完全一样的实验结果。实验结果的测定值与真实值之间总会存在一定的差值，这种差值越小实验结果的准确度就越高，差值越大实验结果的准确度就越低。所以，准确度表示的是实验结果与真实值的接近程度。

在相同条件下对同一个试样进行多次测定，如果测定结果比较接近，说明结果的精确度高；如果测定结果相差很大，则结果的精确度就很低。精确度表示的是各次实验结果相互接近的程度。精确度与准确度是两个不同的概念，是评价实验结果的主要标志。

例如，甲、乙、丙三位同学同时测量一瓶 NaOH 溶液的浓度（已知其浓度为 0.104 6 mol/L），分别进行三次测量，结果见表 1-2。

表 1-2　NaOH 溶液浓度的测量结果　　　　　　　　　　单位：mol/L

	甲	乙	丙
第 1 次	0. 102 3	0. 102 8	0. 104 3
第 2 次	0. 102 4	0. 107 5	0. 104 4
第 3 次	0. 102 5	0. 111 3	0. 104 2
平均值	0. 102 4	0. 107 2	0. 104 3
真实值	0. 104 6	0. 104 6	0. 104 6
差　值	−0. 002 2	0. 002 6	−0. 000 3

由表可知，甲同学的精确度很高，但平均值与真实值的差值太大、准确度较低；乙同学的精确度低、准确度也低；丙同学的精确度和准确度都比较高。由此可见，精确度高时准确度不一定高，而准确度高时精确度一定高，精确度是保证准确度的先决条件。这是因为精确度低时，测得几个数据彼此相差很多，根本不可信，也就谈不上准确度了。因此，进行实验时一定要严格控制条件，认真仔细地操作，以得出精确度高的数据。

准确度的高低常用实验误差来表示。误差即实验测定值与真实值之间的差值。误差越小，表示测定值与真实值越接近、准确度越高。当测定值大于真实值时，误差为正值，表示测定结果偏高。而若测定值低于真实值，则误差为负值，表示测定结果偏低。

1.6.2　误差的分类

1. 系统误差

在相同实验条件下多次进行同一实验时，符号和绝对值保持不变的误差称为系统误差。当实验条件发生改变时，系统误差也按照一定规律变化。系统误差反映了多次测量时总体平均值偏离真实值的程度。

系统误差主要分为如下几类：由测量仪器等的不精准而产生的仪器误差，由实验方法或理论本身不完善而导致的方法误差，由外界环境的影响而产生的环境误差，由观察者在测量过程中的不良习惯而产生的读数误差。由此，实验者要在实验过程中不断积累经验，认真分析误差产生的原因，从而采取措施来清除系统误差。

2. 偶然误差

偶然误差是由一些难以控制的偶然因素造成的。由于引起的原因具有一定的偶然性，因此造成的误差有时大、有时小、有时正、有时负。在相同实验条件下，多次测量同一物理量时，测量值总会有一定的差异，这种实验绝对值和符号经常变化的误差称为偶然误差，又称为随机误差。偶然误差具有一定的规律性：绝对值相等的正误差、负误差出现的机会相同；绝对值小的误差比绝对值大的误差出现的机会多；超出一定范围的误差基本不出现。

在一定实验条件下，增加测量次数可以减小实验的偶然误差，使算术平均值趋于真实值。因此，可以取算术平均值作为直接测量的最佳值。

3. 绝对误差

测量值与真实值之间的差值反映的是测量值偏离真实值的大小，为绝对误差，它的单位与测量值相同。

在相同实验条件下，绝对误差可以表示一个测量结果的可靠程度，但不能用绝对误差来比较不同测量值的可靠性。如：测量两个物体的长度时，二者的测量值分别是 0.1 m 和 1 000 m，它们的绝对误差分别是 0.01 m 和 1 m，虽然后者的绝对误差远大于前者，但是前者的绝对误差是测量值的 10%，而后者仅是 0.1%，说明后一个测量值比前一个测量值可靠。

4. 相对误差

相对误差表示的是绝对误差与真实值的比值，即误差在真实值中所占的百分比；相对误差是一个比值，没有单位，用百分比表示。根据表 1-2 的测量结果，甲、乙、丙三位同学的测量误差见表 1-3。

表 1-3　不同测量结果的误差

	绝对误差	相对误差
甲	−0.002 2	$\dfrac{-0.002\,2}{0.104\,6} \times 100\% = -2.1\%$
乙	+0.002 6	$\dfrac{+0.002\,6}{0.104\,6} \times 100\% = +2.5\%$
丙	−0.000 3	$\dfrac{-0.000\,3}{0.104\,6} \times 100\% = -0.3\%$

在实际的实验中，由于大多数情况下并不知道真实值，通常需要开展许多次的平行实验才能求得其算术平均值，然后以此结果作为真实值。

1.7　有效数字

1.7.1　有效数字的概念

在实验过程中，我们能够测量到的数字是有限的，例如，50 mL 量筒的最小刻度为 1 mL，其刻度可以再估读一位，实际读数可以精确到 0.1 mL，如 22.6 mL。而最小刻度为 0.1 mL 的 50 mL 的滴定管也可估读一位，可以精确到 0.01 mL，如 22.36 mL。

22.6 mL 与 22.36 mL 这两个读数中的最后一位都是估计出来的，是不准确的。

通常情况下，只保留最后一位不准确数字，而其余数字均为准确数字的这种数字称为有效数字。例如，用分析天平称得一个蒸发皿的质量为 28.325 6 g，其中所有的数字都是有效数字，即有六位有效数字。而用台秤称量时的质量为 28.3 g，仅有三位有效数字。所以，有效数字根据实际情况而定，不是由计算结果决定的。

应注意倍数或分数的情况，如 3 mol 铁的质量为 3×55.845 g，其中的 3 是自然数，不是测量值，不能看作是一位有效数字。对数有效数字的位数仅仅取决于小数部分数字的位数，其整数部分是 10 的幂数，不是有效数字。比如 pH = 12.56，其有效数字为二位，所以 $c(H^+) = 2.8×10^{-13}$ mol/L。

1.7.2　有效数字的运算

有效数字的最后一位数字一般是不确定值，例如，分析天平上称得蒸发皿的质量为 28.325 6 g，最后一位数字"6"就是不确定值，可以是 28.325 5 g，也可以是 28.325 7 g。不确定值差别的大小是由仪器的准确度决定的。记录数据时，只能保留一位不确定值。

计算时按照"四舍五入"的原则舍去多余的数字，当尾数小于等于 4 时弃去，当尾数大于等于 5 时进位。也有采用"四舍六入五留双"的原则，当尾数小于等于 4 时弃去，当尾数大于等于 6 时进位，而当尾数等于 5 时，如进位后得到偶数则进位，如弃去后得偶数则弃去。

对有效数字进行计算时，应服从如下规则：

（1）数值进行加减运算前，首先确定有效数字保留的位数，弃去不必要的数字，然后再进行加减运算。"和"或"差"的有效数字需要保留的位数取决于这些数值中小数点后位数最少的数字。

例如，28.562 4、3.27、25.326 相加时，首先考虑有效数字的保留位数，在这三个数中 3.27 的小数点后仅有两位数，位数最少，以它作标准，取舍后分别得到 28.56、3.27、25.33，计算如下：

$$28.562 4+3.27+25.326 ≈ 28.56+3.27+25.33 = 57.16$$

（2）几个数字进行乘除运算时，"积"或"商"的有效数字的保留位数由其中有效数字位数最少的数值决定，而与小数点的位置无关。

例如，0.278 2×5.8 时，第二个数仅有两位有效数字，位数最少，以它为标准来确定其他数值的有效数字位数，然后再计算。

$$0.278 2×5.8 ≈ 0.28×5.8 = 1.6$$

（3）在进行复杂计算时，中间各步可暂时保留一位不确定值数字，以免多次舍弃造成误差的积累。等到计算结束时，再弃去多余的数字。

目前，电子计算器的使用比较普遍，计算器上显示的数值位数较多。虽然在运算过程中不必对每一步计算结果都确定位数，但应注意正确保留最后计算结果的有效数字位数，绝对不能照抄计算器上显示的数值。

1.7.3　有效数字中的"0"

需要特别说明的是，"0"在数字中的作用是不同的，有时是有效数字，有时又不是，这与它在数字中的位置有关：

（1）"0"在数字前时仅起定位作用，不是有效数字，如 0.038 2 中，数字 3 前面的两个 0 都不是有效数字，这个数的有效数字只有三位。

（2）"0"在数字中间时是有效数字，如 5.003 7 中的两个 0 都是有效数字，这个数的有效数字是五位。

（3）"0"在小数的数字后面时是有效数字。如 8.600 0 中的三个 0 都是有效数字，0.009 0 中"9"前面的三个 0 不是有效数字，"9"后面的 0 是有效数字。所以，8.600 0 是五位有效数字，0.009 0 是两位有效数字。

（4）以"0"结尾的正整数的有效数字的位数不定，如 67 000，可能是二位、三位、四位、五位有效数字。应根据有效数字情况改写为指数形式，如为二位时写成 6.7×10^4，为三位时则写成 6.70×10^4。

1.8　数值修约

1.8.1　数值修约的概念

数值修约是通过省略原数值的最后若干位数字、调整所保留的末位数字使最后所得到的值最接近原数值的过程。

修约间隔是修约值的最小数值单位，指定修约间隔为 0.1 时，修约值应在 0.1 的整数倍中选取，相当于将数值修约到一位小数。指定修约间隔为 100 时，修约值应在 100 的整数倍中选取，相当于将数值修约到百数位。

1.8.2　数值修约的规则

1. 确定修约间隔（n 为正整数）

指定修约间隔为 10^{-n}，或修约到 n 位小数；

指定修约间隔为 1，或修约到"个"数位；

指定修约间隔为 10^n，或修约到 10^n 数位，或修约到"十""百""千"数位。

2. 数值修约的进舍规则

(1) 拟舍弃数字的最左一位数字小于 5 时舍去。

例：将 21.326 7 修约到个数位时，可得到 21；将 21.326 7 修约到一位小数时，可得到 21.3。

(2) 拟舍弃数字的最左一位数字大于 5 时则进一，即末位数字加 1。

例：将 2 379 修约到"百"数位时，可得 24×10^2，当修约间隔明确时，可写为 2 400。

(3) 拟舍弃数字的最左一位数字是 5，且其后有非 0 数字时进一，即末位数字加 1。

例：将 26.524 3 修约到个数位时，可得 27。

(4) 拟舍弃数字的最左一位数字为 5，且其后无数字或皆为 0 时，若所保留的末位数字为奇数时则进一，即保留数字的末位数字加 1；若所保留的末位数字为偶数时则舍去。

例 1：修约间隔为 0.1 或 10^{-1} 时，3.250 可修约为 $32 \times 10^{-1}(3.2)$，0.75 可修约为 $8 \times 10^{-1}(0.8)$。

例 2：修约间隔为 1 000 或 10^3 时，6 500 可修约为 $6 \times 10^3 (6\,000)$，7 500 可修约为 $8 \times 10^3 (8\,000)$。

括号内的修约数字为修约间隔明确时的写法。

(5) 负数修约时，先将它的绝对值按上述规定修约，然后在所得值前面加上负号。

例 1：修约到"十"数位时，−675 可修约为 $-68 \times 10(-680)$，−385 可修约为 $-38 \times 10(-380)$。

例 2：修约到三位小数（10^{-3}）时，−0.062 5 可修约为 $-62 \times 10^{-3}(-0.062)$。

3. 不允许连续修约

(1) 拟修约数字应在确定修约间隔或指定修约数位后一次修约获得结果，不得多次连续修约。

例 1：修约 85.47，修约间隔为 1 时，正确的是：85.47→85。不正确的是：85.47→85.5→86。

例 2：修约 27.464 8，修约间隔为 1 时，正确的是：27.464 8→27。不正确的是：27.464 8→27.465→27.47→27.5→28。

(2) 报出数值最右的非零数字为 5 时，应在数值的右上角加"+""−"或不加符号，分别表明已进行取舍。例：38.50⁺ 表示实际值大于 38.50，修约后保留为 38.50；而 38.50⁻ 则表示实际值小于 38.50，经修约为 38.50。

报出的数值需要修约时，当拟舍弃数字的最后一位数字为 5，其后无数字或皆为 0 时，数值右上角写"+"者进一，写"−"者舍去。

例：将数字修约到个数位，报出的数值多留一位至一位小数。如：27.464 8 的报出值 27.5⁻，修约值为 27；−42.542 1 的报出值为 −42.5⁺，修约值为 −43。

4. 0.5 单位修约与 0.2 单位修约

(1)0.5 单位修约，是指按修约间隔对数值进行 0.5 单位的修约。即将修约数值 X 乘以 2，再对 $2X$ 修约，所得数值除以 2。

例：将-52.85修约到"个"数位进行 0.5 单位修约，可得-53.0。

(2)0.2 单位修约，是指按修约间隔对数值进行 0.2 单位的修约。将数值 X 乘以 5，再对 $5X$ 修约，所得数值除以 5。

例：将 682 修约到"百"数位的 0.2 单位修约，可得 680。

1.8.3 极限数值的表示和判定

极限数值是规定的以数量形式给出且符合要求的数值范围的界限值，它通过给出最大(小)极限值，或基本数值、极限偏差值等方式表达，应给出全部有效数字。

1. 极限数值的表示

极限数值的用语及符号如下：

大于 $A(>A)$，多(高)于 A；小于 $A(<A)$，少(低)于 A；大于或等于 $A(\geq A)$，不小(少、低)于 A；小于或等于 $A(\leq A)$，不大(多、高)于 A。

其中的 A 是极限数值，也常采用以下习惯用法，如：超过 A、不足 A、A 及以上(至少 A)、A 及以下(至多 A)。

也可以组合使用来表示极限数值的范围。对特定的考核指标 X，允许采用表 1-4 中的用语和符号。同一标准中一般只使用一种表示符号。

表 1-4　对特定的考核指标 X，允许采用的表达极限数值的组合用语及符号

组合基本用语	组合允许用语	表示方式 I	表示方式 II	表示方式 III
大于或等于 A 且小于或等于 B	从 A 到 B	$A \leq X \leq B$	$A \leq \cdot \leq B$	$A \sim B$
大于 A 且小于或等于 B	超过 A 到 B	$A < X \leq B$	$A < \cdot \leq B$	$> A \sim B$
大于或等于 A 且小于 B	至少 A 不足 B	$A \leq X < B$	$A \leq \cdot < B$	$A \sim < B$
大于 A 且小于 B	超过 A 不足 B	$A < X < B$	$A < \cdot < B$	—

2. 带有极限偏差值的数值

数值 A 带有绝对极限上偏差值$+b_1$ 和绝对极限下偏差值$-b_2$，指的是从 $A-b_2$ 到 $A+b_1$，记为 $A_{-b_2}^{+b_1}$。当 $b_1 = b_2 = b$ 时，记为 $A \pm b$。

例：60_{-1}^{+2} mm，指从 59 mm 到 62 mm 都符合要求。

数值 A 带有相对极限上偏差值$+b_1\%$ 和相对极限下偏差值$-b_2\%$，指实测值或其计算值 R 对于 A 的相对偏差值$[(R-A)/A]$从$-b_2\%$ 到$+b_1\%$ 都符合要求，记为 $A_{-b_2\%}^{+b_1\%}$，当 $b_1 = b_2 = b$ 时，记为 $A(1 \pm b\%)$。

例：820 Ω（1±5%），指相对偏差值[（R-820)/820]从-5%到+5%都符合要求。

基本数值 A，若极限上偏差值+b_1 和（或）极限下偏差值-b_2 使得 A+b_1 和（或）A-b_2 不符合要求，则应附加括号，写成 $A^{+b_1}_{-b_2}$（不含 b_1 和 b_2）或 $A^{+b_1}_{-b_2}$（不含 b_1）、$A^{+b_1}_{-b_2}$（不含 b_2）。

例1：60^{+2}_{-1}（不含 2）mm，指从 59 mm 到接近但不足 62 mm 符合要求。

例2：820 Ω（1±5%）（不含 5%），指对于 820 Ω 的相对偏差值[（R-820)/820]从 -5% 到接近但不足+5%符合要求。

3. 测定值或其计算值与标准规定的极限数值的比较方法

在判定测定值或其计算值是否符合标准要求时，应将所得数值与规定的极限数值进行比较，可采用全数值比较法、修约值比较法，无特殊规定时应使用全数值比较法。一般而言，全数值比较法比修约值比较法相对较严格。

全数值比较法：将所得数值与极限数值进行比较，只要超出极限数值的范围都判定为不符合要求。

修约值比较法：修约时修约数位应与极限数值数位一致，当精度允许时，应将数位多一位或几位报出，再修约至规定的数位。将修约后的数值与规定的极限数值进行比较，只要超出极限数值规定的范围就判定为不符合要求。

第2章　材料化学实验基本操作

2.1　玻璃仪器的洗涤和干燥

2.1.1　玻璃仪器的洗涤

新购入的玻璃仪器或者使用过的玻璃仪器，其器壁上往往会附着一些污染物，如油污、可溶性物质、尘土等。为了确保后续实验结果的准确性，玻璃仪器使用前必须认真清洗，清洗干净的玻璃仪器的表面不能附着尘土或者油污。洗干净后玻璃仪器表面的水"既不聚成水珠，也不成股流下"，若有水珠存在，应该重新洗涤直至彻底洗干净为止。洗净的玻璃仪器不能用布或纸进行擦拭。

常用如下方法洗涤玻璃仪器：

1. 用水刷洗

对于普通的玻璃仪器，倒掉容器内的物质后，可先向其中加入 1/3 左右的自来水冲洗，再选用合适的刷子刷洗，然后用自来水清洗直至干净，最后用蒸馏水润洗。仅用水和毛刷进行简单的刷洗能除去可溶物、尘土和其他不溶物，但无法洗去附着力较强的油污。

2. 用洗涤剂刷洗

先用自来水将烧杯、锥形瓶、试剂瓶等一般玻璃仪器润湿，再加入适量的去污粉、洗洁精、洗衣粉等洗涤剂，或者用毛刷蘸取肥皂水或合成洗涤剂，选用大小合适的毛刷反复刷洗。用自来水冲洗干净后，再用少量蒸馏水荡洗 3 次即可除去表面附着的残留洗涤剂，最后再检查仪器表面是否还有污染物附着。此法能够洗去常见油污。

3. 用铬酸洗液清洗

铬酸洗液是由 $K_2Cr_2O_7$ 和浓硫酸配制而成的，一般的配制方法是：称取 25 g $K_2Cr_2O_7$ 于 50 mL 蒸馏水中，小心加热使其溶解。待其冷却后，在仔细搅拌下缓慢加入 450 mL 浓硫酸。新配制的铬酸洗液为红棕色，此时具有很强的氧化性，能洗涤附着力较强的油污。铬酸洗液主要用于洗涤需要准确定量的容量瓶、反应烧瓶等玻璃仪器。形状比较特殊、污染严重、普通方法难以洗干净的玻璃仪器都能用铬酸洗液进行清洗。但是，由于洗液中的六价铬有毒、能污染环境，所以应尽量少使用该法清洗玻璃仪器。

洗涤前应戴好能防酸碱腐蚀的橡胶手套，向玻璃仪器中加入少量铬酸洗液，用手倾斜仪器并缓慢旋转，使仪器内壁被洗液全部润湿。放置十分钟后，再将洗液全部倒回玻璃试剂瓶中，盖好瓶盖。用自来水将仪器的内外表面冲洗干净，最后用蒸馏水洗净。污染物难以清洗的，还可以先将洗液置于烧杯中加热，再用于洗涤玻璃仪器，洗涤的效果会更好。很多附着力强的物质，比如烧瓶内壁上沉积的高分子物质，都能被清洗干净。

清洗移液管、吸量管时，先用自来水洗涤，再用铬酸洗液洗涤。洗涤前，用左手持洗耳球，右手的拇指和中指拿住刻度线以上的部分，其余手指辅助拿稳，将洗耳球的尖端对准管口，管尖贴在滤纸上，用洗耳球吹去管中残留的水分。洗涤时，挤去洗耳球内的空气，将洗耳球的尖端对准管口，将管尖伸入洗液瓶液面下 2 cm 处，缓慢松开洗耳球吸入洗液至移液管的 1/4 位置处，在移开洗耳球的同时用右手食指迅速堵住管口。然后将管横放为水平位置，左手扶住管的下端，慢慢松开右手的食指，边转动边使管口降低，使洗液布满全管。然后，从管的尖端将洗液放回原瓶，再用洗耳球吸取自来水、蒸馏水各 3 次，分别润洗管的内壁，最后用装有蒸馏水的洗瓶冲洗管的外壁。

滴定管内无油污时可直接用自来水冲洗，若有油污时，可用细长的滴定管刷蘸取合成洗涤液洗刷，如仍未洗净，再用铬酸洗液洗涤。此时，取 10 mL 洗液加至酸式滴定管内，将滴定管放平，缓慢转动滴定管，使内壁布满洗液，停留数分钟，将洗液从管的尖口放入洗液瓶内，再分别用自来水、蒸馏水冲洗干净。洗涤碱式滴定管时，应先将橡皮管取下，避免铬酸洗液腐蚀橡皮管，再用塑料头堵住碱式滴定管的下口进行洗涤。如污染严重，可用铬酸洗液浸泡滴定管，将碱式滴定管倒立于装有洗液的试剂瓶中，将橡皮管连接抽气管，缓慢打开水龙头，然后轻轻捏住橡皮管内的玻璃珠，待洗液慢慢上升至淹没刻度时松开玻璃珠。用洗液浸泡数分钟后，再用手捏住玻璃珠，让洗液流回试剂瓶内，然后用自来水将碱式滴定管冲洗干净，再用蒸馏水润洗 3 次。清洗干净的滴定管内壁应能完全被水润湿而不能附着水珠。

铬酸洗液的腐蚀性很强，使用前应戴好橡胶手套、口罩、护目镜等用品，做好防护；铬酸洗液比较危险、吸水性强，不用时应拧紧瓶盖。洗涤前，应先用水刷洗，尽量除去仪器内的水和污物，以免洗液被稀释、洗涤能力下降。洗液可以反复多次使用，当洗液的颜色由红棕色变为绿色时已基本丧失去污能力。如不慎将洗液洒在皮肤、衣物、实验台上，应立即用大量的水冲洗。

2.1.2　玻璃仪器的干燥

实验用玻璃仪器有时候需要保持干燥，应采用如下方法进行干燥，而不能用布或纸将其擦干。

1. 自然晾干

不着急使用的仪器，可以在洗净后悬挂牢固，再自然晾干。

2. 有机溶剂干燥

移液管、容量瓶等带有刻度的容量仪器不能用高温加热的方法进行干燥，以免影响仪器的精度。因此，可采用易挥发的乙醇、乙醇与丙酮的混合液等有机溶剂洗涤，使器壁上的水与有机溶剂混合，倾倒干净后再自然晾干。

3. 电吹风吹干

对于烧杯、锥形瓶等仪器也可用电吹风的冷风或热风直接吹干，如果先用乙醇、乙醇与丙酮混合液等有机溶剂润洗一遍后，再用电吹风吹干，则干燥速度更快。

4. 烘干

最常用的方法是将洗净的仪器置于电热干燥箱内烘干，温度应控制在110 ℃。干燥箱是烘干玻璃仪器和固体试剂的常用仪器，其最高工作温度为300 ℃，可以根据需要进行调节。干燥箱内装有鼓风机，促使箱内的空气不断流动、箱内物体受热均匀。应尽量沥干玻璃仪器上附着的水后再放入，并尽量使玻璃仪器口朝下，干燥箱底部应放有不锈钢盘用于盛接流下来的水滴。干燥箱不能用于干燥各种易燃、易爆、易挥发物等，以免发生危险。

2.2 电子天平的使用

在化学实验过程中，经常需要称量各种化学试剂、原材料、物品的质量，根据实验精度的不同，可以选择不同的电子天平，电子天平主要有准确度为 0.1 g、0.01 g、0.001 g、0.000 1 g、0.000 01 g 等几种规格。其中最常用的是准确度为 0.000 1 g 的电子天平，也就是常说的"万分之一克天平"。下面以准确度为 0.000 1 g 的电子天平为例。

2.2.1 使用方法

1. 面板按键的功能

ON/OFF 键：开/关键。将天平接通交流电源，预热 30 min 后按下该键，开启显示屏，将出现 0.000 0 g。长按开/关键则表示关闭显示屏，此时天平仍处于待机状态。如天平长期不用，应切断电源。连续使用天平时，可以不切断电源，只关闭显示屏，省去开机预热过程。

TARE 键：去皮键。该键具有清零、去皮的功能。当容器被置于秤盘上时，显示出容器的质量，轻按去皮键，显示屏出现 0.000 0 g 状态，则该容器质量已去除，即已去除皮重；取走容器后出现容器质量的负值，再轻按去皮键，显示屏为全零，此时天平清零。

CAL 键：校准键。如果天平长时间没用过或天平移动过位置，应对天平进行校准。

F 键：功能键。按下该键后，能调整天平的单位格式、积分时间、灵敏度等参数。

2．称量操作

（1）水平调节：使用前观察天平上配置的水平仪，如水平仪气泡偏离正中心，说明天平没有达到水平状态，应调整天平底部的螺栓高度，使水平仪内的气泡位于圆形的正中心。

（2）预热：接通电源，预热 30 min 后方可使用。

（3）开机：轻轻按下 ON/OFF 键，待出现 0.000 0 g 后即可开始称量。

（4）校准：天平较长时间未用、位置移动、环境变化后，为了保证称量的准确度，应进行校准。具体做法是：长按校准键，显示 200.000 0 g，校准时采用 200 g 的标准砝码，将校准砝码放上秤盘，显示"……"等待状态，经过较长时间后显示 200.000 0 g，取走校准砝码，显示 0.000 0 g，校准完毕。若不显示 0.000 0 g，则清零后重复上述校准操作。

（5）称量：对于不需除去皮重的称量，按 TARE 键，显示为零后，打开天平门将待称量物轻放在天平秤盘上，再轻轻关上天平门，显示屏上的数字不断变化，待数字稳定并出现质量的单位 g 后，即可读数，所显数字即为被称物的质量，记录称量结果。对于需要除去皮重的称量，先将容器置于秤盘上，待天平稳定显示容器的质量后，按去皮键，显示 0.000 0 g，此时已除去皮重，再将被称物置于容器中，显示的是被称物的净质量，记录称量结果。

（6）关机：长按 ON/OFF 键至待机状态，屏幕关闭，拔下电源插头，盖上防尘罩。

2.2.2　试样的称量方法

采用电子天平称量物品质量时，主要有直接称量法、递减称量法和固定质量称量法等方法。

1．直接称量法

将被称物品放置在天平秤盘的中央区域，关闭天平门，待天平显示屏上的数字稳定后，便可记录读数，获得物品质量。

2．递减称量法

递减称量法，又称为差减法，该法主要适用于如下情况：待称物质容易吸水、易于被氧化、易与空气中的二氧化碳发生反应、盛放试样的容器（烧杯、锥形瓶）未干燥。这种方法称出的试样质量无法准确到固定的具体数值，只要求达到特定的范围就可以。但是，天平读数仍需准确到 0.000 1 g。

用此方法称量前必须戴好手套或者用纸条卷绕住装有试样的称量瓶，将其从干燥器内取出置于天平的秤盘上进行称量。假设称量瓶和试样的起始质量为 32.768 3 g，要求称取试样的质量范围为 0.4~0.6 g。用左手从天平中取出称量瓶，转移到接收容器的正上方，右手捏住称量瓶的瓶盖，将称量瓶的瓶口缓慢向下倾斜，使称量瓶始终处于接收容器的上方，右手用瓶盖轻轻敲击称量瓶口的上部边缘，使试样缓慢地落入接收容器中，根据两次的质量差值，计算出已经称取的试样质量。若此时倒出的试样不足 0.4 g，则重复上述操作，直至倒入接收容器内的试样达到 0.4~0.6 g 的范围。当加入接收容器的试样已经达到 0.4 g 后，一边轻轻敲击称量瓶，一边慢慢地将称量瓶竖立起来，使试样全部落入称量瓶内，盖好瓶盖，将称量瓶放回天平秤盘上，待天平读数稳定后，读取数据，记录具体的质量。

假设此时准确称取称量瓶和剩余试样的质量为 32.339 7 g，那么我们可以知道接收容器中试样的质量应该是 32.768 3 g−32.339 7 g=0.428 6 g。检查称量瓶和试样减少的质量是否等于接收容器中增加的试样质量，如果二者不相等，允许称量的绝对误差不超过 0.4 mg。

3. 固定质量称量法

化学实验中最常用的称量方法是固定质量称量法，这种方法要求称取一个质量为固定数值的试样，该试样应不吸水、在空气中性质比较稳定。其方法如下：先称取容器的质量，如要准确称取 0.500 0 g 试样时，用药匙往容器中加入略少于该质量的试样，然后用药匙轻轻振动，使试样慢慢落入容器内，直至天平稳定时读数达到目标称样量。这种方法的优点是操作简单，因此在化学实验中获得广泛使用。

2.2.3　注意事项

(1)天平应放置在平稳、固定的工作台上，天平应远离门窗，从而减少气流对称量的影响。

(2)电子天平的预热及校准均应由指导教师完成，学生称量时只需按 ON/OFF 键和 TARE 键，不能随意按其他键，以免出现错误。

(3)为避免天平被碰撞移位影响称量结果，称量时要轻拿轻放，并经常查看天平是否处于水平状态。

(4)不要让物体从高处掉落在秤盘上以免损坏称量传感器，天平上所有物品质量的总和不能超过天平的最大称样量。

(5)试剂不能直接放置于天平的秤盘上称量，具有腐蚀性、易潮解的试剂不能放在称量纸上称量。

(6)不能将过热、过冷的物品直接放在天平秤盘上称量。

(7)用砝码校准时必须戴手套，切勿用手直接去拿砝码。

(8)保持天平内外的洁净、干燥，避免试样颗粒落入秤盘下方的称量传感器内，如不慎洒落物品时，应立即报告教师，以便及时清扫干净。

2.3　量筒的使用

量筒是化学实验中常用的量取液体的仪器，它有各种不同的规格，可根据需要选用合适的量筒。量筒一般没有"0"刻度，起始刻度为总容积的1/10。向量筒里加入液体前，刻度要面对着人的一边；再用左手拿住量筒，使量筒上端略向右倾斜，右手拿试剂瓶，使瓶口紧挨着量筒口，让液体缓缓流入。加入液体后等待几分钟以使附着在内壁上的液体流下来，再读取刻度值以减小误差。

如图 2-1 所示，读数时，手拿量筒使其自然垂直，使视线与量筒内液体凹液面的最低处保持水平，再读出所取液体的体积，否则可能产生测量误差：俯(仰)视时视线向下(上)倾斜，视线与筒壁的交点在液面以上(下)、读到的数据偏高(低)，实际量取液体的体积将偏低(高)。

量筒的刻度是指温度在 20 ℃时的体积数，温度升高时，量筒将发生热膨胀，容积会增大。可见量筒是不能加热的，也不能用于量取过热的液体，更不能在量筒中进行化学反应、配制溶液。

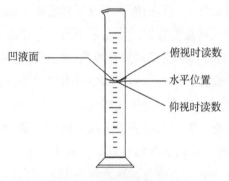

图 2-1　量筒的读数方法

2.4　移液管与吸量管的使用

移液管与吸量管都是准确移取一定体积液体的仪器。

移液管是一根两端细长、中间膨大的玻璃管，管颈上端有环形的刻度线，膨大部分标有它的容积和标定温度，又称大肚移液管。在标定温度下，使液体的凹液面与移液管的标线相切时，自由流出液体的体积与管上标示的体积相同。

吸量管是具有分刻度的玻璃管，常用于量取较少体积的液体，它的准确度不如移液管。

用移液管移液时应确保转移的溶液浓度不发生改变，转移的溶液体积符合误差要求。移取溶液前，彻底除去移液管内残存的水，再用滤纸将移液管尖端内外附着的水吸收干净。向清洁干燥的烧杯中加入少量待移取溶液，将移液管的尖端插入小烧杯内液面下 2 cm 处，用洗耳球吸液至移液管的球部约 1/4 处，用右手食指按紧移液管口的上端，将移液管取出后放平，松开右手食指轻轻转动移液管，用溶液润洗移液管的内壁。洗干净内壁后，从下端放出所吸取的溶液，切记不要从移液管口上端倒出溶液。此时，烧杯中剩余的溶液也应弃去，因为其中的溶液已经被移液管壁附着的水稀释了。另外倒入少量待吸取的溶液，接着进行第二次吸液、润洗。共润洗 3 次，以保证移取溶液的浓度不发生改变。

向烧杯中加入较多待吸取溶液后即可进行移液操作，如果溶液不须贮存再用，也可将移液管直接插入盛装溶液的容器中移取溶液。移液时，用右手大拇指和中指拿住移液管的管颈标线上方，将移液管的尖端插入待移溶液液面以下 2 cm 的位置。管尖插入液面不要太浅，以免吸液后液面下降使空气进入移液管内产生气泡。但是，也不应将移液管插入液面太深，以免移液管外壁附着的溶液过多。然后，用左手捏紧洗耳球以排除其中的空气，将洗耳球的尖端对准移液管的管口，慢慢松开洗耳球将溶液吸入管内，按压洗耳球的手指不要松开太快以免吸入空气。吸液时应留意移液管的管尖与液面的位置，使管尖随液面的下降而向下伸。当管内液面上升到移液管的刻度线以上后，快速移去洗耳球，迅速用右手食指按压移液管管口。将左手中的洗耳球放下，拿住装有待移溶液的容器，将其倾斜为 45°，再将移液管提高离开液面，将移液管的末端靠在容器的内壁上，使移液管直立，略微松开食指，用右手拇指和中指来回转动移液管使管内的液面缓慢下降。直至管内溶液的凹液面和移液管的标线相切时，立即用食指压紧管口使移液管内溶液不再下降，再取出移液管，左手改拿盛接溶液的玻璃仪器并使其倾斜，使其内壁与插入的移液管成 40° 左右的角。此时，移液管应保持垂直，松开食指让移液管内的溶液全部自然流下。待液面下降到管尖部位时，继续等待 15 s 左右后再取出移液管。切记不要把残留在管尖部分的溶液吹出，因为生产检定移液管时已考虑了末端保留溶液的体积。但是，一些移液管的管尖做得不够光滑，管尖的不同部位靠着容器内壁时残留在管尖内部的溶液体积略有不同。因此等待 15 s 后将移液管左右旋转一下，这样的话管尖部分每次存留的溶液体积仍是基本相同的，从而减小平行实验时的误差。

吸量管的操作方法与移液管相同，用吸量管移取溶液时，通常是从刻度的最高线开始，使管内液面从一个刻度降至另一个刻度，使两刻度间的体积刚好等于所需移取的溶液体积。在同一个实验中，尽量使用同一根吸量管移取溶液，而且尽量使用吸量管的上部，而不采用末端的收缩部分移液，从而减小实验中的误差。移液管与吸量管使用完毕后，应用蒸馏水彻底冲洗干净，然后竖直放在移液管架上。

2.5　容量瓶的使用

容量瓶是用于配制标准溶液或将溶液稀释到一定体积的仪器，是一种带有玻璃塞、细颈梨形的平底玻璃瓶，其颈上有一环形标线。在指定的温度（通常为 20 ℃）下，当溶液的凹液面与刻度线相切时，容量瓶所容纳溶液的体积等于瓶上所标出的体积。

2.5.1　容量瓶的准备

容量瓶应洗涤干净才能使用，可用橡皮筋将瓶塞系于瓶颈上，以防瓶塞滚落到地面跌碎，还能避免与其他容量瓶搞混。在正式使用之前必须检查容量瓶口与瓶塞间是否密封严实，确保不漏水。

在瓶内加入蒸馏水至刻度线的位置，然后塞好瓶塞，用左手食指按紧瓶塞，其余手指夹住瓶颈标线以上的部位，右手五个手指分开托住瓶底，将容量瓶倒立 2 min，检查瓶口是否漏水。如不漏水，将容量瓶直立后将瓶塞转动 180°，再倒立静置 2 min，如仍不漏水，则该瓶可以正常使用。

2.5.2　容量瓶的使用

采用固体物质配制标准溶液时，先将准确称取的试样置于小烧杯中，加入适量蒸馏水，用玻璃棒搅拌均匀使其完全溶解，再用玻璃棒引流，将溶液定量转入清洗干净的容量瓶中。转移溶液时，右手拿着玻璃棒，将玻璃棒悬空伸入容量瓶颈的标线以下，其下端靠近容量瓶颈的内壁，再用左手拿好烧杯，使烧杯的尖嘴紧靠着玻璃棒，慢慢向上倾斜烧杯，使溶液沿着玻璃棒缓慢流下。加完溶液后，将烧杯口沿玻璃棒慢慢向上移动，同时将烧杯直立起来，并使其尖嘴离开玻璃棒。然后将玻璃棒放回烧杯中，用洗瓶吹出少量蒸馏水冲洗玻璃棒和烧杯内壁，再按上述同样的操作方法将烧杯中的水溶液全部转入容量瓶中。如此反复冲洗、定量转移 5 次，以确保溶液已完全转移。然后，向容量瓶中加蒸馏水到其容积的 2/3 附近。如果未进行初步的混匀，而只是加水到此位置，那么当浓溶液与水在最后摇荡混合时会发生体积的收缩或膨胀，凹液面无法准确到达刻度线的位置。因此，将干燥的瓶塞塞好，将容量瓶沿同一水平方向转动几圈，切记此时不要倒转容量瓶，仅让溶液进行初步混匀。然后，将容量瓶平放在桌面上，继续加水至距离刻度线 2 cm 处，等待 2 min 后使附着在瓶颈内壁的溶液流下。用胶头滴管（或塑料滴管）一滴一滴地滴加蒸馏水，此时眼睛应平视刻度线，加水至溶液凹液面的底部刚好与刻度线相切时为止。立即盖好瓶塞，用左手食指压紧瓶塞，其余手指拿住刻度线以上的瓶颈部分，右手全部手指分开，用指尖托住瓶底的边缘。注意不要用手掌来握住瓶身，以免人体温度使容量瓶内的液体膨胀，影响容积的准确性。将容量瓶倒转，使气泡上升到顶部,将容量瓶摇荡数次,再将瓶身倒转为直立状态,使气泡上升到顶部,再摇荡溶液。如此反复10余次后将瓶身直立,此时瓶内溶液才能混合均匀。由于瓶塞部分的溶液未完全混匀,打开瓶塞使附近的溶液流下,再重新塞好瓶塞,再倒转,摇荡3~5次,以使溶液全部混匀。

2.5.3 使用注意事项

(1)应用橡皮筋将瓶塞系在容量瓶的瓶颈上,不可将瓶塞取下,以免与其他容量瓶搞混。

(2)刚配制好的温度较高的溶液应冷却至室温后才能定量转移到容量瓶中,容量瓶不能在干燥箱中干燥,更不能在电炉等加热器上加热。如果需要使用干燥的容量瓶,可以自然晾干,也可用乙醇、乙醇-丙酮混合液等有机物清洗后晾干,或者用电吹风的冷风吹干。

(3)不能在容量瓶中长期存放溶液,必要时可将溶液转移至干净、干燥的试剂瓶中。

(4)长期闲置不用时,应将容量瓶的瓶塞擦干,并用纸片将瓶塞与瓶口分开。

2.6 滴定管的使用

滴定管是滴定时盛装标准溶液的量器,是一种具有精确刻度、内径大小均匀的细长玻璃管。用于常量分析的滴定管主要有25 mL、50 mL两种规格,其最小刻度为0.1 mL,读数时必须估读到小数点后第2位。滴定管可分为两种,一种是下端带有玻璃活塞的酸式滴定管,主要用于盛放酸性溶液或氧化性溶液。由于碱性溶液能腐蚀玻璃活塞,长时间放置后将无法打开,因此,酸式滴定管一般不能盛放碱性溶液。另一种是碱式滴定管,其下端连接着内部含有玻璃珠的乳胶管,用以控制溶液的流速,乳胶管连接着一个尖嘴玻璃管。碱式滴定管常用于盛放碱性溶液,不能盛放 $KMnO_4$ 溶液、I_2 溶液等氧化性溶液。

在滴定分析中,由于溶液的存放时间都很短,除了强碱性溶液外,一般可以采用酸式滴定管进行滴定,因此,酸式滴定管是最常用的滴定管。除此之外,近期还出现了聚四氟乙烯滴定管,它是一种通用的滴定管,酸式滴定管中的玻璃活塞为聚四氟乙烯活塞所代替,从而避免了碱性溶液对玻璃活塞的腐蚀,实现了酸式、碱式滴定管的合二为一。

2.6.1　滴定管的准备

1. 涂抹凡士林

为了使玻璃活塞灵活转动、不漏水，需要在活塞的外表面涂上凡士林。先用滤纸将活塞和活塞套擦拭干净，然后再涂凡士林。常用的方法是用手指在活塞的两头分别涂上薄薄的一层凡士林，注意不能堵住活塞孔，再将活塞小心地插入活塞套中，朝着一个方向旋转，直至活塞全部透明时为止。最后将橡皮圈套在活塞小头部分的沟槽上，以防活塞脱出。

2. 滴定管检漏

将装满水的滴定管置于滴定架上竖立 2 min，观察尖嘴部分是否漏水；如不漏水，将活塞旋转 180°后再静置 2 min，再次观察是否漏水。对于碱式滴定管，应定期检查乳胶管是否老化、玻璃珠的大小是否合适，因为玻璃珠过大时操作不便、溶液流动太慢，玻璃珠过小时可能会漏水。

3. 装入标准溶液

装入标准溶液前应先将试剂瓶中的标准溶液摇匀，为避免标准溶液装入后浓度下降，应先用标准溶液将滴定管润洗 3 次，第 1 次装入 10 mL 标准溶液，第 2、3 次各装入 5 mL 标准溶液。装入标准溶液时一定要从试剂瓶、容量瓶中直接装入，而不能借助烧杯、漏斗、滴管等其他玻璃仪器，以免标准溶液被污染或者浓度发生变化。

具体操作方法如下：先把活塞完全关闭，再用左手的大拇指、食指、中指拿着滴定管上部的无刻度部分，略微倾斜，用右手拿住试剂瓶向滴定管中加入 5 或 10 mL 标准溶液，然后两手平托滴定管，慢慢转动，使标准溶液润洗整个滴定管的内壁。第 1 次润洗后的溶液可由滴定管上口放出，第 2、3 次润洗后应打开活塞放出溶液。润洗碱式滴定管时应注意将乳胶管部分洗涤干净。滴定管润洗后，向滴定管中装入标准溶液至 0 刻度线以上的位置。

4. 排除气泡

装好标准溶液后，检查滴定管下端尖嘴或橡皮管内有无气泡，如有气泡必须将其排出，这是由于滴定过程中气泡的体积可能会发生改变从而影响溶液体积的准确测量。对于酸式滴定管，右手拿住滴定管上端的无刻度处，左手托住活塞，将滴定管倾斜 30°左右，然后迅速打开活塞，使溶液快速流出从而将气泡赶出去，使下端管口的尖嘴部分充满溶液。碱式滴定管的气泡容易滞留在乳胶管部位，先将滴定管倾斜，把乳胶管向上弯曲，使滴定管尖嘴向上，然后捏挤玻璃珠上部，让溶液从尖嘴处喷出，使气泡随溶液排出。

2.6.2　滴定管的操作

一般将酸式滴定管夹在滴定架的右边，碱式滴定管夹在左边。使用酸式滴定管时，用左手握住滴定管的活塞，大拇指在前面，食指与中指在活塞的小头处，手指弯曲轻轻向掌心扣紧活塞，无名指与小拇指轻轻顶住滴定管，如图 2-2a、图 2-2b 所示。切勿用手掌心顶活塞的小头部分，以免活塞松动、滴定管漏液。使用碱式滴定管时，应用左手大拇指和食指捏住乳胶管内玻璃珠稍上一点的位置，用其余三个手指夹住出口管，使其保持垂直，如图 2-2c 所示。切勿捏挤玻璃珠的下方，以免放开手指时管尖部分产生气泡。

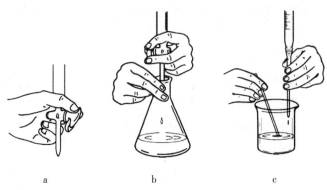

图 2-2　滴定管的使用

1. 滴定操作

装入标准溶液时应使液面在 0 刻度以上，再调节液面至 0.00 mL 刻度处。每次滴定时最好从 0.00 mL 开始，或从接近 0 的任一刻度开始，这样可减少滴定误差。滴定主要在锥形瓶中进行，先调节滴定管的高度，滴定管尖嘴伸入锥形瓶口内大约 1 cm（如图 2-2b所示）。使锥形瓶的底部高出滴定台 2~3 cm，用左手按前述方法握住滴定管活塞，用右手的大拇指、食指和中指夹住锥形瓶的瓶口，其余手指辅助顶在瓶身位置。用左手控制滴定管滴加溶液，右手将锥形瓶绕同一方向做圆形摇动，速度稍快，以确保化学反应迅速进行。开始滴定时加入溶液的速度可稍快，可以保持"见滴成线"状。滴定过程中要观察落点周围溶液颜色的变化情况，不能只观察滴定管中溶液的体积变化而不管滴定反应的进行。接近终点时，由于指示剂的作用锥形瓶内溶液将局部变色，但转动 1~2 次后颜色便可完全消失。此时应改为加一滴摇一摇，等到必须摇 2~3 次溶液颜色才能消失时表明已经接近滴定终点。用洗瓶内的蒸馏水冲洗锥形瓶的内壁，把附着在内壁上的溶液冲洗下来。然后，用左手稍微旋转活塞使滴定管流出半滴或 1/4 滴溶液悬挂在尖嘴上，用洗瓶将这部分溶液冲落到锥形瓶中，再继续摇动锥形瓶直至溶液刚好呈现终点颜色而不消失时为止。

2. 读数方法

滴定管读数不准确是定量分析的主要误差来源。滴定到达终点后，将滴定管从滴定架上取下来，用右手大拇指和食指捏住滴定管上部无刻度的位置，其他手指辅助，使滴定管保持垂直并且眼睛与液面在同一水平位置后再读数。当滴定管内装的是无色溶液或浅色溶液时，应读取凹液面下层的最低点，对于颜色太深的溶液，由于凹液面不够清晰、无法观察，读数时视线应与液面两侧最高点相切。加入或放出标准溶液后需等待 1~2 min 使附着在内壁上的溶液流下后再读数，接近终点时溶液的放出速度较慢，可在终点时等待 1 min 后再读数。滴定管的读数必须读到小数点后第 2 位。

2.7　化学试剂的取用

2.7.1　化学试剂的取用原则

化学试剂的取用原则是既要质量准确又必须保证不受污染。

(1)取用试剂时必须看清标签。

(2)应将瓶塞反放在实验台面上，若瓶塞顶端不平，则应放在干净的表面皿上。

(3)不能用手接触试剂，不能用不干净的药匙取用试剂。

(4)瓶盖、瓶塞要对号入座，不能混用。

(5)取用试剂要适量，多取的试剂不得倒回原瓶，以防污染整瓶试剂。

(6)取用试剂后应及时盖好瓶盖、放回原处。

(7)取用试剂时转移次数越少越好。

(8)易挥发试剂应在通风橱中取用。

(9)有毒危险试剂应在老师指导下使用。

2.7.2　固体试剂的取用方法

(1)应选用适宜材质的干净药匙，按用量的多少选择大小合适的药匙，使用时要做到"专匙专用"，用后应及时把药匙洗净烘干，方便下次使用。

(2)根据称量准确度的要求，选择合适的天平称量固体试剂。

(3)一般固体试剂可直接在称量纸上称量，有腐蚀性、氧化性强、易潮解的固体试剂要置于烧杯、称量瓶、表面皿等容器中称量，颗粒大的试剂应在研钵中研碎后再称量，不得用滤纸盛放试剂。

(4)将试剂装入口径小的试管时，应先把试管水平放好，再把装有试剂的药匙放入试管底部；也可将试管斜放，让试剂沿管壁缓慢滑落到试管底部。

(5)取用大块试剂或金属颗粒时要用镊子夹取，先把容器横着放好，用镊子将试剂放在容器口，再慢慢将容器竖立起来，让试剂沿容器壁慢慢滑到底部，以免打破容器。

2.7.3 液体试剂的取用方法

1. 大量液体的取用

取用大量液体时常采用倾倒法。将液体移入量筒的做法如下：先取下液体试剂瓶塞倒放在桌面上，或者放在干净的表面皿上，用右手握住试剂瓶，使瓶上的标签对着手心，如果两侧都有标签则把标签放在两侧，以免瓶口残留的液体腐蚀标签；再用左手拿量筒，使量筒口紧贴试剂瓶口，慢慢把液体试剂从瓶中沿量筒壁倒入。倒出需要使用的体积后，将试剂瓶口在量筒口轻轻靠一下，再将试剂瓶竖直，以免残留在瓶口的试剂沿试剂瓶的外壁流下来。化学实验中经常要取用准确体积的液体试剂，应根据需要的准确程度和具体的体积选用量筒、移液管、吸量管等量器。

把液体试剂倒入烧杯时应用玻璃棒引流，左手拿玻璃棒，并使玻璃棒的下端斜靠在烧杯的内壁上，用右手握住试剂瓶，再将瓶口靠在玻璃棒上，使液体沿着玻璃棒慢慢流入烧杯内。

2. 少量液体的取用

通常采用胶头滴管取用少量的液体试剂，先用右手提起滴管，使管口离开瓶内的液面，稍微用力挤压胶帽赶出里面的空气，然后将管口插入液面下吸取液体试剂。滴加液体试剂时，用右手的大拇指、食指和中指夹住滴管，将它从瓶中取出，转移至容器口的正上方悬空，然后滴加液体，同时使滴管保持垂直，此时滴入液体的体积才是准确的。不要将滴管伸进容器内或接触容器的内壁，从而避免污染滴管口，确保滴瓶内的液体试剂不受污染。滴管不能倒立，以免液体试剂腐蚀胶帽使试剂变质。滴完溶液后，应立即将滴管插回滴瓶内，一个滴瓶上的滴管不能用来移取其他试剂瓶中的液体试剂，也不能随便用别的滴管伸入试剂瓶中吸取试剂。如果试剂瓶没有滴管又需取用少量试剂，可先把试剂按需要量倒入干净的试管中，再用滴管取用。

第3章 材料化学实验基本技能

3.1 温度及其测量

3.1.1 温度的概念

温度是表示物体冷热程度的物理量，从微观上来讲是物体分子热运动剧烈程度的体现，它反映的是物体内部微粒无规则运动的平均动能。温度是国际单位制中 7 个基本物理量之一。在很多情况下，温度不能直接测量，因而是一个特殊量。在自然界中，很多物质的物理属性以及众多的物理效应都与温度有关，因此人们常利用物质随温度的变化规律来间接测量温度。

用来量度物体温度数值的标尺叫温标，它规定了温度的零点和基本单位。常用的测量温度的温标为开尔文温标，目前使用较多的还有华氏温标、摄氏温标。

1. 开尔文温标

开尔文温标符号为 K，单位为开尔文，是以绝对零度作为计算起点的温标。水三相点的温度定义为 273.16 K。

2. 华氏温标

华氏温标是以其发明者德国人华伦海特命名的，1714 年，他以水银为测温介质制成玻璃水银温度计，以 NH_4Cl 和冰水混合物的温度为 0 度、人体温度为 100 度，把水银温度计从 0 度到 100 度按水银的体积膨胀距离分成 100 份，每一份为 1 华氏度，记作"1 ℉"。水的结冰点是 32 ℉，水的沸点为 211.953 2 ℉。

3. 摄氏温标

摄氏温标的发明者是瑞典人摄尔修斯，1740 年，他提出在标准大气压下把冰水混合物的温度记为 0 度、水的沸腾温度记为 99.974 度，对玻璃水银温度计进行分度；两点间进行 100 等分，每份为 1 摄氏度，记作"1 ℃"。摄氏温度用 t 表示，它的定义是 $t = T - 273.15$。摄氏度是表示摄氏温度代替开尔文温度的一个专门名称，1 K = 1 ℃。包括我国在内的世界上绝大多数国家使用摄氏温标。

摄氏温度 t 和华氏温度 F 的关系为：$F(℉) = 1.8 \times t(℃) + 32$。

摄氏温度 t 和开尔文温度 T 的关系为：$T(K) = t(℃) + 273.15$。

3.1.2 温度的测量方法

常采用直接和间接两种方法测量温度，分别对应于接触式和非接触式两大类测量温度的仪器。

1. 接触式测温法

测温元件直接与被测对象接触，两者之间进行充分的热交换，最后达到热平衡，此时感温元件的某物理参数代表的是被测对象的温度。该方法的优点是直观可靠，缺点是感温元件影响被测温度场的分布，接触不良时会带来测量误差，温度太高和腐蚀性介质将对元件的性能和寿命产生不利影响。常用的接触式测温仪器有膨胀式温度计(包括液体和固体膨胀式温度计、压强式温度计)、电阻式温度计(包括金属热电阻温度计、半导体热敏电阻温度计)、热电式温度计(包括热电偶温度计、PN结温度计)等。

玻璃管温度计是利用热胀冷缩的原理来测量温度的，根据测温介质的膨胀系数、沸点、凝固点的不同，又分为煤油温度计、水银温度计、红钢笔水温度计。其优点是结构简单、使用方便、价格低廉、测温精度相对较高，但是其测量上下限、精度受测温介质性质的限制，而且容易破碎。

水银温度计是实验室中常用的一种膨胀式温度计，是由一个盛有水银的玻璃泡、毛细管、刻度和温标等组成的。水银的凝固点、沸点分别是 $-39\ ℃$ 、$356.7\ ℃$ ，因而其测量范围较宽，为 $-39\sim357\ ℃$ ，用它来测量温度时简单直观。

2. 非接触式测温法

非接触式测温法是以光辐射为基础的测温仪，也称为辐射温度计，包括辐射温度计、亮度温度计和比色温度计。它的感温元件不与被测对象接触，而是通过辐射进行热交换，避免了接触式测温法的缺点，该法的测温上限较高。此外，其热惯性较小，仅为 $1/1\ 000\ s$ ，可用于测量运动物体的温度和快速变化的温度。但是，受物体的发射率、测量距离及烟尘、水汽等因素的影响，该法误差较大。

3.1.3 常用测温仪器

1. 热电偶温度计

热电偶温度计是以热电效应为基础的测温仪表，由两种不同成分的金属导体的两端接合在一起构成回路，当接合点的温度不同时就会在回路中产生电动势(即热电势)，这种现象称为热电效应，也就是所谓的塞贝克效应(Seebeck effect)。热电偶温度计就是利用这种原理测量温度的，直接用来测量温度的一端叫作工作端(测量端)，另一端是冷端(补偿端)；冷端与显示仪表连接，从而给出热电偶所产生的热电势，其大小只与导体材料和两接点的温度有关，与热电偶的形状、尺寸无关。根据热电动势与温度的函数关系，可以制成热电偶分度表，不同的热电偶具有不同的分度表。

热电偶温度计的结构简单、测量范围宽、使用方便、准确性高、寿命长、响应时间快、信号便于传递、能自动记录和集中控制，因而其应用极为普遍。热电偶温度计由热电偶(感温元件)、测量仪表(电位差计)、连接热电偶和测量仪表的补偿导线三部分组成。

常用的热电偶分为标准热电偶和非标准热电偶两大类。标准热电偶是指国家标准规定了其热电势与温度的关系、允许误差、有统一标准分度表(见表 3-1)的热电偶，有配套的显示仪表。而非标准热电偶在使用范围、数量级上均不及标准热电偶，没有统一的分度表，主要用于特殊场合。

表 3-1　标准热电偶的分度号

热电偶分度号	正极	负极	热电偶分度号	正极	负极
S	铂铑 10	纯铂	T	纯铜	铜镍
R	铂铑 13	纯铂	J	铁	铜镍
B	铂铑 30	铂铑 6	N	镍铬硅	镍硅
K	镍铬	镍硅	E	镍铬	铜镍

2. 红外线测温仪

红外线的波长位于 0.76~1 000 μm 之间，可分为近红外线、中红外线、远红外线、极远红外线四类，它处于无线电波与可见光之间的区域。红外线辐射是自然界中最为广泛的电磁波辐射。任何物体在常规环境下都会产生自身的分子和原子无规则运动，并不停地辐射出热红外能量。分子和原子的运动越剧烈，辐射的能量就越大；反之，辐射的能量就越小。

一切温度高于绝对零度的物体都在不停地向周围空间发出红外辐射能量，物体红外辐射能量的大小及其波长的分布都与它的表面温度有着密切的关系。通过测量物体自身辐射的红外能量，便能准确地测定它的表面温度，这是红外辐射测温所依据的客观基础。红外线测温仪由光学系统、光电探测器、信号放大器、信号处理电路、显示输出系统等组成，通过红外探测器将物体辐射的功率信号转换成电信号后，再经过放大器和信号处理电路，按仪器内部的算法和目标发射率校正后转变为被测目标的温度值。红外线测温仪必须经过标定才能正确地显示被测物体的温度，选用腔形、发射率达到 0.995 的黑体炉，才能准确地校准红外线测温仪。用红外线测温仪测量温度时，应注意如下因素的影响：

(1)测温范围。这是红外线测温仪最重要的一个性能指标，每种型号的测温仪都有自己特定的测温范围，确定被测温度范围时一定要考虑准确、周全。

(2)环境条件。红外线测温仪分为单色测温仪和双色测温仪，单色测温仪在测温时，被测目标面积应充满测温仪视场。测温仪所处环境对测量结果有很大影响，烟雾、灰尘或其他颗粒能减弱测量信号。在噪声、电磁场、震动、无法接近的环境及其他恶劣条件下测量时，双色测温仪是最佳选择。还可选用保护套，水冷却、空气冷却系统，空气吹扫器等附件，此时被测目标面积不必充满视场，测量通路上的烟雾、尘埃、阻挡等对辐射能量有衰减时，不会对测量结果产生重大影响。

在密封或危险情况下，测温仪应通过窗口进行观测，必须选择足够的强度并能通过测温仪的波长。如操作人员也需要通过窗口进行观察时，要选择合适的安装位置和窗口材料。低温时，常用的 Ge、Si 窗口不能透过可见光，人眼无法观察，应采用能透过红外辐射和可见光的窗口材料。当存在易燃气体时应选用安全型红外测温仪，在恶劣的环境下，可以选择测温头和显示器分开的系统。

（3）距离系数。即光学分辨率，是测温仪探头到目标间的距离 D 与被测目标直径 S 的比值。如果受环境限制测温仪须安装在远离目标处测量小目标时，应选择光学分辨率高的测温仪。

（4）波长。目标材料的发射率和表面特性决定了测温仪的光谱波长。在高温区，测量金属材料的最佳波长位于近红外区，可选用 $0.8 \sim 1.0\,\mu m$。由于有些材料在一定波长上是透明的，红外能量会穿透这些材料，应选择特殊的波长，如测量玻璃内部温度时选用 $1.0\,\mu m$、$2.2\,\mu m$、$3.9\,\mu m$ 的波长，测玻璃表面温度时选用 $5.0\,\mu m$ 的波长，测低温区选用 $8 \sim 14\,\mu m$ 的波长为宜。

（5）响应时间。红外线测温仪对被测温度变化的反应速度即为响应时间。它是与光电探测器、信号处理电路及显示系统时间等有关的常数。有些红外线测温仪响应时间可达 1 ms，如果目标的运动速度很快或者测量快速加热的目标时，就要选用快速响应红外线测温仪。

（6）信号处理功能。要求红外线测温仪具有峰值保持、谷值保持、平均值等多信号处理功能。比如测量传送带上的产品温度时要用峰值保持，否则测温仪将显示产品之间较低的温度值；此时应设置测温仪响应时间稍大于产品之间的时间间隔，这样至少有一个产品总是处于测量之中。

3.2　密度的测量

常采用波美比重计（简称波美计）测量液体的密度，它是一种中空的玻璃浮柱，上部有标线，下部装有铅粒，从而构成一个重锤。把波美比重计浸入所测溶液时得到的读数叫作波美度（°Bé），它是表示液体密度的一种方法，是以法国化学家波美命名的。

按照标度方法的不同，波美计分为多种类型。常用的波美计是以 20 ℃的室温为标准，蒸馏水的波美度为 0 °Bé、NaCl 溶液（质量分数为 15%）的波美度为 15 °Bé、纯硫酸（密度为 1.84 g/cm³）的波美度为 66 °Bé，其余的刻度是等分的。波美计分为轻表和重表两种，用于测量密度大于水的液体的波美计叫作重表，而测量密度小于水的液体的波美计则是轻表。因此，应根据液体密度大小选用适宜的波美计。

波美度与液体的相对密度（d_{20}^{20}）之间存在下述关系：

$$轻表：°Bé = \frac{145}{d_{20}^{20}} - 145$$

$$重表：°Bé = 145 - \frac{145}{d_{20}^{20}}$$

测量液体密度时，将待测的液体倒入大量筒中，将波美计洗净并擦干，缓缓放入盛有待测试液的量筒中，切勿碰到量筒的四周和底部，保持试液的温度为 20 ℃。待波美计稳定后，再轻轻按下，待其自然上升至静止状态并且没有气泡冒出时，从水平位置观察与液面相交处波美计的读数，即为试液的波美度，再根据上述公式计算试液的相对密度。测量结束后，必须将波美计洗净、擦干后放回原处。如果所测液体为浓硫酸，应先用滤纸或脱脂棉将硫酸擦去后再用水清洗，以免表面附着的浓硫酸遇水后使波美计骤热而爆裂。

使用时还应注意以下几点：

（1）测量时，如果快速放入波美计将影响读数的准确性，还有可能打碎波美计。

（2）待波美计稳定且不与器壁接触时即可读数，为快速达到稳定状态，可用手轻扶波美计的上端。

（3）读数时以波美计与液体形成的凹液面的下边缘为准，若液体颜色较深，则以弯月的上缘为准。

（4）操作时应注意不要让波美计接触量筒壁及底部，待测液中不应有气泡。

（5）如不是在 20 ℃ 的室温测量，应对测定值进行校正。

（6）该法操作简便、迅速，但准确性稍差，需要的试液量较多，不适用于极易挥发的试液。

3.3　pH 的测量

pH 是液体中氢离子浓度的负对数。pH 计是用来测定溶液 pH 的仪器，它是一种常见的分析仪器，广泛应用于工业、农业、环保等领域。在测定过程中应注意溶液的温度、离子浓度等因素。

1. pH 计的工作原理

pH 计是利用原电池的原理工作的，原电池的两个电极间的电动势符合能斯特定律，与电极的自身属性和溶液里的氢离子浓度有关，即原电池的电动势和氢离子浓度之间存在对应关系。pH 的测定是采用基于玻璃电极为指标电极（负极）的电位法，它与饱和甘汞电极(参比电极)组成如下电池。

$(-)\mathrm{Ag,AgCl(s)} \mid 盐酸(0.1\,\mathrm{mol/L}) \mid 玻璃膜 \mid 试液\,\mathrm{H}^+(x\,\mathrm{mol/L}) \parallel \mathrm{KCl(sat)} \mid \mathrm{Hg_2Cl_2 \cdot Hg}(+)$

电池电动势为

$$\varepsilon = E_+ - E_- = E_{甘} - \left(K_{玻} - \frac{2.303RT}{F}\mathrm{pH}\right) = (E_{甘} - K_{玻}) + \frac{2.303RT}{F}\mathrm{pH} = K + 0.059\mathrm{pH}$$

测量前先用标准溶液(s)校准，然后再测待测溶液(x)的 pH，它们的电动势分别为

$$\varepsilon_s = K + \frac{2.303RT}{F}\mathrm{pH}_s, \quad \varepsilon_x = K + \frac{2.303RT}{F}\mathrm{pH}_x \,。$$

两式相减可得

$$\varepsilon_s - \varepsilon_x = \frac{2.303RT}{F}(\mathrm{pH}_s - \mathrm{pH}_x)\,。$$

可见，溶液 pH 每变化一个单位时，电池的电动势变化 $(2.303RT/F)$ V。因此，pH 计是一个特殊的电位测量装置。为了直接测量溶液的 pH，相邻两个读数间隔相当于 $(2.303RT/F)$ V 的电位，随温度的变化而变化。测定 pH 前必须通过温度调节键来设置温度。由于不同玻璃电极的性能有差异，甘汞电极的电位也稍有不同，因此用 pH 计测定溶液 pH 前必须用标准缓冲溶液进行校准。

2. 标准缓冲溶液的配制

(1)邻苯二甲酸氢钾标准缓冲溶液(0.05 mol/L)。将盛装于称量瓶的邻苯二甲酸氢钾在干燥箱中于 110 ℃ 干燥 3 h，取出后在干燥器中冷却至室温。然后准确称取 2.552 8 g 邻苯二甲酸氢钾于小烧杯中，加入适量蒸馏水，搅拌使其彻底溶解，然后将其全部转入 250 mL 容量瓶中，用蒸馏水将小烧杯、玻璃棒清洗至少 5 次，并将洗涤液也转入容量瓶中，再用蒸馏水稀释至刻度线，摇匀。该标准溶液在室温 25 ℃ 时的 pH 为 4.00。

(2)配制混合磷酸盐标准缓冲溶液(浓度均为 0.025 mol/L)。分别将盛装于称量瓶的 $\mathrm{KH_2PO_4}$ 和 $\mathrm{Na_2HPO_4}$ 在干燥箱中于 110 ℃ 干燥 3 h，取出后在干燥器中冷却至室温。然后准确称取 0.850 6 g $\mathrm{KH_2PO_4}$ 和 0.887 2 g $\mathrm{Na_2HPO_4}$ 于小烧杯中。配制本溶液所用蒸馏水需预先煮沸 30 min 并冷却至室温。加入适量蒸馏水，搅拌使其彻底溶解，然后将其全部转入 250 mL 容量瓶中，用蒸馏水将小烧杯、玻璃棒清洗至少 5 次，并将洗涤液也转入容量瓶中，再用蒸馏水稀释至刻度线，摇匀。该标准溶液在室温 25 ℃ 时的 pH 为 6.86。

(3)配制硼砂标准缓冲溶液(0.01 mol/L)。准确称取 0.953 4 g $\mathrm{Na_2B_4O_7 \cdot 10\,H_2O}$ 于烧杯中。配制本溶液所用蒸馏水需预先煮沸 30 min 并冷却至室温。加入适量蒸馏水，搅拌使其彻底溶解，然后将其全部转入 250 mL 容量瓶中，用蒸馏水将小烧杯、玻璃棒清洗至少 5 次，并将洗涤液也转入容量瓶中，用蒸馏水稀释至刻度线，摇匀后转入干燥洁净的聚乙烯塑料试剂瓶中密闭保存。该标准溶液在室温 25 ℃ 时的 pH 为 9.18。

上述标准缓冲溶液在不同温度时的 pH 如表 3-2 所示。

表 3-2　不同温度时标准缓冲溶液的 pH

溶液温度/℃	邻苯二甲酸氢钾标准缓冲溶液	混合磷酸盐标准缓冲溶液	硼砂标准缓冲溶液	溶液温度/℃	邻苯二甲酸氢钾标准缓冲溶液	混合磷酸盐标准缓冲溶液	硼砂标准缓冲溶液
0	4.01	6.98	9.46	25	4.00	6.86	9.18
5	4.00	6.95	9.39	30	4.01	6.85	9.14
10	4.00	6.92	9.33	35	4.02	6.84	9.10
15	4.00	6.90	9.28	40	4.03	6.84	9.07
20	4.00	6.88	9.23	45	4.04	6.83	9.04

3. pH 计的校准

(1)设置温度。用温度计测出待测溶液的温度，按"温度△""温度▽"键，调节 pH 计的指示温度为溶液的实际温度，按"确认"键完成设置。如不需设置温度，则按"pH/mV"键，退出设置。

(2)校准。用洗瓶中的蒸馏水清洗玻璃电极，再用滤纸擦拭干净。先将玻璃电极放入 pH 为 6.86 的标准缓冲溶液中，待 pH 计读数稳定后，按"定位"键，仪器将显示"Std YES"，按"确认"键，仪器自动识别并显示当前温度下标准溶液的 pH，调节 pH 使其与该温度时的标准值一致，再按"确认"键，即完成一点标定。

pH 计通常需要进行两点校准，继续进行下面的操作：再次清洗、擦拭干净玻璃电极，将其放入 pH 为 4.00(或 9.18)的标准溶液中，待 pH 计读数稳定后，按"斜率"键，仪器显示"Std YES"，按"确认"键，仪器自动识别并显示当前温度下标准溶液的 pH，调节 pH 使其与该温度时的标准值一致，按"确认"键，完成第二点校准。

4. pH 的测量

经标定后的 pH 计可用来测定溶液的 pH。

(1)当待测溶液与标准溶液的温度相同时，用蒸馏水清洗玻璃电极后再用滤纸擦拭干净，用待测溶液再次清洗玻璃电极，然后将电极浸入待测溶液中，用玻璃棒将溶液搅拌均匀后，显示屏上即显示该溶液的 pH。

(2)当待测溶液和校准溶液的温度不相同时，用蒸馏水清洗玻璃电极后再用滤纸擦拭干净，用待测溶液再次清洗玻璃电极，用温度计测量待测溶液的温度值，按"温度"键调节 pH 计的温度为待测溶液的温度值。用玻璃棒将溶液搅拌均匀后，显示屏上即显示出该溶液的 pH。

5．pH 计使用注意事项

（1）应保持电极插座清洁、干燥，严禁接触酸雾、水溶液。

（2）新电极或久置不用的电极使用前必须在蒸馏水中浸泡数小时。

（3）使用时取下电极加液口上的橡胶套和下端的橡皮套，以保持电极内 KCl 溶液的液压差。

（4）使用时检查玻璃电极及下端的球泡，电极应透明无裂纹，球泡内要充满溶液，没有气泡。

（5）清洗电极时不要用滤纸擦拭玻璃膜，而应用滤纸吸干，避免损坏玻璃薄膜。

（6）测量时玻璃电极的球泡必须全部浸入待测溶液中。

（7）不能测量强酸、强碱、腐蚀性溶液，严禁在无水乙醇、$K_2Cr_2O_7$ 等脱水性介质中使用。

（8）测量浓度较大的溶液时，应尽量缩短测量时间，用后仔细清洗，以免污染电极。

（9）玻璃电极不用时应浸泡在装有 KCl 溶液(3 mol/L)的橡皮套中。

3.4　加热与冷却

3.4.1　加热方式

化学实验经常需要在一定的温度下进行，这就需要加热。加热是通过热源将热能传给物体使其变热的过程，主要表现为温度的升高。加热方式一般分为直接加热和间接加热两种。常用于盛装液体或固体进行加热的仪器有试管、烧杯、烧瓶、坩埚、蒸发皿等，它们能承受一定的高温，加热前应将仪器外面的水擦干净，加热后不能马上接触冷或潮湿的物体，更不能骤冷骤热，以防开裂。加热液体时，液体的体积不能超过试管的 1/3、烧杯的 2/3、烧瓶的 2/3、蒸发皿的 2/3。

1．直接加热

直接加热是将热能直接加于试样上，主要用于对温度无准确要求、需快速升温的实验。当被加热液体在高温下稳定、无起火风险时，可将仪器直接放在石棉网上加热。少量的液体或固体可在试管中加热，试管可在火焰上直接加热，但不能用手拿，可用试管夹夹在试管的中上部，试管应稍微倾斜、与桌面成 45°角，管口向上，切记试管口不能对着人。加热试管前应预热，以免溶液沸腾时冲出管外而发生危险。

加热少量固体时，先将固体试样沿试管壁装入底部，试管口要稍向下倾斜以免凝结在试管壁上的水珠流到灼热的管底而使试管炸裂，加热后产生气体的物质除外，如 NH_4Cl 等。加热时，酒精灯应先来回加热试管，然后在装有固体物质的部位加热。固体量较多时，应先对准靠近管口的部位加热，待固体熔解后再将酒精灯往后移。

在烧杯、烧瓶中加热液体时，玻璃仪器与热源间必须垫上石棉网使其受热均匀，还应向液体中加入沸石，加热时还要不停搅拌，以防止暴沸，尤其当溶液中有固体时更要注意搅拌。

在蒸发皿中加热液体和固体时也要充分搅拌，当析出较多固体时应用小火加热或停止加热，利用余热蒸干，防止晶体外溅。

需要用高温加热固体试剂时，将坩埚置于泥三角上，先用小火烘烤使其均匀受热，然后再用大火灼烧。应用氧化焰进行灼烧，不要用还原焰接触坩埚底部，以免沉积炭黑，导致坩埚破裂。在电阻炉中加热时，先在炉门口的低温部分预热，再进入炉内的高温区加热。适用于高温加热固体的坩埚有瓷坩埚、银坩埚等。应采用干净的坩埚钳夹取坩埚，使用前先将坩埚钳的尖端预热片刻，以免温差太大使坩埚破裂。灼热的坩埚取出后不能直接置于桌面上冷却，应先在石棉网上冷却，用后的坩埚钳应将钳尖向上平放于桌上。

2. 间接加热

当被加热的物质需要受热均匀、又不能超过一定温度时，可用水浴、油浴、沙浴进行间接加热。

(1)水浴。它是以水作为介质的一种加热方法，由于水的沸点为 100 ℃，该方法适于 100 ℃以下的加热。将需要进行水浴加热的容器浸没在盛有水的大容器中，该容器不能与大容器直接接触，再将大容器置于热源上加热至适当温度，待冷却后取出水浴容器即可。该方法避免了直接加热造成的温度不可控，能平稳地加热，适用于需要严格控制温度的实验。低沸点、易燃物质都可用水浴进行加热。

加热时水浴锅内的水不超过其容积的 2/3，加热过程中还必须及时补充水。实验室还常用大烧杯代替水浴锅进行加热，水量占烧杯容积的 1/3 左右。

(2)油浴。若被加热物质要求受热均匀且温度超过 100 ℃时，可用油浴加热。油浴是以油作为热浴物质的热浴方法，它的加热范围是 100~260 ℃。油浴常用的介质有豆油、棉籽油等。油浴的温度比水浴高，它的操作方法与水浴相同，但是进行油浴加热时要谨慎操作，防止油外溢或油温过高引起失火。

(3)沙浴。沙浴是使用沙作为热浴物质的加热方法，一般使用黄沙。沙的温度可达 350 ℃以上，故沙浴适用于 400 ℃以下的加热。沙浴的操作方法与水浴基本相同，但由于沙比水、油的传热性差，故需将沙浴的容器半埋在沙中，在四周围上厚的沙层，底部的沙不宜太厚。可将温度计插入沙中以测量沙浴的温度。

3.4.2　加热仪器

实验室中常用的加热仪器有酒精灯、酒精喷灯、电炉、电热板、电热套、红外灯、恒温水浴锅、干燥箱、电阻炉、管式炉等。

1. 红外灯

实验室用的红外灯是一种直接以电磁波方式传递热量的加热仪器，它利用红外技术进行加热，主要用于烘干物体，是一种非接触的加热仪器，不需空气和水等传递介质。它的功率大、穿透力强，辐射可以集中于目标并能提供高效的热能，在几秒内达到满负荷的工作强度，适合快速启动、快速停止的加热工艺。红外灯能迅速加热物体的表面和薄层，特别适用于烘干过程。使用时，红外灯与物品间有一定的距离，直接面对被加热物品，用铝箔将容器和灯泡包住，不仅能保温，还能防止灯光刺激眼睛，保护红外灯免受水或其他液体的飞溅。

2. 电炉

电炉是一种用电热丝将电能转化为热能的装置，其温度可通过调节电阻来控制。使用时，玻璃仪器和电炉之间要垫着石棉网，以使受热均匀。要保持耐火炉盘凹槽的清洁，及时清除烧灼杂物，以保证炉丝传热良好，延长使用寿命。使用时，切勿用手直接接触电热丝及炉体，以免被烫伤。

3. 电热板

电热板由控制开关和调压变压器来调节加热温度。电热板内部采用铂金电阻精确控温，升温速率快、加热均匀、温度高达400℃，还具有耐高温、不生锈的特点。电热板能采用远程操控模式进行操作，从而远离危险的酸雾，便于安全操作。一般用于加热烧杯、锥形瓶等平底容器，不适合加热圆底容器，还能用作水浴和油浴的热源。

4. 电热套

电热套是由无碱玻璃纤维和金属加热丝编制成的半球形加热内套。它是实验室常用的一种加热仪器，用于圆底容器的精确加热控温，具有升温快、温度高、操作简便、经久耐用的特点。普通电热套的最高温度可达400℃。

为避免湿度过大时有感应电透过保温层传至外壳，必须做好电源线的接地。第一次使用时套内会产生白烟和异味，部分加热套的颜色会由白色变为褐色，再变成白色，这是由于玻璃纤维在生产过程中含有油质及其他化合物，通风后便可消失。如有液体溢入套内，必须迅速关闭电源，将电热套放在通风处晾干后再用，以免发生漏电、短路等危险。

5. 干燥箱

干燥箱是一种常用的干燥设备。如电热鼓风干燥箱是一类常用的干燥箱，它是利用PID控制方式的数显温度控制仪以及热敏元件探头组成的自动恒温控制系统，采用循环热风来干燥试样。由电机带动送风轮使吹出的风吹在电热丝上形成热风，再将热风送入干燥箱的工作室，并将使用后的热风再次吸入风道成为风源循环加热，大大提高了干燥箱温度的均匀性；它避免了工作室内的温度差、能够保持温度的恒定，从而将湿的玻璃仪器和试样烘干。干燥箱外壳与工作室间填充了玻璃纤维进行保温。

（1）干燥箱的使用方法。打开电源开关，电源指示灯亮，电机运转，控温仪表经过自检后进入工作状态，"PV"显示工作室内的实际温度，"SV"则显示需干燥的设定温度。按下"SET"键，此时"SV"显示"SP"，用"↑"或"↓"键改变温度直至达到需要值为止；设置完毕后再按下"SET"键，"PV"显示"St"，进入定时功能，按"↑"或"↓"键设定所需时间，设置完毕后按"SET"键；若不需使用定时功能则再按一下"SET"键，显示屏的"PV"将显示实际温度，"SV"显示设定温度。将需干燥的物品放入干燥箱内，上下四周保留一定空间，保持工作室内气流畅通，关好干燥箱门。

（2）干燥箱的使用注意事项。

①放入的物品不应过多、过挤，如果物品比较湿润，应增大排气窗打开尺寸。

②干燥箱内下方的散热板上不能放置物品，以免烤坏物品或引起燃烧。

③玻璃仪器进行高温干燥灭菌时，应等箱内温度降低后才能开门取出，以免玻璃骤冷炸裂。

④严禁把易燃、易爆、易挥发的物品放入箱内，以免发生事故。

6. 电阻炉

实验室进行高温灼烧反应时，常使用箱式电阻炉（又称马弗炉）。用电炉丝加热时的最高温度为 950 ℃，用硅碳棒加热时的最高温度可达到 1 300 ℃。

电阻炉是一种通用的加热设备，按加热元件的不同可分为电炉丝电阻炉、硅碳棒电阻炉、硅钼棒电阻炉；按照加热温度的不同分为三种类型，温度高于 1 000 ℃的是高温电阻炉，温度在 600~1 000 ℃之间的是中温电阻炉，温度低于 600 ℃的则称为低温电阻炉。电阻炉主要由炉体和控制系统两部分组成。电阻炉一般在自然空气气氛条件下工作，多为内加热的方式，采用耐火材料和保温材料做炉衬，能对物品进行正火、退火、淬火等热处理及其他加热用途。

使用时，打开电源给电阻炉通电，将温控器调至所需加热温度，此时电流表读数增大，温控表的实测温度值逐渐上升，表示电阻炉工作正常。

使用时的注意事项：

（1）使用时不能超过最高炉温，也不能在额定温度下长时间工作，实验过程中要有人值守。

（2）电阻炉周围应无易燃、易爆物品和腐蚀性气体，禁止向炉膛内直接灌注各种液体及金属。

（3）使用时炉门要轻开轻关，坩埚钳取放试样时要轻拿轻放，以保证安全、避免损坏炉膛。

（4）在炉膛内取放试样时，应先微开炉门，待试样稍微冷却后再夹取试样，使用时小心烫伤。

（5）温度超过 600 ℃后不要随意打开炉门，应等自然冷却后再打开炉门。

（6）加热后的坩埚应先放在耐火材料上冷却后，再转移到干燥器中冷却。

7. 管式炉

管式炉是可以在多种气氛及真空状态下对金属、非金属及其他化合物进行烧结、熔化、分析的专用设备，它有单管、双管、卧式、立式、可开启式、单温区、双温区、三温区等多种炉型。它具有安全可靠、操作简单、控温精度高、保温效果好、温度范围大、温度均匀性高等优点，具有多段可编程控制器。炉管可采用耐热钢、石英玻璃、陶瓷管等材料。

通过调节管式炉面板上的智能调节仪可以设定程序，主要按键及含义如下：PV（炉温显示）、SV（设定值显示）、↻（设置键、确认键）、◁（数据移位键、程序设置进入、A/M）、▽（数据减少键、程序运行、暂停、Run/Hold）、△（数据增加键、程序停止操作、Stop）。具体的操作方法如下：

（1）开机。打开电源，打开"Lock"开关，仪表指示灯亮。输入控温程序曲线，按下绿色"Turn-on"键，按住仪表上"▽"键 2 秒钟，"SV"显示"Run"，进入仪表自动控制状态。

（2）设定控温程序。正确的控温程序是制备材料的前提，应根据材料的烧结工艺设置控温程序，方法如下：

①按"◁"键 1 秒，仪表进入控温程序设置状态，首先是当前段起始的给定值，按"◁""△""▽"键修改数据。

②按"↻"键 1 秒将依次显示下一个待设置程序（当前段运行时间）。每段按温度、时间、温度依次排列，为该段的起始温度、运行时间、目标温度，该段目标温度是下一段起始温度；按"◁""△""▽"键修改数据。

③按"◁"键约 2 秒，可返回设置上一参数。

④按"◁"键不放开、再按"↻"键，退出设置状态。如果没有按键操作，30 秒后自动退出设置状态。

⑤运行过程中可修改控温程序，先停止程序，再进行修改，将按修改后的程序运行。

注意：运行曲线结束时一定要设置"txt-121"结束语，程序要有连续性。

（3）运行控温程序。

①若仪表处于停止状态、显示器的"SV"交替显示"Stop"，可按"↻"键 1 秒进入运行程序段状态，选择从第几段开始，或直接跳到某一段执行程序，通过修改"Step"值来实现。再按"◁"键、"↻"键返回基本状态。

②按"▽"键约 2 秒钟，显示器的"SV"显示"Run"，仪表进入自动控制状态。

（4）关机。程序结束后仪表处于"Stop"状态，按下红色的"Turn-off"键使主继电器断开，关闭"Lock"开关、切断控制电源，关闭总电源。

（5）使用注意事项。

①严禁超过额定温度，以免损坏加热元件及炉衬。

②炉子长时间不用后，要在 120 ℃左右烘烤 2 h 后再使用，以免造成炉膛开裂。

③严禁在 100 ℃以上取送物料，从而延长炉管使用寿命。

④采用刚玉炉管时，各温区的升、降温不能过快，速率应低于 5 ℃/min。

⑤石英炉管温度高于 1 000 ℃时会出现不透明现象，这是石英管的固有缺陷，为正常现象。

⑥炉子使用一段时间后，若真空度下降，可更换不锈钢法兰盘间的耐温硅胶圈以提高真空度。

3.4.3　冷却方式

物体加热后需要冷却的，根据实际情况选择不同方式进行冷却。

①空气冷却：在空气中慢慢冷却。

②流水冷却：将需冷却的物品直接用流动的自来水冷却，需冷却到室温的溶液可用此方法。

③冰水冷却：将需冷却的物品置于冰水浴中进行冷却。

④冰盐浴冷却：将需冷却的物品置于冰盐浴中进行冷却。冰盐浴由盐和冰（或冰水）调制而成，可冷至 0 ℃以下，具体能达到的温度由冰、盐的比例和盐的品种决定，为了保持冰盐浴的冷却效率，可选择绝热性能较好的容器。

3.5　高压的实现及测量

3.5.1　高压的实现

有些材料化学实验需要在较高的压强下进行。为了增大反应空间的压强，通常采用如下两种方法：一种是通过空气压缩机压缩后引入特定压强的高压气体，另一种是通过高压气体钢瓶引入高压气体。

1. 空气压缩机

空气压缩机是一种压缩空气的设备，简称空压机，大多数是往复活塞式、旋转叶片式、旋转螺杆式。它工作时，由电动机驱动压缩机，使曲轴旋转带动连杆使活塞产生往复运动，气缸容积发生变化，引起气缸内压强的变化。空气通过进气阀，经过空气滤清器进入气缸，在压缩行程中，由于气缸容积的缩小，压缩空气经过排气阀的作用，经排气管单向阀进入储气罐，当排气压强达到额定压强时，由压强开关控制自动停机，当储气罐压强下降后，压强开关自动连接启动空气压缩机。

在空压机的使用过程中，应严格执行操作规程，这不仅有助于延长使用寿命，而且能保障安全。

（1）在空气压缩机运行前，应检查是否存在以下问题：注油器内的油量是否低于刻度线值，各运动部位是否灵活、各连接部位是否紧固、润滑系统是否正常、电机及电器控制设备是否安全可靠，防护装置及安全附件是否完好齐全，排气管路是否畅通，冷却水路是否畅通。

（2）长期停用后首次启动前，必须注意有无撞击、卡住或响声异常等现象。

（3）必须在无载荷状态下启动，待运转正常后，再逐步使其进入负荷运转。

（4）正常运转后应注意仪表读数，检查是否存在下列情况：电动机温度是否正常、电表读数是否在正常范围，运行声音是否正常，吸气阀盖是否发热，阀的声音是否正常，安全防护设备是否可靠。

（5）如出现润滑油中断、冷却水中断、水温突然升高或下降、排气压强突然升高、安全阀失灵等情况时，应立即停机，查明原因。

2. 高压气体钢瓶

高压气体钢瓶是实验室常用的各类压缩气体钢瓶，它是储存压缩气体的特制耐压钢瓶。其内部压强很大，高达 15 MPa，能通过减压阀逐渐释放气体。瓶内有些气体易燃，有些气体毒性很大，使用时要特别小心，因此，必须掌握正确的安全使用方法。为了避免使用时发生混淆，常将钢瓶漆上不同颜色、写明气体名称，分别如表 3-3 和图 3-1a 所示。

表 3-3　气瓶常用颜色

气体类别	瓶身颜色	标字颜色	气体类别	瓶身颜色	标字颜色
氮气	黑	白	氯气	深绿	白
氢气	淡绿	大红	乙炔	白	大红
氧气	淡蓝	黑	二氧化碳	铝白	黑
液氨	淡黄	黑	甲烷	棕	白
液化石油气	银灰	大红	一氧化碳	银灰	大红
空气	黑	白			

钢瓶应存放在阴凉、干燥、远离热源的地方，直立放置时要用铰链固定稳妥。实验室内存放气瓶不得超过两瓶。可燃性气体（如氢气、乙炔气）钢瓶的开关螺纹是反扣的，而不燃或助燃性气体（如氮气、氧气）钢瓶的开关螺纹是正扣的。高压气瓶的减压阀（如图 3-1b 所示）要按气体类别选用，不得混用。安装时螺纹要旋紧、防止泄漏，开关气瓶阀门和减压阀时动作必须缓慢。

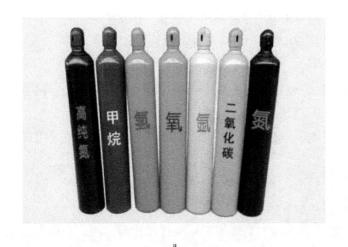

a　　　　　　　　　　　　　　　　　b

图 3-1　高压气体钢瓶和减压阀

操作人员不能穿戴沾有油脂或易产生静电的服装、手套，以免引起燃烧或爆炸。操作人员应站在与气瓶接口处垂直的位置上，操作时严禁敲打撞击，应经常检查有无漏气，注意压强表读数。使用时应先旋动开关阀门，再打开减压阀有控制地放出气体。用完后，先关闭开关阀门，放尽余气后，再关减压阀。切不可只关减压阀，而不关开关阀。钢瓶内的气体不得用尽，应留有一定的余压，一般易燃性气体应保留 0.3 MPa 的余压、氢气应保留 0.2 MPa 的余压，以防重新充气时混入空气发生危险。

乙炔是极易燃烧、爆炸的气体，乙炔体积分数为 7%～13% 的乙炔-空气混合气，或乙炔体积分数为 30% 的乙炔-氧气混合气最易发生爆炸；乙炔和氯气、次氯酸盐等物质混合也易发生燃烧和爆炸。乙炔钢瓶应存放在通风良好的地方，使用时应装上回闪阻止器，还要注意防止气体回缩。如发现乙炔气瓶有发热现象，说明乙炔已发生分解，应立即关闭气阀，并用水冷却瓶体，同时将其移至远离人员的安全处加以妥善处理。乙炔起火燃烧时绝对不能用 CCl_4 灭火。

氢气的密度小、易泄漏、扩散快，很容易与其他气体混合。氢气在其与空气混合气中的体积分数为 18.3%～59.0% 时极易自燃自爆。氢气钢瓶应单独存放，最好放置在室外专用的小屋内，以确保安全。

氧气是强烈的助燃烧气体，纯氧在高温下十分活泼，在温度不变而压强增加时，极易和油类发生急剧的化学反应，并引起发热自燃，进而产生剧烈爆炸。氧气钢瓶一定要防止与油类接触，并绝对避免混入其他可燃性气体。

使用注意事项：

(1)钢瓶必须分类保管，可燃性气体与氧气钢瓶应分开搬运、存放。

(2)易燃性气体、助燃气体钢瓶与明火距离应大于 5 m，达不到时采取隔离措施。

(3)不要让油或其他易燃性有机物沾在钢瓶上，特别是气门嘴和减压器，不得用棉、麻等纺织品堵漏，以防火灾。避免使用染有油脂的手、手套、破布接触气瓶。

（4）氧气钢瓶或氢气钢瓶等应配备专用工具，严禁与油类接触。

（5）搬运时应套好防护帽和防震胶圈，不得摔倒或撞击。

（6）最好用特制推车搬运气体钢瓶，也可以用手平抬或垂直转动，绝不能用手握着开关阀移动。

（7）运输气瓶时应妥善固定，避免滚动碰撞，装卸车时应轻抬轻放，禁止采用抛丢、下滑等引起碰击的方法。

（8）在钢瓶肩部应用钢印打出：制造厂商、日期、型号、容积、质量、工作压强、气压实验压强、实验日期、下次送验日期等标记。

（9）应定期进行技术鉴定，充装一般气体的钢瓶每三年需打压检验一次，使用期达到三十年的必须按规定报废。钢瓶有缺陷、安全附件不全、严重损伤等情况时，不能保证安全使用，切不可再送去充装气体。

3.5.2　压强的测量

1. 压强表

压强表是一种测量气体压强的仪器，它以弹性元件为敏感元件，通过其弹性形变，由表内机芯的转换机构将压强的形变传导至指针，引起转动来显示压强。压强表的应用极为普遍。

压强表的选择必须满足实验的要求，如是否需要远距离传输、自动记录、报警等，被测气体性质（如温度、腐蚀性、是否易燃易爆等）、实验环境（如湿度、温度、磁场强度、振动等）是否对压强表有特殊要求。普通压强表的弹簧管多采用铜合金，而高压的压强表则采用合金钢。氨气压强表采用碳钢或不锈钢，不允许采用铜合金，因为氨与铜会发生化学反应引起爆炸，因此普通压强表不能测量氨气压强。

氧气压强表与普通压强表在结构和材质方面可以完全一样，但是必须禁油，因为油进入氧气系统容易引起爆炸。所以，氧气压强表在校验时不能像普通压强表那样采用油为工作介质，存放时也要严格避免接触油污。如果采用带有油污的压强表测量氧气压强时，必须用 CCl_4 反复清洗干净。

2. 压强的表示方法

压强有两种表示方法，一种是以绝对真空作为基准所表示的压强，称为绝对压强；另一种是以大气压强作为基准所表示的压强，称为相对压强。由于大多数压强表测得的压强都是相对压强，相对压强也称为表压强。它们的关系为：绝对压强＝大气压强＋相对压强。

压强的法定单位为 $Pa(N/m^2)$，称为帕斯卡，简称帕。由于此单位太小，常采用它的 10^6 倍 MPa 来表示，即：$1\ Pa = 1\ N/m^2$，$1\ MPa = 10^6\ Pa$，$1\ GPa = 10^3\ MPa$。

不同单位压强间的换算关系为：1 atm ≈ 0.1 MPa = 100 kPa = 1 bar = 10 米水柱 = 14.5 PSI = 1 kgf/cm² 。为方便记忆，可以简化为：1 kPa = 0.01 bar = 10 mbar = 7.5 mmHg = 0.3 inHg = 7.5 Torr = 102 mmH₂O = 4 inH₂O。

3.6　真空的实现及测量

3.6.1　真空及其应用

容器中的压强低于大气压的状态，称为真空。同时，压强比大气压强低的空间也称为真空。真空有程度上的区别，当容器内绝对压强为零时叫作完全真空，其余则是不完全真空。狭义相对论之前的物理理论中的真空特指的是不存在任何物质的空间状态，即为完全真空。而现代物理量子场论的观点认为"真空不空"，其中包含着丰富的物理内容。真空主要有如下几方面的应用：

1. 日常生活

真空包装是将食品包装袋内的空气抽出，达到预定真空度后封口。真空充气是在包装袋中充入氮气或其他混合气体后再封口。包装的主要作用是除去氧气以防止食品变质，食品变质主要是由微生物活动造成的，它们的生存需要氧气，真空包装时把氧气抽掉后微生物就失去了生存环境。

2. 工业领域

工业上的真空指的是气压比标准大气压小的状态，可分为超高真空($<10^{-5}$ Pa)、高真空($10^{-5} \sim 10^{-1}$ Pa)、中真空($10^{-1} \sim 10^{2}$ Pa)和低真空($10^{2} \sim 10^{5}$ Pa)。采用抽气机就可以得到真空，其气体稀薄程度用真空计测定。人类已通过抽气机得到 10^{-5} Pa 的超高真空。地球及星球间的广大太空区域就是真空。灯泡里的真空可以防止灯丝被氧化，从而延长灯的使用寿命。真空在科学技术、真空仪器、电子管和其他电子仪器方面有广阔的应用前景。

利用真空与地面大气的压强差，可以输运流体、吸尘等；利用真空中气体分子密度小的特征，可以制造各种真空器件，如电光源、电子管等；真空环境有利于某些金属的焊接、熔炼，有利于某些低熔点金属(如 Mg、Li、Zn 等)的分离、纯化，有利于某些活性金属(如 Ca、Li、Cs 等)氧化物的还原。真空环境($10^{-1} \sim 1$ Pa)下的低温脱水、真空干燥已成功地用于浓缩食品、奶粉、制造血浆等；同位素分离、大规模集成电路的加工、镀膜等也都需要在真空环境下进行；表面物理实验，各种加速器、聚变反应和空间环境模拟等都离不开真空。

3.6.2　真空的实现

如何获得真空呢？人们通常把能够从密闭容器中抽出气体的设备称为真空获得设

备，目前已经能够获得从 10^{-13} Pa 到 10^5 Pa 的真空范围。

1. 真空泵

在获得真空的方法中，常用的有如下两种：一是通过某机构的运动把气体直接从密闭容器中排出来；二是通过物理、化学等方法将气体分子吸附或冷凝在低温表面上。利用这两种方法制造的真空泵种类较多，通常按真空泵的工作原理或结构特点将其进行分类。真空泵是指利用机械、物理、化学的方法从容器中抽气而获得真空的设备，是在封闭空间中产生、改善、维持真空的装置。

活塞泵、旋片泵等通过活塞、旋片的不断运动，改变泵体的体积把气体排放出去从而获得真空；扩散泵则利用高速运动的气流把扩散到泵体的气体分子带走。此外，还有利用低温表面来冷凝或冻结气体的液氮冷凝泵，利用活性炭等材料吸收气体的吸附泵。

气体捕集泵主要分为如下几类：

(1)吸附泵：依靠比表面积大的吸附剂(如多孔物质)的物理吸附作用来抽气的真空泵。

(2)吸气剂泵：利用吸气剂以化学结合方式捕获气体的真空泵。吸气剂是以块状或新鲜沉积薄膜形式存在的金属或合金。

(3)吸气剂离子泵：使被电离的气体在电磁场或电场的作用下吸附在吸气材料的表面上的真空泵。

(4)低温泵：利用低温表面捕集气体的真空泵。

常用的真空泵有旋片式机械真空泵、罗茨真空泵、油扩散泵、涡轮分子泵等气体输运泵及低温吸附泵、溅射离子泵等气体捕集泵。

2. 常用真空泵

(1)旋片式机械真空泵。

它主要是由泵体、转子、旋片、端盖、弹簧等组成，如图 3-2 所示，在旋片泵的腔内偏心地安装一个转子，其外圆与泵腔内表面相切，二者的间隙很小，转子槽内装有带弹簧的两个旋片。旋转时靠离心力和弹簧的张力使旋片顶端与泵腔的内壁保持接触，转子旋转带动旋片沿泵腔内壁滑动。旋片式机械真空泵的结构简单、工作可靠，工作压强范围为 $1.33 \times 10^{-2} \sim 10^5$ Pa，属于低真空泵。它可以单独使用，也可以作为其他高真空泵的前级泵。但是，它以油作为密封物质，可能会造成油蒸气的回流，从而污染真空系统。

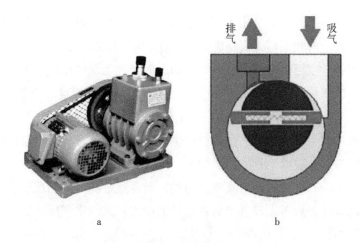

图 3-2 旋片式机械真空泵及其结构

（2）罗茨真空泵。

在罗茨真空泵的泵腔内，两个"8"字形的转子相互垂直地安装在一对平行轴上，由传动比为 1 的一对齿轮带动，做彼此反向的同步旋转运动。在转子之间、转子与泵壳内壁之间保持有一定的间隙，可以实现高转速运行，如图 3-3 所示。该泵的压强范围为 $10^{-1} \sim 10^3$ Pa，极限真空度可以达到 10^{-2} Pa。

罗茨真空泵具有以下优点：在较宽的压强范围内有较大的抽气速度，启动快、能立即工作；对气体中的灰尘和水蒸气不敏感；转子不必润滑、泵腔内无油；振动小、转子动平衡条件较好；没有排气阀，驱动功率小、机械摩擦损失小。

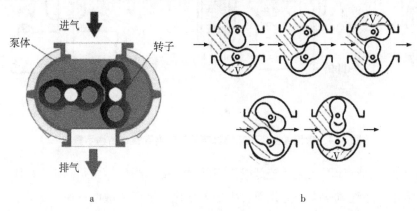

图 3-3 罗茨真空泵及其结构

3.6.3 真空的测量

真空计又名真空表，是测量真空度或气压的仪表。真空表分为压强真空表和真空压强表，压强真空表是以大气压强为基准，用于测量大于和小于大气压强的仪表；而真空压强表则是以大气压强为基准，用于测量小于大气压强的仪表。当绝对压强小于大气压强时，真空表所读得的数值即为真空度。真空度=大气压强-绝对压强。

压强真空表和真空压强表能测量对钢、铜、铜合金无腐蚀作用、无爆炸危险的不结晶、不凝固气体的压强。压强表是由测量系统(含接头、弹簧管、齿轮传动机构)、指示部分(含指针、度盘)、表壳等组成。其工作原理是基于弹性元件(弹簧管)的变形。当被测介质由接头进入弹簧管时，弹簧管产生位移，借助连杆，经齿轮传动机构的压强传递和放大，使指针在度盘上指示出压强。

真空计分为绝对真空计和相对真空计两类，前者通过测出的物理量直接求出气压的大小，如热偶真空计；后者须经过绝对真空计的校正才能测定气压，如电离真空计。

(1)热偶真空计。

它是利用低气压下气体导热率与压强有关的原理制成的，如图3-4a所示，在作为热丝的Pt丝中通恒定强度的电流，当达到热平衡后，电流提供的加热功率与通过空间热辐射、金属丝热传导以及气体分子热传导而损失的功率相等，因而热丝温度将随着真空度的不同而呈现有规律的变化。在$10^{-1} \sim 10^2$ Pa的压强范围内，气体热导率将随气体压强的增加而上升，因而热丝的温度会随着气体压强的上升而降低。这时，用热电偶的方法能测出热丝本身的温度，从而获得气体的压强。

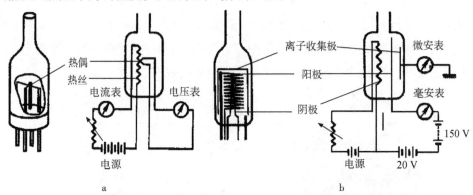

图3-4 常用真空表及热偶真空计与电离真空计结构示意图

但是，热偶真空计不能测量较低或较高的真空度，当气体压强高于10^2 Pa时，气体的热导率将不再随气体压强的变化而发生显著变化，因而灵敏度迅速下降。而当气体压强低于10^{-1} Pa后，由于气体分子传导带走的热量在总加热功率中的比例过小，测量灵敏度也将下降。

(2)电离真空计。

在电离真空计中，由热阴极发射出的电子在飞向阳极的过程中碰撞气体分子，并使气体电离。由离子收集极接收电离的离子，再根据离子电流强度的大小计算出环境的真空度。离子电流强度的大小取决于阴极发射的电子电流强度、气体分子的碰撞截面以及气体分子的密度等，在固定发射电流和气体种类的情况下，离子电流强度将直接取决于电离气体的压强，其结构如图 3-4b 所示。电离真空计可检测的压强下限受阴极发射的高能光子在离子收集极上产生的光电效应的限制，这种光电流相当于 10^{-7} Pa 的真空度下的离子电流。

真空测量的传感器大部分是利用电离真空计，它在中真空范围的用途最为广泛。常用的电离真空计采用模拟电路控制发射电流，并把它当成固定数来运算，这样会产生一些不足，如：外界干扰或元器件老化造成电流偏差，控制环漂移造成电流不稳定，由此导致测量误差较大。为了消除上述不良现象，应用现代控制理论采用数字电路控制发射电流，把发射电流测量值引入运算过程，允许发射电流有一定的变化范围，从而提高测量精度、扩充量程。

目前常用的是将热偶真空计和电离真空计结合起来的复合真空计，用电偶真空计测量 $10^{-1} \sim 10^{2}$ Pa 范围的中真空，用电离真空计测量 $10^{-5} \sim 10^{-1}$ Pa 范围的高真空。

3.6.4　真空单位的换算

真空度常用的单位有 Pa、kPa、MPa、大气压（atm）、千克力（kgf/cm²）、mmHg、bar、mbar、PSI 等，它们之间的近似换算关系如下，单位间的相互换算关系见表 3-4。

1 MPa = 1 000 kPa，1 kPa = 1 000 Pa，1 kPa = 10 mbar，1 mbar = 100 Pa；

1 atm = 1.03 kgf/cm² = 760 mmHg = 760 Torr = 14.7 PSI ≈ 1 bar = 1 000 mbar = 100 kPa = 0.1 MPa。

表 3-4　压强单位换算表

	bar	mbar	Pa	atm	Torr	mTorr
1 bar	1	10^{3}	10^{5}	0.987	7.5×10^{2}	7.5×10^{5}
1 mbar	10^{-3}	1	10^{2}	9.87×10^{-4}	7.5×10^{-1}	7.5×10^{2}
1 Pa	10^{-5}	10^{-2}	1	9.87×10^{-6}	7.5×10^{-3}	7.5
1 atm	1.01×10^{1}	1.01×10^{3}	1.01×10^{5}	1	7.5×10^{2}	7.5×10^{5}
1 Torr	1.33×10^{-3}	1.33	1.33×10^{2}	1.32×10^{-3}	1	10^{3}
1 mTorr	1.33×10^{-6}	1.33×10^{-3}	1.33×10^{-1}	1.32×10^{-6}	10^{-3}	1

3.7　溶液的搅拌

搅拌是化学实验中常用的一项操作，搅拌能使反应物充分混合、受热均匀，从而缩短反应时间、提高反应效率。

在化学实验过程中通常需要将溶液进行搅拌以使其中的各组分混合均匀，常用的搅拌方法主要有机械搅拌、磁力搅拌两大类。

3.7.1 机械搅拌

机械搅拌器是搅拌反应器中最重要的部件，它与搅拌容器(包括筒体、换热元件)等一起构成搅拌反应器。搅拌器能提供液体混合所需要的能量，使液体具有适宜的流动状态，搅拌器在旋转时将机械能传递给流体，在搅拌器附近形成高湍动的充分混合区，并产生一股高速射流推动液体在搅拌器内循环流动。

机械搅拌器按流体流动形态可分为轴向流搅拌器、径向流搅拌器、混合流搅拌器;按结构可分为平叶式(如平叶桨式、平直叶涡轮式)搅拌器、折叶式(如折叶桨式)搅拌器、螺旋面叶式(如推进式、螺带式、螺杆式)搅拌器;按搅拌用途可分为低黏流体搅拌器、高黏流体搅拌器。桨式、推进式、涡轮式、锚式搅拌器都是较为典型的搅拌器，它们在搅拌反应设备中使用最为广泛，约占搅拌器总数的80%。

桨式搅拌器结构最简单，它的叶片用扁钢焊接或螺栓固定在轮毂上，有2~4片叶片，叶片有平直式和折叶式两种。它在小容积的流体混合中应用广泛，对大容积的流体混合时循环能力不足。

推进式搅拌器常用于低黏度流体中，标准推进式搅拌器有三片叶片，它们的桨距、桨直径相等，但直径较小。该搅拌器的循环能力强、动力消耗小，可应用到很大容积的搅拌容器中。

涡轮式搅拌器是应用较广泛的一种搅拌器，能完成绝大部分的搅拌操作，能搅拌的流体浓度范围很宽，流体的黏度一般不应超过50 Pa·s。

锚式搅拌器适用于黏度在100 Pa·s以下的流体，为了增加搅拌范围，可在桨叶上增加立叶和横梁。

3.7.2 磁力搅拌

磁力搅拌器是实验室常用的混合液体的仪器，主要用于搅拌、加热低黏度的液体或固液混合物。它利用的是磁性物质同性相斥的原理，使旋转的磁场带动容器中带磁性的搅拌子进行圆周运转，从而达到搅拌的目的。磁力搅拌器具有搅拌和加热两个作用，能使反应物混合均匀、温度均匀，并能加快反应速度、蒸发速度，从而缩短反应时间。

金属搅拌子的外面包覆了一层聚四氟乙烯，又称为聚四氟搅拌子，它避免了溶液对内部金属的腐蚀。磁力搅拌器的用途广泛，可根据实验需求选择不同形状的搅拌子。

搅拌过程中应注意检查，如果搅拌子跳动，应先关闭搅拌器，再将烧杯平放在圆盘的正中心，然后再打开电源进行搅拌，以免溶液溅出、造成危险。加热时间不能过长，不搅拌时不能加热，以免局部温度过高、影响反应效果。还应经常检查溶液情况，及时补充溶液，以免干烧造成危险。

3.8　固液混合物的分离

化学实验过程中经常会得到固体和液体的混合物，因而就必然遇到相应的分离问题，常用的有倾析法、过滤法、离心法三种方法。

3.8.1　倾析法

倾析法是指固液混合物中含有的固体颗粒在重力作用下下沉而得到澄清液的分离方法，常用于从液体中分离密度较大且不溶的固体。液体静置后固体能很快沉降到容器的底部，采用倾析法将固体上部的清液倾倒入另一个容器中，并让沉淀尽可能多地留在原容器内，从而实现固体与液体的分离。这种分离方法能避免过滤时固体堵塞滤纸孔而影响过滤的速度。

如需进一步洗涤沉淀，应向盛有固体的容器内加入少量蒸馏水、乙醇等溶剂，将固体和液体充分搅拌，静置并等待固体沉降到容器的底部，再采用倾析法倒去上层溶液。如此反复操作几次，就能将固体清洗干净。

3.8.2　过滤法

过滤法是常用的分离液体与固体的操作方法，当固液混合物通过滤纸等过滤器时，固体就会留在过滤器上，液体则通过过滤器流入接收容器内。

过滤时，液体流经过滤器中的微细孔道时，过滤器两侧的压强不同，该压强差即为过滤的推动力。液体在压强差作用下能通过微细孔道，而微粒或胶状固体物质则被过滤介质阻拦而不能通过。被过滤介质截留的颗粒物质也能起过滤介质的作用，称为滤层。随着过滤过程的进行，滤层厚度逐渐增加，水流所受阻力不断增加、水流量下降。这时可用清水洗涤过滤介质，移走被截留的固体，并及时取走滤层。

过滤时液体的温度、黏度及过滤时的压强、过滤器孔隙大小、固体状态都将影响过滤速度。热溶液比冷溶液容易过滤，溶液的黏度越大过滤速度越慢。减压过滤的速度比常压过滤快。过滤器孔隙尺寸有不同的规格，可根据固体颗粒的大小进行选择。过滤器孔隙太大时会导致沉淀透过，太小时则被沉淀堵塞、过滤速度变慢。固体为胶状时必须先加热一段时间破坏胶体，以免它穿过滤纸。总之，过滤时应考虑各种因素而选用合适的方法，常用的过滤方法有常压过滤、减压过滤和热过滤三种。

1. 常压过滤

该方法最为简便和常用，它利用玻璃漏斗和滤纸进行过滤。漏斗的大小以能容纳固体为宜，根据需要选择定性或定量滤纸。滤纸按孔隙大小分为快速、中速和慢速三种，依据固体物质的性质选择滤纸的类型。如过滤细晶形的 $BaSO_4$ 沉淀时选用慢速滤纸，对于胶状沉淀则必须选用快速滤纸。一般要求沉淀总体积不超过滤纸锥体高度的 1/3，滤纸上沿应比漏斗上沿低 1 cm。圆形滤纸的直径或方形滤纸的边长应为漏斗直径的 2 倍，对折 2 次后放入漏斗中。将超出漏斗高度的滤纸做好标记，取出后在低于漏斗沿 1 cm 处将滤纸剪成扇形，再将滤纸撕去一角，把滤纸展开为圆锥形，放于漏斗内，一边为单层，一边为三层。漏斗的锥角应为 60°，滤纸应完全贴于漏斗壁上。当漏斗锥角大于 60° 时，改变滤纸折叠角度使其与漏斗锥角相适应。过滤有机化合物溶液时，漏斗内常使用与溶液接触面积更大的折叠滤纸。

将滤纸放入漏斗后用食指把滤纸按在漏斗壁上，用洗瓶吹出少量蒸馏水润湿滤纸。如果滤纸与漏斗壁之间有气泡，用手指轻压滤纸赶走气泡，然后向漏斗中加水至几乎达到滤纸上边沿，漏斗颈内应全部被水充满；当滤纸上的水流尽后漏斗颈中应能保持水柱。当漏斗颈无法保持水柱时，用手指堵住漏斗下口，向滤纸和漏斗内壁之间加水，直到漏斗颈及锥体内的大部充满水，将气泡完全排出，这时将纸边压实后再打开下面的手指即可形成水柱。

过滤时将漏斗放在漏斗架上，调整漏斗架高度使漏斗出口靠在接收器的内壁上，滤液将顺着接收器内壁流下。过滤时应先转移溶液，这样就不会因沉淀堵塞滤纸的孔隙而减慢过滤速度，将上层清液在玻璃棒引流下经三层滤纸一侧缓缓流入漏斗中，从而防止液体把单层滤纸冲破。加入漏斗的溶液不能超过滤纸圆锥总容积的 2/3，溶液过多时将从滤纸和漏斗壁间流入接收器，失去过滤作用。然后，再将沉淀转移到滤纸上，用少量蒸馏水洗涤烧杯内壁及玻璃棒，所得蒸馏水也转入漏斗中。

如果需要洗涤沉淀，等溶液转移完成后，向盛有沉淀的容器中加入少量洗涤剂，充分搅拌，待溶液静止沉降后，再把上层溶液倾入漏斗内，反复操作 3 次，最后再把沉淀转移到滤纸上。也可以先将沉淀转移到滤纸上，然后再将少量洗涤剂分几次加入漏斗中洗涤沉淀。

2. 减压过滤

为了提高过滤速度常用减压过滤，此法能获得比较干燥的固体。该方法的过滤速度快，但不适用于过滤胶状或颗粒很细的沉淀，因为这些沉淀能穿过滤纸，或堵塞滤纸孔使溶液难以通过。

减压过滤时要做好准备工作，减压过滤装置由布氏漏斗、抽滤瓶、水泵、安全瓶等组成。抽滤瓶用来盛接滤液，它通过支管与抽气系统相连；漏斗上面有许多孔，在其下端颈部安装橡皮塞，连接时漏斗的斜口应对准抽滤瓶的抽气支管；安全瓶的长玻璃管用来接水泵，短管则用于连接抽滤瓶。水泵起减压作用，其急速的水流不断将空气带走，使瓶内压强减小，在漏斗内的液面与抽滤瓶内形成一个压强差，从而提高过滤速度。在水泵橡皮管和抽滤瓶之间安装的安全瓶能防止关闭水泵时流速改变而引起自来水的倒吸，从而避免沾污或稀释滤液，如果滤液无须保留，可不用安全瓶。

　　将圆形滤纸铺在布氏漏斗中时，应比布氏漏斗的内径略小，应能盖住瓷板上的所有小孔。然后用蒸馏水润湿滤纸，再开启水泵抽气，使滤纸紧贴在漏斗的瓷板上才能进行过滤。在抽气产生的减压状态下，先将澄清的溶液沿玻璃棒倒入漏斗中，液体量不能超过漏斗容量的 2/3。待溶液过滤完后再将沉淀移至滤纸的中间部分，若容器内的沉淀转移不完全，可用过滤所得母液清洗后再转移。当沉淀颗粒较大而溶液体积不大时，可将溶液搅拌，然后迅速将沉淀和溶液倒入漏斗中。抽滤瓶内的滤液面应低于支管的水平位置，以免滤液被抽出。当滤液距离抽滤瓶支管较近时，应拔去抽滤瓶上的橡皮管、取下漏斗，在保持支管向上的同时从抽滤瓶上口倒出滤液，再继续抽滤。在减压过滤过程中，不得突然关闭水泵，以免发生倒吸现象。

　　洗涤沉淀的方法与常压过滤相同，洗涤时应把水阀门开得小一点或停止吸滤，以免洗涤液过滤太快，沉淀无法洗涤干净。在布氏漏斗内洗涤沉淀时，应先停止抽气，滴加少量蒸馏水润湿沉淀表面，再抽气过滤。

　　当过滤至没有液滴滴下时，先将连接抽气支管的橡皮管拔下，再关闭水泵，切不可先关水泵，以免发生倒吸现象。然后，轻轻揭起滤纸边缘，取下滤纸和沉淀，在保持支管向上的同时从抽滤瓶上口倒出滤液。将取下的漏斗倒扣在表面皿上，用洗耳球向漏斗颈口吹气使滤纸与沉淀一起脱出。

　　如果待过滤溶液具有强酸性、强碱性、强氧化性时，用石棉纤维代替滤纸，以免溶液毁坏滤纸；也可采用玻璃砂芯漏斗过滤强酸性、强氧化性溶液，但不能用其过滤强碱性溶液。

　　减压过滤不适用于胶体沉淀的过滤，因为快速过滤时胶体能透过滤纸；颗粒很细的沉淀会因减压的抽吸作用而在滤纸上形成一层密实的沉淀膜，使溶液难以透过，无法达到加速过滤的目的。

　　3. 热过滤

　　热过滤是指使用不同于常规过滤的仪器，使固液混合物的温度保持在一定范围内的过滤过程。它与趁热过滤有明显区别，趁热过滤是指将温度较高的固液混合物直接采用常规方法进行过滤，过滤前应先加热溶液和固体混合物，再将溶液趁热迅速过滤。如果溶液中的固体在温度下降时容易析出晶体，又不希望它在过滤过程中留在滤纸上，这时就要进行热过滤，而不是趁热过滤。

　　热过滤分为热漏斗过滤和无颈漏斗蒸气加热过滤两种方法。前者是将短颈玻璃漏斗放置于铜制热漏斗内，热漏斗内装有热水以维持溶液的温度。玻璃漏斗的颈部要尽量短，以免过滤时溶液在颈内停留时间过久后散热、温度下降时析出的晶体堵塞过滤装置。无颈漏斗蒸气加热法则是将无颈漏斗或除去颈的普通玻璃漏斗置于水浴装置上方，在蒸气加热的时候进行过滤，该法较热漏斗法更加简单可行。

　　过滤前先用少量溶剂润湿滤纸，以免干滤纸吸收溶剂使晶体析出、堵塞滤纸孔。采用热漏斗法以水作溶剂进行过滤时，可边加热边过滤。但使用有机溶剂时，必须在灭火状态下进行过滤，热漏斗内的水温不能高于所用有机溶剂的沸点，温度过高时将引起有机溶剂的大量挥发、晶体析出，进而堵塞漏斗颈，待过滤结束后应再用少许热溶剂淋洗滤纸。

3.8.3 离心法

含有细小颗粒的悬浮液静置不动时，颗粒在重力作用下将逐渐下沉，颗粒下降速度不仅与其大小、形态和密度有关，还与重力场的强度及液体的黏度有关。颗粒密度越大、下沉速度越快，而当颗粒密度小于液体时则会上浮。物质在沉降时还伴随有扩散现象，扩散是无条件的、绝对的，扩散与物质质量成反比，颗粒越小扩散越严重。而沉降是相对的、有条件的，受外力才能运动。沉降与物体质量成正比，颗粒越大沉降越快。而对于颗粒小的微粒，它们在溶液中形成胶体或半胶体状态时，仅利用重力作用无法观察到沉降过程，这是因为颗粒越小，沉降越慢，扩散现象越严重。

离心法是利用离心机转子高速旋转产生的强大离心力加快液体中颗粒的沉降，从而把试样中不同沉降系数和密度的物质同液体分离开。离心机是利用离心力分离液体与固体颗粒或液体与液体混合物中各组分的仪器，主要用于分离悬浮液中的固体颗粒与液体，或分离乳浊液中两种密度不同、互不相溶的液体，也能用于排除湿固体中的液体，如用洗衣机甩干湿衣服的过程。

当被分离的沉淀量很少时应采用离心分离法，因为采用一般过滤方法时沉淀会粘在滤纸上难以取下。而当被分离的溶液量很少时，也应采用离心分离法进行简单迅速的分离。

离心法的具体操作方法如下：将盛有固液混合物的离心管放入离心机的套管内，在其相对位置上放一支装有等体积水的离心管以保持转动平衡；多个试样同时离心时离心管应对称摆放。设置好转速和时间等参数后打开开关，离心机的转速将逐渐增加至设定转速，达到时间后，转速将不断下降，直至自然停下。沉淀将紧密地聚集于离心管的底部尖端，上方的溶液是澄清的，可用一次性滴管小心吸出清液，当离心管体积较大时可采用倾析法倒出溶液。如果沉淀需要洗涤时，可加入少量的溶剂用玻璃棒充分搅动，再进行离心分离，如此操作 3 次即可。离心分离的时间和转速由沉淀的性质决定，对于晶形紧密的沉淀，在转速为 1 000 r/min 时离心分离 1～2 min 即可；而对于无定形的小颗粒、疏松沉淀，应在 2 000 r/min 或更高转速下离心处理更长时间。

使用离心机进行离心分离时应注意以下几点：

(1)离心时必须使用离心管，不能用普通试管代替。

(2)离心管内溶液的量不能超过其容积的 2/3。

(3)启动离心机前必须盖上离心机顶盖。

（4）运转时如有噪音或机身振动等反常响声时，应立即切断电源停机，查明原因、排除故障。

（5）分离结束后先关闭离心机，待离心机停止转动后方可打开离心机顶盖。

（6）任何情况下，都不能用外力强制停止离心机转动，以免损坏离心机，甚至发生危险。

3.9　固液混合物的干燥

在一定温度下，任何含水或溶剂的物料都有一定的蒸气压，当该蒸气压大于周围气体中水汽的分压时，水分将会汽化。汽化所需热量主要来自周围的热气体或其他热源通过辐射、热传导等方式提供的热量。含水物料的蒸气压与水分在物料中的存在方式有关，通常分为非结合水和结合水。非结合水是附着在固体表面和孔隙中的水分，它的蒸气压与去离子水相同；而结合水则是与固体间存在某种物理或化学作用力，汽化时不但要克服水分子间的作用力，还需克服水分子与固体间结合的作用力，其蒸气压低于去离子水，且与水分含量有关。

干燥是指在实验过程中，利用热能使物料中水分等溶剂汽化，并由气体带走所生成热蒸气的过程。干燥时，水分等溶剂从固体内部扩散到表面，再从固体表面汽化。干燥又分为自然干燥和人工干燥两种，包括普通干燥、真空干燥、旋转蒸发、喷雾干燥、冷冻干燥等。其中，最常用的是普通干燥法，将盛装固液混合物的容器放置于鼓风干燥箱中进行干燥，干燥温度通常为 110 ℃左右。

3.9.1　旋转蒸发法

该法采用旋转蒸发仪进行干燥，它是实验室常用的干燥设备，主要用于减压条件下连续蒸馏易挥发性的溶剂。由于蒸馏瓶在不断旋转，即使不加沸石也不会暴沸。蒸馏瓶的不断旋转使液体在蒸馏器壁上形成一层液膜，从而增加了蒸发面积、加快了蒸发速度。

旋转蒸发仪主要由马达、蒸馏瓶、加热锅、冷凝管等部分组成，如图 3-5 所示。

旋转的蒸馏瓶是带有标准磨口接口的圆底烧瓶，常配有相应的恒温水槽对它进行加热。蒸馏瓶通过起回流作用的蛇形冷凝器与减压泵相连接，冷凝器的下端与接收烧瓶相连，用于接收被蒸发的有机溶剂。冷凝器上有两个连接冷却水的接头，一头连接进水，另一头连接出水，一般采用自来水进行冷却。冷凝水的温度越低，冷凝效果越好。冷凝器的上端口通过一个三通活塞连接真空泵，当体系与大气相通时，可以将蒸馏瓶、接液瓶取下，转移溶剂；当体系与减压泵相通时，则处于减压状态。旋转蒸发仪的真空系统可以采用简单的水循环泵，也可以使用带有冷却管的机械真空泵。

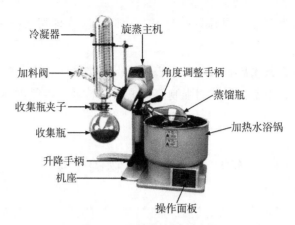

冷凝器 旋蒸主机
加料阀 角度调整手柄
蒸馏瓶
收集瓶夹子 加热水浴锅
收集瓶
升降手柄
机座
操作面板

图 3-5 旋转蒸发仪示意图

一般认为，影响旋转蒸发仪蒸发速度的主要因素是水浴锅的温度、旋转蒸发仪内的真空度、冷凝效率、蒸馏瓶的旋转速度等。容积较大的蒸馏瓶采用中、低转速，黏度大的溶液应采用较低的转速，溶液体积一般不超过蒸馏瓶的 50%。

使用前应检查各瓶口是否密封完好，开机前先将调速旋钮向左旋到最小。按下开关电源，指示灯亮，打开真空泵抽真空，系统开始减压。开启电动机，将调速旋钮慢慢向右旋至所需要的转速，转动蒸馏瓶。加样时可利用真空系统的负压，液体可在加料口上用软管吸入蒸馏瓶。加料时应关闭真空泵、停止加热，待蒸发停止后，再缓缓打开旋塞，以避免倒流。在专门水浴锅中加热蒸馏瓶时，必须先加水才能通电开始加热，温度范围为 0~99 ℃。由于存在加热惯性，实际水温比设定温度高 2 ℃左右，实际使用时可进行修正。

加入试样后再打开控制开关，调节旋钮至最佳转速进行旋转蒸发。通过真空泵的抽吸作用使蒸馏瓶处于负压状态，蒸馏瓶在旋转的同时在水浴锅中恒温加热，负压时瓶内溶液在旋转蒸馏瓶内被加热扩散蒸发。旋转蒸发仪可减压至 400~600 mm Hg 的真空，用加热浴加热蒸馏瓶中的溶剂时，加热温度可接近该溶剂的沸点，同时还可进行转速为 50~160 r/min 的旋转，使溶剂形成薄膜，增大蒸发面积。此外，在高效冷凝器的作用下，能将热蒸气迅速液化，加快蒸发速率。结束时应先停机再通大气，以防蒸馏瓶在转动中脱落。打开加料开关进气，再关闭真空泵，取出收集瓶内的溶剂。

3.9.2 喷雾干燥法

喷雾干燥法是一种利用系统化技术干燥固液混合物的方法，在干燥室中通过机械作用将混合物分散成像雾一样很细的微粒，与热空气接触后，水迅速汽化，从而被干燥。

喷雾干燥机(图 3-6)能同时进行固液混合物的干燥和造粒，是一种连续式的常压干燥设备。干燥时空气经过滤和加热后进入干燥器顶部的空气分配器，热空气以螺旋状均匀地进入干燥室，混合物液体经过顶部的高速离心雾化器成为极细微的雾状液珠，与热空气并流接触后能在极短的时间内被干燥。试样由干燥塔底部经过旋风分离器连续输出，废气则由引风机排空。

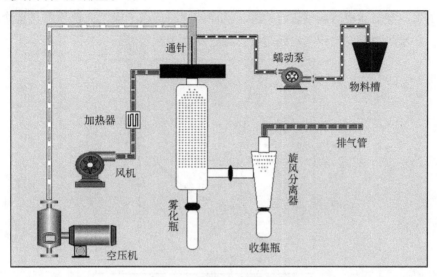

图 3-6　喷雾干燥机示意图

喷雾干燥法的实验流程如下：首先将各部件按要求安装好，按下机器上的绿色启动按钮、打开电源，依次启动风机、空压机。设定目标温度，开启加热器。待进风温度达到目标值时，开启蠕动泵吸入溶液。观察物料的雾化情况及温度变化情况，重新设定风机进风量、进风温度，待温度稳定后，进料干燥溶液，并接收所得干燥粉末试样。将胶管内的溶液全部干燥后，关闭蠕动泵。依次关闭加热器、空压机，待进风温度降至 60 ℃以下时，关闭风机。取下收集瓶，将试样转移到其他容器中存放。关闭电源，待容器完全冷却后拆下通针、喷嘴进行清洗。

该法在雾化时能显著增大水分的蒸发面积，具有较快的干燥速度，能直接从固液混合物、溶液、乳浊液中脱除水等溶剂，获得干燥的粉末状试样，省去了蒸发、粉碎等环节。喷雾干燥法所得试样的颗粒分布比较均匀、残留水分含量较低、颗粒形貌接近球形、堆积密度较大，因此，喷雾干燥法是一种十分理想的干燥方法。但是，没有配备防爆装置的喷雾干燥机不能干燥含有有机溶剂的溶液。

喷雾干燥法的主要优点是：干燥速度快，试样水分含量低，试样纯度高、质量好，过程简单、操作方便，特别适用于热敏性材料的干燥，对于含水量为 40%～60% 的液体能一次干燥形成颗粒试样。

3.9.3　冷冻干燥法

水的相图如图 3-7 所示，图中 O 点的 0 ℃为冰的熔点。根据"压强减小、沸点下降"的原理，只要在三相点压强下(610.62 Pa)、温度低于 0 ℃时，物料中的水分就能从固体不经过液相而直接升华为水汽。根据这个原理，可以先将湿原料冷冻至冰点下，使其中的水分变为固态冰，然后在适当的真空环境下，将冰直接转化为水蒸气，再用真空系统中的水汽凝结器将水蒸气进行冷凝，从而使物料得以干燥。这种利用真空冷冻干燥的方法，是水的物态变化和移动的过程，该过程发生在低温低压条件下。

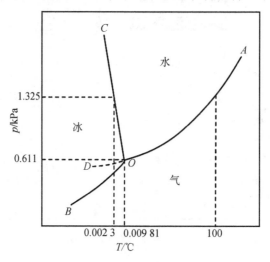

图 3-7　水的相图

冷冻干燥法是利用冰晶升华的原理工作的，在高真空的环境下将已冻结的物料中的水分不经过冰的融化，而直接由固体冰升华为水蒸气，因而冷冻干燥又称为冷冻升华干燥。冷冻干燥前，物料应先在冷冻装置内冷冻后再进行干燥，也可直接在冷冻干燥机的干燥室内经迅速抽真空而冷冻。然后，用冷凝器除去升华生成的水蒸气，升华所需的汽化热量一般用热辐射供给。而采用一般方法干燥时，物料中的水分是在液态下转化为气态的。

下面介绍冷冻干燥时的实验步骤。打开电源、仪器总开关、制冷机开关，降温 40～60 min。将预冻好的物料放到干燥架上，并将干燥架放到设备的冷阱上。检查密封圈是否密封完好，罩上有机玻璃罩。打开真空泵开始抽真空，真空度逐渐下降，干燥过程中真空度低于 20 Pa 即为正常，在干燥过程中不得关闭制冷机。干燥后，关闭真空泵，取下有机玻璃罩，收集干燥物。将设备进行化霜，待化霜结束后，再将设备擦拭干净。冷冻干燥过程中如遇停电，应立即把主机与真空泵的连接卡箍打开，通入空气，并尽快取出试样，妥善存放。

由于真空冷冻干燥是在低温低压下进行的，水分能直接升华，因此赋予试样许多特殊的性能。干燥是在很低的温度下进行的，基本隔绝了空气，从而有效地抑制了热敏性物质发生生物、化学或物理变化，较好地保存了原料中的活性物质，保持了原料的色泽。干燥后物料的性质十分稳定，便于长期贮存。由于物料的干燥是在冻结状态下完成的，与其他方法相比，该法干燥后的物料能保持原来的化学组成和物理性质，其组织结构和外观形态能较好地保存，物料不存在表面硬化问题，其内部形成多孔的海绵状，具有优异的复水性，可在短时间内恢复干燥前的状态。

3.10　有机混合物的分离与提纯

有机混合物的分离与提纯是指将有机混合物中的杂质分离出来以提高试样的纯度。它是一种重要的化学操作方法，必须遵循不增(不引入新杂质)、不减(不减少被提纯物质)、易分离、易复原四个原则，常用的有萃取、蒸馏、回流等方法，在化学实验、化工生产中具有十分重要的作用。

3.10.1　萃取

萃取是使溶质从一种溶剂中转移到另一种与其互不相溶的溶剂中的过程，是有机化学实验中重要的富集或纯化有机物的方法。从固体或液体混合物中获得某种物质的萃取常称为抽提，而从物质中除去少量杂质的萃取常称为洗涤，被萃取的物质可以是固体、液体或气体。

常采用漏斗进行萃取，漏斗颈越长，分层所需时间也越长。球形分液漏斗用于密度比较接近的两种液体时，在分液时两液层的液面中心会下陷形成漩涡状，无法完全分开，当界面接近活塞时，必须缓慢放出液体；而锥角较小的长梨形分液漏斗则无此缺点。

分液漏斗容积应为被萃取液体的 2～3 倍，使用前需在旋塞芯上涂上凡士林，再旋转至透明状态，然后检查是否漏液。分液漏斗顶部的塞子不能涂凡士林。将分液漏斗架在铁圈上，关闭活塞后再依次加入待萃取溶液、萃取剂，总体积不超过漏斗容积的3/4。取下分液漏斗，用右手掌心顶紧漏斗的塞子，手指弯曲并抓紧漏斗颈部，用左手托住下部将漏斗放平，拇指、食指和中指控制漏斗的活塞，然后左手抬高尾部向上倾斜、旋开活塞放气，关闭活塞轻轻振摇，最后再重复上述操作。

使用低沸点溶剂或用 $NaHCO_3$ 溶液萃取酸性溶液时，漏斗内部气压较大，必须及时放气，以免溶液从塞子旁边渗出，冲掉塞子。振摇是为了增加两相的接触面积，迅速达到分配平衡，提高萃取效率。振摇、放气后，将漏斗放回铁圈上，旋转顶部塞子使通气槽对准小孔并静置分层。有机物在下层时，打开活塞将其放入干燥的锥形瓶中，水从漏斗上口倒出；如果有机层在上层，打开活塞缓慢放出水层，将有机溶液从上口倒入干燥的锥形瓶。如果两液层分辨不清，都应保留，可取任一层少量液体加入水，不分层的为水层，分层的则是有机层。

3.10.2　简单蒸馏

将液体加热汽化使其产生的蒸气冷凝液化并收集的过程称为简单蒸馏，也称普通蒸馏,简称蒸馏。它的主要作用是:分离沸点相差较大(30 ℃以上)且不能形成共沸物的液体混合物,除去少量低沸点或高沸点杂质,测定液体的沸点。

实验室中的简单蒸馏装置由加热源、热浴、蒸馏瓶、蒸馏头、冷凝管、温度计、尾接管和接收瓶组成,如图3-8所示。待蒸馏液体的体积不得超过蒸馏瓶容积的2/3,也不应少于1/3。若瓶内液体过多,在沸腾时可能会冲出来混进馏出液中,分离效率降低;若瓶内液体过少,蒸馏瓶中会容纳较多气雾,一部分物料无法蒸出来。

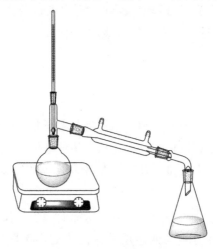

图 3-8　简单蒸馏示意图

蒸馏头可分为传统型和改良型,传统型蒸馏头的支管直接向斜下方伸出,与主管成70°角;而改良型蒸馏头的支管先向斜上方伸出,再拐向斜下方,可避免液体沿内壁流进支管。温度计的最大量程应至少比被蒸馏物的沸点高30 ℃。被蒸馏物的沸点超过140 ℃时选用空气冷凝管,低于140 ℃时选用直形冷凝管。蒸馏低沸点、高含量的液体时选用粗而长的冷凝管。如果被蒸馏物的沸点很低,可选用双水内冷冷凝管,一般不使用蛇形的或球形的冷凝管。如果要蒸馏高沸点、低含量的液体则应选用细而短的冷凝管。接收瓶的大小取决于馏出液体的体积,接收瓶应当是洁净、干燥的,贴上标签并称重,以便称量收集到的液体的质量。

安装时应遵守"自下而上、自左而右"的原则,各接头要对接严密、不漏气,磨口不受侧向的应力。温度计的水银球应全部浸没于气雾中。使用传统型蒸馏头时,温度计水银球的上沿应与支管口的下沿在同一水平线上,如图3-8所示采用改良型蒸馏头时水银球的上沿应与蒸馏头支管拐点的下沿位于同一水平位置。冷凝管的进、出水口应分别位于较低、较高的位置,以使夹套内全部充满水。热源和接收瓶只允许垫高一端,不允许同时垫高。

同一张实验台上安装两台或多台蒸馏装置时,应采取"头对头"或"尾对尾"的方式,不允许首尾相接,以免一台装置的尾气放空处与另一装置的火源太近。

3.10.3 简单分馏

利用分馏柱分离沸点相近的液体混合物中各组分的操作称为分馏。图 3-9 给出的是实验室常用的几种简单分馏柱，图 3-9a 是韦氏分馏柱，它带有数组向心刺，每组有三根刺，各组之间呈螺旋状排列。它不需要填料，液体极少滞留在柱内，易装易洗，但是分离效率低，仅有 2~3 个理论塔板数。图 3-9b 是装有填料的分馏柱，直径为 1.5~3.5 cm，管长根据实际情况确定。图 3-9c 是由 3-9b 改良而来的，由克氏蒸馏头和冷凝管组成，通过调节冷凝管的位置和水流速度能控制回流比，提高分离效率，同时调节加热速度。后两种分馏柱的填料是玻璃珠、玻璃管、玻璃环等。

简单分馏和简单蒸馏的操作基本一致，将待分馏混合物放入圆底烧瓶内，装入沸石，安装好分馏柱、温度计、冷凝管（图 3-9d），温度计水银球的上沿与分馏柱支管口下沿在同一水平位置。选用合适的热浴加热，液体沸腾后注意浴温，使蒸气慢慢升入分馏柱，并在 10 min 后到达柱顶。调节好浴温使每滴液体的蒸出时间为 2~3 s，以便达到良好的分馏效果。根据温度的变化收集不同馏分。

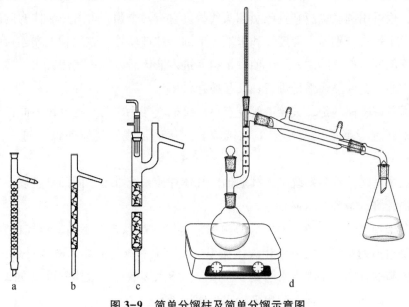

图 3-9 简单分馏柱及简单分馏示意图

3.10.4 减压蒸馏

减压蒸馏的原理是压强下降可以降低液体的沸点。它主要用于纯化高沸点液体，分离(纯化)常压沸点时不稳定的液体，分离在常压下沸点相近、减压时能有效分离的混合物，分离(纯化)低熔点固体。常用的减压蒸馏系统分为蒸馏装置、抽气装置、保护与测压装置三部分，如图 3-10 所示。

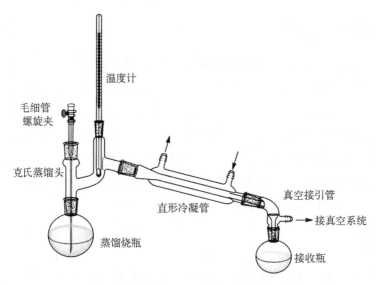

图 3-10　减压蒸馏示意图

减压蒸馏的蒸馏部分与普通蒸馏相似，冷凝管和普通蒸馏相同。减压蒸馏瓶又称克氏蒸馏瓶，也可用圆底烧瓶和克氏蒸馏头代替。它有两个颈，可避免液体沸腾时冲入冷凝管中，两个颈中分别插入温度计和末端为毛细管的玻璃管，玻璃管上端连接的带螺旋夹的橡皮管能调节空气的进入量，使少量空气进入液体后以微小气泡冒出，成为液体沸腾的汽化中心，既使蒸馏平稳进行，又起搅拌作用。

与普通蒸馏不同的是，其接液管上有可供接抽气的小支管，在收集不同馏分时为了保持蒸馏不断进行可采用两尾或多尾接液管，转动接液管就能使馏分进入指定的接收器。

减压蒸馏就是从蒸馏系统中连续地抽出气体并使系统维持不同的真空度。实验室常用水银压强计测量系统的压强。

减压蒸馏通常使液体在 $50 \sim 100\ ℃$ 沸腾，这样对热源要求不高、蒸气也容易冷凝。如果真空度达不到要求，也可以让液体在 $100\ ℃$ 以上沸腾，但如果液体对热比较敏感，则应采用更高的真空度使沸点下降更多。因此，绝大多数有机液体都可以在低真空、中真空，和不太高的温度下被蒸馏出来，很少使用高真空。

减压蒸馏时通常采用水泵、油泵进行减压，水泵能达到的最低压强为室温下水蒸气的压强。水温为 $6 \sim 8\ ℃$ 时水蒸气的压强为 $1\ kPa$ 左右，水温为 $30\ ℃$ 时的水蒸气压强约为 $4.2\ kPa$。

油泵的效能取决于其机械结构及真空泵油的质量，能达到的最低真空度为 $13.3\ Pa$，蒸馏时挥发的有机溶剂、水或酸的蒸气都会损坏油泵、降低真空度。为此，通常在接收器与油泵之间安装缓冲瓶、冷阱、压强计和吸收塔。缓冲瓶能缓冲系统与外界的大气压强差；冷阱则能将通过冷凝管无法冷凝的低沸点物质收集起来，以免进入干燥塔和油泵；装有 $CaCl_2$（或硅胶）、NaOH、切片石蜡等的吸收塔能吸收水汽、酸性气体和烃类气体。

3.10.5　水蒸气蒸馏

水蒸气蒸馏是分离、纯化液体或固体化合物的常用方法，主要适用于以下情况：从大量不挥发杂质中分离有机物，除去不挥发的有机杂质，从较多固体反应物中分离被吸附的液体，除去沸点高且在沸点附近易分解的挥发性液体（固体）有机物中的不挥发性杂质。用水蒸气蒸馏分离（纯化）的化合物必须满足如下条件：不溶于水，在沸腾时不与水发生反应，在 100 ℃ 附近蒸气压超过 1.33 kPa。

水蒸气蒸馏装置由通过 T 形管连在一起的水蒸气发生器和普通蒸馏装置组成，如图 3-11 所示。

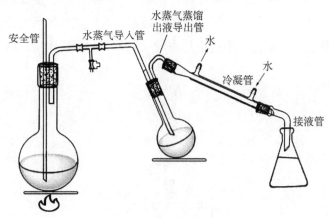

图 3-11　水蒸气蒸馏示意图

水蒸气发生器通常是用铜皮或薄铁板制成的圆筒状釜，其顶部有橡胶塞。一侧装有一根竖直的、两端与釜体连通的玻璃管，其下端插至接近釜底，用以观察釜内水面的升降情况，可以判断蒸馏装置是否堵塞，称为液面计、安全管；另一侧为水蒸气的出气管。实验室内也可以用大圆底烧瓶代替，一般盛水量为容量的 2/3。

T 形管是直角三通管，在一直线上的两管口分别与水蒸气发生器和蒸馏装置相连，第三口向下。靠近蒸馏瓶的一端稍向上倾斜，另一端向下倾斜，以使导气管中受冷的水蒸气冷凝成水，流回水蒸气发生器中，避免蒸馏瓶中积水过多。应注意使蒸气的通路尽可能短一些，以免水蒸气提前冷凝。T 形管向下的一端有一段配有弹簧夹的橡皮管，打开后就能放出冷凝下来的积水。在蒸馏结束或中途停顿时，应打开弹簧夹使系统内外压强平衡，以免蒸馏瓶内的液体倒吸进入水蒸气发生器。

3.10.6　回流

将液体加热汽化，同时将蒸气冷凝液化并流回至原来的器皿中重新受热汽化，这种循环往复的汽化—液化过程即为回流。这是有机化学实验中一种基本的操作，大多数有机化学反应都是在回流条件下完成的。回流液既可以是反应物，也可以是溶剂；当回流液为溶剂时，能将非均相反应变为均相反应，也能为反应提供恒定的温度，即回流液的沸点。回流也应用于重结晶的溶样、连续萃取、分馏等分离纯化实验。

回流装置由热源、热浴、烧瓶、冷凝管组成，如图 3-12 所示。烧瓶可以是圆底烧瓶、平底烧瓶，还可以用锥形瓶、梨形瓶、尖底瓶等代替，装入的回流液体积应为烧瓶容积的 1/4~3/4。根据回流液沸点由高到低分别选择空气冷凝管、直形冷凝管、球形冷凝管、蛇形冷凝管，它们的温度范围没有严格的规定。由于回流时蒸气的升腾方向与冷凝水的流向一致，冷却效果不如蒸馏时好。为了能将蒸气完全冷凝下来，需要提供较大的内外温差，因此空气冷凝管一般应用于 160 ℃ 以上，直形冷凝管应用于 100~160 ℃，球形冷凝管应用于 50~160 ℃，蛇形冷凝管应用于 50~100 ℃，更低的温度需采用双水内冷冷凝管。由于球形冷凝管的适用温度范围最宽，常将其叫作回流冷凝管。除冷凝管的种类外，冷凝管长度、水温、水速也是决定冷却效果的重要因素，应灵活选择。

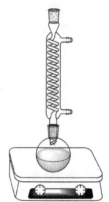

图 3-12　回流装置示意图

常见的球形冷凝管有 4~9 个球泡，其中以五球和六球的冷凝管最常用。回流时蒸气气雾的高度不宜超过两个球泡。使用其他冷凝管时，蒸气气雾的上升高度不超过冷凝管冷凝长度的 1/3。

安装时应按照自下而上的顺序，各磨口应同轴连接，做到严密、不漏气、不受侧向力，一般不涂凡士林，以免其受热熔化流入反应瓶。如果必须涂凡士林，应尽量少涂。可用三角漏斗从冷凝管的上口或三口烧瓶的侧口加入回流液。固体反应物应先加入瓶中，如装置比较复杂，可在安装后再卸下侧口上的仪器，加完物料和沸石后再重新装好。开启冷却水使其自下而上流动，然后开始加热。回流与搅拌联用时不加沸石，待搅拌平稳后再开启冷却水，开始加热。待液体沸腾后调节加热速度、控制气雾上升高度，使其稳定在冷凝管有效冷凝长度的 1/3 处。回流结束时应先移去热源、热浴、停止搅拌，当冷凝管中不再滴下冷凝液时关闭冷却水。

3.11 固体材料的研磨破碎

实验时往往需要颗粒较小的试样，因此将材料进行研磨破碎是十分必要的。固体材料的破碎是指利用外力克服固体的内聚力而使大块固体分裂成小块固体的过程。破碎方法常分为干式破碎（简称破碎）、湿式破碎、半湿式破碎三种。其中，湿式破碎和半湿式破碎在破碎的同时兼有分级分选的处理。按所用外力消耗能量形式的不同，干式破碎又可分为机械破碎和非机械破碎两种方法。机械破碎是利用机械对固体施加外力将其破碎的方法；而非机械破碎则是利用电能、热能等对固体进行破碎的新方法，如低温破碎、热力破碎、低压破碎和超声波破碎等。

3.11.1 破碎机

破碎过程中原固体粒度与破碎产物粒度的比值，称为破碎比。它表示的是固体粒度在破碎过程中减少的倍数，表征固体被破碎的程度。

固体的破碎段数是决定破碎工艺流程的基本指标，它主要取决于破碎的原始粒度和最终粒度。破碎段数越多，流程就越复杂，投资就越多。因此，在条件允许的情况下，应尽量减少破碎段数。为了避免设备的过度磨损，通常采用三级破碎。

破碎所需设备称为破碎机，其类型主要有颚式、旋回式、喂给式、普通齿辊式和双齿辊式。颚式和旋回式破碎机以挤压和剪切力为主，适于破碎硬质材料，颚式破碎机是间断破碎。旋回式破碎机是我国冶金矿山等行业广泛应用的一种粗碎设备，具有能连续破碎、生产效率高、生产能力大、破碎物料硬度高、使用可靠的特点，但设备的质量大、高度大，移动困难。喂给式破碎机是一种破碎中硬度以下物料的破碎机，对中等硬度以上物料的破碎适应性差。普通齿辊式破碎机的应用较多，其辊径大、破碎齿小、破碎片小、过负荷能力差、破碎能力小，不适用于破碎岩石和大块物料。

颚式破碎机俗称颚破，又名老虎口，是由动颚和静颚两块颚板组成破碎腔，模拟动物的两颚运动而进行物料破碎作业的破碎机。

尽管颚式破碎机的结构类型有所不同，但是其工作原理基本相似，只是动颚的运动轨迹有所差别。其破碎过程如下：可动颚板围绕悬挂轴对固定颚板做周期性的往复运动，时而靠近时而离开。当可动颚板靠近固定颚板时，处在两颚板之间的物料受到压碎、劈裂和弯曲折断的联合作用而破碎；当可动颚板离开固定颚板时，已破碎的物料在重力作用下，经破碎机的排样口排出。

破碎比是衡量颚式破碎机的重要评价标，主要的计算方法包括：

（1）用矿石破碎前的最大粒度与破碎后的最大粒度来计算的最大粒度法。我国在选矿厂设计中常采用这种方法，设计时要根据给矿最大粒度来确定颚式破碎机的给矿口宽度。

（2）用颚式破碎机给料口有效宽度和排料口宽度之比来计算，但有些颚式破碎机的排料粒度不是由排料口大小来决定的。

（3）用矿石破碎前后的平均粒度来计算，又称为平均破碎比。

3.11.2　雷蒙磨

雷蒙磨是常用的研磨设备，主要用于研磨莫氏硬度小于 9.3、湿度低于 6% 的非易燃易爆矿物，研磨所得试样粒度在 40~400 目范围内可以调节。整套雷蒙磨是由主机、分析机、风道、旋风分离器、颚式破碎机、提升机、电磁振动给料机等组成，其中雷蒙磨主机则是由机架、进风蜗壳、铲刀、磨辊、磨环、罩壳、电机等组成。

雷蒙磨的工作过程如下：将大块原材料破碎至所需的进料粒度后，由提升机运输到储料仓，然后由电磁振动给料机均匀地输送到主机的磨腔内。磨辊在离心力作用下紧紧地滚压在磨环上，物料在磨辊与磨环之间研磨。位于磨辊下端的铲刀系统起着重要作用，铲刀与磨辊在旋转过程中把物料铲起并抛入磨辊的辊环之间形成垫料层，该料层受磨辊旋转产生的挤压力、碾压力，从而达到被碾碎的目的。研磨后的颗粒由风机的气流带到分析机处进行分级。达到粒度要求的细粉随气流经管道进入旋风分离器内，进行分离收集，再经卸料器排出即为成品。气流再由大旋风收集器上端的回风管吸入鼓风机。达不到要求的粗粉则重新回到磨腔继续研磨。整个气流系统是密闭循环的，并且是在负压状态下循环流动。

3.11.3　行星式球磨机

行星式球磨机是对粉体材料进行混合、粉碎、研磨、分散的设备，特别适用于实验室使用。行星式球磨机在同一转盘上装有四个球磨罐，当转盘转动时，球磨罐在围绕转盘轴公转的同时又围绕自身轴心自转，做行星式运动。它利用磨球与试样在球磨罐内高速翻滚时对试样产生的剪切、冲击、碾压等作用力，达到粉碎研磨的目的。它能采用干、湿两种方法研磨不同粒度的材料，研磨后试样的粒度最低可达到 0.1 μm。

1. 球磨罐的组成

实验时通常需要两个或四个球磨罐，每个罐中加入的磨球、试样、辅料的总质量基本一致，从而保持球磨机平稳运转、减小振动、延长使用寿命。最常用磨球的直径为 10 mm、20 mm 两种。为了获取最佳的研磨效果，大、小球应搭配使用，二者的配比常为 1∶(5~6)，大球用来砸碎试样、分散小球，小球则用来混合、研磨试样。

2. 球、料、水的比例

研磨时的球、料、水比例应利用黄金分割定律确定，即球∶料∶水 = 1.618∶1∶0.618。而实际上球、料、水质量比的常用范围为 (1.4~2.2)∶1∶(0.45~0.58)，其中并没有提到空气，但实际上如果没有足够的空气对水和原料进行冲刷，也就谈不上球磨效率。黄金分割比例是一种最佳的比例，但是还要根据原料、磨球、磨机等实际情况进行综合考虑。

利用金字塔原理和黄金分割定律，考虑球磨机的径向动态运动，研磨时小、中、大三种研磨球的质量比为 $[(1.618+1+0.618)^2-(1+0.618)^2] : [(1+0.618)^2-0.618^2] : 0.618^2$，计算可得三种研磨球的质量百分比分别为 75%、21.35%、3.65%。

3. 球磨机的使用

行星式球磨机的键盘控制面板常用的设定方法如下：按方式键（MODE），通过按"△""▽"键调整到 PF 模式；再按设置键（ENTER），通过按"△""▽"键至需要改变的数码编号；按"△""▽"键修改数据，按设置键（ENTER）确认；通过面板上的电位器调节转速或频率。为了获取最佳的研磨效果，转速、球磨时间等参数要选择恰当。

4. 球磨的基本操作

(1) 研磨试样的直径一般应低于 1 mm。

(2) 包含试样、研磨球、辅料在内的最大装料容积为球磨罐容积的 2/3。

(3) 球磨罐与罐盖之间采用 O 形密封圈密封，再用螺母旋紧。

(4) 真空球磨罐罐盖上有对称的两个抽气管。在抽气管的上方有一个旋钮，顺时针方向旋转能关闭抽气通道，逆时针方向旋转时则打开气路，抽去罐内气体，使之成为真空。抽气后也可充入起保护作用的惰性气体，这样获得的试样杂质含量更低。

(5) 抽完真空后，将抽气的真空橡皮管取下，将球磨罐按正确方法安装在球磨机上。

(6) 先用 V 形把手顺时针压紧，再用水平把手锁紧，以防止螺杆松动，关上安全罩后开始球磨。

(7) 获取微米级材料的最佳球磨转速为 230 r/min，搅拌与混合时常用的转速为 180 r/min，具体转速应根据实验效果确定。当球磨罐盖上磨出球的槽时，说明转速偏高。开始操作时，转速可高一些，此时主要是砸碎试样，2 min 后转速应降低一些，这样球磨效率更高。

3.11.4　研钵

研钵是实验室中研磨材料的常用仪器，用于研磨、混合固体粉末物质。研钵的材质有陶瓷、玻璃、铁、玛瑙等，常用口径大小表示其规格。研钵分为普通型（浅型）、高型（深型）两种。根据被研磨固体的性质和试样的粗细选用不同材质的研钵，常用陶瓷、玻璃研钵进行研磨。研磨坚硬的固体时用铁制研钵，需要精细研磨较少的材料时采用玛瑙研钵。总之，被研磨材料的硬度要比研钵小。

玛瑙研钵由天然玛瑙制作而成，常用于实验室的高级研磨。其优点是无杂质、耐压强度高、耐磨性强、耐酸碱、耐腐蚀性强，可用于研磨酸性材料，研磨后不会有研钵本体物质混入被研磨物中。玛瑙研钵价格较贵，使用时应特别小心，不能研磨硬度过大的物质，更不能与氢氟酸接触。

研磨时研钵应放在不易滑动的台面上，研磨杵应保持垂直。大块的固体只能先压碎再研磨，不能用研磨杵直接捣碎，以免损坏研钵、研磨杵。易爆物质只能轻轻压碎，不能研磨。研磨对皮肤有腐蚀性的物质时，应在研钵上盖上塑料片，然后在其中央开孔，插入研磨杵后再进行研磨，研钵中盛放固体的量不得超过其容积的1/3。

研钵不能加热，严禁将其放入干燥箱中干燥。洗涤研钵时，应先用水冲洗，耐酸腐蚀的研钵可用稀盐酸洗涤。当研钵上附着难洗涤的物质时，可向其中放入少量食盐，研磨后再洗涤干净即可。

3.12　粉末材料的分级

3.12.1　气流分级

气流分级机是一种气流分级设备，是由分级机与旋风分离器、除尘器、引风机组成的分级系统。物料在风机抽力作用下，由分级机下端入料口随上升气流高速运动至分级区，在由高速旋转的分级涡轮产生的离心力作用下，使粗细物料分离。符合粒径要求的细颗粒通过分级轮叶片的间隙进入旋风分离器收集，粗颗粒夹带着部分细颗粒撞壁后迅速下降，沿筒壁下降至二次风口处，在二次风的强烈冲击作用下，粗细颗粒分离。细颗粒上升至分级区进行二次分级，而粗颗粒则下降至卸料口处排出。

气流分级机的转子叶轮为复合双向离心式，叶轮高速旋转时在叶轮下部形成一个负压区，分级筒内的空气由叶轮下部的进风口进入，沿上叶轮流道从出口排出。在控制环作用下气流旋转向上运动，在轴向和周向均存在分速度，气流经分级盘上部空间向内流动，经叶轮上部入口进入下叶轮，从下叶轮出口排出。排出的气流在筒内旋转向下运动，经内筒中部向上流向叶轮下部的进风口，如此循环流动形成交叉循环气流。从星形给料阀输入的物料落在高速旋转的甩料盘上，在离心力作用下甩向挡料环，并向下撒落在分级筒内。粗颗粒物料在交叉气流作用下，从控制环的壁片上滑落至粗料收集器内；细粉则被转子上方中部吸风口的气流输送到下方微粉旋风收集器中，原料被分为粗细两部分。剩余的空气则由转子下方中部吸风口吸入，流经叶片、喷射细粒环、控制环，再从控制环周边向转子上方中部吸风口流回，形成周而复始的连续自动循环。由于分级室温度较高、空气膨胀，随物料进入的多余空气由余风口排出，以保证分级室内气流平衡、稳定。余风口处套装了滤清布袋，使排出的空气不会污染环境。

在高速旋转叶轮作用下流经叶轮的气体压强升高，高压气流流出叶轮后经过喷射细粒环，由于旋转导风叶的叶片设计成曲线形，进口截面积大、出口截面积小，因此出口气流压强降低、速度增大，并且旋向流出，有利于分级。链条使分级点设置的三个调整杆能保持同步运动，调节杆向上(下)移动时，细粉增多(减小)。控制环与喷射细粒环间能形成合适的截面，确保气流流速稳定。

气流分级机不仅能与球磨机、振动磨、雷蒙磨等磨粉设备串联使用，组成闭路循环，还能与多级分级机串联使用，同时生产多个粒度的产品。它主要用于干法微米级产品的精细分级，也能分级球状、片状、不规则形状的颗粒，还能对不同密度的颗粒进行分级。气流分级机的分级效率高达 60% ~ 90%，它的分级效率与物料性质及符合粒度的颗粒含量有关。当物料流动性好、符合粒度要求的颗粒含量高时，分级效率就高；反之则低。分级产品的粒度能实现无级调节。

3.12.2　标准筛分级

1. 标准筛

标准筛指的是符合标准的筛具，是对粉末材料粒度组成进行分析的一套标准筛具，是筛析的主要工具。它是由一套筛孔尺寸大小有一定比例、筛孔宽度和筛丝直径按标准制造的直径为 200 mm 的若干层圆形筛子组成，有筛盖和筛底。标准筛是由指定机构检验、鉴定，认为符合约定的筛子，是规格化的筛具。标准筛有网筛和板筛两种，通常由黄铜、磷青铜、不锈钢制成，筛的网目由金属丝按正方形编织而成。筛框为圆筒形，同一筛框直径的标准筛可以组合使用。

筛号是表示标准筛各种筛孔尺寸的总称，能用目、孔、毫米、微米表示。网目是表示标准筛筛孔尺寸大小的一种方法，一般指单位长度(1 in 或 1 cm)的筛孔数。孔是指 1 cm^2 面积上的筛孔数。筛析时上下两个相邻筛子筛孔尺寸的比值即为筛比。作为基准的筛子称为基筛。只要知道筛比和基筛这两个参数，就能计算出该系列标准套筛中各个筛子的筛孔尺寸。根据筛比和基筛筛孔尺寸的不同，分为不同标准筛制。国际上常用的标准筛制如下：

(1)泰勒标准筛。筛比为 $\sqrt{2} \approx 1.414$，附加筛比为 $\sqrt[4]{2} \approx 1.189$。筛号用网目表示，基筛筛孔为 200 目，即 0.074 mm。每英寸长的孔数为筛号，称为目。

(2)苏联标准筛。筛比为 $\sqrt[20]{10} \approx 1.122$，附加筛比为 $\sqrt[40]{10} \approx 1.059$。筛号用 1 cm 长的筛孔数或微米表示，基筛筛孔为 0.04 mm。

(3)国际标准筛。筛比为 $\sqrt[10]{10} \approx 1.259$，附加筛比为 $(\sqrt[40]{10})^6 \approx 1.41$ 和 $(\sqrt[40]{10})^{12} \approx 1.995$，基筛筛孔为 0.075 mm，筛号用 mm 表示。

(4)德国标准筛。筛号以 1 cm 长度上的筛孔数(目)表示，目数乘以 2.5 为泰勒标准筛的目数。

除此之外，国际上还有英国、日本、美国的标准筛制。我国的水泥厂和陶瓷厂多采用德国标准筛,即公制筛,筛号用 1 cm 长度上的筛孔数(目)和 1 cm² 的筛孔数(孔)表示,目数的平方等于孔数。我国还使用一种采用美国泰勒标准筛制的标准筛,具体如表 3-5 所示,筛号用目表示,即 1 in(2.54 cm)长度的孔数。一般来说,标准筛的目数越大(小),说明物料粒度越细(粗)。因此,使用标准筛时,应注意标准筛的筛制和筛号。

表 3-5 泰勒标准筛的筛号与筛孔直径

筛号(目)	筛孔直径/mm	筛号(目)	筛孔直径/mm	筛号(目)	筛孔直径/mm
5	4.00	120	0.125	460	0.030
10	2.00	140	0.105	540	0.026
20	0.85	170	0.090	650	0.021
40	0.42	200	0.074	800	0.019
60	0.25	240	0.063	1 100	0.013
80	0.18	325	0.044	1 600	0.010
100	0.15	400	0.038	1 800	0.008

2. 标准筛分级

将标准筛按筛孔由大到小、从上到下依次按顺序排列对试样进行分级即为标准筛分级,常用于测定 6 mm 以下物料的粒度组成,各个筛子所处的层位次序称为筛序。

筛分是固体粉末的分离技术,是按颗粒大小用标准筛分级的方法,测定时将已知质量的物料置于筛孔尺寸按大小顺序依次递减的一套筛子内,筛动一定时间后,物料按颗粒大小的不同分别留在各层筛子上,形成若干级。筛分结果用各级的质量占总质量的百分数表示。通过筛孔的粒级称为筛下产物,留在筛上的则称为筛上产物。

筛分一般适用于较粗的物料,即大于 0.5 mm 或 0.25 mm 的物料,又称为筛析。筛分时颗粒主要按其粒度分开,受密度和形状的影响较小。筛分常与粉碎相配合,使粉碎后物料的颗粒大小可以近乎相等,以保证符合一定要求,避免过度粉碎。

各粒级的百分比 C_i 可按下式进行计算,还能获得累积百分比,计算结果一般保留至小数点后一位数字。

$$C_i(\%) = \frac{m_i}{m_0} \times 100\%$$

式中,m_i 为各粒级试样的质量,m_0 为试样的原始质量。

3.13 粉末材料粒度分布的测定

测定试样粒度分布的方法很多,常用的有激光法、筛析法、显微镜法、沉降法等,最常用的是激光法。激光粒度分布测试仪作为一种新型的粒度分布测试仪器,已经在各相关领域获得广泛应用，它的特点是测试速度快、范围宽、重复性好、结果准确、操作简便等。

1. 实验原理

激光粒度分布测试仪是根据颗粒能使激光产生散射这一物理现象来测定粒度的分布，由于激光具有很好的单色性和极强的方向性，所以一束平行的激光在没有阻碍的无限空间中将会照射到无限远的地方，在传播过程中很少有发散现象。典型的激光衍射仪的构造如图 3-13 所示。

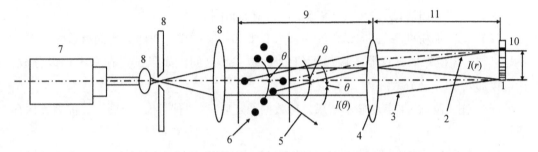

1. 光强探测器；2. 散射光束；3. 透射光束；4. 傅立叶透镜；5. 未被透镜 4 收集的散射光；6. 颗粒群；
7. 光源；8. 光束处理单元；9. 透镜 4 的工作距离；10. 多元探测器；11. 透镜 4 的焦距

图 3-13　激光衍射仪的结构示意图

激光光源通过光束处理单元形成单色、相干、平行的光束。光束经发散、聚焦、过滤、扩展形成接近理想的光束，照射分散的颗粒。将试样稀释至适当浓度后，与分散液体一起通过测量区的光束。有些试样可以用激光束直接照射颗粒流进行测定，如喷雾、气溶胶和液体中的气泡。另一些粉体试样能在适当的液体中分散，在搅拌、超声分散的作用下使颗粒团分离形成稳定的分散状态。干的粉体通过干粉分散器时，颗粒团被机械力分散形成气溶胶。

有两种方式使颗粒进入光束区。通常的方式是颗粒进入聚光透镜前面的有效工作区的平行光束，另一种是反傅立叶光学方式，让颗粒进入聚光镜后边的会聚光束。常规方式在透镜的有效工作距离内允许有一个较宽的散射腔。第二种方式对散射腔宽度有一定的限制，但能测量到大角度方向的散射光，有利于亚微米测定，此法主要用于湿法的测定。

入射光束和分散后的颗粒群相互作用形成不同角度、不同光强的散射图。由透射光和散射光组成的总光强角分布 $I(\theta)$，被透镜系统聚焦到多元探测器上，形成散射图。由大量光电二极管组成的探测器能将光强度的空间分布 $I(r)$，转变成一系列的光电流，电子线路将光电流放大并实现数字化，转化为一系列代表散射图强度或能量的矢量。探测器在许多角度上接收到有关散射图的数值，用适当的光学模型和数学程序对散射数值进行计算，得到各粒度级别的颗粒体积占总体积的比值，从而得到粒度的体积分布。计算机可以控制仪器自动运行，存储探测器接收的信号，运用光学模型计算粒度分布。

2. 测试过程

(1)打开工作电源,开启计算机,待其运行正常后,再开启仪器。

(2)运行仪器控制软件,为保证测试的准确性,将仪器预热 30 min。

(3)点击"仪器调零",可能出现两种情况,当显示"请按空白测试"时,表示仪器可以正常通信,状态正常。而当显示"仪器调零请等待"时,表示仪器和计算机之间没有通信连接,请点击"系统设置""串口号数"对话框,如果当前串口号为"1",改为"2"后仪器即可正常通信。

(4)点击"空白测试",出现"状态正常,请加粉测试"。

(5)点击"加粉准备",向试样池中加入 0.1~0.5 g 试样,粉体为不同材质时,质量不尽相同,但应保证其仪器浓度显示值位于 50~85 之间。如果试样在水中难以分散,还可以加入 1~2 滴分散剂。

(6)点击"测试"将自动显示结果,待数据稳定后点击"保存文件"输入文件名,保存数据。

(7)需要显示测试结果时应点击"结果显示",需要打印测试结果时,点击"结果显示"后再点击"打印"。

(8)将管路清洗三次,还可点击"系统设置"中的"清洗参数设置",根据需要设置清洗次数。

(9)测试结束后,关闭计算机,然后依次关闭仪器电源、计算机电源。

3. 关键参数

测试后将得到粒度分布的结果及曲线,能读懂并理解其中的信息含义至关重要,尤其要准确获取试样的 D_{10}、D_{50}、D_{90} 等关键数值。

(1)粒度:粉体颗粒大小的量度。

(2)粒径:颗粒的一维几何尺寸,球形颗粒的直径就是其粒径。在测量非球形颗粒的粒径时,激光粒度测试仪测出的粒径为该颗粒等效球体体积的直径,单位为 μm。

(3)粒度分布:粉体是由粒径不同的颗粒组成的,一般采用体积频度(累积)分布来表示。

(4)体积频度分布:相邻粒径之间所含颗粒的体积占全部颗粒体积的百分含量。

(5)体积累积分布:对应粒径及以下所含颗粒的体积占全部颗粒体积的百分含量。

(6)累积50%(D_{50}):该粒径及以下的颗粒体积占全部颗粒体积的50%,累积10%(D_{10})、90%(D_{90})等则以此类推。

(7)平均粒径:所测颗粒粒径的平均值。

(8)粒度分布曲线:以粒径(μm)为横坐标、以体积频度(累积)分布的百分含量为纵坐标的曲线。

3.14　试样的采集

取样和检验的目的在于研究物质的组成，调查过程的进行情况，调整实验参数，从而改进过程，提高产品质量。取样是从物料的总体中取出部分物料，就是从大量的分析对象中抽取具有一定代表性的部分试样作为分析材料，这项工作被称为试样的采集，简称取样。随机抽样是均衡、不加选择地从全部试样的各个部分取样，但是随机并不等于随意，要保证所有物料各个部分被抽到的可能性是均等的。代表性取样是根据试样随空间、位置、时间变化的规律，采集能代表其相应部分组成和质量的试样。

正确的取样应遵守：均匀、有代表性，方法与分析目的一致，保持原有的理化指标，防止带入杂质，处理过程简单易行等原则。

3.14.1　试样的加工

从生产过程中所采得的试样的质量一般都比较大，少则几千克，多则几吨。试样的粒度也较大，有时可以大到几百毫米。而分析检验所用的试样往往只需要几克，粒度为 200 目以下。要把试样从几千克、几吨缩分到几克，粒度减小到 200 目以下，必须进行一系列的混匀、缩分、破碎等加工方能达到要求。上述试样的加工过程被称为制样，制样中的各工序是交替进行的，但均应符合最小取样量的要求，从而保证制取的试样具有足够的代表性。

试样的加工程序因用途、要求、试样类别的不同而不同。用作筛分分析的试样应保持原试样的粒度特性不变，因此试样的加工仅限于混匀和缩分，直到选取所需质量即可。用于化学分析试样的加工就比较复杂，不仅需要混匀和缩分，还要进行破碎和筛分，这是因为该用途试样所需质量和粒度很小。原始试样为浆料时的加工过程还包括脱水、干燥等工序。

3.14.2　试样的混合

制样中经常遇到的是试样的混匀与缩分，混匀的方法根据试样粒度和质量的不同，主要有过筛法、机械混匀法、堆锥法等。

过筛法是用标准筛反复进行筛分，筛孔尺寸为最大粒度的 2～3 倍，这种方法适用于颗粒较细且数量较少的物料。机械混匀法是在实验室球磨机分样器及其他特制的机械中进行。

堆锥法是常用的混合方法。将试样按照测定要求磨细后，再通过一定孔径的标准筛，然后混合，将试样堆成圆锥体，用板将其压成平台，再分成四等份，取其中相对的两个扇形体，混合作为保留试样，这种缩分操作方法称为堆锥法。具体操作要视情况而定，该法能反复进行，直到符合要求为止。具体操作如下，见图3-14。

（1）将试样倒在光滑平坦的桌面上，用分样板把试样混合均匀。

（2）将试样从选定中心的正上方倒下，获得圆锥体。

（3）用板将圆锥体压成平台，用分样板在试样上划两条对角线，保留相对的两个扇形为留样。

（4）将剩下的试样混合均匀，再按以上方法反复分取，直至最后剩下的两个对顶扇形的试样接近所需试样质量时为止。

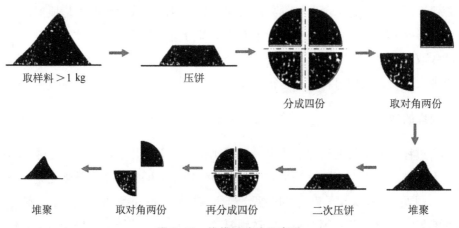

图3-14　堆锥四分法示意图

3.14.3　试样的最小取样量

进行检验的物料应具备如下两个条件：第一要有足够的代表性，能代表物料的全部特性；第二应具有实验所需的质量。我们把所取出的这部分物料称为试样，最小取样量是保证试样均匀的最少试样量。通常情况下，将均匀性检验中所需使用的试样量规定为该物质使用时的最小取样量。影响试样代表性的因素有很多，如试样质量、取样方法、取样点等。采取先进的取样方法，合理确定取样点后，如何确定试样的质量是使试样既有足够代表性，又保证其采取和制备经济性的关键问题。

最小试样质量与试样的粒度、分布特性、有用成分含量与价值、允许误差等有关，其中最重要的是试样的粒度，一般可采用如下经验公式计算：

$$Q = K \cdot d^a$$

式中，Q 是试样最小质量，单位为 kg；d 为试样颗粒的最大粒度，单位为 mm；K 是与矿物的品位、形状、嵌布特性及允许误差有关的系数；a 是反映物料不均匀性的指数。一般情况下，a 取 2，K 取 0.1。

在试样的检验中，当一个试样要满足多种分析项目的要求时，一般认为，该试样的质量只要能满足需要量最大的项目要求，就能满足其他的分析项目。

3.15　试样的存放

干燥后的试样和物品必须存放在干燥环境中，以避免吸收空气中的水分、氧气和二氧化碳，发生反应。

3.15.1　干燥器

干燥器是存放干燥试样、物品的仪器，它是用厚质玻璃制成的。它的上面是一个有磨口边的玻璃盖，磨口边上涂有凡士林，干燥器的底部可以放置变色硅胶等干燥剂，中间是一个带有孔洞的圆形陶瓷板，用于承放待干燥的物品。打开干燥器时，不能直接把玻璃盖向上提，应把玻璃盖沿水平方向推动。打开后的玻璃盖应翻过来反放在桌面上，而不能直接平放在桌面上以免涂有凡士林的磨口污染台面，玻璃盖应平稳摆放在桌面上以免掉落。取放物品后，应及时将玻璃盖盖好，避免进入过多的潮湿空气，必要时可用电热吹风机向干燥器内吹入大量干燥空气。将玻璃盖沿水平方向移动，使其磨口边与干燥器口重合、密封严实。搬动尺寸稍大的干燥器时，必须用双手直接托住干燥器的底部，同时使其处于水平位置，切勿倾斜，以免玻璃盖滑落造成危险。

刚从高温炉中取出的温度较高的坩埚等物品，必须适当冷却后才能放入干燥器内，以免干燥器内的空气受热膨胀，将玻璃盖冲开。放入后，将玻璃盖盖好并留一条缝隙，待物品冷至室温后再完全盖好玻璃盖，这样就能避免冷却后干燥器内压强下降，玻璃盖无法打开的情况。

为了使物品获得更好的存放效果，还可以使用真空干燥器。在干燥器内放入物品盖好玻璃盖后，用真空泵通过活塞孔抽去干燥器内的空气，然后关闭活塞，在真空条件下存放物品。打开干燥器取出物品时，应先缓慢打开活塞，向干燥器内通入空气，当干燥器内的压强等于外界大气压强时，方可打开干燥器。除此之外，其他用法与普通干燥器相同。

在使用干燥器的过程中，应定期检查干燥器口与玻璃盖间的密封性，定期检查变色硅胶的颜色，如蓝色变浅后应尽快取出并进行干燥再生。

3.15.2　干燥剂

干燥剂是指能除去潮湿物质中水分的物质，可分为化学干燥剂和物理干燥剂两类。前者主要通过与水结合生成水合物进行干燥，如 $CaSO_4$ 和 $CaCl_2$ 等；后者则主要通过物理吸附水而进行干燥，如硅胶。就干燥方法而言，干燥剂的作用分为静态干燥、动态干燥两类。静态干燥是将定量的吸附剂与溶液或者空气中的水分经过长时间的充分接触而达到干燥的目的。而动态干燥则是将一定量的吸附剂填充于吸附柱中，使空气、溶液从吸附柱中通过，进行动态吸附。

起物理吸附作用的干燥剂一般作为包装干燥剂使用，发挥防潮作用，从而保证物品的干燥，防止霉菌的生长。它们能方便地放置于家用电器、仪器仪表、电子产品、服装、皮革、鞋、食品、药品等包装内，防止物品受潮霉变或锈蚀。它们在海运途中也有广泛的应用，货物在运输过程中常因湿度大而受潮变质，用干燥剂能有效地去湿、防潮、保障货物质量。

化学吸附干燥剂主要有酸性干燥剂、中性干燥剂、碱性干燥剂三种。酸性干燥剂主要有浓硫酸、P_2O_5，常用于干燥酸性或中性气体，但浓硫酸不能干燥 H_2S、HBr、HI 等还原性强的酸性气体，P_2O_5 不能干燥氨气。中性干燥剂能干燥一般的气体，但无水 $CaCl_2$ 不能干燥氨气和乙醇。碱性干燥剂主要有碱石灰（CaO 与 NaOH、KOH 的混合物）、生石灰（CaO）、NaOH 固体，可用于干燥中性或碱性气体。

3.15.3 常用干燥剂

1. 变色硅胶

变色硅胶是以具有高活性吸附材料的细孔硅胶为原料，经过加工制成的指示型吸附干燥剂。硅胶的主要成分是 SiO_2，外观为蓝色玻璃状颗粒，有球形和块状两种。它以孔径为 2~3 nm、比表面积大于 600 m^2/g 的细孔硅胶为载体，采用一定方法将 $CoCl_2$ 结合在硅胶内部的孔隙表面。变色硅胶对空气中的水蒸气有极强的吸附作用，通过 $CoCl_2$ 结晶水数量的变化而显示出不同的颜色，从而由吸湿前的蓝色随吸湿量的增加逐渐转变成浅红色。

变色硅胶在使用过程中吸附了介质中的大量水蒸气后，吸附能力逐渐下降，可通过加热的方式使其脱附水分，重复使用。再生温度过高时，将引起硅胶孔隙结构的变化，吸附能力下降，因此，加热温度以 100~120 ℃ 为宜，加热再生时应逐步提高温度，以免升温速率过快，引起胶粒开裂。

2. 蒙脱石干燥剂

蒙脱石是由颗粒极细的含水铝硅酸盐构成的层状矿物，是由火山凝结岩等火成岩在碱性环境中蚀变而形成的膨润土的主要组成部分。蒙脱石干燥剂，又称为膨润土干燥剂，外形为小球状，主要有紫色、灰色、紫红等不同颜色。它是以天然蒙脱石为原料，经过干燥活化而制成的干燥剂，不含添加剂和易溶物，是一种无腐蚀、无毒、无公害、绿色环保、价格低廉的干燥剂。它 100% 可降解，可作为一般废弃物处理，是变色硅胶干燥剂的替代品。蒙脱石干燥剂自 20 世纪 80 年代由德国南方化学公司发明后，因其低廉的价格、良好的吸附效果，逐渐成为国际主流的矿物干燥剂。

该干燥剂是纯天然的产物，即使与金属直接接触也无腐蚀性，在不同温度下都具有稳定的吸水性能。它的吸水速度极快、吸附量大，饱和吸湿率大于自身质量的 50%，是传统干燥剂的 1.5 倍。蒙脱石干燥剂适宜在 50 ℃以下吸湿，当温度高于 50 ℃时，其放水速度大于吸水速度。

3. 分子筛干燥剂

自然界中存在天然铝硅酸盐，它们具有筛选分子、吸附、离子交换和催化作用，这种天然物质被称为沸石，人工合成的沸石称为分子筛。

分子筛干燥剂是一种人工合成的对水分子有较强吸附性的干燥剂，它是结晶型的铝硅酸盐化合物，其化学通式为 $(M'_2M)O_2 \cdot Al_2O_3 \cdot xSiO_2 \cdot yH_2O$，其中 M'、M 分别为正一价、正二价阳离子，如 K^+、Na^+ 和 Ca^{2+}、Ba^{2+} 等。这种晶体结构中存在许多均匀的孔道和排列整齐的孔穴，孔径尺寸与分子尺寸为同一数量级，因而分子筛允许直径比其孔径小的分子进入。根据 SiO_2 和 Al_2O_3 分子比例的不同可以得到不同孔径的分子筛，如 3A(钾 A)、4A(钠 A)、5A(钙 A)等。不同孔径的分子筛能将混合物中不同形状和大小的分子分开，因此称为分子筛。

分子筛的吸附是一种物理变化过程，在分子引力的作用下固体表面产生一种"表面力"，当流体流过时，其中的一些分子由于不规则运动而碰撞到吸附剂表面，产生分子的聚集，使流体中的这种分子数目减少，从而达到分离的目的。由于分子筛的孔径均匀，只有当分子的动力学直径小于分子筛孔径时才能进入晶穴内部被吸附，所以，对于气体和液体分子而言，分子筛就犹如筛子一样。由于吸附时不发生化学变化，只要设法消除聚集在表面的分子，分子筛就又重新具有吸附能力，该过程是吸附的逆过程，又称为再生。

由于分子筛晶穴内具有较强的极性，能与含极性基团的分子在分子筛表面发生较强的作用，或者通过诱导使可极化的分子极化从而产生强吸附。这种极性或易极化的分子容易被极性分子筛吸附的特性，体现的是分子筛的吸附选择性。

分子筛不仅能吸附水汽，还能吸附其他气体；广泛用于有机化工和石油化工等行业，是煤气脱水的优良吸附剂，在废气净化上也日益受到重视。分子筛的吸附能力高、选择性强、耐高温，在 230 ℃的高温时仍能很好地吸附水分子。分子筛在超低湿度时，仍然能够大量地吸收环境中的水蒸气，有效地控制环境湿度；它的吸湿速度极快，能在极短的时间内吸收大量水蒸气；在 300 ℃加热干燥后，可以脱去吸附的水及其他气体分子，实现再生。

3.16　无水无氧实验技术

在实验工作中，经常会遇到一些特殊化合物，它们对空气比较敏感，易与水和氧反应，必须采用特殊仪器和无水无氧实验技术才能研究这些化合物。否则，即使采用正确的合成路线和反应条件也无法得到预期产物。一些物质，如金属锂、钠、钾等，它们对空气中的水、氧气、氮气很敏感，易发生剧烈反应，甚至燃烧。有些毒性特别强的物质，如烈性病菌，可能对人体造成严重的危害。因此，必须采用直接保护操作、手套箱操作等无水无氧实验技术。

直接保护操作：对于一些要求不是特别高的体系，可以采用直接向反应体系通入惰性气体置换空气的方法。这种方法简便易行，广泛用于各种常规反应，是最常见的保护方式。惰性气体通常是氮气或者氩气，而对于一些对氮气敏感的物质的操作就必须用氩气。

手套箱操作：必须隔绝空气的复杂操作，一般应在手套箱内进行。手套箱包括有机玻璃外壳手套箱、不锈钢外壳手套箱两种。前者价格便宜，但无法进行真空换气，难以满足低氧、低水的要求，只能在一些要求较低的情况下使用。而价格昂贵的不锈钢外壳手套箱能进行真空抽气，惰性气体比例很高；其装配有可以吸收少量水的分子筛净化柱，能净化氧气的铜触媒材料，达到较低的水、氧含量，从而适用于一些要求较高的无水无氧实验。

在手套箱中开展无水无氧实验时，先对箱体抽真空除去其中的空气，再充入高纯惰性气体，在循环过程中用分子筛、铜触媒催化剂吸附除去少量的水、氧气，从而保证实验环境几乎无水无氧。手套箱在锂（钠）离子电池材料、半导体、超级电容器、特种灯、焊接、材料合成等方面应用广泛，还可用于生物中厌氧菌培养、细胞的低氧培养等。

手套箱的主要实验技术如下：

1. 气体连接

（1）工作气体为瓶装的高纯氮或者高纯氩（体积分数大于 99.999%）。由连接在手套箱上的钢瓶减压阀设定进气压强在 0.4~0.6 MPa 的范围，这是由于压强过低时手套箱不能开启循环，而高于此压强时进气电磁阀不受控制，气体将直接进入手套箱，甚至将手套冲出。清洗时将减压阀调至 0.2 MPa。

（2）再生气体为高纯氮或高纯氩与高纯氢的混合气体，氢气体积分数为 5%~10%。钢瓶上减压阀的工作气压应设为 0.06~0.08 MPa。

2. 物品进出手套箱操作

（1）打开手套箱面板上的水氧分析仪，将水探头保护装置两端的阀门打开，使其处于检测状态，当水、氧分子数量比小于 1×10^{-6} 时，关闭水探头保护装置两端的阀门。将保护装置面板上的水探头旋钮旋至抽气位置，待压强表到达 -0.10 MPa 时，等待 3 s 左右，再旋到清洗位置，直到压强表读数为零。反复操作三次。最后的状态是：旋钮处于关闭位置，压强表指针在零或稍偏高一点的位置。

（2）打开真空泵，确认是使用小仓还是大仓，应尽量使用小仓，以节省气体。

（3）操作小过渡仓。从外面将物品放入手套箱时，检查小仓压强表指针是否在"0"位置，如不是，应将旋钮旋到"清洗"位置，直到小仓压强表指示"0"时，再打开小仓门，放入物品，关闭仓门。将旋钮旋到"抽气"位置，待小仓压强表指示 -0.10 MPa 时，等待 3 s 左右，将旋钮旋到"清洗"位置，直至小仓压强表指示为"0"。如此反复操作三次，确保小仓压强表指示为"0"。按触摸屏上的"设定"按钮，检查并调节"默认值"工作压强的上、下压强分别为 3 mbar、-1 mbar；将手伸入手套打开手套箱内的小仓门，取出物品放入手套箱，关闭小仓门。从手套箱里面取出物品时，确保小过渡仓里面的气体是纯净的惰性气体。如果不是，则要抽三次真空，补充三次气体，再旋开手套箱内的小仓门，把物品放入小仓，关闭手套箱内的小仓门。打开手套箱外面的小仓门，取出物品后关闭小仓门，将上、下压强分别设定为 5 mbar、1 mbar。

(4)操作大过渡仓。从外面将物品放入手套箱时，确认大仓压强表指针是否在"0"的位置，如不是，在面板上打开"补充气体"。直到大仓压强表读数为"0"时，再打开大仓门，按触摸屏上的"过渡仓"按钮，再按"真空操作"按钮。待大仓压强表指示 -0.10 MPa 时，等待 3 s 左右，按"补充气体"按钮直至大仓压强表显示"0"。如此反复操作三次，确认大仓压强表指示为"0"。按触摸屏上的"设定"按钮，调节"默认值"工作压强的上、下压强分别为 3 mbar、-1 mbar；将手从手套伸入，打开手套箱内的大仓门，取出物品，关上大仓门。从手套箱里面取出物品时，要确保大过渡仓里面的气体是纯净的惰性气体。如果不是，则要抽三次真空，补充三次气体，再打开手套箱内的大仓门，放入物品，关闭该大仓门。然后打开手套箱外面的大仓门，取出物品后关闭大仓门，将上、下压强分别设定为 5 mbar、1 mbar。

3. 使用注意事项

(1)如果手套箱内要存放金属锂片，一定要使用高纯氩气，不能使用氮气，因为金属锂会和氮气反应变为黑色。手套箱制造时可能用高纯氮气进行调试，新手套箱调试后，由于箱体不具备除氮功能，箱内会有残余氮气。先放少量金属锂片，观察是否变黑，如变为黑色，需用高纯氩气清洗 5 min，循环 5 min。反复操作多次，直到箱内金属锂片不再变黑时为止。

(2)如果手套箱内有有机溶剂等挥发性物质，应开启有机溶剂吸附器管路以除去有机溶剂。

(3)长时间(一周以上)不使用手套箱时，可以关闭循环，关掉冷却水、真空泵，但不能关闭电源和气源，并将上、下压强分别设置为 5 mbar、1 mbar。如果经常使用则不能关手套箱。长时间停机后再次使用时，应提前 24 h 以上启动手套箱。

(4)意外停电不会对手套箱造成危害，电力恢复后可以正常开启手套箱进行工作，需重新打开循环、分析仪等。如果停电时间较长，需要对箱体进行气体清洗，待箱体水、氧分子数量比降至 200×10^{-6} 以下时才能打开循环。

(5)当箱体长时间循环后，水氧指标不能达到要求时，应进行再生。

(6)在大、小过渡仓里面是负压的情况下，绝对不能打开仓门。

（7）从外面向手套箱里面运送的物品必须进行干燥处理。如果是瓶装非粉末的固体，注意瓶子不能盖瓶盖，以防止抽真空时将盖子抽出，损坏器具，甚至发生危险。如果送入的物品是瓶装液体或粉末时，必须盖紧瓶盖，瓶子应至少能耐-0.01 MPa 的压强，以免抽真空时损坏瓶体，物品散落在过渡仓。过渡仓至少要抽气、补气（清洗）三次后方可将物品送入手套箱内。

（8）打开过渡仓的内盖前，必须确认过渡仓内的气氛是经过处理的，气氛未经过抽气、清洗时，绝对不允许开内盖。

（9）尖锐物品要远离手套。严禁戴手表、戒指等金属物品使用手套；指甲较长、较尖时也不能使用手套，以免损坏手套。

3.17　固体的升华

升华指物质从固态不经过液态直接变成气态的相变过程，其逆过程是凝华。固态物质能够升华的原因是其在固态时具有较高的蒸气压，受热后蒸气压变大，在达到熔点之前蒸气压较高，可以直接汽化。生活中有不少这样的例子，如冰受热直接变成水蒸气的过程是升华；固态碘受热变成碘蒸气的过程也是升华；灯泡用久了会变黑，是因为钨灯丝受热而升华，气体碰到玻璃时遇冷而凝华。

在水的相图（图 3-15）中，在温度和压强低于三相点的部分，有一条气相和固相的交界线，凡是从气相跨过这条交界线变为固相的过程都是凝华，从固相越过这条交界线变为气相的过程则是升华。

升华是吸热过程，升华所吸收的焓称为升华焓或升华热。同一物质升华热的数值永远高于蒸发热。在一定的大气压强下，固体物质的蒸气压与外压相等时的温度，即为该物质在这个压强下的升华点。在升华点时，固体表面和内部都发生剧烈的升华作用。大部分固态物质在升华为蒸气后，还能凝华为

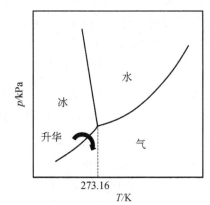

图 3-15　水的升华示意图

与升华前一样的固体，但是有些固体凝华后会形成另外一种结构，比如红磷在升华后再凝华时会形成白磷。

升华是提纯固体有机化合物的常用方法，当混合物中各组分具有不同的挥发度时，能利用升华使容易升华的物质与其他难挥发的物质分离开来，达到分离提纯的目的。易升华物质指的是在其熔点以下具有较高蒸气压的固体物质。如果它与杂质的蒸气压有显著差异，则能取得良好的提纯效果。从茶叶中提取咖啡因时，提取物是黏稠的棕色混合物，它是咖啡因和多种有机杂质的混合物，能用升华法从中提纯咖啡因。将混合物放进

蒸发皿内，用滤纸盖好，再把盛有水的烧杯压在滤纸上，不仅能将滤纸盖严实，还起冷却作用。加热蒸发皿后滤纸上出现的白色结晶就是纯净的咖啡因，这是由于咖啡因受热升华，在温度较低的滤纸上凝华成为结晶，而没有升华的杂质则留在混合物中。

升华法适用于在不太高的温度时有足够大的蒸气压（在熔点前高于 20 mmHg）的固态物质的分离与提纯，具有一定的局限性。升华法的优点是不用溶剂、产品纯度高、操作简便，其缺点是产品损失较大，一般用于少量化合物的提纯。

1. 应用实例

（1）干冰受热变为二氧化碳气体是升华，舞台上看到的雾是利用干冰升华吸收热量，使得周围温度降低，空气中的水蒸气遇冷液化成为小水滴。

（2）升华可以用来冷却物体，运送需要冷冻的货物时常加入干冰，干冰升华时吸热，从而使货物保持低温，但不会使货物受潮。

（3）有些物品含有水分时容易腐烂，需要脱水。冷冻干燥法是使物品脱水的一种方法，先冷冻物品，再降低气压使冰升华。

2. 实验步骤

（1）升华装置。称取 1～2 g 待升华物质（如萘），将其与 NaCl 混合、烘干后磨细，均匀铺放于蒸发皿中。在滤纸上刺出十余个直径为 3 mm 的小孔，将滤纸盖在蒸发皿上。然后，将一个直径稍小于蒸发皿和滤纸的玻璃漏斗罩在滤纸上，用脱脂棉塞住漏斗颈，防止蒸气逸出、产品损失。

（2）加热升华。用酒精灯隔着石棉网加热蒸发皿，慢慢升温，蒸发皿的温度必须低于萘的熔点，当有蒸气透过滤纸上升时，调节灯焰，使其慢慢升华。上升的蒸气遇到温度低的漏斗壁时冷凝形成萘晶体，附着在漏斗壁上或者落在滤纸上。当透过滤纸上升的蒸气减少时，停止加热。

（3）试样收集。用一根玻璃棒或小刀，将漏斗壁和滤纸上的晶体轻轻刮下，置于洁净的表面皿上，即得到纯净的萘试样。然后，称重并计算收率。

下　篇

第4章 材料化学基础实验

实验1 粗食盐的提纯

一、实验目的

(1)学会采用化学法提纯粗食盐。

(2)掌握常压过滤、减压过滤、蒸发浓缩、结晶等基本操作。

(3)掌握食盐中 Ca^{2+}、Mg^{2+}、SO_4^{2-} 的检验方法。

二、实验原理

食盐除了能够食用外,还能用作防腐剂,利用其强渗透能力来杀菌保存食物。食盐在工业上的用途也很广,是一种重要的工业原料。食盐是由粗食盐精制而来的。粗食盐是海水或盐井、盐池中的盐水经煎晒而成的结晶,是天然盐,它的主要成分为 $NaCl$,因其中含有 $MgCl_2$ 等杂质而容易在空气中潮解。

粗食盐中含有杂质,其中的泥沙等不溶性杂质可通过溶解和过滤的方法除去。除此之外,粗食盐中还含有 Ca^{2+}、Mg^{2+}、K^+ 和 SO_4^{2-} 等可溶性杂质,可选择适当的试剂使它们生成难溶的沉淀,从而将其除去。

向粗食盐溶液中加入过量的 $BaCl_2$ 溶液,Ba^{2+} 与粗食盐中的 SO_4^{2-} 发生反应生成 $BaSO_4$,过滤后除去难溶的化合物和 $BaSO_4$ 沉淀,从而除去 SO_4^{2-}。向滤液中加入过量的 $NaOH$ 和 Na_2CO_3 溶液,发生化学反应生成 $Mg(OH)_2$、$CaCO_3$、$BaCO_3$ 沉淀,过滤除去沉淀,从而除去 Ca^{2+}、Mg^{2+} 和 Ba^{2+}。向滤液中加入盐酸,可以中和除去 $NaOH$ 和 Na_2CO_3。各反应的离子方程式如下:

$$Ba^{2+}+SO_4^{2-}=BaSO_4\downarrow$$

$$Mg^{2+}+2OH^-=Mg(OH)_2\downarrow$$

$$Ca^{2+}+CO_3^{2-}=CaCO_3\downarrow$$

$$Ba^{2+}+CO_3^{2-}=BaCO_3\downarrow$$

粗食盐中的 K^+ 和上述沉淀剂都不发生反应,由于相同温度下 KCl 的溶解度大于 $NaCl$,且 K^+ 含量较少,因此,在蒸发和浓缩过程中,$NaCl$ 先结晶出来,而 KCl 则留在溶液中,从而除去其中的 K^+。

三、主要仪器与试剂

（1）主要仪器：电子天平、烧杯、普通漏斗、漏斗架、布氏漏斗、抽滤瓶、真空泵、蒸发皿、量筒、泥三角、石棉网、三脚架、坩埚钳、酒精灯、玻璃棒。

（2）试剂：盐酸（2 mol/L）、NaOH 溶液（2 mol/L）、$BaCl_2$ 溶液（1 mol/L）、Na_2CO_3 溶液（1 mol/L）、$(NH_4)_2C_2O_4$ 溶液（0.5 mol/L）、镁试剂、pH 试纸、滤纸。（如无特别说明，本书后续部分所涉及试剂的级别均为分析纯）

四、实验步骤

1. SO_4^{2-} 的除去

在天平上称取 10 g 粗食盐，将其加入 100 mL 烧杯中，然后再加入 40 mL 蒸馏水，加热搅拌使其溶解。在煮沸的食盐水溶液中，边搅拌边逐滴加入 1 mL $BaCl_2$ 溶液。为检验 SO_4^{2-} 是否已经完全沉淀，将酒精灯移开，待沉淀下降后，向上层清液中滴入 2 滴 $BaCl_2$ 溶液。如清液不变浑浊，表明 SO_4^{2-} 已经沉淀完全；而如果清液变浑浊，则应继续加入 $BaCl_2$ 溶液，直到沉淀完全为止。然后，用小火加热 5 min，使沉淀颗粒长大，便于过滤。用普通漏斗过滤，保留滤液，弃去沉淀。

2. 杂质离子的除去

在滤液中加入适量 NaOH 溶液和 Na_2CO_3 溶液，加热至沸腾。分别取少量溶液于 3 支试管中，检验溶液中是否存在 Ca^{2+}、Mg^{2+}、Ba^{2+}，如果存在，继续加入 NaOH 溶液、Na_2CO_3 溶液，直至完全沉淀。再继续用小火加热煮沸 5 min，用普通漏斗过滤，保留滤液，弃去沉淀。

SO_4^{2-} 的检验：加入两滴 $BaCl_2$ 溶液，观察有无白色的 $BaSO_4$ 沉淀生成。

Ca^{2+} 的检验：加入两滴 $(NH_4)_2C_2O_4$ 溶液，稍待片刻，观察有无白色的 CaC_2O_4 沉淀生成。

Mg^{2+} 的检验：加入 2 滴 NaOH 溶液，使溶液呈碱性，再加入几滴镁试剂，如有蓝色沉淀产生，表示有 Mg^{2+} 存在。

3. 蒸发浓缩

向滤液中逐滴加入盐酸，充分搅拌，再用玻璃棒蘸取滤液在 pH 试纸上进行检验，直至溶液呈微酸性为止，此时 pH 约为 5。将溶液转移至蒸发皿中，放置于泥三角上用小火加热，蒸发浓缩直至溶液呈稀糊状为止，切记不能将溶液蒸干。

4. 结晶

将浓缩液冷却至室温，然后用布氏漏斗进行减压过滤，再将晶体转移到蒸发皿中，放在石棉网上，用小火加热并搅拌，使之干燥，冷却后称取质量。

五、数据处理

提纯后食盐收率的计算：

$$y(\%) = \frac{m_2 - m_0}{m_1 - m_0} \times 100\%$$

式中，m_0 为蒸发皿的质量，单位为 g；m_1 为蒸发皿和提纯前粗食盐的质量，单位为 g；m_2 为蒸发皿和提纯后食盐的质量，单位为 g。

六、思考题

（1）在除去杂质离子时，为什么要先加入 $BaCl_2$ 溶液，然后再加入 Na_2CO_3 溶液？

（2）蒸发浓缩前为什么要用盐酸将溶液的 pH 调至 5？

实验 2　五水硫酸铜的制备及结晶水含量测定

一、实验目的

（1）掌握重结晶提纯物质的原理和方法。

（2）了解测定化合物中结晶水的原理和方法。

二、实验原理

五水硫酸铜（$CuSO_4 \cdot 5H_2O$）俗称胆矾或蓝矾，是最常用的铜盐，常用来制备其他铜的化合物和作为电解精炼铜时的原料。其在电镀、印染、颜料、农药等行业应用广泛。用 $CuSO_4$ 和石灰乳配制的混合液就是常说的无机农药波尔多液，它是一种良好的杀菌剂，可用来防治多种作物的病害。

铜是不活泼金属，不能溶于稀硫酸中，但当有氧化剂存在时，铜可以与热的稀硫酸反应生成 $CuSO_4$。本实验采用浓硝酸（如无特别说明，本书后续部分所涉及浓硝酸均指质量分数为 68% 的硝酸）作氧化剂，将铜与硫酸作用制备 $CuSO_4$，反应的化学方程式为

$$Cu + 2HNO_3 + H_2SO_4 = CuSO_4 + 2NO_2 \uparrow + 2H_2O$$

溶液中除生成 $CuSO_4$ 外，还形成一定量的 $Cu(NO_3)_2$ 和少量的 $FeSO_4$、$Fe_2(SO_4)_3$ 等可溶性杂质及不溶性杂质。不溶性杂质可以过滤除去；$FeSO_4$ 可用 H_2O_2 氧化为 $Fe_2(SO_4)_3$，然后调节溶液的 pH 为 4.0，使其中的 Fe^{3+} 水解成为 $Fe(OH)_3$ 沉淀而过滤除去；至于 $Cu(NO_3)_2$，由于它在水中的溶解度比 $CuSO_4$ 大得多，利用重结晶的方法，使它留在母液中而与 $CuSO_4$ 分离，最后将产品干燥即得纯的 $CuSO_4 \cdot 5H_2O$。

$CuSO_4 \cdot 5H_2O$ 是一种蓝色晶体，在常温常压下很稳定，不潮解。$CuSO_4 \cdot 5H_2O$ 在

干燥空气中会逐渐风化，逐步脱水，在 260~280 ℃时完全脱水，成为白色粉末状的无水 $CuSO_4$。通过称量脱水前后试样的质量，便可计算出结晶水的数目。

三、主要仪器与试剂

（1）主要仪器：电子天平、酒精灯、蒸发皿、表面皿、量筒、烧杯、漏斗、漏斗架、减压过滤装置、沙浴装置、研钵、坩埚、坩埚钳、干燥器、温度计。

（2）试剂：浓硝酸、硝酸（1 mol/L）、硫酸（1 mol/L、3 mol/L）、氨水（2 mol/L）、H_2O_2 溶液（质量分数为 3%）、乙醇（体积分数为 95%）。

四、实验步骤

1. 铜片的净化

在蒸发皿中称取 6 g 剪碎的铜片，加入 15 mL 硝酸（1 mol/L），小火加热片刻后，清洗除去铜片上的污物。加热时间不要过长，以免铜片过多地溶解，影响收率。用倾析法除去酸液，再用水将铜片洗净。

2. $CuSO_4 \cdot 5H_2O$ 的制备

将已净化的铜片置于蒸发皿中，放入通风橱内，加入 38 mL 硫酸（3 mol/L），再缓慢加入 10 mL 浓硝酸。待反应变缓和后，盖上表面皿并用小火加热，在加热过程中，应视反应情况及时补加硫酸和硝酸，直至反应完全，铜片全部溶解。然后，采用倾析法趁热将溶液转移至小烧杯中，弃去不溶物，洗干净蒸发皿，再将溶液倒回蒸发皿内，缓慢加热。蒸发浓缩至表面出现一层结晶膜时停止加热，使溶液逐渐冷却，析出结晶，经减压过滤获得粗 $CuSO_4 \cdot 5H_2O$。

3. $CuSO_4 \cdot 5H_2O$ 的提纯

将粗 $CuSO_4 \cdot 5H_2O$ 放在小烧杯中，加入 5 倍质量的蒸馏水，加热、搅拌直至全部溶解。再加入 3 mL H_2O_2 溶液，继续加热的同时逐滴加入氨水，采用精密 pH 试纸检验，直到溶液 pH 为 4.0。继续加热片刻以除去过量的 H_2O_2，静置使生成的 $Fe(OH)_3$ 沉降，趁热将溶液过滤入蒸发皿中，滴加硫酸（1 mol/L）调节 pH 至 1~2。然后在石棉网上加热蒸发，浓缩至液面出现一层结晶膜时停止加热。再冷却至室温，减压过滤，获得初步提纯的 $CuSO_4 \cdot 5H_2O$。

将上述试样置于小烧杯中，按质量比为 1∶1.1 的比例加入蒸馏水，加热至将近沸腾使其全部溶解。然后慢慢冷却至室温，再用冰水冷却使 $CuSO_4 \cdot 5H_2O$ 大部分析出。最后进行减压过滤，用少量乙醇洗涤晶体并抽干，干燥后称重并计算收率。

4. 结晶水的测定

取一个干净并灼烧恒重的坩埚称重（准确至 0.000 1 g），加入 1.0 g 研细的 $CuSO_4 \cdot 5H_2O$ 并再次称重。然后，将坩埚放在沙浴中，使其 3/4 埋入沙中。但注意不能接触沙浴盘底部，在靠近坩埚的沙中插入一支温度计，其水银球的下端与坩埚底部处于同一水平位置。然后慢慢加热，使温度控制在 260~280 ℃ 的范围内，以免温度过高时 $CuSO_4$ 发生分解。观察试样颜色的变化，直到试样全部变为白色，此时 $CuSO_4 \cdot 5H_2O$ 完全脱水。用坩埚钳将坩埚移入干燥器内，冷却至室温后，用滤纸将坩埚的外表面擦拭干净，称重。然后，再将坩埚按上述方法加热 15 min，冷却后称重。如果两次称量结果相差不大于 0.005 g，即可认为已达到恒重；否则，重复以上操作，直至达到恒重。

五、数据处理

(1) $CuSO_4 \cdot 5H_2O$ 收率的计算：

$$y(\%) = \frac{M_1 \times (m_2 - m_0)}{m_1 \times M_2} \times 100\%$$

式中，m_0 为烧杯的质量，单位为 g；m_1 为铜片的质量，单位为 g；M_1 为铜的摩尔质量，单位为 g/mol；m_2 为烧杯和提纯后 $CuSO_4 \cdot 5H_2O$ 的质量，质量为 g；M_2 为 $CuSO_4 \cdot 5H_2O$ 的摩尔质量，质量为 g/mol。

(2) 结晶水数目的计算：

$$n = \frac{(m_4 - m_5) \times M_4}{M_3 \times (m_5 - m_3)}$$

式中，m_3 为坩埚的质量，单位为 g；m_4 为坩埚和 $CuSO_4 \cdot 5H_2O$ 的质量，单位为 g；m_5 为脱水后坩埚和 $CuSO_4$ 的质量，单位为 g；M_3 为水的摩尔质量，单位为 g/mol；M_4 为 $CuSO_4$ 的摩尔质量，单位为 g/mol。

六、思考题

(1) 除去 Fe^{3+} 时为什么要将溶液的 pH 调为 4.0？pH 太大或太小有什么影响？

(2) 加热蒸发浓缩前，为什么要将溶液的 pH 调为 1~2？pH 太大时会有什么影响？

实验 3　高锰酸钾的制备及含量测定

一、实验目的

(1) 掌握碱熔法分解矿石的原理和方法。

(2) 掌握各种价态锰的化合物的性质以及它们之间相互转化的条件。

二、实验原理

高锰酸钾（$KMnO_4$）是黑紫色、细长的棱形颗粒，带有金属光泽，具有强氧化性。

$KMnO_4$ 的用途十分广泛，在化学工业生产中被广泛用作氧化剂，在医药领域常被用作防腐剂、消毒剂、除臭剂、解毒剂，在水质净化、废水处理时能氧化 H_2S、酚、铁、锰等多种污染物，在气体净化时能除去痕量的硫、砷、磷、硅烷、硼烷、硫化物，在采矿冶金时能从铜中分离钼，从锌和镉中除去杂质，还可作为化合物浮选时的氧化剂。

作为过渡元素，Mn 存在从+2到+7的不同氧化态，Mn 的常见氧化态是+2、+4、+6、+7，不同氧化态的化合物拥有不同的颜色，形成的 Mn^{2+}、Mn^{3+}、MnO_4^{2-}、MnO_4^- 等水合离子的颜色分别为浅桃红色、红色、绿色、紫色。通过改变反应条件，Mn 从一种氧化态可以转变为其他的氧化态。

MnO_2 是制备其他氧化态锰化合物较为合适的原料，它是最重要的锰（IV）化合物，其稳定性主要来源于它的不溶性。软锰矿的主要成分为 MnO_2，将其与碱混合，在空气中共熔后，便可制得墨绿色的 K_2MnO_4 熔体。其反应式如下：

$$2MnO_2 + 4KOH + O_2 = 2K_2MnO_4 + 2H_2O$$

本实验是以 $KClO_3$ 作为氧化剂制备 K_2MnO_4，其反应的化学方程式为

$$3MnO_2 + 6KOH + KClO_3 = 3K_2MnO_4 + KCl + 3H_2O$$

K_2MnO_4 溶于水后，将在水溶液中发生歧化反应生成 $KMnO_4$，其反应式如下：

$$3K_2MnO_4 + 2H_2O = MnO_2 + 2KMnO_4 + 4KOH$$

加入醋酸（HAc）或通入 CO_2 气体可促进反应进行。

$$3K_2MnO_4 + 4HAc = 2KMnO_4 + MnO_2 + 4KAc + 2H_2O$$

$$3K_2MnO_4 + 2CO_2 = 2KMnO_4 + MnO_2 + 2K_2CO_3$$

但是，即使在最理想的情况下，K_2MnO_4 的转化率也只能达到67%，尚有33%转变为 MnO_2。所以，为了提高 $KMnO_4$ 的转化率，较好的方法是电解 K_2MnO_4 溶液，所发生的反应如下：

$$2K_2MnO_4 + 2H_2O \xrightarrow{\text{电解}} 2KMnO_4 + 2KOH + H_2\uparrow$$

$$阳极：2MnO_4^{2-} - 2e^- \rightarrow 2MnO_4^-$$

$$阴极：2H_2O + 2e^- \rightarrow H_2\uparrow + 2OH^-$$

三、主要仪器与试剂

（1）主要仪器：电子天平、铁坩埚、坩埚钳、铁搅拌棒、研钵、烧杯、量筒、布氏漏斗、抽滤瓶、蒸发皿、漏斗、直流稳压器、安培计、导线、镍片、防护镜、玻璃棒、容量瓶、锥形瓶、移液管、水浴装置、酸式滴定管。

（2）试剂：MnO_2、KOH、$KClO_3$、硫酸（1 mol/L）、HAc 溶液（6 mol/L）、$H_2C_2O_4$ 标准溶液（0.050 0 mol/L）。

四、实验步骤

1. K_2MnO_4 溶液的制备

分别称取 5 g 固体 $KClO_3$ 和 10 g 固体 KOH 放入铁坩埚中，混合均匀，用坩埚钳将坩埚夹紧，固定放在铁架上，戴上防护镜。然后，采用小火加热，待混合物熔合后，一边用铁棒进行搅拌，一边将 8 g MnO_2 慢慢地分批加入。如果反应剧烈、熔融物溢出，则移去热源。当熔融物的黏度逐渐增大时，应用力进行搅拌以防止结块或者粘在坩埚壁上。待反应物干涸后，提高温度继续加热 5 min。

待熔融物冷却后，从坩埚中取出置入研钵中研磨，再移入烧杯，用 70 mL 蒸馏水分三次在 250 mL 烧杯中浸取，加热的同时不断搅拌以使其溶解。将三次浸取液合并，并用铺有石棉纤维的布氏漏斗进行减压过滤，获得墨绿色的 K_2MnO_4 溶液。如果容器壁或手上有难洗去的 MnO_2 棕色附着物，用加有少量硫酸的草酸洗液洗去，用过的洗液应倒回原瓶中继续使用，直至失去去污能力。

2. 用 K_2MnO_4 制备 $KMnO_4$

（1）电解法：把制得的 K_2MnO_4 溶液倒入烧杯中，加热至 60 ℃，然后装入电极，其中阳极为光滑的镍片（12.5 cm×8 cm），阴极为粗铁线（直径为 2 mm），其总面积为阳极的 1/25，电极间距为 1 cm。装好后接通电源，电压为 2.5 V，阳极、阴极的电流密度分别为 6 mA/cm^2、150 mA/cm^2。

这时可以观察到阴极附近有气体（氢气）放出，墨绿色的溶液转变为紫红色，电解时溶液中 KOH 浓度不断升高，电解效率越来越低。当 KOH 浓度达到 110 g/L 时，K_2MnO_4 转化为 $KMnO_4$ 的速度已经十分缓慢，此时它已大部分转化为 $KMnO_4$。用玻璃棒蘸取一些电解液，如果观察到的是紫红色而无明显的绿色，可认为已电解完毕。电解约 120 min 后，烧杯底部可以观察到一层 $KMnO_4$ 晶体。

停止通电，取出电极，用铺有尼龙布的布氏漏斗将晶体抽干、称重。电解液应回收，而不能直接作为废水排放。以每克湿试样 3 mL 蒸馏水的比例，将制得的粗 $KMnO_4$ 晶体加热溶解，趁热过滤、冷却、结晶，抽滤至干，将晶体置于表面皿上放于干燥箱内，在 80 ℃时干燥 60 min，冷却。

（2）化学法：将软锰矿熔块溶于水后，加入 HAc 溶液或通入 CO_2，直至其中的 K_2MnO_4 全部转化为 $KMnO_4$ 和 MnO_2。用玻璃棒蘸一些溶液滴在滤纸上，如果只显紫色而无绿色，即认为已转化完毕。然后，用布氏漏斗抽滤，弃去 MnO_2 残渣。将滤液转入蒸发皿中，浓缩至表面析出 $KMnO_4$ 晶体，再冷却，抽滤至干。然后按照前述方法重结晶、干燥。

3. $KMnO_4$ 含量的测定

准确称取 1 g $KMnO_4$ 试样于小烧杯中，用少量蒸馏水溶解并全部转移到 250 mL 容量瓶内，稀释至刻度。若含有不溶性杂质，则应先用漏斗将溶液过滤。

用移液管移取 25 mL $H_2C_2O_4$ 标准溶液加入锥形瓶内，再加入 25 mL 硫酸，混合均匀后，在水浴中将溶液加热到 $60 \sim 80\ ℃$，然后用 $KMnO_4$ 溶液进行滴定。滴定开始时，$KMnO_4$ 溶液的紫红色褪色很慢，应慢慢滴加 $KMnO_4$ 标准溶液，等加入的第一滴 $KMnO_4$ 溶液褪色后，再加第二滴。当滴定过程中产生 Mn^{2+}，反应速度加快后，才可以加快滴加速度。滴定过程中发生的反应如下：

$$2KMnO_4 + 5H_2C_2O_4 + 3H_2SO_4 = K_2SO_4 + 2MnSO_4 + 10CO_2 \uparrow + 8H_2O$$

当加入 1 滴 $KMnO_4$ 溶液摇匀后，溶液的紫红色在 30 s 内不褪去，表明反应已达到了终点。

五、数据处理

$KMnO_4$ 质量分数含量的计算：

$$w(\%) = \frac{c_1 \times V_1 \times 2}{W \times V_0 \times 5} \times 250 \times \frac{M_0}{1\ 000} \times 100\%$$

式中，V_0 为滴定时 $KMnO_4$ 溶液的用量，单位为 mL；V_1 为滴定时 $H_2C_2O_4$ 标准溶液的用量，单位为 mL；c_1 为滴定时 $H_2C_2O_4$ 标准溶液的浓度，单位为 mol/L；W 为 $KMnO_4$ 试样的质量，单位为 g；M_0 为 $KMnO_4$ 的摩尔质量，单位为 g/mol。

六、思考题

(1) 用 KOH 熔融软锰矿(MnO_2)过程中应注意哪些安全问题？

(2) 比较正七价锰与正六价锰化合物在不同介质和条件下的稳定性，怎样能使它们之间相互转化？

实验 4　电离平衡与沉淀反应

一、实验目的

(1) 巩固电离平衡的概念及影响因素。

(2) 巩固溶度积、同离子效应、盐效应等概念及沉淀的生成、溶解和相互转化的条件。

二、实验原理

1. 弱电解质的电离平衡

根据电解质导电能力的大小，可将电解质分为强电解质和弱电解质，弱电解质在水溶液中的电离过程是可逆的，在一定条件下建立的平衡称为电离平衡。以 HAc 为例，其电离平衡常数 K 的计算方法如下：

$$HAc \rightleftharpoons H^+ + Ac^-$$

$$K_a^\ominus = \frac{c(H^+) \cdot c(Ac^-)}{c(HAc)}$$

电离平衡是化学平衡的一种，有关化学平衡的原理都适用于电离平衡。同离子效应是电离平衡移动中常见的离子效应。同离子效应指在弱电解质的电离平衡体系中，加入含有与弱电解质相同离子的易溶的强电解质时，电离平衡向着生成弱电解质的方向移动，使弱电解质的电离程度减小，例如：

$$HAc \rightleftharpoons H^+ + Ac^-$$

$$NaAc = Na^+ + Ac^-$$

NaAc 的加入，使得 HAc 电离程度减小。

2. 缓冲溶液

弱酸（碱）与其共轭碱（酸）的混合液在一定程度上能抵抗外来的少量酸、碱或稀释作用，使溶液 pH 的变化很小，这种溶液称为缓冲溶液。

弱酸及其共轭碱的 pH 计算公式为

$$pH = pK_a^\ominus - \lg \frac{c(弱酸)}{c(共轭碱)}$$

弱碱及其共轭酸的 pH 计算公式为

$$pH = 14 - pK_b^\ominus - \lg \frac{c(弱碱)}{c(共轭酸)}$$

3. 盐类水解平衡

盐类水解是由组成盐的离子与水电离出来的 H^+ 或 OH^- 相互作用生成弱酸（或碱）的过程，水解反应的结果使溶液呈碱（或酸）性。水解过程也是一个可逆过程，水解度一般不大，其值大小取决于盐的本性及温度、浓度等外在条件。水解生成的弱酸（或碱）越弱或水解产物的溶解度越小，盐越易水解；升高温度或稀释溶液都可增加水解度。由于盐的水解致使不同盐的水溶液具有不同的酸碱性，利用水解反应可进行化合物的合成及物质的分离。

4. 难溶电解质的电离平衡

在难溶电解质的饱和溶液中，未溶解的难溶电解质和溶液中的离子间存在着多种离子平衡，例如：

$$AgCl \rightleftharpoons Ag^+ + Cl^-$$

$$K_{sp}^\ominus = c(Ag^+) \cdot c(Cl^-)$$

系统中的溶度积（离子积）为 $Q_{AgCl} = c(Ag^+) \cdot c(Cl^-)$，根据平衡移动原理，有下述溶度积规则：

$Q_c > K_{sp}^{\ominus}$，溶液达到过饱和状态，有沉淀产生；

$Q_c = K_{sp}^{\ominus}$，溶液达到饱和状态；

$Q_c < K_{sp}^{\ominus}$，溶液未达到饱和状态，无沉淀或沉淀溶解。

当溶液中含有数种离子，加入的试剂可产生几种沉淀时，不同离子会依次先后产生沉淀，这种现象叫分步沉淀。由溶度积规则可知，体系中哪一种难溶电解质的离子积 Q_c 先达到其溶度积 $K_{sp}^{\ominus}$，它就先沉淀出来，因此适当控制条件，可利用分步沉淀的方法进行离子的分离。

有时候，采用一般方法不能溶解的沉淀可借助于某种试剂将其转化为另一种沉淀再溶解，这种将一种沉淀转化为另一种沉淀的方法叫沉淀的转化。如 $CaSO_4$ 不溶于酸，但若将其转化为 $CaCO_3$，就可用酸溶解，其转化的离子方程式为

$$CaSO_4(s) + CO_3^{2-} = CaCO_3(s) + SO_4^{2-}$$

沉淀转化的难易程度可由平衡常数的大小来判断。如上例，可进行如下计算。

$$K^{\ominus} = \frac{c(SO_4^{2-})}{c(CO_3^{2-})} = \frac{c(SO_4^{2-})}{c(CO_3^{2-})} \times \frac{c(Ca^{2+})}{c(Ca^{2+})} = \frac{K_{sp}^{\ominus}(CaSO_4)}{K_{sp}^{\ominus}(CaCO_3)} = \frac{9.1 \times 10^{-6}}{2.8 \times 10^{-9}} = 3.25 \times 10^3$$

显然，沉淀的转化程度很大，就是说，这个反应的转化条件为

$$c(CO_3^{2-}) \geqslant 3.1 \times 10^{-4} \times c(SO_4^{2-})$$

三、主要仪器与试剂

（1）主要仪器：离心机、离心试管、试管、水浴、酒精灯。

（2）试剂：浓盐酸（如无特别说明，本书后续部分所涉及浓盐酸均指质量分数为 36% ~ 38% 的盐酸）、盐酸（0.1 mol/L、1 mol/L、2 mol/L、6 mol/L）、HAc 溶液（0.1 mol/L、0.2 mol/L、2 mol/L）、NaOH 溶液（0.1 mol/L、2 mol/L）、氨水（0.1 mol/L、2 mol/L、6 mol/L）、H_2S 饱和溶液、$H_2S(g)$、NaAc 溶液（0.2 mol/L、0.5 mo/L）、Na_2CO_3 饱和溶液、$Al_2(SO_4)_3$ 饱和溶液、$FeCl_3$ 溶液（0.1 mol/L、2 mol/L）、$SnCl_4$ 溶液（0.5 mol/L）、Na_2SO_4 溶液（0.001 mol/L、0.1 mol/L、0.2 mol/L）、$CaCl_2$ 溶液（0.001 mol/L、0.1 mol/L、0.2 mol/L）、硝酸（2 mol/L）、NH_4Cl 溶液（0.1 mol/L、1 mol/L）、NaCl 溶液（0.1 mol/L、0.2 mol/L）、NaAc、NH_4Cl、$BiCl_3$、AgCl、甲基橙指示剂（质量分数为 0.1%）、酚酞指示剂（质量分数为 0.1%）、Pb(Ac)$_2$ 试纸。如下溶液的浓度为 0.1 mol/L：HCOOH 溶液、Na_2S 溶液、NH_4Ac 溶液、$(NH_4)_2C_2O_4$ 溶液、$H_2C_2O_4$ 溶液、$MgCl_2$ 溶液、$AgNO_3$ 溶液、Pb(NO$_3$)$_2$ 溶液、K_2CrO_4 溶液、Na_2CO_3 溶液、$BaCl_2$ 溶液。如下溶液的浓度为 0.2 mol/L：Na_3PO_4 溶液、Na_2HPO_4 溶液、NaH_2PO_4 溶液、$CuSO_4$ 溶液、$ZnSO_4$ 溶液、$MnSO_4$ 溶液。

四、实验步骤

1. 酸、碱溶液的 pH

用广泛 pH 试纸分别测定浓度为 0.1 mol/L 的盐酸、HAc 溶液、HCOOH 溶液、NaOH 溶液和氨水等的 pH，并与计算值进行比较。

2. 同离子效应

(1)在试管中加入 2 mL HAc 溶液(0.1 mol/L)和一滴甲基橙指示剂，摇匀后观察溶液的颜色。再将溶液分别装于两支试管中，其中一支加入少量 NaAc 固体，摇动至固体全部溶解为止，观察溶液颜色的变化，并说明其原因。

(2)以 0.1 mol/L 的氨水为例，设计实验证明同离子效应，应选用何种指示剂?

(3)在试管中加入 2 mL H_2S 饱和溶液，将湿润的 $Pb(Ac)_2$ 试纸移近管口，检验是否有 H_2S 气体逸出。再将其分别装入两支试管中，一支试管中滴加 NaOH 溶液(2 mol/L)使溶液呈碱性，检验是否有 H_2S 气体产生；向另一支试管中加入盐酸(6 mol/L)使溶液呈酸性，检验是否生成 H_2S 气体，解释并写出反应的化学方程式。

综合上述，讨论影响平衡移动的条件。

3. 缓冲溶液

(1)取 2 mL 的 NaCl 溶液(0.2 mol/L)，用广泛 pH 试纸测定其 pH。然后将其分为两份，分别滴加 2 滴 0.1 mol/L 的盐酸和 NaOH 溶液，摇晃均匀后分别测量 pH。

(2)分别取 10 mL 浓度为 0.2 mol/L 的 HAc 溶液和 NaAc 溶液，混合摇晃均匀后，用精密 pH 试纸(4.0~6.0)测量 pH。

比较实验结果，说明缓冲溶液对酸碱的抵抗作用。

4. 盐类的水解平衡

(1)用 pH 试纸分别测定 NaCl 溶液、Na_2CO_3 饱和溶液(0.2 mol/L)、$Al_2(SO_4)_3$ 饱和溶液以及浓度为 0.1 mol/L 的 NH_4Cl 溶液、Na_2S 溶液、$FeCl_3$ 溶液、NH_4Ac 溶液等的 pH。

(2)用 pH 试纸分别检测浓度为 0.2 mol/L 的 Na_3PO_4 溶液、Na_2HPO_4 溶液、NaH_2PO_4 溶液的 pH，并与计算结果进行比较。

(3)用酚酞作指示剂，探讨温度对 NaAc 溶液(0.5 mol/L)水解的影响。

(4)向两支含有 1 mL 蒸馏水的试管中分别加入 3 滴 $SnCl_4$ 溶液(0.5 mol/L)和 $FeCl_3$ 溶液(2 mol/L)，再用水浴加热，观察溶液的变化。用离心机进行离心分离，沉降后除去清液，分别向沉淀中加入 1 mL 浓盐酸，观察产生的现象。

(5)在试管中加入少量 $BiCl_3$ 固体，加少量水摇匀后观察有何现象产生。用 pH 试纸测定溶液的 pH，然后加入少量盐酸(6 mol/L)，查看沉淀是否溶解。若将溶液稀释会有什么变化，为什么?

(6)在装有 2 mL $Al_2(SO_4)_3$ 饱和溶液的试管中，加入 4 mL Na_2CO_3 饱和溶液，有什么现象发生？如现象不明显可稍微加热，设法证明沉淀是 $Al(OH)_3$，并写出反应的化学方程式。

5. 沉淀的生成

(1)溶度积规则的应用。混合等体积浓度均为 0.001 mol/L 的 Na_2SO_4 溶液和 $CaCl_2$ 溶液，再混合等体积的浓度为 0.2 mol/L 的 Na_2SO_4 溶液和 $CaCl_2$ 溶液，观察现象，并用溶度积规则进行解释。

(2)溶液酸度对沉淀生成的影响。分别向两支试管中加入 1 mL 的 $CaCl_2$ 溶液 (0.1 mol/L)，再分别向试管中加入 5 滴 $(NH_4)_2C_2O_4$ 溶液、$H_2C_2O_4$ 溶液，各有什么现象发生？在含有 $H_2C_2O_4$ 溶液的试管中加入 5 滴盐酸(6 mol/L)，观察现象。再加入稍过量的氨水(6 mol/L)，观察现象，并判断沉淀是 CaC_2O_4 还是 $Ca(OH)_2$？给出具体的判断方法。

在两支试管中分别加入 1 mL 浓度为 0.1 mol/L 的 $FeCl_3$ 溶液和 $MgCl_2$ 溶液，用 pH 试纸测定其 pH。然后分别滴加 NaOH 溶液(0.1 mol/L)直至沉淀刚好出现为止；再测定溶液的 pH。比较开始形成 $Fe(OH)_3$ 和 $Mg(OH)_2$ 沉淀时溶液的 pH 是否相同，并进行解释。

在三支试管中分别加入 1 mL 浓度为 0.2 mol/L 的 $CuSO_4$ 溶液、$ZnSO_4$ 溶液、$MnSO_4$ 溶液，再分别加入 0.5 mL 盐酸(1 mol/L)，混合均匀后通入 H_2S 气体，观察哪支试管中将有沉淀产生。在没有产生沉淀的试管中加入少量 NaAc 固体使溶液 pH 为 4~5，再观察哪支试管中会生成沉淀。向最后一支试管中加几滴氨水(2 mol/L)至有沉淀产生，测定溶液的 pH，并通过计算解释上述现象。将上述硫化物离心分离，弃去清液，沉淀用少量蒸馏水洗涤，备用。

6. 沉淀的溶解

(1)分析所得 CuS、ZnS、MnS 沉淀是否溶于 HAc 溶液(2 mol/L)，不溶者进行离心分离，弃去清液。再检验是否溶于盐酸(2 mol/L)，不溶者进行离心分离，弃去清液。检验沉淀是否溶于硝酸(2 mol/L)，必要时可稍加热。

(2)移取 2 mL $MgCl_2$ 溶液(0.1 mol/L)于试管中，加入数滴氨水(2 mol/L)至形成沉淀，所形成的沉淀是什么？再向此溶液中加入数滴 NH_4Cl 溶液(1 mol/L)，观察沉淀是否溶解，并解释。

(3)分别向三支试管中加入 1 mL 浓度为 0.1 mol/L 的 Na_2CO_3 溶液、K_2CrO_4 溶液、Na_2SO_4 溶液，再各加入 1 mL 相同浓度的 $BaCl_2$ 溶液，经过离心分离，获得沉淀，用少量蒸馏水洗涤沉淀两次。分别检验所得三种沉淀在 2 mol/L 的 HAc 溶液、2 mol/L 的盐酸和 6 mol/L 的盐酸中的溶解情况。这三种沉淀的 $K_{sp}^{\ominus}$ 相差不大，但在酸中的溶解性却有很大差别，为什么？

（4）实验氨水（2 mol/L）与 AgCl 的反应情况，并写出反应的化学方程式。

7. 分步沉淀

（1）分别取 2 滴浓度为 0.1 mol/L 的 $AgNO_3$ 溶液和 5 滴浓度为 0.1 mol/L 的 $Pb(NO_3)_2$ 溶液置于试管中，加入 5 mL 蒸馏水稀释，摇匀后，再逐滴加入同浓度的 K_2CrO_4 溶液，不断振荡试管，观察沉淀颜色的变化。说明生成的沉淀分别是什么，并解释。

（2）分别采用浓度为 0.1 mol/L 的 Na_2SO_4 溶液、K_2CrO_4 溶液、$Pb(NO_3)_2$ 溶液，设计一个分步沉淀的实验。

8. 沉淀的转化

分别取 2 mL 浓度为 0.1 mol/L 的 $AgNO_3$ 溶液、K_2CrO_4 溶液于一支试管中，振荡后观察沉淀及溶液的颜色。再向其中加入 NaCl 溶液（0.1 mol/L），边滴加边振荡，直至沉淀颜色发生转变为止。由此可得出什么结论？并计算该反应的平衡常数。

五、实验记录

根据实验现象写出相应反应的化学方程式。

六、思考题

（1）为什么 NaH_2PO_4 溶液、Na_2HPO_4 溶液、Na_3PO_4 溶液分别显微酸性、微碱性、碱性？

（2）分别将 $BaSO_4$ 转化为 $BaCO_3$、Ag_2CrO_4 转化为 AgCl，哪种转化更容易？

实验 5　过氧化钙的制备及含量测定

一、实验目的

（1）掌握过氧化钙的制备原理和方法。
（2）掌握过氧化钙含量的测量方法。

二、实验原理

过氧化钙又称二氧化钙，化学式为 CaO_2，是白色或淡黄色结晶粉末，常温下的干燥产物比较稳定，难溶于水，不溶于乙醇、乙醚等有机溶剂。加热至 315 ℃ 时，CaO_2 开始分解为 CaO 和单质氧，在 400~425 ℃ 时 CaO_2 完全分解。

CaO_2 能溶于稀酸生成 H_2O_2，在潮湿环境或水中会缓慢地分解，释放出氧气。由于具有遇水放氧、无毒、不污染环境的特点，CaO_2 是一种用途广泛的优良供氧剂，常用于鱼类养殖、农作物栽培、污水处理等方面。向 CaO_2 中加入少量有机酸还能调节 pH，控制释氧速度，每 100 g 质量分数为 60% 的工业级 CaO_2 可提供约 13 g 有效氧。

制备 CaO_2 的方法主要有 $CaCl_2$ 法和 $Ca(OH)_2$ 法。$CaCl_2$ 法是将 $CaCl_2$ 溶解于水中，在搅拌的同时依次加入 H_2O_2、氨水，该反应在 0 ℃ 时进行。其反应的化学方程式如下：

$$CaCl_2 + H_2O_2 + 2NH_3 \cdot H_2O + 6H_2O = CaO_2 \cdot 8H_2O + 2NH_4Cl$$

而 $Ca(OH)_2$ 法则是将 $Ca(OH)_2$、NH_4Cl 与水混合后，在 0~5 ℃ 时加入 H_2O_2 进行反应。二者都要进行离心分离，得到 $CaO_2 \cdot 8H_2O$，再于 150~200 ℃ 干燥脱水后获得 CaO_2。

在酸性条件下，CaO_2 与酸反应生成 H_2O_2，再用 $KMnO_4$ 标准溶液滴定，即可测得其含量。其离子方程式如下：

$$5CaO_2 + 2MnO_4^- + 16H^+ = 5Ca^{2+} + 2Mn^{2+} + 5O_2 \uparrow + 8H_2O$$

三、主要仪器与试剂

(1)主要仪器：电子天平、干燥箱、酸式滴定管、烧杯、减压过滤装置。

(2)试剂：$CaCl_2 \cdot 2H_2O$、盐酸(2 mol/L)、H_2O_2 溶液(质量分数为 30%)、氨水(浓氨水与水的体积比为 1∶4)、$MnSO_4$ 溶液(0.05 mol/L)、$KMnO_4$ 标准溶液(0.020 0 mol/L)。

四、实验步骤

1. CaO_2 的制备

称取 10 g 固体 $CaCl_2 \cdot 2H_2O$ 于 100 mL 烧杯中，加入 7 mL 蒸馏水使其溶解，再加入 33 mL H_2O_2 溶液，边搅拌边滴加氨水，之后置于冰水中冷却 30 min。然后进行减压过滤，用少量冷水洗涤晶体 3 次，再减压过滤抽干晶体。取出晶体置于干燥箱内，在 150 ℃ 下干燥 1 h，冷却后备用。

2. CaO_2 含量的测定

用电子天平准确称取 0.1 g CaO_2 置于 250 mL 烧杯中，再依次加入 40 mL 蒸馏水、10 mL 盐酸使其溶解。然后，加入 0.8 mL $MnSO_4$ 溶液，用 $KMnO_4$ 标准溶液进行滴定，直至溶液呈微红色，在 30 s 内不褪色即为终点。

五、数据处理

CaO_2 含量质量分数的计算：

$$w(\%) = \frac{5 \times c_0 \times V_0 \times M_1}{2 \times m_1 \times 1\,000} \times 100\%$$

式中，c_0 为 $KMnO_4$ 标准溶液的浓度，单位为 mol/L；V_0 为滴定所消耗的 $KMnO_4$ 标准溶液的体积，单位为 mL；M_1 为 CaO_2 的摩尔质量，单位为 g/mol；m_1 为称取 CaO_2 的质量，单位为 g。

六、思考题

(1)制备 CaO_2 产物中的主要杂质是什么？如何提高 CaO_2 的收率？

(2)为什么用稀盐酸代替稀硫酸来调节反应溶液的酸性？对测定结果有无影响？

实验6　氧化铁黄的制备

一、实验目的

(1)了解用亚铁盐制备氧化铁黄的原理和方法。

(2)掌握氧化铁黄制备的基本方法。

二、实验原理

Fe_2O_3 常用作颜料，按颜色分为氧化铁红、氧化铁黄、氧化铁黑，氧化铁红、氧化铁黑和氧化铁黄混合可制成氧化铁棕。

氧化铁黄又称为羟基铁，简称铁黄，黄色粉末状，是 Fe_2O_3 的一水化合物，化学式为 $Fe_2O_3 \cdot H_2O$ 或 $FeO(OH)$。它是一种化学性质比较稳定的碱性氧化物，不溶于碱，微溶于酸，在热浓盐酸中可完全溶解。它的热稳定性较差，加热至 $150\sim200\ ℃$ 时开始脱水，当温度升至 $270\sim300\ ℃$ 时迅速脱水变为氧化铁红。

铁黄无毒，具有良好的颜料性能，作为涂料使用时，其遮盖力强，因而获得广泛应用。氧化铁黄在各类混凝土预制件和建筑制品材料中作为颜料、着色剂，能直接调入水泥中使用，用于墙面、地坪、天花板、停车场以及面砖、地砖、屋瓦、水磨石等；适用于各种涂料着色，包括水性内外墙涂料、油性漆、玩具漆、装饰漆、家具漆等；能用于热固性塑料、热塑性塑料、橡胶制品的着色；还可以用于各类化妆品、纸张、皮革的着色。

本实验制取铁黄时采用的是湿法亚铁盐氧化法，主要分为两个阶段。

1. 晶种形成阶段

铁黄是晶体结构，必须先形成晶核，才能长大成为晶种，因此制备晶种是关键的一步。形成铁黄晶种的过程大致分为两步：

(1)氢氧化亚铁胶体的生成。在一定温度下，向 $(NH_4)_2Fe(SO_4)_2$ 溶液中加入碱液，立即生成胶状 $Fe(OH)_2$，由于其溶解度非常小，晶核的生成速度相当快。为使晶种颗粒细小均匀，应在充分搅拌下进行反应。

(2)$FeO(OH)$ 晶核的形成。将 $Fe(OH)_2$ 进一步氧化生成铁黄晶种，反应的化学方程式如下：

$$4Fe(OH)_2 + O_2 = 4FeO(OH) + 2H_2O$$

正二价铁被氧化成正三价铁的过程十分复杂，必须控制好反应温度（20~25 ℃）和 pH（4~4.5）。如果溶液的 pH 为近中性、偏碱性，可得到由棕黄到棕黑，甚至黑色的一系列过渡色；pH>9 时形成铁红晶种；而 pH>10 时将失去晶种的作用。

2. 铁黄的制备

在氧化阶段，除了主要氧化剂 $KClO_3$ 外，空气中的氧也将参加反应。氧化时必须升温至 80~85 ℃，溶液的 pH 调节为 4~4.5，所发生的化学反应如下：

$$4FeSO_4 + O_2 + 6H_2O = 4FeO(OH) + 4H_2SO_4$$

$$6FeSO_4 + KClO_3 + 9H_2O = 6FeO(OH) + 6H_2SO_4 + KCl$$

氧化过程中，沉淀的颜色变化顺序依次为灰绿、墨绿、红棕、淡黄。

三、主要仪器与试剂

（1）主要仪器：电子天平、pH 计、烧杯、电炉、恒温水浴槽、蒸发皿、布氏漏斗、抽滤瓶。

（2）试剂：$(NH_4)_2Fe(SO_4)_2 \cdot 6H_2O$（CP）、$KClO_3$（CP）、NaOH 溶液（2 mol/L）、$BaCl_2$ 溶液（0.1 mol/L）、pH 试纸。

四、实验步骤

称取 8 g $(NH_4)_2Fe(SO_4)_2 \cdot 6H_2O$ 晶体置于烧杯中，加水 10 mL，在恒温水浴中加热至 25 ℃，不断搅拌使其溶解，可能有部分晶体不溶解，测定此时溶液的 pH。再慢慢滴加 NaOH 溶液，边滴加边搅拌，直至溶液 pH 为 4 时停止滴加，观察反应过程中沉淀颜色的变化情况。

另外，称取 0.25 g $KClO_3$ 加入上述溶液中，搅拌后测定溶液的 pH。将水浴温度升到 85 ℃进行氧化反应，不断滴加 NaOH 溶液，直至溶液的 pH 为 4 时停止加入 NaOH 溶液。

由于可溶盐难以清洗干净，因此要用 60 ℃左右的水洗涤最后生成的淡黄色颜料，直至溶液中基本没有 SO_4^{2-} 时为止。抽滤所得的黄色颜料，将其转入蒸发皿中。在水浴加热下进行烘干，干燥后称重。

五、数据处理

铁黄收率的计算：

$$y(\%) = \frac{(m_2 - m_0) \times M_1}{m_1 \times M_2} \times 100\%$$

式中，m_0 为蒸发皿的质量，单位为 g；m_1 为 $(NH_4)_2Fe(SO_4)_2 \cdot 6H_2O$ 晶体的质量，

单位为 g；m_2 为蒸发皿和干燥后铁黄的质量，单位为 g；M_1 为 $(NH_4)_2Fe(SO_4)_2 \cdot 6H_2O$ 晶体的摩尔质量，单位为 g/mol；M_2 为铁黄的摩尔质量，单位为 g/mol。

六、思考题

(1)分析由亚铁盐制备铁黄时反应条件的影响。

(2)为什么制得铁黄后要用水浴加热干燥？

实验7　无水二氯化锡的制备及熔点测定

一、实验目的

(1)掌握制备无水金属卤化物的方法。

(2)学习熔点仪的使用方法。

二、实验原理

无水二氯化锡($SnCl_2$)又名氯化亚锡，是单斜晶系白色的结晶，常用于染料、香料、制镜、电镀等行业，还能用作还原剂、媒染剂、脱色剂和分析试剂，以及用于 Ag、As、Mo、Hg 的测定。在酸性化学镀锡时作主盐使用；在玻璃制镜工业中用作 $AgNO_3$ 的敏化剂，可使镀膜亮度更好；在工程塑料电镀时使镀层结合牢固，不易脱落。

作为无水金属卤化物，$SnCl_2$ 的一般制备方法有四种：直接合成法、水合卤化物脱水法、氧化物卤化法以及由一种卤化物转化成为另一种卤化物的卤素交换法。

本实验采用的是水合卤化物脱水法，即先用 Sn 与浓盐酸作用制得水合二氯化锡($SnCl_2 \cdot 2H_2O$)，然后将其用醋酸酐脱水制得 $SnCl_2$。为了防止正四价锡化合物的生成，在反应时保持锡过量，蒸发浓缩过程在二氧化碳气氛中进行。为了提高反应速率，选用锡花作为反应物，在反应过程中添加少量的浓硝酸或饱和氯水。

在反应中控制盐酸加入量，盐酸过量时得到的 $SnCl_2$ 少，这是因为生成了 $SnCl_3^-$，在反应过程中要避免盐酸损失过多，因此本实验采取回流方式，防止盐酸挥发。

三、主要仪器与试剂

(1)主要仪器：电子天平、显微熔点测定仪、圆底烧瓶、烧杯、电炉、冷凝管、铁架台、水抽气泵、抽滤瓶、布氏漏斗、干燥器、浓缩蒸发器、温度计、二氧化碳钢瓶、载玻片。

(2)试剂：锡花、浓盐酸、浓硝酸、醋酸酐(100%)、无水乙醚。

四、实验步骤

1. $SnCl_2$ 的制备

(1)称取 1 g 锡花置于 25 mL 的圆底烧瓶中,用 250 mL 的烧杯作水浴槽放在电炉上。将圆底烧瓶放入水浴中,调整好位置,固定在铁架台上,装上冷凝管,通入冷却水。从冷凝管的上端口加入 4 mL 浓盐酸和 1 滴硝酸,然后在 95 ℃回流 0.5 h,观察反应进行的情况。

(2)将反应后圆底烧瓶内的上部清液迅速转移到浓缩蒸发器中,在二氧化碳气氛保护下加热蒸发,直到蒸发器壁上有少量 $SnCl_2$ 微粒出现,或者仅剩下 2 mL 溶液时为止,停止加热。在继续通入二氧化碳气流条件下,冷却、结晶、抽滤,如果母液很少或近干时可不抽滤,得到 $SnCl_2 \cdot 2H_2O$。

(3)冷却后,向蒸发器中加入 8 mL 醋酸酐,脱水即可得到 $SnCl_2$。抽滤至较干状态,用少量乙醚冲洗三次。称量后,在干燥器中保存。

2. $SnCl_2$ 熔点的测定

(1)按要求安装显微熔点测定仪。

(2)取 0.1 mg $SnCl_2$ 放在照明孔上方的载玻片上,接通电源,按操作方法调节好待测试样的图像。

(3)按下开关键,指示灯亮,加热台通电升温。当温度接近试样熔点以下 10 ℃左右时,控制升温速率为 2 ℃/min;当温度接近熔点时,升温速率尽可能地慢些。

(4)从目镜中观察待测试样从初熔到全熔的过程,通过温度计读出相应的温度。

(5)记录测得的 $SnCl_2$ 熔点,并与标准值进行对比。

(6)测定结束后,关闭电源,停止加热。待冷却后,按规定进行仪器的清洁工作。

五、数据处理

$SnCl_2$ 收率的计算:

$$y(\%) = \frac{m_2 \times M_1}{m_1 \times M_2} \times 100\%$$

式中,M_1 为锡的摩尔质量,单位为 g/mol;M_2 为 $SnCl_2$ 的摩尔质量,单位为 g/mol;m_1 为锡花的质量,单位为 g;m_2 为 $SnCl_2$ 的质量,单位为 g。

六、思考题

(1)在溶解锡花过程中,用冷凝器回流的是什么液体?这一步发生了什么化学反应?

(2)为什么要在二氧化碳气氛中进行蒸发、结晶?

实验 8　熔点的测定

一、实验目的

（1）了解熔点测定的方法和意义。

（2）掌握通过测定纯有机化合物的熔点来校正温度计的方法。

二、实验原理

晶体化合物的固液两态在一定压力下达到平衡时的温度即为该化合物的熔点。纯粹的固体有机物一般都有固定的熔点。在一定压强下，固液两态之间的变化是非常敏锐的，自初熔至全熔的熔点范围称为熔程，通常为 $0.5 \sim 1$ ℃。如果物质中含有杂质，则其熔点往往比纯物质低，熔程变长。因此，测定熔点对于鉴定纯有机物、定性判断固体化合物的纯度至关重要。

物质的温度与蒸气压的关系如图 4-1 所示。图 4-1a 表示的是该物质固体的蒸气压随温度升高而增大；图 4-1b 表示的是该物质液体的蒸气压随温度升高而增大；图 4-1c 是 4-1a 与 4-1b 的加合，由于固相的蒸气压随温度变化的速率较液相的大，两曲线相交于 M 处，此时固液两相同时并存，所对应的温度 T_M 即为该物质的熔点。

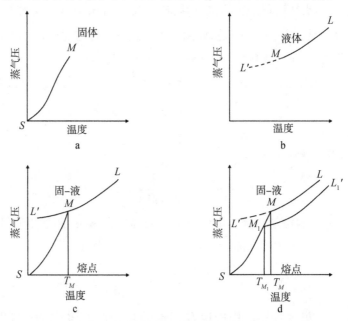

图 4-1　物质的温度与蒸气压的关系图

根据拉乌尔（Raoult）定律可知，当含有非挥发性杂质时液体的蒸气压降低，此时的液相蒸气压随温度变化的曲线如图 4-1d 中 M_1L_1' 所示，固-液相在 M_1 点达到平衡，杂质越多，熔点越低。

在测定过程中，应做到熔点管干净、密封完好，试样颗粒较细、无杂质，升温速率稍慢，从而减小误差。

三、主要仪器与试剂

（1）主要仪器：表面皿、玻璃棒、毛细管、熔点管、温度计。

（2）试剂：浓硫酸。

四、实验步骤

1. 试样的装入

将少许试样放于干净表面皿上，用玻璃棒将其研细并汇集成一堆。把毛细管开口一端垂直插入试样中，使一些试样进入管内。然后，把该毛细管倒过来，垂直在桌面轻轻上下振动，使试样进入管底。再用力在桌面上下振动，尽量使试样装紧密，试样高度约为 2 mm。擦干净熔点管外的试样粉末，以免污染热浴液体。装入的试样一定要研细、夯实，否则将影响测定结果。

2. 熔点的测定

按图 4-2 所示，连接好测定装置，放入加热液浓硫酸，用温度计水银球蘸取少量加热液，小心地将熔点管黏附于水银球壁上，用一小段橡皮圈套在温度计和熔点管的上部。将附有熔点管的温度计小心地插入加热浴中，用小火加热。开始时，升温速率可以快些，当传热液温度低于该化合物熔点约 10~15 ℃时，调整火焰使温度每分钟仅上升 1~2 ℃，当接近熔点时，升温速率更加缓慢，每分钟约上升 0.2~0.3 ℃。为了保证热量有充分时间由管外传至毛细管内使固体熔化，升温速率是准确测定熔点的关键。另外，我们不可能同时观察温度计读数和试样的变化情况，只有缓慢加热才能减小此误差。试样开始塌落并有液相产生时（初熔）的温度至固体完全

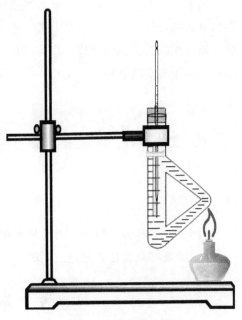

图 4-2　熔点的测定装置

消失时（全熔）的温度，即为该化合物的熔程。在加热过程中，注意试样是否有萎缩、变色、发泡、升华、碳化等现象，并做好记录。

熔点测定至少要重复两次，每次都必须使用新的熔点管重新装试样。不得将已测过熔点的熔点管冷却，待试样固化后再进行第二次测定。因为某些化合物可能已经部分分解，有些化合物加热后会转变为具有不同熔点的其他结晶形式。

测定未知物的熔点时，应先对试样进行一次粗测，加热速度可以稍快，获得大致的熔程。待加热液温度降至熔点以下 30 ℃左右时，再另取一根已装好试样的熔点管进行准确的测定。

熔点测定后，温度计的读数须对照校正曲线进行校正。一定要等加热浴冷却后，再将硫酸倒回瓶中，温度计冷却后先用纸擦去硫酸才可用水冲洗，以免硫酸遇水发热，温度计破裂。

3. 温度计的校正

水银温度计是实验室最常用的测温仪器之一，测定时温度计的误差将影响实验的准确性。在测定时，实测熔点有可能与标准熔点相差 1~2 ℃，因此温度计的偏差是一个重要因素，如温度计中的毛细管孔径不均匀、刻度不够精确。其次，温度计刻度有全浸式和半浸式两种。全浸式的刻度是在温度计的汞线全部均匀受热的情况下刻出来的。在测定熔点时仅有部分汞线受热，而加热液上露出来的汞线温度，由于玻璃和水银的膨胀较小，较全部受热时低。另外，长期使用的温度计，其玻璃也可能发生形变而使刻度不准。

为了校正温度计，可用一套标准温度计与它进行比较，该方法称为比较法。也可采用纯有机物的熔点作为校正的标准。校正时选择几种已知熔点的纯有机物作为标准试样，以实测的熔点为纵坐标，以实测熔点与标准熔点的差值为横坐标作图，可得到校正曲线。利用该曲线能直接读出任一温度下的校正值。

五、实验记录

记录试样开始塌落形成液相时的温度 T_{b0}、固体完全消失时的温度 T_{b1}，试样的熔程为 $T_{b0} \sim T_{b1}$。

六、思考题

(1)试样研磨得不细时，对装样有何影响，所得熔点是否可靠？

(2)检查熔点管是否完全封闭时，能否用嘴吹气的方法？为什么？

实验 9　蒸馏及沸点的测定

一、实验目的

(1)理解蒸馏的原理与意义。

（2）掌握蒸馏装置的安装与操作。

（3）掌握沸点的测定方法。

二、实验原理

沸点是指液体的表面蒸气压与外界压强相等时的温度。纯净液体受热时，其蒸气压随温度的升高而迅速增大，当蒸气压与外界大气压强相等时，液体开始沸腾，此时的温度就是该液体的沸点。由于外界压强对液体的沸点影响很大，所以常把液体在101.325 kPa下测得的沸腾温度定义为该物质的沸点。

在一定压强下，纯净液体物质的沸点是固定的，沸程较小。如果液体中含有杂质，沸点就会发生变化，沸程增大。因此，可以通过测定沸点来检验液体有机物的纯度。但是，并非具有固定沸点的液体就一定是纯净物，因为某些共沸混合物也具有固定的沸点。沸点是液体有机物的特征常数，在物质的分离、提纯和使用中具有重要意义。

1. 常量法测定液体有机物的沸点

国家标准 GB/T 616—2006《化学试剂　沸点测定通用方法》规定了液体有机试剂沸点的测定方法，它适用于受热易分解、氧化的液体有机试剂的沸点测定。将盛有待测液体的试管由三口烧瓶的中口加入瓶中，距瓶底 2.5 cm 处，用橡胶塞将其固定住。烧瓶内盛放浴液，其液面略高出试管中待测试样的液面。将一支分度值为 0.1 ℃的温度计通过橡胶塞固定在试管中距试样液面 2 cm 处，测量温度计的露颈部分与一支辅助温度计用小橡胶圈套在一起。在烧瓶的一个侧口放入一支测量浴液温度的温度计，另一侧口密封。将所测沸点进行校正，准确度较高，主要用于精密度要求较高的实验。

2. 微量法测定液体有机物的沸点

沸点测定装置无论是仪器的装配还是热载体的选择都与熔点测定装置相同，不同的是测量熔点的毛细管被沸点管取代。沸点管有内外两管，内管是一端封闭、长 4~6 cm、内径为 1 mm 的毛细管；外管则是一端封闭、长 8~9 cm、内径为 4~5 mm 的小玻璃管。外管封闭端在下，用橡皮筋将外管固定在温度计旁边。外管和温度计的底端相平，橡皮筋系在热载体液面的合适位置上，注意载体会受热膨胀。向沸点管里滴加 3~4 滴待测液体，将内管开口向下插入被测液体内，然后像测定熔点装置一样装入提勒管。

测定时，先在沸点外管内加几滴待测液体，将内管倒插进入待测液体，做好准备后加热提勒管。沸点内管里的气体受热膨胀，小气泡缓缓地从液体中逸出，然后逸出速度逐渐加快，变为连续不断地往外冒，此时应立即停止加热。随着温度的降低，气泡逸出的速度明显地减慢。当气泡不再冒出，而液体刚要进入沸点内管时的一瞬间，记下此时的温度。此时，外液面与内液面高度相同，表明沸点内管里的蒸气压与外界压强相等，该温度即为该液体的沸点。

微量法测定沸点时应注意：第一，加热不能过快，被测液体不宜太少；第二，沸点内管里的空气要尽量除干净；第三，应仔细观察，误差不得超过 1 ℃。

3. 蒸馏法测定液体有机物的沸点

实验室中通常采用蒸馏装置测定液体有机物的沸点。蒸馏是指将液态物质加热至沸腾，使之成为蒸气状态，并将其冷凝为液体的过程。

加热液体混合物时，低沸点、易挥发的物质先蒸发，蒸气中含有较多的易挥发组分，剩余液体中含有较多的难挥发组分，因而蒸馏可使混合物中各组分得到部分或完全分离。只有当两种液体的沸点差大于 30 ℃ 的液体混合物或者组分之间的蒸气压之比大于 1 时，才能利用蒸馏方法进行分离或提纯。在加热过程中，溶解在液体内部的空气以薄膜形式吸附在瓶壁上，玻璃的粗糙面起促进作用，有助于气泡的形成，这种气泡中心称为汽化中心，是蒸气气泡的核心。在沸点时，液体释放出大量蒸气到小气泡中，当气泡中的总压强增加到超过大气压强并能克服液柱所产生的压强时，蒸气的气泡就能上升逸出液面。

如液体中存在许多小空气泡或其他汽化中心时，液体就能平稳地沸腾。反之，如果液体中几乎不存在空气，器壁光滑、洁净，难以形成气泡，加热时液体的温度可能超过沸点很多而不沸腾，这种现象称为过热。此时的蒸气压已远远超过大气压和液柱压强之和，气泡上升非常快，甚至将液体冲出瓶外，产生暴沸。为避免这种现象，在加热前应加入沸石等助沸物形成汽化中心，使沸腾平稳。在任何情况下都不能在液体接近沸腾时加入助沸物，以免发生冲料、喷料现象，应在稍冷后加入。在沸腾过程中，如中途停止操作，应当重新加入助沸物，因为温度下降时助沸物已吸附液体、失去形成汽化中心的功能。

三、主要仪器与试剂

(1)主要仪器：蒸馏烧瓶、直形冷凝管、蒸馏头、接引管、接收瓶、温度计、石蜡油浴、热源、量筒、漏斗、升降台。

(2)试剂：无水乙醇。

四、实验步骤

1. 安装蒸馏装置

蒸馏装置主要由蒸馏瓶、冷凝管和接收器三部分组成。选择合适大小的蒸馏瓶，被蒸馏物占蒸馏瓶容积的 1/3~2/3，根据热源的高度确定蒸馏瓶的高度，并将其固定在铁架台上。在蒸馏瓶上安装蒸馏头，其竖口插入温度计，温度计水银球上端与蒸馏头支管的下沿保持水平。蒸馏头的支管依次连接直形冷凝管、接引管、接收瓶，还应再准备 1~2 个已称量的干燥、清洁的接收瓶，以收集不同的馏分。冷凝管的进水口应在下方，出水口在上方，连接好进出口引水橡皮管，用铁夹夹住冷凝管的中央。

安装时应"由下而上、由左向右"依次连接，有时还应根据接收瓶的位置反过来调整蒸馏瓶与加热源的高度，可使用升降台或小木块作为垫高用具调节热源或接收瓶的高度。

在蒸馏装置安装完毕后，从正面看，温度计、蒸馏瓶、热源的中心轴线在同一条直线上，不要出现歪斜现象，简称为"上下一条线"。从侧面看，接收瓶、冷凝管、蒸馏瓶的中心轴线在同一平面上，不要出现扭曲等现象，简称为"左右一个面"。装置要稳定、牢固，铁夹要夹牢，磨口接头连接要严密，避免出现漏气现象。

如果被蒸馏物质易吸湿，应在接引管的支管上连接一个 $CaCl_2$ 管，蒸馏易燃物质时，应在接引管的支管上连接一个橡皮管引出室外或引入水槽。

当蒸馏沸点高于 140 ℃ 的有机物时，要使用空气冷凝管。

2. 加入物料

将无水乙醇通过长颈玻璃漏斗，由蒸馏头上口加入蒸馏瓶中。漏斗颈应超过蒸馏头侧管的下沿，以免液体由侧管流入冷凝器中。再加入几粒沸石，装好温度计。

3. 通冷却水

仔细检查各连接处的气密性及与大气相通处是否畅通，不能造成密闭体系。打开水龙头开关，缓慢通入冷却水。

4. 加热蒸馏

若使用热浴作为热源时，其温度必须比蒸馏液体的沸点高出若干度，否则无法将被蒸馏物蒸出。热浴温度比被蒸馏物的沸点高出愈多蒸馏速度愈快。但加热浴温度最高不能超过沸点 30 ℃，以免瓶内物质发生冲料现象，引起燃烧。在蒸馏低沸点、易燃物时应特别注意，过度加热会引起被蒸馏物的过热分解。

在蒸馏乙醚等低沸点易燃液体时，应当用热水浴加热。不能用明火直接加热，也不能用明火加热热水浴，应用添加热水的方法维持热水浴的温度。

选择适当的热源，先用小火加热，以防蒸馏瓶局部骤热而炸裂，再逐渐增大加热强度。当蒸馏瓶内液体开始沸腾、蒸气环到达温度计水银球部位时，温度计的读数会急剧上升，应适当调小加热强度，使蒸气环包围水银球，球的下部始终挂有液珠，以保持气液两相平衡。此时，温度计的读数即为该液体的沸点。然后，适当调节加热强度，控制蒸馏速度，以每秒馏出 1~2 滴为宜。

记下第一滴馏出液滴入接收器时的温度，如果蒸馏液体中含有低沸点的馏分，则需在蒸馏温度趋于稳定后更换接收器。

5. 停止蒸馏

当继续维持原来的加热温度不再有馏液蒸出时，温度会突然下降，此时应停止蒸馏。即使杂质含量很少也不能蒸干，以免烧瓶炸裂。蒸馏结束时，应先停止加热，待冷却后再关闭冷却水，按照装配相反的顺序拆除蒸馏装置。

五、实验记录

记录所需要的馏分开始馏出至收集到最后一滴时的温度,记录试样的沸程及沸点范围。

六、思考题

(1)应按怎样的顺序安装蒸馏装置?

(2)为什么要在加热前检查装置的气密性?

实验 10　环己烯的制备

一、实验目的

(1)掌握环己醇脱水制备环己烯的原理和方法。

(2)巩固分馏、干燥、低沸点蒸馏等操作。

二、实验原理

环己烯是无色透明液体,有特殊刺激性气味,它不溶于水,溶于乙醇、醚。它主要用作有机合成的原料,能合成赖氨酸、环己酮、苯酚、氯代环己烷、橡胶助剂等,还可用作催化剂的溶剂、石油萃取剂、高辛烷值汽油稳定剂。它能发生加成反应,能与氧化剂发生强烈反应。环己烯蒸气与空气可形成爆炸性混合物,遇明火、高热时极易燃烧爆炸,长期储存时会生成具有潜在爆炸危险性的过氧化物。环己烯蒸气的密度比空气大、扩散能力强,能在较低处扩散到较远的地方,遇火源会着火回燃。

烯烃是有机化工的主要原料。工业上主要通过石油裂解的方法制备烯烃,有时也利用醇在 Al_2O_3 催化剂作用下高温脱水来制取。实验室中常采用硫酸、磷酸、无水氯化锌等脱水剂脱除醇中的水或卤代烃中的卤化氢来制备环己烯。

本实验是在浓硫酸作用下将环己醇脱水而制备环己烯。其主要反应的化学方程式为

醇的脱水作用随其结构的不同而不同,一般来说,脱水速度的大小顺序:叔醇>仲醇>伯醇。由于高浓度的硫酸还能使烯烃发生聚合、分子间脱水、碳键重排,因此,醇的脱水反应将产生一系列副产物。

三、主要仪器与试剂

(1)主要仪器:电子天平、圆底烧瓶、电加热套、分馏柱、分液漏斗、蒸馏装置、

煤气灯。

（2）试剂：环己醇、浓硫酸、Na_2CO_3 溶液（质量分数为 5%）、NaCl、无水 $CaCl_2$。

四、实验步骤

（1）向干燥后的 50 mL 圆底烧瓶中加入 20 mL 环己醇。环己醇在常温下是黏稠状液体，用量筒量取时应避免损失。再加入 1 mL 浓硫酸和几粒沸石，充分搅拌使之混合均匀，在烧瓶上安装一个分馏装置，用小锥形瓶作为接收器，用冰水浴冷却锥形瓶的外部。用电加热套加热圆底烧瓶使其均匀受热。加热时温度不可过高，蒸馏速度不宜过快，以免环己烯、环己醇、水之间形成共沸物。控制加热速率使生成的环己烯和水缓慢蒸出，并使蒸出温度不超过 90 ℃。当烧瓶中只剩下少量残液并出现阵阵白雾时，停止加热。

（2）在蒸馏液中加入 2 g NaCl，加入 4 mL Na_2CO_3 溶液以中和其中的微量酸。然后，将该溶液转移至分液漏斗中，弃去下层水溶液，上层的粗试样则从漏斗的上口倒入干燥的小锥形瓶中，加入 3 g 无水 $CaCl_2$ 进行干燥。

（3）将干燥后的产物进行过滤，用干燥的 50 mL 圆底烧瓶盛接，然后向其中加入几粒沸石，再安装好蒸馏装置。在水浴上加热蒸馏，用已称重的接收瓶收集 80~85 ℃ 的馏分。若在 80 ℃ 以下有大量液体被蒸馏出来，则是干燥不彻底所造成的，这可能是由于 $CaCl_2$ 用量较少或干燥时间不够，应将这部分产物重新进行干燥和蒸馏，最后称取质量。

五、数据处理

环己烯收率的计算：

$$y(\%) = \frac{(m_2 - m_0) \times M_1}{\rho_1 \times V_1 \times M_2} \times 100\%$$

式中，V_1 为环己醇的体积，单位为 mL；ρ_1 为环己醇的密度，单位为 g/mL；M_1 为环己醇的摩尔质量，单位为 g/mol；M_2 为环己烯的摩尔质量，单位为 g/mol；m_0 为接收瓶的质量，单位为 g；m_2 为接收瓶和环己烯的质量，单位为 g。

六、思考题

（1）使用分液漏斗萃取时，为什么要将产物从上口倒出来？

（2）本实验采用什么方式来抑制副反应？

实验 11　1-溴丁烷的制备

一、实验目的

(1)掌握从正丁醇制备 1-溴丁烷的原理和方法。

(2)掌握带气体吸收装置的加热回流操作。

二、实验原理

1-溴丁烷(C_4H_9Br),又名正溴丁烷,是一种无色透明液体,它不溶于水,微溶于 CCl_4,溶于氯仿,能混溶于乙醇、乙醚、丙酮,常用作烷化剂、溶剂、稀有元素的萃取剂。

脂肪族卤代烃分子中卤素的活泼性较强,容易被各种基团所取代,被广泛用作合成其他化合物的原料。合成卤代烷烃的方法很多,主要有饱和一元醇卤代、烯烃与卤化氢加成、饱和烃直接卤化等方法。1-溴丁烷可以由正丁醇在红磷存在下与溴作用而制得,也可以由正丁醇在浓硫酸存在下与氢溴酸反应而得。

本实验是用正丁醇、NaBr 及浓硫酸共同加热而制备 1-溴丁烷,其主要反应为

$$NaBr+H_2SO_4(浓) \rightarrow HBr+NaHSO_4$$

$$CH_3CH_2CH_2CH_2OH+HBr \rightleftharpoons CH_3CH_2CH_2CH_2Br+H_2O$$

正丁醇与 HBr 的反应是可逆反应,为了提高收率,可增加反应物 NaBr 的用量,同时加入过量的浓硫酸使其吸收反应中生成的水,提高 HBr 的浓度,促使反应向生成 1-溴丁烷的方向进行。

除了上述主要反应外,反应过程中还会发生如下副反应:

$$CH_3CH_2CH_2CH_2OH \xrightarrow{H_2SO_4(浓)} CH_3CH_2CH=CH_2+H_2O$$

$$2CH_3CH_2CH_2CH_2OH \xrightarrow{H_2SO_4(浓)} CH_3CH_2CH_2CH_2OCH_2CH_2CH_2CH_3+H_2O$$

$$2NaBr+3H_2SO_4 = Br_2+SO_2\uparrow+2H_2O+2NaHSO_4$$

三、主要仪器与试剂

(1)主要仪器:圆底烧瓶、球形冷凝管、石棉网、三口烧瓶、烧杯、分液漏斗、漏斗。

(2)试剂:正丁醇、无水溴化钠、浓硫酸、无水氯化钙、NaOH 溶液(质量分数为 5%)、$NaHCO_3$ 饱和溶液。

四、实验步骤

1. 1-溴丁烷的制备

安装好带有气体吸收装置的回流反应装置，用已干燥的 100 mL 圆底烧瓶作为反应瓶，以 NaOH 溶液作吸收剂。安装时应使漏斗口恰好接触到水面，勿浸入水中，以免发生倒吸。在圆底烧瓶中先加入 15 mL 蒸馏水，然后再慢慢加入 21 mL 浓硫酸，充分混合均匀并冷却至室温。再依次加入 13.73 mL 正丁醇（0.15 mol）、20.6 g 研细的 NaBr（0.20 mol），不要让 NaBr 附着在液面以上的烧瓶壁上，充分振摇，加入几粒沸石，连接好气体吸收装置。

用小火加热至沸腾状态，回流 0.5 h，在回流过程中应经常摇动烧瓶，以使 1-溴丁烷被完全蒸馏。并判断馏出液是否转为澄清，蒸馏瓶中油层是否蒸完，馏出液加水后是否出现油珠。待反应液冷却后，再移去冷凝管，拆下蒸馏弯头，获得 1-溴丁烷馏出液。

2. 1-溴丁烷的洗涤

将馏出液从接收瓶中转入分液漏斗，再加入相同体积的蒸馏水进行洗涤，待静置分层后将产物转入另一个干燥的分液漏斗中，再用等体积的浓硫酸进行洗涤。浓硫酸能洗去少量未反应的正丁醇和副产物正丁醚等杂质，以免正丁醇和 1-溴丁烷形成共沸物。除去硫酸层，保留有机相。然后，再依次用等体积的蒸馏水、$NaHCO_3$ 饱和溶液洗涤，转入干燥的三口烧瓶中，加入无水氯化钙进行干燥。

3. 1-溴丁烷的提纯

将干燥产物过滤，转入蒸馏瓶中，加入几粒沸石后蒸馏，用一个干燥的小三口烧瓶收集 100~103 ℃的馏分，称重，计算收率。

五、数据处理

1-溴丁烷收率的计算：

$$y(\%) = \frac{m_2 - m_1}{n \times M} \times 100\%$$

式中，n 为正丁醇的物质的量，单位为 mol；M 为 1-溴丁烷的摩尔质量，单位为 g/mol；m_1 为三口烧瓶的质量，单位为 g；m_2 为三口烧瓶和 1-溴丁烷的质量，单位为 g。

六、思考题

(1) 加料时，能否先让 NaBr 与浓硫酸混合，然后再加入正丁醇及水？为什么？

(2) 加热回流后，瓶中的溶液为什么呈红棕色？

实验 12　正丁醚的制备

一、实验目的

(1)掌握醇分子间脱水制备醚的原理和方法。

(2)学习分水器的安装和使用方法。

二、实验原理

正丁醚的溶解力强,它对许多天然及合成油脂、树脂、橡胶、有机酸酯、生物碱等都有很强的溶解力,因此常用作有机合成的溶剂、清洗剂、萃取剂。由于正丁醚是惰性溶剂,还可用作格氏试剂、橡胶、农药等有机合成时的反应溶剂。正丁醚在贮存时生成的过氧化物少、毒性小、危险性低,是安全性很高的溶剂。室温时,正丁醚对水的溶解度仅为 0.03%,与水的分离性好。

正丁醚的制备方法主要有两种。一种是醇脱水法,常用的脱水剂是浓硫酸或 Al_2O_3,该方法适合制备单醚。其反应通式为

$$R—OH+HO—R \underset{}{\overset{H_2SO_4(浓)}{\rightleftharpoons}} R—O—R+H_2O$$

由于反应是可逆的,通常采用将水蒸馏出来的方法使反应向生成醚的方向移动。将正丁醇、硫酸加入反应容器内,加热的同时不断搅拌,当温度上升至 110 ℃时开始回流,分出水分。随着反应的进行而不断分出水分,温度逐渐升高,当温度达到 135 ℃时反应完成。再依次用蒸馏水、硫酸、蒸馏水进行洗涤,用无水氯化钙干燥后再进行蒸馏,收集的 139～142 ℃馏分即为正丁醚。反应时必须严格控制温度,否则可能生成不同的产物。

另一种方法是利用醇钠与卤代烃作用制备混合醚,这是 Williamson 制备醚的方法。由于醇钠的碱性很强,卤代烃在此条件下的主要副反应是消去卤化氢、生成烯烃。其反应通式为

$$R—ONa+R'—X \rightarrow R—O—R'+NaX$$

本实验是用正丁醇在浓硫酸的催化作用下脱水制备正丁醚,其主要反应为

$$2CH_3CH_2CH_2CH_2OH \overset{H_2SO_4(浓)}{\longrightarrow} (CH_3CH_2CH_2CH_2)_2O+H_2O$$

副反应为

$$CH_3CH_2CH_2CH_2OH \overset{H_2SO_4(浓)}{\longrightarrow} CH_3CH_2CH=CH_2+H_2O$$

实验过程中采用分水器,利用形成共沸物的方法除去反应过程中生成的水,以使反应顺利进行。

三、主要仪器与试剂

（1）主要仪器：三口烧瓶、温度计、分水器、回流冷凝管、石棉网、分液漏斗、加热装置。

（2）试剂：正丁醇、浓硫酸、NaOH 溶液（质量分数为 10%）、无水氯化钙、$CaCl_2$ 饱和溶液。

四、实验步骤

（1）在 100 mL 三口烧瓶中加入 46 mL 正丁醇（0.5 mol）及 7.5 mL 浓硫酸，摇动使其混合均匀，加入几粒沸石，装好温度计和体积为 V 的分水器。在分水器上连接一个回流冷凝管及冷却水，如图 4-3 所示，计算可知将生成 5 mL 蒸馏水，先把分水器装满水，然后放掉 5 mL 蒸馏水，即在分水器中加水（$V-5$）mL。将三口烧瓶放置在石棉网上，用小火加热使烧瓶内液体微沸至回流，回流液经冷凝管冷凝后收集于分水器内，水沉于下层，有机液体则浮于上层，累积至支管口时即可返流回三口烧瓶中。尽管制备正丁醚最合适的温度是 130~140 ℃，但这一温度在开始回流时很难达到。为避免正丁醚、水、正丁醇等形成共沸物，需要在 100~115 ℃反应 30 min 后才升至 130 ℃以上。继续加热使烧瓶中反应液温度升高至 134~135 ℃左右，反应约需 1 h，分水器被水充满时即可停止加热。若继续加热，溶液将会变为黑色，生成大量副产物丁烯。

图 4-3　回流装置

（2）将反应生成物冷却后倒入盛有 60 mL 蒸馏水的分液漏斗中，充分振摇，静置后放去下层液体。上层粗产物依次用 37 mL 蒸馏水、25 mL NaOH 溶液、25 mL 蒸馏水和 25 mL $CaCl_2$ 饱和溶液洗涤，然后用无水氯化钙干燥。用碱洗涤时不要剧烈振摇分液漏斗，以免形成难于分层的乳浊液。最后蒸馏，收集 140~144 ℃的馏分，称取质量，计算收率。

五、数据处理

正丁醚收率的计算：

$$y(\%) = \frac{m_2 - m_1}{n \times M} \times 100\%$$

式中，n 为正丁醇的物质的量，单位为 mol；M 为正丁醚的摩尔质量，单位为 g/mol；m_1 为接收瓶的质量，单位为 g；m_2 为接收瓶和正丁醚的质量，单位为 g。

六、思考题

(1)当正丁醇的用量为 80 g 时，反应中将生成多少体积的水？

(2)反应物冷却后为什么要倒入水中？各步洗涤的目的是什么？

实验13　环己酮的制备

一、实验目的

(1)掌握铬酸氧化法制备环己酮的原理和方法。

(2)掌握仲醇转变为酮的方法。

二、实验原理

环己酮是重要的化工原料，是制造尼龙、己内酰胺和己二酸的主要中间体；也是重要的工业溶剂，如用于油漆，特别是用于含有硝化纤维、氯乙烯聚合物及其共聚物、甲基丙烯酸酯聚合物油漆等。它还是有机磷杀虫剂等农药、脂、蜡、橡胶、染料的优良溶剂，是活塞型航空润滑油的黏滞溶剂，是指甲油等化妆品的高沸点溶剂。它还能与低沸点溶剂、中沸点溶剂配制成混合溶剂，从而获得适宜的挥发速度和黏度。将环己酮与氰乙酸缩合可得到环己叉氰乙酸，经消除、脱羧得到环己烯乙腈，再经加氢反应得到环己烯乙胺，这是制备咳美切、特马伦等药物的中间体。

本实验是利用 $Na_2Cr_2O_7$ 氧化环己醇的方法制备环己酮，其反应的化学方程式如下：

$$3 \; \text{HO}\!\!-\!\!\bigcirc + Na_2Cr_2O_7 + 4H_2SO_4 \rightarrow 3 \; \text{O}\!\!=\!\!\bigcirc + Cr_2(SO_4)_3 + Na_2SO_4 + 7H_2O$$

$Na_2Cr_2O_7$ 氧化醇的过程是一个放热反应，因此，实验过程中必须严格控制反应温度，以免反应过于激烈。

环己酮能进一步被氧化生成己二酸，这是本实验的主要副反应，其反应的化学方程式如下：

$$\text{O}\!\!=\!\!\bigcirc + Na_2Cr_2O_7 + 4H_2SO_4 \rightarrow HOOC\text{—}(CH_2)_4\text{—}COOH + Cr_2(SO_4)_3 + Na_2SO_4 + 4H_2O$$

三、主要仪器与试剂

(1)主要仪器：电子天平、圆底烧瓶、温度计、冷凝管、接收瓶、分液漏斗。

(2)试剂：环己醇、浓硫酸、冷水、$Na_2Cr_2O_7 \cdot 2H_2O$、$H_2C_2O_4$、食盐、K_2CO_3。

四、实验步骤

(1)在 500 mL 圆底烧瓶内放置 120 mL 冷水，再慢慢加入 20 mL 浓硫酸，充分混合，然后小心加入 20.8 mL 环己醇(0.2 mol)。在上述混合液内插入一支温度计，将溶液冷至 30 ℃以下。

(2)在烧杯中将 20.86 g $Na_2Cr_2O_7 \cdot 2H_2O$(0.07 mol)溶解于 12 mL 蒸馏水中，将此溶液分批逐步加入上述圆底烧瓶中，并不断振摇使其充分混合。如果 $Na_2Cr_2O_7$ 溶液加入速度过快，未反应的 $Na_2Cr_2O_7$ 累积到一定浓度时，氧化反应将会进行得非常剧烈。当氧化反应开始后，混合物迅速升温，橙红色的 $Na_2Cr_2O_7$ 逐渐转变成墨绿色的低价铬盐。当瓶内温度达到 55 ℃时，用冷水适当冷却，控制反应温度在 55~60 ℃之间。待前一批 $Na_2Cr_2O_7$ 的橙红色完全消失之后，再加入下一批，加完后继续振摇，直至温度有自动下降的趋势为止。为避免过量的 $Na_2Cr_2O_7$ 将环己酮氧化为己二酸，应加入 1 g $H_2C_2O_4$ 还原 $Na_2Cr_2O_7$，使反应液完全变成墨绿色。

(3)在反应烧瓶内加入 100 mL 蒸馏水，再加几粒沸石，装配好蒸馏装置，将环己酮与水一并蒸馏出来，这是因为环己酮与水能形成沸点为 95 ℃的共沸混合物。直到馏出液不再浑浊后，再多蒸馏 15~20 mL，在馏出液中加入食盐(约需 15~20 g)，转移至分液漏斗中静置后分出有机层，用 K_2CO_3 干燥后蒸馏，收集 150~156 ℃的馏分。称取质量，计算反应收率。

五、数据处理

环己酮收率的计算：

$$y(\%) = \frac{m_2 - m_1}{n \times M} \times 100\%$$

式中，n 为环己醇的物质的量，单位为 mol；M 为环己酮的摩尔质量，单位为 g/mol；m_1 为接收瓶的质量，单位为 g；m_2 为接收瓶和环己酮的质量，单位为 g。

六、思考题

(1)当反应结束后，为什么要加入 $H_2C_2O_4$？

(2)用 $KMnO_4$ 水溶液氧化环己酮时，将得到什么产物？

实验 14　　己二酸的制备

一、实验目的

（1）掌握氧化法制备己二酸的原理和方法。

（2）掌握羧酸的提纯分离方法。

二、实验原理

己二酸又称肥酸，其结构如下所示。它是一种重要的有机二元酸，在化学化工、有机合成、医药、润滑剂等行业起重要作用，其产量在所有二元羧酸中位居第二位。

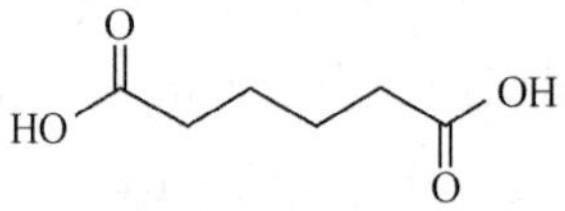

己二酸是典型的酸，其 pK_a 位于 4.41 与 5.41 之间，它能和碱性物质发生反应，从而显示酸性。己二酸可以和醇在一定条件下发生酯化反应。己二酸中的羧基还可以与氨基发生酰胺化反应。作为二元羧酸，它能与二元胺或二元醇缩聚成高分子聚合物。己二酸是尼龙 66 和工程塑料的原料，也是生产各种酯、聚氨基甲酸酯弹性体的原料，是食品和饮料的酸化剂，也是医药、杀虫剂、黏合剂、合成革、合成染料和香料的原料。己二酸的 pH 在较大浓度范围内变化较小，是较好的 pH 调节剂。

常以环己烷为原料采用一步或分步氧化法制备己二酸。环己烷一步氧化法是以环己烷为原料、醋酸为溶剂、钴和溴化物为催化剂，在 2 MPa、90 ℃下反应 10 h 制备己二酸，该法的收率高达 75%。而采用环己烷的分步氧化法时，需要先制备环己酮和环己醇混合物组成的酮醇油（KA 油）作为中间产物，再用过量 50%～60% 的硝酸于 60～80 ℃、0.1～0.4 MPa 下氧化 KA 油，该方法的收率高达 92%～96%。反应物蒸出硝酸后，再经过两次结晶精制即获得高纯度己二酸。

在上述氧化法中，常采用硝酸、KMnO₄ 作为氧化剂。本实验以环己酮为原料、KMnO₄ 为氧化剂，在碱性介质中进行氧化反应，最后将反应所得的己二酸钾用盐酸进行酸化处理后，即可得到己二酸。其反应过程如下：

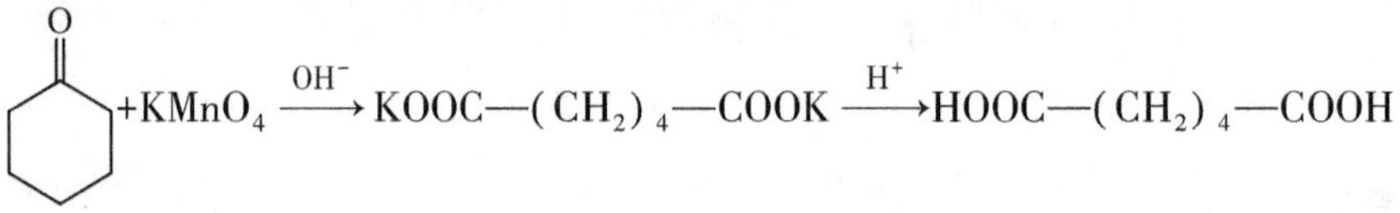

三、主要仪器与试剂

（1）主要仪器：电子天平、三口烧瓶、回流冷凝器、温度计、搅拌器、抽滤瓶、布氏漏斗、表面皿、红外灯。

（2）试剂：环己酮、$KMnO_4$、NaOH 溶液（质量分数为 10%）、浓盐酸、活性炭、刚果红试纸。

四、实验步骤

（1）在 250 mL 三口烧瓶上分别安装温度计、搅拌器，用橡胶塞塞住第三口。向烧瓶中加入 5.27 mL 环己酮（0.051 mol）和 100 mL 蒸馏水，在热水浴上预热至 25 ℃，于不断搅拌下分批加入 17 g $KMnO_4$，加料时应使反应温度控制为 30 ℃ 左右，在 20 min 内加完即可。然后，加入 3 mL NaOH 溶液，在 50 ℃ 搅拌使反应进行 1 h。

（2）将三口烧瓶在沸水浴中加热 10 min 后，趁热用布氏漏斗过滤反应混合物，将滤液从抽滤瓶倒入干净的烧杯中，于石棉网上小火加热、浓缩滤液。当滤液浓缩至 35 mL 左右时，稍冷后加入半药匙活性炭使溶液脱色，再煮沸 5 min，趁热过滤。把滤液移入烧杯中，用浓盐酸酸化至 pH 为 1~2，此时滤液能使刚果红试纸变蓝，再多加 2 mL 浓盐酸。将溶液静置冷却、析出结晶、过滤，并用少量蒸馏水洗涤晶体至不再呈强酸性，此时 pH 为 3~4，过滤抽干。

（3）将晶体转移至表面皿上，在红外灯下干燥，然后称取质量，计算收率，并测定其熔点。

五、数据处理

己二酸收率的计算：

$$y(\%) = \frac{m_2 - m_1}{n \times M} \times 100\%$$

式中，n 为环己酮的物质的量，单位为 mol；M 为己二酸的摩尔质量，单位为 g/mol；m_1 为表面皿的质量，单位为 g；m_2 为表面皿和己二酸的质量，单位为 g。

六、思考题

（1）在氧化环己酮制备己二酸时，为什么要控制氧化温度？
（2）如何提高己二酸的收率？

实验 15　肉桂酸的制备

一、实验目的

（1）掌握利用缩合反应制备不饱和芳香羧酸的方法。
（2）掌握水蒸气蒸馏的基本操作。

二、实验原理

肉桂酸，又名 β-苯丙烯酸、3-苯基-2-丙烯酸，其结构如下所示。

它是从肉桂皮或安息香中分离出的有机酸，其应用十分广泛。

肉桂酸本身是一种香料，具有很好的保香作用，作为配香原料能使主香料的香气更加清香。常用于香皂、香波、洗衣粉、日用化妆品中。肉桂酸能抑制合成黑色素的关键酶酪氨酸酶的合成，对紫外线有一定的隔绝作用，是高级防晒霜中的重要成分，它的抗氧化功效还能减慢皱纹的出现。

肉桂酸具有很强的防腐作用，可用于粮食、蔬菜、水果的保鲜与防腐。肉桂酸具有很强的兴奋作用，广泛添加于许多食品中。

肉桂酸能用于合成治疗冠心病的可心定和心痛平等药物，也可用于合成脊椎骨骼松弛剂氯苯氨丁酸和能防治脑血栓、脑动脉硬化的肉桂苯哌嗪，肉桂酸在抗癌方面也具有极大的应用价值。

在有机化工领域，肉桂酸可作为镀锌板的缓释剂，聚氯乙烯的热稳定剂，多氨基甲酸酯的交联剂，己内酰胺和聚己内酰胺的阻燃剂，以及纤维、皮革、涂料、鞋油、草席等的杀菌防霉除臭剂。

肉桂酸的合成方法很多，主要有 Perkin 合成法、苯乙烯-四氯化碳法、苯甲醛-丙酮法、苄叉二氯-无水醋酸钠法、肉桂醛氧化法等。其中，Perkin 反应比较常用，由不含 α-H 的芳香醛(如苯甲醛)在无水的强碱弱酸盐(如 K_2CO_3、Na_2CO_3)、醋酸钾(钠)的催化下，与含有 α-H 的酸酐(如乙酸酐、丙酸酐等)发生缩合反应，酸酐在碱作用下生成酸酐负离子，进一步和醛发生亲核加成反应，形成不稳定的中间体，并立即发生失水和水解作用，生成 α,β-不饱和羧酸盐，经酸性水解即可得到 α,β-不饱和羧酸。肉桂酸的合成就是利用该原理，需要说明的是本反应要求无水，所有溶剂均经过处理。其反应式如下：

三、主要仪器与试剂

(1)主要仪器：电子天平、三口烧瓶、水蒸气蒸馏装置、抽滤装置、空气冷凝管、温度计。

(2)试剂：含水醋酸钾、醋酸酐、苯甲醛(新蒸馏)、乙醇、浓盐酸、Na_2CO_3、活性炭。

四、实验步骤

(1)无水醋酸钾需新鲜熔焙。将含水醋酸钾放入蒸发皿中加热熔化,当水分挥发后结成固体,强烈加热使其熔化,在不断搅拌下使水分蒸发,并趁热倒在金属板上,冷却后用研钵磨碎,放入干燥器中保存。

(2)在装有空气冷凝管、温度计的 250 mL 三口烧瓶中,加入 3 g 无水醋酸钾、7.37 mL 醋酸酐(0.078 mol)和 5.10 mL 苯甲醛(0.05 mol),烧瓶的另一口用橡胶塞塞住,将温度计插入反应液中,将装有混合物的三口烧瓶在石棉网上于 160~170 ℃加热,回流 1.5 h。

(3)反应完毕后向烧瓶中加入 40 mL 蒸馏水,加入适量固体 Na_2CO_3(5~7.5 g)使溶液呈微碱性。移去冷凝管和温度计,将回流装置改装为水蒸气蒸馏装置,进行水蒸气蒸馏直至馏出液无油珠出现时为止。

(4)向蒸馏液中加入少量活性炭,煮沸数分钟后趁热过滤。在不断搅拌下向溶液中加入浓盐酸直至溶液呈酸性。冷却待结晶全部析出后,抽滤、洗涤、干燥,称取质量,计算收率。

五、数据处理

肉桂酸收率的计算:

$$y(\%) = \frac{m_2 - m_1}{n \times M} \times 100\%$$

式中,n 为苯甲醛的物质的量,单位为 mol;M 为肉桂酸的摩尔质量,单位为 g/mol;m_1 为表面皿的质量,单位为 g;m_2 为表面皿和肉桂酸的质量,单位为 g。

六、思考题

(1)具有什么结构的醛能进行 Perkin 反应?
(2)苯甲醛和丙酸酐在无水丙酸钾存在下反应,将得到什么产物?

实验 16　乙酸乙酯的制备

一、实验目的

(1)掌握从有机酸合成乙酸乙酯的原理及方法。
(2)掌握蒸馏的操作方法。

二、实验原理

乙酸乙酯又称醋酸乙酯,是一种具有—COOR 官能团的酯类,它是无色透明、有甜味、有刺激性气味的液体。它具有优异的溶解性、易挥发性、快干性，是一种重要的精细化工产品、有机化工原料和工业溶剂，广泛用于醋酸纤维、乙基纤维、氯化橡胶、乙烯树脂、乙酸纤维树酯、合成橡胶、涂料、油漆等生产过程中。乙酸乙酯对空气敏感，能吸收水分缓慢水解而呈酸性。乙酸乙酯溶于水，能与氯仿、乙醇、丙酮和乙醚等溶剂混溶。

工业上常采用乙醛缩合法、乙醇氧化法、乙烯加成法合成乙酸乙酯。其中，乙醛缩合法不存在水的共沸问题，容易得到纯度高达 99.5% 的产品。与直接酯化法相比，该法具有反应条件温和、转化率高等优点，但是，从原料的来源和成本来看，以乙醇为原料的路线更合理。

实验室常采用直接酯化法合成乙酸乙酯，该反应是一个可逆反应，为了提高酯的产量，通常可以采用下列方法：

(1)使反应物中的酸或醇过量，工业生产中一般视原料是否易得、价格是否便宜、是否容易回收等情况而定。在实验室中一般采用乙醇过量的办法，乙醇的质量分数高，用无水乙醇代替体积分数为 95% 的乙醇时效果会更好。浓硫酸用量不高，只需乙醇质量的 3% 就可完成催化作用。

(2)可使生成的沸点较低的酯离开反应器，促使化学平衡向生成酯的方向移动。

(3)除去反应中生成的水，或用浓硫酸吸收水。

制备乙酸乙酯时反应温度应保持在 110~120 ℃ 间，不宜过高，以免形成乙醚、亚硫酸、乙烯等杂质。反应时先加热至沸腾状态后，再改用小火加热，还应防止液体暴沸的问题。

反应时，先加乙醇，再加浓硫酸，最后加乙酸，之后开始加热。在加热时，乙醇和乙酸在浓硫酸催化下反应，可以形成乙酸乙酯，发生的主要反应如下：

$$CH_3COOH + CH_3CH_2OH \underset{}{\overset{H_2SO_4(浓)}{\rightleftharpoons}} CH_3COOC_2H_5 + H_2O$$

除此之外，还有可能发生如下副反应生成醚。

$$2CH_3CH_2OH \underset{}{\overset{H_2SO_4(浓)}{\rightleftharpoons}} CH_3CH_2OCH_2CH_3 + H_2O$$

本实验采用醇过量，并使生成的乙酸乙酯由反应器蒸出的方法提高酯的产量。本实验所采用的酯化方法仅适用于合成沸点较低的酯类，其优点是能连续进行，用较小容积的反应器便可制得较大量的产物。

三、主要仪器与试剂

(1)主要仪器：三口烧瓶、滴液漏斗、温度计、蒸馏弯管、直形冷凝管、接液管、具塞锥形瓶、石棉网、分液漏斗、蒸馏瓶、水浴装置。

(2)试剂：乙醇(体积分数为 95%)、浓硫酸、冰醋酸、Na_2CO_3 饱和溶液、食盐水饱和溶液、$CaCl_2$ 饱和溶液、$MgSO_4$。

四、实验步骤

(1)向 125 mL 的三口烧瓶中加入 12 mL 乙醇,在振摇下分批加入 12 mL 浓硫酸并混合均匀,再加入几粒沸石。滴液漏斗使用前,活塞应涂上凡士林,用橡皮筋固定,并检查是否漏液,以免漏液引起火灾。从旁边的两口中分别插入 60 mL 的滴液漏斗及温度计,漏斗的末端及温度计的水银球伸入液面以下,距瓶底约 1 cm。中间瓶口安装的蒸馏弯管与直形冷凝管相连,冷凝管末端连接一接液管,伸入 50 mL 具塞锥形瓶中。

(2)将 12 mL 乙醇及 12 mL 冰醋酸(0.21 mol)的混合液装入 60 mL 滴液漏斗中,先滴加 3 mL 混合液至三口烧瓶内,然后,将三口烧瓶在石棉网上用小火加热,使瓶中反应液温度升至 110 ℃,再减小火焰,从滴液漏斗中慢慢滴入其余的乙醇-冰醋酸混合液。控制滴入速度和馏出速度大致相等,每秒钟约一滴,并保持反应液温度在 110~120 ℃ 之间。温度不宜过高,以免形成副产物乙醚。滴加速度太快时,会使醋酸和乙醇来不及反应就被蒸出,反应液的温度会迅速下降,不利于酯的生成,从而使产量降低。滴加完毕后,继续加热数分钟,直至温度升高到 130 ℃,不再有液体馏出时为止。

(3)馏出液中含有乙酸乙酯及少量乙醇、乙醚、水和醋酸,向其中慢慢加入 10 mL Na_2CO_3 饱和溶液,同时摇动,直至无二氧化碳气体逸出时为止。用 pH 试纸检验,酯层应呈中性。将混合液移入分液漏斗中,充分振摇后静置,并打开活塞放气。分去下层水溶液,所得酯层用 10 mL 食盐水饱和溶液洗涤,之后用 Na_2CO_3 饱和溶液除去醋酸、亚硫酸等杂质。必须洗去溶液中的 Na_2CO_3,否则,后续用 $CaCl_2$ 饱和溶液洗去乙醇时将产生 $CaCO_3$ 絮状沉淀,造成分离困难。再分别用 10 mL $CaCl_2$ 饱和溶液洗涤 2 次,弃去下层液,酯层自分液漏斗上口倒入干燥的 50 mL 具塞锥形瓶中,用 $MgSO_4$ 干燥。将干燥的乙酸乙酯过滤进入干燥的 30 mL 蒸馏瓶中,加入沸石后在水浴上进行蒸馏,收集 73~78 ℃ 的馏分。乙酸乙酯与水或醇能形成二元或三元共沸物,若洗涤不净或干燥不彻底,将使沸点降低,影响收率。称取乙酸乙酯质量,计算收率。

五、数据处理

乙酸乙酯收率的计算:

$$y(\%) = \frac{m_2 - m_1}{n \times M} \times 100\%$$

式中,n 为冰醋酸的物质的量,单位为 mol;M 为乙酸乙酯的摩尔质量,单位为 g/mol;m_1 为接收瓶的质量,单位为 g;m_2 为接收瓶加乙酸乙酯的质量,单位为 g。

六、思考题

(1)本实验如何促使酯化反应向生成乙酸乙酯的方向进行?

（2）在酯化反应中，催化剂硫酸的用量一般只需占醇质量的 3% 就可以，为何本实验用了 12 mL?

实验 17　己内酰胺的制备

一、实验目的

（1）掌握由环己酮与羟胺反应合成环己酮肟的原理和方法。

（2）掌握由环己酮肟在酸性条件下发生 Beckmann 重排，生成己内酰胺的原理和方法。

二、实验原理

己内酰胺是合成高分子材料聚己内酰胺的基本原料。

醛、酮类化合物能与羟胺反应生成肟。肟是结晶化合物，具有一定的熔点，易于分离和提纯。肟在硫酸作用下发生分子内重排，生成酰胺的反应即为 Beckmann 重排反应，其反应机理如下：

不对称酮（R≠R′）生成的肟重排的结果是处于羟基反位的 R 基迁移到氮原子上。

通常采用如下方法制备己内酰胺。

（1）肟法。将高纯度环己酮与盐酸羟胺在 80~110 ℃下进行缩合反应生成环己酮肟，再以发烟硫酸为催化剂，将分离所得环己酮肟在 80~110 ℃经 Beckmann 重排转变为己内酰胺，再经萃取、蒸馏、结晶等工序，获得高纯度己内酰胺。该法所需的环己酮可由苯酚加氢合成环己醇，再脱氢而得；或将环己烷进行空气氧化生成环己醇、环己酮，将分离的环己醇再经催化脱氢生成。

（2）甲苯法。甲苯经钴盐催化、氧化可以生成苯甲酸，在钯催化下，苯甲酸经过液相加氢生成六氢苯甲酸。在发烟硫酸作用下，六氢苯甲酸与亚硝酰硫酸反应生成己内酰胺。由于甲苯资源丰富、原料成本低，该法具有一定的经济优势。

（3）光亚硝化法。在汞蒸气灯的照射下，环己烷与氯亚硝酰发生光化学反应直接转化为环己酮肟盐酸盐。而后在发烟硫酸作用下，环己酮肟盐酸盐经过 Beckmann 重排，即可转变为己内酰胺。

（4）苯酚法。在镍催化剂存在下，对苯酚进行加氢反应制得环己醇。将环己醇提纯后再经脱氢得到环己酮，将其提纯后再与羟胺反应得到环己酮肟。环己酮肟经 Beckmann 重排生成己内酰胺。用氨中和反应产物中的硫酸得到 $(NH_4)_2SO_4$ 副产物，将其提纯得到纯己内酰胺。

本实验采用肟法制备己内酰胺。其主要反应为

三、主要仪器与试剂

（1）主要仪器：电子天平、水浴装置、电炉、锥形瓶、烧杯、滴液漏斗、温度计、分液漏斗、圆底烧瓶、克氏蒸馏头、空气冷凝管、布氏漏斗、抽滤瓶、减压装置、培养皿、电吹风。

（2）试剂：环己酮、盐酸羟胺、无水醋酸钠、浓硫酸（质量分数为 70%）、浓氨水、氯仿、无水硫酸钠、冰盐水。

四、实验步骤

1. 环己酮肟的制备

向 250 mL 锥形瓶中加入 9.73 g 盐酸羟胺（0.14 mol）和 14 g 无水醋酸钠，用 42 mL 蒸馏水将固体溶解，小火温热，将此溶液升温至 40 ℃，反应时温度不宜过高。分批慢慢加入 10.33 mL 环己酮（0.1 mol），边加边摇动锥形瓶，很快就有固体析出。加完后用橡皮塞塞住瓶口，并不断剧烈振荡 10 min。环己酮肟呈白色粉状固体，若环己酮肟为白色小球状，则表明反应不完全，需继续振摇。冷却后抽滤，用少量蒸馏水洗涤粉状固体，抽干后置于培养皿中干燥。

2. 环己酮肟重排制备己内酰胺

在小烧杯中加入 10 g 干燥的环己酮肟，用 10 mL 稀硫酸（质量分数为 70%）溶解后转入滴液漏斗，用 2 mL 稀硫酸（质量分数为 70%）洗涤烧杯后也并入滴液漏斗。在 250 mL 烧杯中加入 6.4 mL 稀硫酸（质量分数为 70%），固定好烧杯，并用小火加热至 130 ℃，缓缓搅拌，边搅拌边滴加环己酮肟溶液，滴完后继续搅拌 10 min。重排反应很剧烈，滴加过程中应一直加热以保持溶液温度为 130 ℃，但温度不可太高，以免增加副反应。

将反应液自然冷却至 80 ℃以下，再用冰盐水冷却至 0 ℃，然后，边搅拌边通过滴

液漏斗滴加浓氨水至 pH 为 8。用氨水中和时会大量放热，故开始滴加时要放慢速度。滴加过程中，温度不能超过 20 ℃，温度太高，将导致酰胺水解。用少量蒸馏水溶解固体，将反应液倒入分液漏斗中，用氯仿萃取 3 次，每次 10 mL。合并氯仿层，再用无水硫酸钠干燥，用常压蒸馏除去氯仿。将残液进行减压蒸馏，收集 127~133 ℃的馏分，馏出物很快将固化成为无色晶体。己内酰胺的熔点低，应采用空气冷凝管、电吹风在外壁加热等方法避免其固化析出、堵塞管道。

五、数据处理

己内酰胺收率的计算：

$$y(\%) = \frac{m_2 - m_1}{n \times M} \times 100\%$$

式中，n 为环己酮的物质的量，单位为 mol；M 为己内酰胺的摩尔质量，单位为 g/mol；m_1 为接收瓶的质量，单位为 g；m_2 为接收瓶和己内酰胺的质量，单位为 g。

六、思考题

(1)制备环己酮肟时加入的醋酸钠起什么作用？
(2)用氨水中和时，如果反应温度过高将发生什么反应？

实验 18　甲基橙的制备

一、实验目的

(1)掌握重氮盐的制备原理和方法。
(2)掌握重氮化反应、偶合反应的条件。

二、实验原理

甲基橙常在实验室和工农业生产中用于控制化学反应的酸碱度。质量分数为 0.1%的甲基橙水溶液可以作为指示剂，当 pH≤3.1 时甲基橙变红色，pH 位于 3.1~4.4 时显示橙色，pH≥4.4 时变黄色，适用于强酸与强碱、强酸与弱碱间的滴定。甲基橙还是测定锡、强还原剂(Ti^{3+}、Cr^{2+})、强氧化剂(氯、溴)的消色指示剂。甲基橙指示剂的缺点是色泽较难辨认，已部分被酚酞指示剂代替。甲基橙也是一种偶氮染料，可用于印染纺织品。

在实验室中，甲基橙常由对氨基苯磺酸经重氮化，与 N,N-二甲基苯胺偶合而制成。

(1)重氮化反应。向对氨基苯磺酸中加入 NaOH 溶液，温和加热使其溶解；将

$NaNO_2$ 溶液倒入已冷却的上述溶液中，用冰盐浴将其冷却至 5 ℃ 以下。将浓硫酸(或浓盐酸)用水稀释后，在搅拌下缓慢滴加到上述溶液中，最后用淀粉-碘化钾试纸检查是否显蓝色。若不显蓝色，再补加 $NaNO_2$ 溶液。

(2)偶合反应。将 N,N-二甲基苯胺和冰醋酸的混合溶液缓慢加入上述重氮盐溶液中，加完后继续搅拌，然后再缓慢加入 NaOH 溶液直到反应物变为橙色，甲基橙以细粒状沉淀析出。将反应物在沸水浴上加热，冷却至室温后，再在冰水浴中进行冷却，使甲基橙晶体完全析出。经抽滤获得结晶，依次用蒸馏水、乙醇、乙醚洗涤数次。

对氨基苯磺酸制备甲基橙的主要反应如下：

$$H_2N-\!\!\!\!\bigcirc\!\!\!\!-SO_3H + NaOH \longrightarrow H_2N-\!\!\!\!\bigcirc\!\!\!\!-SO_3Na + H_2O$$

$$H_2N-\!\!\!\!\bigcirc\!\!\!\!-SO_3Na \xrightarrow[HCl]{NaNO_2} \left[HO_3S-\!\!\!\!\bigcirc\!\!\!\!-\overset{+}{N}\!\equiv\!N\right]Cl^- \xrightarrow[HAc]{C_6H_5N(CH_3)_2}$$

$$HO_3S-\!\!\!\!\bigcirc\!\!\!\!-N\!=\!N-\!\!\!\!\bigcirc\!\!\!\!-N(CH_3)_2 \xrightarrow{NaOH} NaO_3S-\!\!\!\!\bigcirc\!\!\!\!-N\!=\!N-\!\!\!\!\bigcirc\!\!\!\!-N(CH_3)_2$$

三、主要仪器与试剂

(1)主要仪器：电子天平、烧杯、试管、抽滤装置、冰浴装置、水浴装置、表面皿。

(2)试剂：对氨基苯磺酸、$NaNO_2$、N,N-二甲基苯胺、浓盐酸、NaOH 溶液(质量分数为 5%)、尿素、乙醇、乙醚、冰醋酸、淀粉-碘化钾试纸。

四、实验步骤

1. 重氮盐的制备

在 50 mL 烧杯中加入 20 mL NaOH 溶液(0.026 mol)及 3.5 g 对氨基苯磺酸晶体(0.02 mol)，稍微加热使其溶解。另外，将 1.52 g $NaNO_2$(0.022 mol)溶于 12 mL 蒸馏水中，再加入上述烧杯内，用冰盐浴冷却至 0~5 ℃。在不断搅拌下，将由 6 mL 浓盐酸与 20 mL 蒸馏水配成的溶液缓缓滴加到上述混合液中，控制反应温度在 5 ℃ 以下，滴加完后用淀粉-碘化钾试纸检验，若试纸不显蓝色，需补充 $NaNO_2$ 溶液。若已变为蓝色，可加入少量尿素以消除过量的 HNO_2。然后，在冰盐浴中放置 15 min 以保证反应完全。此时往往会析出对氨基苯磺酸的重氮盐，这是因为重氮盐在水中可以电离。

2. 甲基橙的制备

在试管内混合 2.54 g N,N-二甲基苯胺(0.02 mol)和 2 mL 冰醋酸，在不断搅拌下，将此溶液慢慢加入上述冷却的重氮盐溶液中。加完后继续搅拌 10 min，再慢慢加入

50 mL NaOH溶液，直至反应液变为橙色，此时反应液呈碱性，粗制的甲基橙以细粒状沉淀析出。将反应物在沸水浴上加热 5 min，冷却至室温后，再在冰水浴中冷却，使甲基橙晶体完全析出，抽滤收集结晶。湿的甲基橙在空气中受光照射后，颜色很快变深，因此，一般获得的是紫红色产物。再依次用少量水、乙醇、乙醚洗涤后压干。将少量甲基橙溶解于水中，加入几滴稀盐酸，接着用 NaOH 溶液中和，观察颜色的变化情况。

五、数据处理

甲基橙收率的计算：

$$y(\%) = \frac{m_2 - m_1}{n \times M} \times 100\%$$

式中，n 为对氨基苯磺酸的物质的量，单位为 mol；M 为甲基橙的摩尔质量，单位为 g/mol；m_1 为表面皿的质量，单位为 g；m_2 为表面皿和甲基橙的质量，单位为 g。

六、思考题

（1）为什么重氮化反应必须在低温下进行？如果温度过高或溶液酸度不够会产生什么副反应？

（2）在本实验中制备重氮盐时，为什么要把对氨基苯磺酸变为钠盐？

实验 19　　醇、酚的性质与鉴定

一、实验目的

（1）认识醇、酚的一般性质。

（2）掌握醇和酚之间化学性质的差异。

二、实验原理

醇是指脂肪烃、脂环烃、芳香烃侧链中的氢原子被羟基取代而成的一类有机化合物。一般而言，羟基（—OH）与烃基或苯环侧链上的碳原子相连接的化合物被称为醇，而直接与苯环相连接的化合物则是酚，与 sp^2 杂化的烯类碳相连的化合物则是烯醇。醇、酚与烯醇的性质有较大差异。

乙醇与钾、钠等活泼金属反应时，金属颗粒先沉下去，后浮上来，反应慢，产生的气体是无色、可以燃烧的氢气。乙醇燃烧时产生淡蓝色火焰，乙醇具有还原性，能使酸性 $KMnO_4$ 溶液褪色；它与有机酸、无机含氧酸都能发生酯化反应。

纯净的苯酚是无色、有特殊气味的晶体，常温时在水中的溶解度不大，但在温度高于 65 ℃时能以任意比例与水混溶，易溶于有机溶剂。苯酚具有弱酸性，能与 NaOH 反应，这是由于苯环对羟基产生影响，使羟基中的氢原子变活泼。苯酚能与溴发生卤代反应，产生沉淀，能与浓硝酸发生硝化反应，遇到 $FeCl_3$ 溶液显紫色。

三、主要仪器与试剂

（1）主要仪器：水浴装置、试管、烧杯、铁三角架、温度计、酒精灯。

（2）试剂：甲醇、乙醇、丁醇、辛醇、无水乙醇、金属钠、酚酞指示剂、$K_2Cr_2O_7$ 溶液（质量分数为 5%）、浓硫酸、浓硝酸、异丙醇、乙二醇、甘油、丙三醇、苯酚、苯、冰醋酸、苯酚饱和溶液、食盐水饱和溶液、卢卡斯试剂、NaOH 溶液（质量分数为 5%）、$CuSO_4$ 溶液（质量分数为 1%）、$CO_2(g)$、饱和溴水、KI 溶液（质量分数为 1%）、Na_2CO_3 溶液（质量分数为 5%）、$KMnO_4$ 溶液（质量分数为 0.5%）、$FeCl_3$ 溶液。

四、实验步骤

1. 醇的性质

（1）溶解性：

物质	用量	添加试剂	实验现象	产生原因
甲醇	5 滴			
乙醇	5 滴	加入 5 mL 蒸馏水，如能溶解再加 5 滴待测物质		
丁醇	5 滴			
辛醇	5 滴			

（2）与钠的反应：

物质	用量	添加试剂	实验现象	产生原因
无水乙醇	2 mL	加入金属钠，待钠完全反应后，加入 4 mL 蒸馏水、酚酞指示剂		

（3）氧化反应：

物质	用量	添加试剂	实验现象	产生原因
乙醇	8 滴	加入 10 滴 $K_2Cr_2O_7$ 溶液和 2 滴浓硫酸，在水浴中加热		
异丙醇	8 滴			

（4）酯化反应：

物质	用量	添加试剂	实验现象	产生原因
乙醇	4 mL	加入 4 mL 冰醋酸、1 mL 浓硫酸，在 60 ~ 70 ℃ 时水浴加热 10 min，加入 10 mL 食盐水饱和溶液		

（5）与卢卡斯试剂的作用：

仅适用于鉴别低级醇，不适用于 C_6 以上的醇。因为 $C_3 \sim C_6$ 的各种醇均能溶于卢卡斯试剂，而 C_6 以上的醇不溶于卢卡斯试剂，混合振荡后立即变浑浊，无法观察是否发生反应。

物质	用量	添加试剂	实验现象	产生原因
甲醇	5 滴	加入 1 mL 卢卡斯试剂后振荡，在温水浴中加热		
乙醇	5 滴			
丁醇	5 滴			
辛醇	5 滴			

（6）多元醇与氢氧化铜的作用：

物质	用量	添加试剂	实验现象	产生原因
乙二醇	5 滴	加入 3 mL NaOH 溶液、5 滴 $CuSO_4$ 溶液，振荡		
丙三醇	5 滴			

2. 酚的性质

（1）酸性：

物质	用量	添加试剂	实验现象	产生原因
苯酚	1 g	加 10 mL 蒸馏水后振荡，用 pH 试纸检验		
		向上述溶液中加入 NaOH 溶液		
		向已加 NaOH 溶液的试管中通入二氧化碳气体		

（2）与溴水的作用：

物质	用量	添加试剂	实验现象	产生原因
苯酚饱和溶液	5 滴	加 4 mL 蒸馏水，再加饱和溴水直至白色沉淀转变为淡黄色。加热 2 min 后冷却，分别加入 2 mL KI 溶液和苯，振荡		
异丙醇	5 滴			

（3）硝化反应：

物质	用量	添加试剂	实验现象	产生原因
苯酚	1 g	加入 2 mL 浓硫酸，在沸水浴中加热 5 min，冷却后加 6 mL 蒸馏水，再逐滴加入 4 mL 浓硝酸		

（4）氧化反应：

物质	用量	添加试剂	实验现象	产生原因
苯酚	3 mL	分别加入 0.5 mL Na_2CO_3、1 mL $KMnO_4$ 溶液，振荡		

（5）与 $FeCl_3$ 的作用：

物质	用量	添加试剂	实验现象	产生原因
苯酚	2 mL	滴加 $FeCl_3$ 溶液		

五、实验记录

观察并记录实验现象，写出有关反应的化学方程式。

六、思考题

（1）在使用 $LiAlH_4$ 的反应中，为何不能采用甲醇和乙醇作溶剂？

（2）怎样从苯酚、苯甲醇和苯甲酸的混合物中分离各个组分？

实验 20　醛、酮的性质与鉴定

一、实验目的

(1)掌握醛、酮的化学性质。

(2)掌握各种醛、酮及其化合物的鉴定方法。

二、实验原理

醛和酮是含有羰基 $\left(\overset{}{\underset{}{C}}=O \right)$ 的化合物,醛的两端分别与烃基、氢相连,而酮的两端均与烃基相连。醛、酮能与 2,4-二硝基苯肼发生亲核加成反应。醛、低级脂肪族甲基酮和低级环酮都能与过量的 $NaHSO_3$ 发生加成反应,该反应是可逆的,生成的白色 α-羟基磺酸钠易溶于水,但不溶于 $NaHSO_3$ 饱和溶液。在碱的催化作用下,醛和酮中的 α-H 原子被卤原子取代,发生卤代反应。

醛与希夫(Schiff)试剂作用显紫红色,该反应可以用来鉴别醛类化合物。醛能与主要成分是 $[Ag(NH_3)_2]^+$ 的托伦(Tollen)试剂反应, $[Ag(NH_3)_2]^+$ 被还原成为金属银而形成银镜。由 $CuSO_4$ 与酒石酸钾钠的碱性溶液混合而成的斐林(Fehling)试剂与醛一起加热时, Cu^{2+} 被还原成砖红色的 Cu_2O 沉淀,醛则被氧化成为羧酸。脂肪醛能还原班氏(Benedict)试剂(柠檬酸钠、 Na_2CO_3 、 $CuSO_4$ 混合液)形成砖红色的 Cu_2O 沉淀,从而鉴别脂肪醛和芳香醛、脂肪醛和酮。伯醇、仲醇和所有脂肪醛与铬酸试剂反应后,橘红色很快就能消失形成绿色沉淀,芳香醛需要的时间稍长,而叔醛和酮则不产生明显变化。

三、主要仪器与试剂

(1)主要仪器:电子天平、试管、烧杯、水浴锅、铁三角架、温度计、酒精灯。

(2)试剂:稀盐酸、稀硫酸、NaOH 溶液(质量分数为 10%)、 I_2-KI 溶液、 $NaHSO_3$ 饱和溶液(新配)、乙醇、正丁醇、异丙醇、叔丁醇、甲醛、乙醛、庚醛、苯甲醛、丙酮、3-戊酮、苯乙酮、环己酮、二苯甲酮、3-己酮、2,4-二硝基苯肼溶液、氨脲盐酸盐、结晶醋酸钠、希夫试剂、铬酸试剂、托伦试剂、斐林试剂Ⅰ、斐林试剂Ⅱ、冰水。(除特别说明外,本实验所述溶液均为水溶液)

四、实验步骤

1. 醛、酮的亲核加成反应

(1)与 $NaHSO_3$ 的加成反应:

物质	用量	添加试剂	实验现象	产生原因
乙醛	5 滴	加入 2 mL 新配 $NaHSO_3$ 饱和溶液，摇匀，在冰水浴中冷却		
丙酮	5 滴			
3-戊酮	5 滴			
苯甲醛	5 滴			
环己酮	5 滴			

（2）与 2,4-二硝基苯肼的加成反应：

物质	用量	添加试剂	实验现象	产生原因
丙酮	5 滴	加入 2 mL 2,4-二硝基苯肼溶液，摇匀		
环己酮	5 滴			
苯甲醛	5 滴			
二苯甲酮	20 mg			

（3）与氨脲的加成反应：

物质	用量	添加试剂	实验现象	产生原因
庚醛	5 滴	将 1 g 氨脲盐酸盐、1.5 g 结晶醋酸钠溶于 8 mL 蒸馏水后分别装入 3 支试管，再加入待测物		
3-己酮	5 滴			
苯乙酮	5 滴			

2. 醛、酮 α-H 的活泼性：

物质	用量	添加试剂	实验现象	产生原因
丙酮	5 滴	加入 3 mL 蒸馏水、6 滴 NaOH 溶液，滴加 I_2-KI 溶液至淡黄色，摇匀，若无现象可微加热		
乙醛	5 滴			
乙醇	5 滴			
正丁醇	5 滴			

3. 醛和酮的化学反应

（1）品红实验：

物质	用量	添加试剂	实验现象	产生原因
甲醛溶液	5 滴	加入 5 mL 希夫试剂，摇匀对比，变色的再加入稀硫酸		
乙醛溶液	5 滴			
丙酮	5 滴			

（2）与托伦试剂的作用：

物质	用量	添加试剂	实验现象	产生原因
甲醛溶液	5 滴	加入 2 mL 托伦试剂，在 40 ℃水浴中加热		
乙醛溶液	5 滴			
丙酮	5 滴			
环己酮	5 滴			

（3）铬酸实验：

物质	用量	添加试剂	实验现象	产生原因
乙醛溶液	5 滴	加入 2 mL 丙酮，并加入 5 滴铬酸试剂		
环己酮	5 滴			
乙醇	5 滴			
异丙醇	5 滴			
叔丁醇	5 滴			

4. 与斐林试剂的作用

物质	用量	添加试剂	实验现象	产生原因
甲醛溶液	5 滴	分别加入 0.5 mL 斐林试剂 I、斐林试剂 II		
乙醛溶液	5 滴			
苯甲醛	5 滴			
丙酮	5 滴			

五、实验记录

观察并记录实验现象，分析其产生的原因。

六、思考题

（1）H_2O 也能和 $C\!=\!O$ 加成，生成水溶性的 $C(OH)_2$，二者无法分离，如何证明加成物的存在？

（2）如何鉴别醛和酮中的羰基？

实验 21　胺的性质与鉴定

一、实验目的

(1)掌握脂肪族胺和芳香族胺化学性质的异同点。

(2)掌握区别伯胺、仲胺和叔胺的方法。

(3)掌握季铵盐的制备方法。

二、实验原理

胺是氨分子中的一个或多个氢原子被烃基取代后的产物。胺类广泛存在于生物界，具有极其重要的生理活性和生物活性，如蛋白质、核酸、许多激素、抗生素和生物碱等都是胺的复杂衍生物，临床上使用的大多数药物也是胺或者胺的衍生物，因此掌握胺的性质是研究这些复杂产物的基础。

按照氢原子被取代的数目，依次分为一级胺(RNH_2)、二级胺(R_2NH)、三级胺(R_3N)、四级铵盐($R_4N^+ X^-$)，例如甲胺(CH_3NH_2)、苯胺($C_6H_5NH_2$)、三乙醇胺[($HOCH_2CH_2$)$_3N$]、四丁基溴化铵[($CH_3CH_2CH_2CH_2$)$_4N^+Br^-$]。氢氧化铵或铵盐的四羟基取代物被称为季胺碱、季铵盐。

根据胺分子中与氮原子相连的烃基种类的不同，可分为脂肪胺和芳香胺。如果胺分子中含有两个或两个以上的氨基，根据氨基数目的多少可以分为二元胺、三元胺，如乙二胺($H_2NCH_2CH_2NH_2$)。

在常温下，低级脂肪胺是气体，丙胺以上是液体，高级脂肪胺是固体。低级胺有难闻的气味，高级胺不易挥发，气味很小。芳香胺为高沸点液体或低熔点固体，其气味虽然比脂肪胺小，但毒性较大，无论是吸入蒸气或与皮肤接触都会引起中毒。

胺分子中的氮原子能与水结合形成氢键，因此，低级脂肪胺在水中的溶解度都比较大。伯胺和仲胺能形成分子间氢键，但由于氮原子的电负性低于氧原子，所以胺的氢键缔合能力比较弱，其沸点低于分子质量相近的醇。

胺与氨相似，分子中的氮原子上含有未共用的电子对，能与 H^+ 结合而显碱性。胺的碱性以碱性电离常数 K_b 表示，K_b 值越大，胺的碱性越强。脂肪胺易溶于水。芳香胺在水中的溶解度小或者不溶解，能与无机酸反应生成溶于水的铵盐。

自然界中的胺大多是由氨基酸脱羧而生成的，工业上多是由氨与醇、卤代烷烃反应而得到各级胺的混合物，经分馏即可得到各种纯胺；由醛、酮在氨存在下催化还原也可得到相应的胺。

常通过如下实验鉴别胺。

1. Hinsberg 实验

在碱性介质中，胺与苯磺酰氯反应产生不同的现象，从而可以鉴别伯胺、仲胺、叔胺。最初没有沉淀或稀释后溶解，用盐酸酸化至酸性时，若生成沉淀，则为伯胺；如先形成沉淀，即使经盐酸酸化处理后沉淀仍不溶解的为仲胺；若无明显反应，溶液为油状物的，则为叔胺。

2. HNO_2 实验

将冷却后的 $NaNO_2$ 水溶液在振摇下加入冷的胺溶液中，在 5 ℃ 以下时冒出气泡、形成氮气的为伯胺；形成黄色油状或固体者为仲胺。

在 5 ℃ 时仅有极少量气泡冒出，取出一半溶液使温度升至室温，注意有无气泡(氮气)冒出，如果有，则为伯胺。向剩下的一半溶液中滴加 β-苯酚碱溶液，振荡后如有红色偶氮染料沉淀析出，则为芳香族伯胺。

叔胺能与 CH_3I 在冰浴装置中反应生成晶体，利用这一性质可以鉴别是否为叔胺。

三、主要仪器与试剂

(1)主要仪器：具塞试管、锥形瓶、水浴装置、玻璃漏斗、抽滤装置、冰浴装置。

(2)试剂：甲胺、苯胺、N-甲基苯胺、N,N-二甲基苯胺、丁胺、稀硫酸(质量分数为 10%、30%)、稀盐酸(质量分数为 5%)、氨水(质量分数为 25%)、NaOH 溶液(质量分数为 5%、10%)、$NaNO_2$ 溶液(质量分数为 10%)、苯磺酰氯、苯甲酰氯、β-苯酚、CH_3I、无水乙醚、无水甲醇。

四、实验步骤

1. 溶解度与碱性

分别取 3 滴甲胺、苯胺，逐渐加入 1.5 mL 蒸馏水，观察是否溶解。如在冷水、热水中均不溶解，可逐渐加入稀硫酸(质量分数为 10%)使其溶解，再逐渐滴加 NaOH 溶液(质量分数为 10%)，观察现象。

2. Hinsberg 实验

向 3 支具塞试管中分别加入 1 mL 苯胺、N-甲基苯胺、N,N-二甲基苯胺、5 mL NaOH 溶液(质量分数为 10%)和 1 mL 苯磺酰氯，塞好塞子，用力振摇 3 min。用手触摸试管底部，哪支试管会发热？为什么？取下塞子后振摇，在水浴中温热 1 min，冷却后用 pH 试纸检验 3 支试管内的溶液是否呈碱性。若不呈碱性，可再加入几滴 NaOH 溶液(质量分数为 10%)，观察现象，并判断属于哪一级胺。

3. HNO_2 实验

分别在 3 支试管中加入 0.2 mL 苯胺、N-甲基苯胺、丁胺，再各加入 4 mL 稀硫酸

（质量分数为30%），混匀后在冰浴装置中冷却至5 ℃以下。另取2支试管，分别加入4 mL NaNO₂溶液（质量分数为10%）和4 mL 含有0.1 g β-萘酚的NaOH溶液（质量分数为10%），混匀后放在冰盐浴中冷却。将冷却后的NaNO₂溶液在振摇下加入冷的胺溶液中，观察现象判断胺所属的种类。

4. 苯甲酰胺的制备

在锥形瓶中加入30 mL NaOH溶液（质量分数为5%）、1 mL 氨水（质量分数为25%）和2 mL 苯甲酰氯，塞好塞子，充分振摇，反应2 min，再小心打开瓶塞，释放瓶内压力。然后继续振摇，直至苯甲酰氯气味消失。用玻璃漏斗抽滤析出的沉淀，用水洗涤，再用少量盐酸（质量分数为5%）洗涤，最后重结晶，干燥后保存。

5. 季铵盐的制备

向干燥的具塞试管中分别加入1 mL N,N-二甲基苯胺和CH₃I，充分混匀，在手掌中温热5 min，塞紧试管，在冰浴装置中放置10 min，加入4 mL 无水乙醚或无水苯，抽滤析出的晶体，并用少量溶剂洗涤，用无水甲醇或无水乙醇重结晶，即可得季铵盐。

季铵盐在空气中易潮解，产物应密封保存。

五、实验记录

观察并记录实验现象。

六、思考题

(1) 如何采用简单的化学方法区别伯胺、仲胺和叔胺？

(2) 为什么鉴别胺的反应要在低温时进行？

实验22 糖的性质与鉴定

一、实验目的

(1) 掌握糖类物质的主要化学性质。

(2) 掌握糖类物质的鉴定方法。

二、实验原理

糖类是多羟基醛、多羟基酮以及能水解生成多羟基醛或多羟基酮的有机化合物，可分为单糖、二糖和多糖。常见的单糖有核糖（RNA）、脱氧核糖（DNA）等五碳糖和葡萄糖、果糖、半乳糖等六碳糖。二糖主要有来自植物的蔗糖、麦芽糖和来自动物的乳糖。多糖包括来自植物的淀粉、纤维素和来自动物的糖原等。

糖类是自然界中广泛存在的一类重要的有机化合物，日常食用的蔗糖、粮食中的淀粉、植物中的纤维素、人体血液中的葡萄糖等均属于糖类。糖类在生命活动过程中起着重要的作用，是一切生命体维持生命活动所需能量的主要来源。植物中最重要的糖是淀粉和纤维素，动物细胞中最重要的多糖是糖原。

通过如下特点可以鉴定糖的类别：

(1)淀粉遇碘液变蓝色。

(2)在浓硫酸存在下，糖能与 α-苯酚发生 Molish 反应生成紫色环；酮糖能与间苯二酚反应，而醛糖则不能。

(3)根据是否具有还原性，将糖类分为还原性糖和非还原性糖。还原性糖含有半缩醛(酮)结构，能使斐林试剂、班氏试剂和托伦试剂还原；而非还原性糖则不与上述试剂反应。单糖、麦芽糖、乳糖等还原性糖与斐林试剂反应，在水浴中加热后可以产生砖红色沉淀。因此，常用斐林试剂来检测糖是否为还原性糖。

(4)单糖能与过量的苯肼形成糖脎，根据糖脎的晶形和生成时间可以区别单糖。二糖中的麦芽糖、乳糖和纤维素等还原性糖也能发生反应形成糖脎，而非还原性二糖则不能发生成脎反应，如蔗糖。

三、主要仪器与试剂

(1)主要仪器：电子天平、试管、水浴装置、低倍显微镜。

(2)试剂：糖水溶液(质量分数为 5%)、α-苯酚乙醇溶液(质量分数为 10%)、硫酸(浓、稀)、酒石酸钾钠、$CuSO_4 \cdot 5H_2O$、$Cu(OH)_2$、NaOH、NaOH 溶液(质量分数为10%)、无水碳酸钠、柠檬酸钠、托伦试剂、苯肼盐酸盐溶液(质量分数为 10%)、醋酸钠溶液(质量分数为 15%)、淀粉溶液。

四、实验步骤

1. Molish 反应

分别向试管中加入 1 mL 葡萄糖水溶液、蔗糖水溶液、淀粉水溶液、滤纸浆等，滴入 4 滴 α-苯酚乙醇溶液，混合均匀后将试管倾斜，沿管壁慢慢加入 2 mL 浓硫酸，勿摇动，硫酸在下层，试液在上层，若交界处出现紫色环，则表示溶液中含有糖类化合物。

2. 与斐林试剂作用

因酒石酸钾钠和 $Cu(OH)_2$ 混合后生成的配合物不稳定，故需分别配制，实验时再将两种试剂混合。斐林试剂 I：将 1.75 g $CuSO_4 \cdot 5H_2O$ 溶于 50 mL 蒸馏水中，得淡蓝色液体。斐林试剂 II：将 8.5 g 酒石酸钾钠溶于 10 mL 热水中，然后加入 2.5 g NaOH，稀释至 50 mL 即得无色清亮液体。

各取 1 mL 斐林试剂 I 和斐林试剂 II，混合均匀后在水浴中微热，再分别加入 10 滴葡萄糖水溶液、果糖水溶液、蔗糖水溶液、麦芽糖水溶液，振荡后加热，观察颜色变化及有无沉淀析出。

3. 与班氏试剂作用

班氏试剂的配制：称取 34.6 g 柠檬酸钠和 20 g 无水 Na_2CO_3 溶解于 160 mL 蒸馏水中，再称取 3.46 g $CuSO_4 \cdot 5H_2O$ 溶解在 20 mL 蒸馏水中。慢慢将此溶液加入上述溶液中，最后用水稀释至 200 mL。如溶液不澄清，可进行过滤。班氏试剂为斐林试剂的改进试剂，性质稳定，不必临时配制。

分别向 4 支试管中各加入 1 mL 班氏试剂，在水浴中微热后，分别加入 10 滴葡萄糖水溶液、果糖水溶液、蔗糖水溶液、麦芽糖水溶液，振荡后加热，观察颜色变化及有无沉淀析出。

4. 与托伦试剂作用

在 4 支洗净的试管中分别加入 2 mL 托伦试剂，再分别加入 1 mL 葡萄糖水溶液、果糖水溶液、蔗糖水溶液、麦芽糖水溶液，在 50 ℃水浴中温热，观察有无银镜产生。

5. 成脎反应

在试管中加入 2 mL 糖水溶液，再加入 1 mL 苯肼盐酸盐溶液和 1 mL 醋酸钠溶液，在沸水浴中加热并不断振摇，比较产生脎结晶的速度，记录成脎的时间，在低倍显微镜下观察脎的结晶形状。醋酸钠与苯肼盐酸盐作用生成的苯肼醋酸盐，易水解生成苯肼。实验中应防止苯肼溢出或沾到皮肤上。如触及皮肤，应先用稀醋酸清洗，然后用水洗。蔗糖不与苯肼作用生成脎，但长时间加热可能发生水解形成葡萄糖和果糖，从而出现少量脎沉淀。

6. 淀粉水解

在试管中加入 6 mL 淀粉溶液，再加入 1 mL 稀硫酸，在沸水浴中加热 5 min，冷却后用 NaOH 溶液中和至中性。取 5 滴溶液与斐林试剂作用，观察现象。

五、实验记录

观察并记录实验现象。

六、思考题

（1）如何区分酮糖和醛糖？

（2）根据糖脎的晶形和生成时间，如何区别糖的种类？

实验 23　葡萄糖含量的测定（碘量法）

一、实验目的

（1）掌握碘量法测定葡萄糖含量的原理和方法。

（2）熟悉碘价态变化的条件。

二、实验原理

葡萄糖是自然界中分布最广、最为重要的一种单糖，它是一种多羟基醛。纯净的葡萄糖为无色晶体，有甜味，易溶于水，微溶于乙醇，不溶于乙醚。天然的葡萄糖水溶液旋光向右，故属于右旋糖。

葡萄糖在生物学领域具有重要的地位，是活细胞的能量来源和新陈代谢的中间产物，是生物的主要供能物质。1 mol 葡萄糖经人体完全氧化后能放出 2 870 kJ 的能量，其中部分能量转化为三磷酸腺苷，其余以热能形式散出，用以维持体温。葡萄糖在糖果制造业和医药领域有着广泛应用。

葡萄糖含有五个羟基、一个醛基，具有多元醇和醛的性质，它具有如下特点：在碱性条件下加热易分解；分子中的醛基具有还原性，能与银氨溶液作用发生银镜反应；醛基能被还原，生成为己六醇；分子中的多个羟基能与酸发生酯化反应；能在生物体内发生氧化反应放出热量；能与新配制的氢氧化铜悬浊液反应生成 Cu_2O 沉淀；能在一定条件下分解成为水和二氧化碳。

碘量法在有机分析中的应用十分广泛，一些含有能直接氧化 I^- 或还原 I_2 的官能团的有机物，或通过取代、加成、置换等反应后能与碘定量反应的有机物，都可以采用直接或间接碘量法进行测定。

I_2 与 NaOH 作用可生成次碘酸钠（NaIO），反应的离子方程式为

$$I_2+2OH^- =IO^- +I^- +H_2O$$

葡萄糖分子中的醛基可定量地被 NaIO 氧化成为羧基，反应的离子方程式为

$$CH_2OH(CHOH)_4CHO+IO^- +OH^- =CH_2OH(CHOH)_4COO^- +I^- +H_2O$$

未与葡萄糖作用的 NaIO 在碱性溶液中被歧化成 NaI 和 $NaIO_3$，反应的离子方程式为

$$3IO^- =IO_3^- +2I^-$$

当酸化溶液时，$NaIO_3$ 又恢复成为 I_2 而析出，反应的离子方程式为

$$IO_3^- +5I^- +6H^+ =3I_2+3H_2O$$

这样，用 $Na_2S_2O_3$ 标准溶液滴定析出的 I_2，便可求出葡萄糖的含量，反应的离子方程式为

$$I_2 + 2S_2O_3^{2-} = S_4O_6^{2-} + 2I^-$$

因为 1 mol 的 I_2 产生 1 mol 的 IO^-，而 1 mol 葡萄糖则消耗 1 mol 的 IO^-，所以相当于 1 mol 葡萄糖消耗 1 mol I_2。

三、主要仪器与试剂

（1）主要仪器：电子天平、干燥箱、干燥器、容量瓶、锥形瓶、移液管、滴定管、烧杯、玻璃棒。

（2）试剂：$Na_2S_2O_3$ 标准溶液（0.1 mol/L）、I_2 标准溶液（0.05 mol/L）、KI 溶液（100 g/L）、盐酸（6 mol/L）、$K_2Cr_2O_7$、NaOH 溶液（1 mol/L）、淀粉溶液（5 g/L）、葡萄糖注射液（质量分数为 5%）。

四、实验步骤

1. $K_2Cr_2O_7$ 标准溶液的配制

将 $K_2Cr_2O_7$ 于 150 ℃ 干燥 2 h 后保存于干燥器中。准确称取 1.2 g $K_2Cr_2O_7$ 固体于小烧杯中，加少量蒸馏水溶解后转入 250 mL 容量瓶中，再用少量水清洗烧杯及玻璃棒，将清洗液也转入容量瓶中，最后用水稀释到刻度线，摇匀。计算其准确浓度。

2. $Na_2S_2O_3$ 标准溶液的标定

准确移取 25.00 mL $K_2Cr_2O_7$ 标准溶液于碘量瓶中，加 5 mL 盐酸和 10 mL KI 溶液，立即塞紧瓶塞摇匀，置于避光处 5 min。然后冲洗瓶盖并用蒸馏水稀释至 100 mL 左右，用待标定 $Na_2S_2O_3$ 溶液滴定至 $K_2Cr_2O_7$ 标准溶液呈浅黄绿色时，加入 2 mL 淀粉溶液继续滴定至蓝色刚好褪去。记录所需体积，计算 $Na_2S_2O_3$ 标准溶液的浓度。

3. I_2 标准溶液的标定

准确移取 25.00 mL I_2 标准溶液于锥形瓶中，加 50 mL 蒸馏水，用 $Na_2S_2O_3$ 标准溶液滴定至溶液呈浅黄绿色时，加入 2 mL 淀粉溶液，继续滴定至蓝色刚好褪去，溶液呈无色。

4. 葡萄糖含量的测定

用移液管移取 25.00 mL 葡萄糖注射液于 250 mL 容量瓶中，加水稀释至刻度线，摇匀。准确移取 25.00 mL 上述溶液于碘量瓶中，准确加入 25 mL I_2 标准溶液，慢慢滴加 NaOH 溶液，边滴加边摇动，直至溶液呈浅黄色。氧化葡萄糖时，滴加 NaOH 溶液的速度要慢，否则，过量的 IO^- 来不及和葡萄糖反应就被歧化为氧化性较差的 IO_3^-，致使葡萄糖氧化不完全。将碘量瓶加塞后摇匀，于暗处放置 15 min，加 2 mL 盐酸酸化处理，立即用 $Na_2S_2O_3$ 标准溶液滴定至溶液呈浅黄色时，加入 2 mL 淀粉溶液，继续滴定至蓝色消失，即达到滴定终点。

五、数据处理

$K_2Cr_2O_7$ 标准溶液、$Na_2S_2O_3$ 标准溶液和 I_2 标准溶液浓度及葡萄糖注射液中葡萄糖含量的计算：

$$c_1(\text{mol/L}) = \frac{m_1 \times 1\,000}{M_1 \times 250}$$

$$c_2(\text{mol/L}) = \frac{6 \times c_1 \times 25}{V_1}$$

$$c_3(\text{mol/L}) = \frac{c_2 \times V_2}{2 \times 25}$$

$$\text{葡萄糖含量}(\text{g/L}) = 10 \times \frac{\left[c_3 \times 25 - \dfrac{1}{2} \times c_2 \times V_3\right] \times M_2}{25}$$

式中，m_1 为称取 $K_2Cr_2O_7$ 的质量，单位为 g；M_1 为 $K_2Cr_2O_7$ 的摩尔质量，单位为 g/mol；c_1 为 $K_2Cr_2O_7$ 标准溶液的浓度，单位为 mol/L；V_1 为滴定 $K_2Cr_2O_7$ 标准溶液时所消耗 $Na_2S_2O_3$ 标准溶液的体积，单位为 mL；c_2 为 $Na_2S_2O_3$ 标准溶液的浓度，单位为 mol/L；V_2 为滴定 I_2 标准溶液时所消耗 $Na_2S_2O_3$ 标准溶液的体积，单位为 mL；c_3 为 I_2 标准溶液的浓度，单位为 mol/L；V_3 为测定葡萄糖含量时所消耗 $Na_2S_2O_3$ 标准溶液的体积，单位为 mL；M_2 为葡萄糖的摩尔质量，单位为 g/mol。

六、思考题

(1) 配制 I_2 溶液时为什么要加入过量的 KI？

(2) I_2 标准溶液能否盛装于碱式滴定管中？

实验 24　液体有机物折光率的测定

一、实验目的

(1) 了解阿贝折光仪的工作原理。

(2) 掌握液体有机化合物折光率的测定方法。

二、实验原理

1. 折光率

当光线从一种介质通过界面进入另一种介质时，由于光在两种介质中的速度不同，其传播方向发生改变，在分界面上发生折射现象；所形成折射角的大小与介质的密度、分子结构、温度以及光的波长等有关。在相同条件下以空气作为标准介质测定折射角，换算后即为该物质的折光率。用斯内尔(Snell)定律表示：$n = \sin \alpha / \sin \beta$，$\alpha$ 是光线在空气中传播时入射光与界面垂线之间的夹角，β 是折射光在液体中的传播方向与界面垂线之间的夹角。入射角与折射角的正弦比值即为介质 B 对介质 A 的相对折光率，如图 4-4a 所示。用单色光测定的折光率比白光更精确，测定时常用钠光。

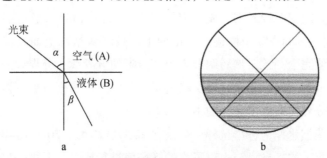

图 4-4　光的折射及阿贝折光仪在临界角时的目镜视野

一种物质的折光率不仅与它的结构、光线波长有关，也受温度、压强等因素的影响。所以，表示折光率时必须注明光线和温度，如 n_D^t。D 表示以钠光灯的 D 线(589.3 nm)为光源，虽然折光仪的光源为白光，但用棱镜补偿后测得的仍为钠光灯 D 线的折射率；而 t 是测定时的温度。例如，$n_D^{20} = 1.3605$，是 20 ℃时该介质对钠光灯 D 线的折光率为 1.3605。

一般来说，温度每增高 1 ℃时，液体有机物的折光率就减少 $3.5 \times 10^{-4} \sim 5.5 \times 10^{-4}$，一般以 4×10^{-4} 为温度变化系数。为了减小误差，一般折光仪都配有恒温装置。

2. 阿贝折光仪

阿贝折光仪的左面有一个镜筒和刻度盘，刻有 1.3000 ~ 1.7000 的格子，右面的镜筒是测量望远镜，用于观察遮光情况。光线由反射镜反射进入下面的棱镜时以不同入射角进入棱镜间的液层，再射到上面棱镜的光滑表面上，由于折射率很高，一部分光线经折射进入空气到达测量望远镜，另一部分则发生全反射。调节螺旋，使镜中的视野如图 4-4b 所示的折光仪在临界角时的目镜视野，明暗面的界限落在"+"字交叉点上，即测得待测液体的折光率。阿贝折光仪配备有消色散装置，因此可使用自然光测量，所得结果与钠光线一致。

折光率是液体有机化合物的重要常数之一，由于阿贝折光仪的操作简单，因此是实验室的常用仪器。通过测定合成的已知化合物的折光率，与文献值对照，能检验其纯度；测定合成的未知化合物的折光率，确定其结构后可将折光率作为物理常数。

三、主要仪器与试剂

(1)主要仪器：阿贝折光仪、擦镜纸、滴管。

(2)试剂：溴代萘、乙醇、丙酮。

四、实验步骤

1. 折光仪的校正

阿贝折光仪有两种校正方法，第一种是利用阿贝折光仪的标准玻璃块进行校正，标准玻璃块上面刻有固定的折光率。先将右面镜筒下面的直角棱镜完全打开至水平状态，将少许溴代萘（$n_D^{20}=1.66$）置于棱镜的光滑面上，玻璃块粘在上面，转动刻度盘，使刻度和玻璃块上数值完全一致。然后调节至出现清晰的分界线，分界线的两边并不像正式测定时所呈现的一明一暗，而是呈玻璃状透明，分界线仍清晰可见，再调节右面镜筒下的方形螺丝，使分界线对准交叉线的中心即可。

第二种是用蒸馏水作为标准试样，分别在10 ℃、20 ℃、30 ℃和40 ℃时测定其折光率，重复两次，将平均折光率与去离子水的标准值进行比较，即可获得阿贝折光仪的校正值。校正值一般都很小，数值较大时仪器必须重新校正。

2. 阿贝折光率的测定

将阿贝折光仪与恒温水浴连接，调节至所需要的温度，检查保温套温度计是否准确。待一切准备就绪后，打开直角棱镜，用擦镜纸蘸少量乙醇或丙酮轻轻擦洗镜面，只能单向擦，不能来回擦，晾干后使用。

当达到所需要温度后，将2~3滴待测液体均匀地置于磨砂面棱镜上，关闭棱镜，调好反光镜使光线射入。轻轻转动左面刻度盘，并在右面镜筒内找到明暗分界线。如果出现彩色带，则应调节消色散镜，使明暗界线清晰。再转动左面刻度盘，使分界线对准交叉线中心，记录读数。测定结束后，应立即擦洗上下镜面、晾干，再关闭仪器。阿贝折光仪应置于木箱内于干燥处贮藏，避免日光照射。

滴加试样时，勿使滴管尖端与镜面直接接触，以免造成割痕。滴加液体应适量、分布要均匀，对于易挥发液体应快速进行测定，如果放得过少或分布不均看不清楚时，可多加一点液体。不能测定强酸、强碱及有腐蚀性的液体，也不能测定对棱镜、保温套间的胶黏剂有溶解性的液体。

五、实验记录

记录试样的折光率及测定温度。

六、思考题

（1）为什么要测定有机物的折光率？
（2）测定某一物质的折光率时应注意哪些条件？

实验 25　有机物旋光度的测定

一、实验目的

（1）掌握旋光仪的工作原理及使用方法。

（2）掌握有机物比旋光度的计算方法。

二、实验原理

一些有机物，特别是天然有机物，具有手性，能使偏振光的振动平面旋转一定角度。使偏光振动向左（右）旋转的为左（右）旋性物质。比旋光度是旋光物质的重要物理常数，用来表示旋光化合物的旋光性，测定旋光度可以检验旋光性物质的纯度，计算其实际含量。

旋光仪是用来测定光学活性物质旋光能力大小和方向的仪器。从光源发出的光线经过起偏镜及盛有待测物质的旋光管时，物质的旋光性使得其产生的偏振光不能直接通过第二个棱镜，必须旋转检偏镜才能通过，其转动角度由标尺盘上移动的角度表示，此读数即为该物质在此浓度时的旋光度 α。

旋光度 α 除了与试样本身的性质有关以外，还与试样溶液的浓度、溶剂、旋光管的长度、温度及光线的波长有关。一般情况下，温度对旋光度的影响不大，因而不必将试样放置于恒温器中。常用比旋光度 $[\alpha]_\lambda^t$ 来表示物质的旋光性，在一定的波长和温度下可用下列关系式进行计算。

对于纯液体有机物，有

$$[\alpha]_\lambda^t = \frac{\alpha}{\rho \times l}$$

对于混合溶液，有

$$[\alpha]_\lambda^t = \frac{\alpha}{c \times l} \times 100$$

式中，α 为旋光仪测得的旋光度，c 为溶液的质量浓度［单位为 g/（100 mL）］，l 为旋光管的长度（单位为 dm），t 为测定时的温度（单位为℃），λ 为光源的波长（单位为 nm）。待测物质为液体时，以密度 ρ（单位为 g/mL）代替质量浓度 c。在书写旋光度时，除注明温度、光源波长外，还应注明其质量浓度和配制溶液用的溶剂。

三、主要仪器与试剂

（1）主要仪器：电子天平、旋光仪、恒温槽、容量瓶、烧杯、量筒、玻璃棒。

（2）试剂：葡萄糖。

四、实验步骤

1. 旋光仪零点的校正

将旋光管洗干净，装入蒸馏水，使液面凸出管口，盖好盖子。将旋光管外表面擦拭干净，放入旋光仪内，合上盖子。然后，打开钠光灯，调节仪器目镜的焦点，使视场内三部分明暗相间、分界线清晰，记下其读数。若零点相差较大，应重新校正。

2. 溶液的配制

用电子天平称取 10 g 葡萄糖，准确到 0.000 1 g，将其溶解在蒸馏水中，再全部转移至 100 mL 容量瓶内，用水稀释至刻度线。必须保证试样完全溶解，溶液应透明、不存在固体颗粒，否则必须进行过滤。当测量纯液体的旋光度时，如果旋光角度太大，则应选择较短的旋光管。

3. 试样的装入

用玻璃盖和铜帽将试样管的一端密封，然后开口向上将旋光管竖立起来，用待测液体润洗旋光管 3 次，以消除其他物质的影响。将配制好的溶液或纯液体加入管中，使溶液因表面张力而形成的凸液面中心高出管顶，再将旋光管上端的玻璃盖盖好，切勿带入气泡，最后盖上铜帽，确保不漏液。玻璃盖与玻璃管之间直接接触，而铜帽与玻璃盖之间需放置橡皮垫圈，不能拧得太紧，只要确保液体不流出即可；如果旋得太紧，玻璃盖将产生扭力，使旋光管内形成孔隙，影响旋光。

4. 旋光度的测定

参考前述校正方法测定葡萄糖溶液的比旋光度，所得读数与零点之间的差值即为其旋光度，重复测定 5 次。记下此时旋光管的长度、溶液的温度，然后计算比旋光度。实验结束后，将旋光管清洗干净，并装满蒸馏水。

五、数据处理

葡萄糖溶液比旋光度的计算：

$$[\alpha]_\lambda^t = \frac{\alpha}{c \times l} \times 100$$

式中，t 为测定时的温度，单位为 ℃；λ 为光源的波长，单位为 nm；α 为标尺盘转动角度的读数；l 为旋光管的长度，单位为 dm；c 为质量浓度，单位为 g/（100 mL）。

六、思考题

（1）蔗糖溶液、葡萄糖溶液、果糖溶液的旋光性有何不同？

（2）设光源为钠光 D 线，旋光管长度为 20 cm，试计算葡萄糖溶液的比旋光度。

实验 26　恒温槽的装配和性能测试

一、实验目的

(1)掌握恒温槽的工作原理及装配方法。

(2)分析恒温槽的性能,确定合理布局。

二、实验原理

许多物理化学的参数都与温度有关,如化学反应速率常数、电离平衡常数、黏度、导电率、蒸气压、电动势等,因此,必须在恒温条件下进行实验,这需要能保持温度恒定的设备,实验室常用的是恒温槽。一般恒温槽的温度相对稳定,波动大约为±0.1 ℃。要使恒温槽维持在高于室温的温度,必须及时补充热量以补偿散热引起的损失。当恒温槽温度降低时,恒温控制器就驱动电加热器工作,待加热到所需温度时,停止加热,使恒温槽保持温度恒定。

恒温槽由浴槽、加热器、搅拌器、温度计、感温元件、恒温控制器等组成,主要包括感温元件、控制元件、加热元件,感温元件将温度转化为电信号输送给控制元件,控制元件发出指令,让加热元件开始或停止加热。

1. 浴槽

浴槽通常是圆柱形的容器。不同温度范围时,浴槽中的介质也不同,$-60 \sim 30$ ℃为乙醇、乙醇水溶液,$0 \sim 90$ ℃为水,$80 \sim 160$ ℃为甘油、甘油水溶液,$70 \sim 200$ ℃为液体石蜡、硅油。

2. 加热器

将内部装有电阻丝的圆环形电加热器放入圆柱形容器中,加热产生的热量能均匀地分布在圆柱形浴槽的周围,它由电子继电器自动调节实现恒温。为了提高恒温的精度,在恒温控制器和电加热器间串接一台可调变压器。刚开始加热时,由于室温距离恒定温度的温差较大,为尽快升温,将可调变压器的输出电压调高一些;当温度逐渐接近恒温温度时,把输出电压降低一些,以减少温度滞后现象。

3. 搅拌器

一般采用转速可调的电动搅拌器,使浴槽内部各处的温度尽可能一致。搅拌器的安装位置、桨叶形状对搅拌效果有很大的影响,搅拌桨叶应是螺旋桨式、涡轮式,有适当的片数、直径和面积,以保证恒温槽温度的均匀性。

4. 温度计

常用精度为 0.1 ℃的贝克曼温度计测量恒温槽的温度。

5. 感温元件

采用感温时间短、调速快、精度高、稳定性好的热敏电阻作为感温元件。

恒温槽的灵敏度是衡量恒温槽性能的主要标志，它与贝克曼温度计中毛细管的粗细、金属丝与水银接触处是否清洁、搅拌效果、加热功率、恒温槽体积及热量散失、继电器灵敏度等因素密切相关。恒温槽灵敏度是指在一定温度下温度的波动情况。可在同一温度下改变恒温槽内各部件的布局来测量，找出恒温槽的最佳布局；也可选定某一布局，研究加热器电压、搅拌速度对恒温槽温度波动曲线的影响。应采用较为灵敏的贝克曼温度计，在一定的温度下记录温度随时间的变化。当最高温度为 t_1、最低温度为 t_2 时，恒温槽的灵敏度 t_E 为

$$t_E = \pm \frac{t_1 - t_2}{2}$$

常以温度为纵坐标、时间为横坐标绘制温度-时间曲线来表示恒温槽的灵敏度，如图 4-5 所示。图 4-5a 表示恒温槽的灵敏度较高，图 4-5b 表示加热器的功率太大，图 4-5c 表示的是灵敏度较低，图 4-5d 表示加热器的功率太小。

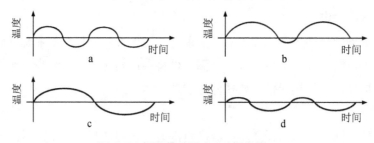

图 4-5　恒温槽的温度-时间曲线

三、主要仪器与试剂

（1）主要仪器：浴槽、贝克曼温度计、温控仪、温度计（最大量程 50 ℃、准确度 0.1 ℃）、搅拌器、电加热器、继电器。

（2）试剂：蒸馏水。

四、实验步骤

（1）根据所提供的元件和仪器，安装恒温槽，连接好线路。向浴槽中加入 3/4 容积的蒸馏水，待指导教师检查无误后，才能接通电源。

（2）打开搅拌器，调节搅拌速度，插上继电器，打开继电器开关。旋松贝克曼温度计上端的调节帽固定螺丝，转动磁铁，使粗调温度比目标控制温度低 5 ℃，然后打开加热器开关进行加热。当加热至水银柱与钨丝接触时，贝克曼温度计处于通断的临界状态。

（3）观察槽中的温度计，根据其与控制温度差值的大小，进一步调节贝克曼温度计。反复调节，直到达到设定温度为止。加热过程中，仔细观察恒温槽中的精密温度计，以避免实际温度超过设定温度。达到设定温度后，将调节帽固定螺丝旋紧，使之不再转动。

（4）记录温度随时间的变化情况，绘制恒温槽的灵敏度曲线。记录的数据应出现三个波峰和三个波谷，即有三个最高点和三个最低点。

（5）实验完毕后，关闭电源，关闭加热器，整理实验台。

五、数据处理

（1）记录 30 min 内恒温槽的温度，以温度为纵坐标、时间为横坐标绘制温度-时间曲线。

（2）恒温槽灵敏度的计算

$$t_E = \pm \frac{t_1 - t_2}{2}$$

式中，t_1 为最高温度，单位为 ℃；t_2 为最低温度，单位为 ℃。

六、思考题

（1）电源接通后恒温槽的温度不上升，这可能是什么原因？

（2）在恒温槽开始加热前，为什么必须将温度控制仪控温旋钮所指温度调节至低于目标温度？

实验 27　萘燃烧热的测定

一、实验目的

（1）了解氧弹式热量计的工作原理、构造及使用方法。

（2）掌握萘燃烧热的测定方法。

二、实验原理

燃烧热是指物质与氧气进行完全燃烧反应时放出的热量。通常采用氧弹式热量计依据能量守恒定律测定物质的燃烧热。国际上规定苯甲酸为标定氧弹式热量计的"标准量热物质"。燃烧后，化合物中的 C、H、S、N、Cl 分别转变为 $CO_2(g)$、$H_2O(l)$、$SO_2(g)$、$N_2(g)$、$HCl(aq)$。燃烧热的测定，除了有实用价值外，还用来计算化合物的生成热、化学反应的反应热和键能等，具有重要的理论意义。

对有机化合物而言，能利用燃烧热的基本数据获得反应热。燃烧热可在恒容或恒压条件下测定，试样在充有过量氧气的氧弹内燃烧，根据试样燃烧前后量热系统的温度升高值，对点火热等附加热进行校正即可计算试样的发热量。热量计的热容量通过在相似条件下燃烧一定量的基准物质苯甲酸来确定。

一定量的试样在氧弹式热量计中完全燃烧时，所释放的热量将使氧弹本身及其周围的介质和热量计有关附件的温度升高，测量介质在燃烧前后温度的变化值 ΔT，就能计算出该试样的燃烧热。

由热力学第一定律可知：在不做非膨胀功的情况下，恒容燃烧热 $Q_V = \Delta U$，恒压燃烧热 $Q_p = \Delta H$。在体积恒定的氧弹式热量计中测得的燃烧热为 Q_V，从手册上查得的燃烧热数据为 Q_p，然后再按如下公式进行计算：

$$Q_p = Q_V + \Delta n(g) \cdot RT$$

式中，$\Delta n(g)$ 为反应前后生成物和反应物中气体物质的量的差值。

三、主要仪器与试剂

（1）主要仪器：电子天平、热量计、压片机、氧气钢瓶。

（2）试剂：苯甲酸、萘。

四、实验步骤

首先测定总热容量，热量计的总热容量就是与其量热体系具有相同热容量的水及仪器的质量（以克计）。量热体系是指实验过程中发生的热效应所能分布到的部分，包括量热容器、氧弹的全部以及搅拌器、温度计的一部分。热量计的热容量在数值上等于量热体系温度每升高 1 ℃ 所需的热量。

热量计的热容量用已知燃烧热值的苯甲酸在氧弹内燃烧的方法测定，试样的测定应与总热容量在完全相同的条件下进行。如果操作条件发生变化，如更换或修理了热量计上的零部件、更换了温度计、室温变化超过 5 ℃、热量计转移到其他地方等，均应重新测定总热容量。

1. 装入试样

在坩埚中称取 1.0 g 试样（准确到 0.000 1 g），用压片机压成片。取一根约 10 cm 长的点火丝，在电子天平上准确称重，把点火丝两端分别连接在氧弹的两个电极柱上。将盛有试样的坩埚放在坩埚架上，调节下垂点火丝至合适位置，对难以燃烧的物质（如无烟煤）应使点火丝与试样接触，对易燃或易飞溅的物质则应保持微小的距离。严禁点火丝与坩埚接触，以免造成短路，导致点火失败，甚至烧毁坩埚。还应注意防止两电极间以及坩埚同另一电极间的短路。向氧弹筒内加入 10 mL 蒸馏水，每次测定时加入蒸馏水量应相同。把装好试样的氧弹头缓慢插入氧弹筒内，小心拧紧弹盖，注意避免坩埚和点火丝的位置因受震动而改变。

2. 充入氧气

向氧弹中缓缓充入氧气直至压强达 3.0 MPa，充氧时间不得少于 15 s。如果压强超过 3.3 MPa，则应释放氧气，重新装样后再充氧至 3.0 MPa。当钢瓶中氧气压强不足 5.0 MPa 时，充氧时间应适当延长；不足 4.0 MPa 时，应更换新的氧气钢瓶。

3. 调节水温

水量最好采用称量法测定，采用加冰、加热水的方法能调节内筒的水温。对 1 g 苯甲酸试样而言，内筒的温度约比外筒低 1 ℃，使实验主期终点时内筒比外筒温度高 1 ℃ 左右，以使终点时内筒温度出现明显下降。内筒温度过低或过高都将影响测定结果的准确性。

实验时，向内筒中加入足够的蒸馏水，使氧弹盖的顶面（不包括突出的进气阀体）淹没在水面以下 20 mm，内筒用水量为 2 000 g。每次实验时的用水量应与标定热容量时一致，相差应小于 1 g。

4. 装入氧弹

把装好水的内筒放在外筒中的内筒底座上，再将装好试样的氧弹小心地放入内筒，中间隔有弹座。检查氧弹气密性，如有气泡出现，则表明氧弹漏气，应找出原因并予以纠正，重新装样、充氧。然后，盖上外筒的盖子，并注意测温探头和搅拌叶不得接触弹筒和内筒壁。

5. 读取温度

操作控制器开始实验，每隔 1 min 读取 1 组温度，共读取 10 组温度作为实验的末期。

6. 检查试样

实验完成后，停止观测温度，取出测温探头，放在外筒温度计的插孔上，打开主机盖，从内筒中取出氧弹。

将放气帽放在氧弹进气阀体上，缓缓压下放气阀，1 min 左右即可将燃烧废气释放完全。拧开弹盖，仔细观察弹筒和坩埚内部，如存在试样燃烧不完全或产生炭黑的情况，则实验作废。如果未发现这些情况，将点火丝取下，测量未燃完部分的长度，计算实际消耗的质量。

7. 清洗氧弹

用蒸馏水洗涤氧弹内各部分、坩埚和进气阀。用干布将氧弹内外表面、弹盖擦拭干净，用电热吹风将弹盖及零件吹干，或者自然晾干。

8. 测定萘的燃烧热

测定试样萘的燃烧热时，内筒水要更换且需调温，然后称取 0.5 g 萘，按上述步骤进行测定。

五、数据处理

1. 数据记录

初期	次数	1	2	3	4	5	6	7	8	9	10
	温度/℃										
主期	次数	1	2	3	4	5	6	7	8	9	10
	温度/℃										
	次数	11	12	13	14	15	16	17	18	19	20
	温度/℃										
末期	次数	1	2	3	4	5	6	7	8	9	10
	温度/℃										

2. 结果计算

$$E = \frac{Q \cdot m + q_1 + q_n}{t_n - t_0 + C}$$

$$Q_{b,ad} = \frac{E \cdot (t_n - t_0 + C) - (q_1 + q_2)}{m}$$

$$V_0 = \frac{T_0 - t_0}{10}$$

$$V_n = \frac{t_n - T_n}{10}$$

$$C = (n - \alpha) V_n + \alpha V_0$$

式中，E 为热容量，单位为 J/K；$Q_{b,ad}$ 为试样的弹筒发热量，单位为 J/g；Q 为苯甲酸热值，为 26 486 J/g；m 为试样质量，单位为 g；q_1 为点火丝热值，单位为 J；q_2 为添加物热值，单位为 J；q_n 为硝酸生成热，$q_n = 0.001\,5Qm$，单位为 J；t_0 为主期初温，点火时的温度，单位为 ℃；t_n 为主期末温，第一次出现下降时的温度，单位为 ℃；C 为冷却校正值，单位为 K；V_0 为初期温度变化率，单位为 K/min；V_n 为末期温度变化率，单位为 K/min；T_0 为初期初温，单位为 ℃；T_n 为末期末温，单位为 ℃；n 为由点火到终点时间，t_n 在主期计温中的排序数，单位为 min。当 $\Delta t / \Delta t_{1'40''} \leqslant 1.20$ 时，$\alpha = \Delta t / \Delta t_{1'40''} - 0.10$；当 $\Delta t / \Delta t_{1'40''} > 1.20$ 时，$\alpha = \Delta t / \Delta t_{1'40''}$。其中，$\Delta t$ 为主期内总的温度升高值，$\Delta t = t_n - t_0$，单位为 K；$\Delta t / \Delta t_{1'40''}$ 为点火 1'40'' 时的温度升高值，$\Delta t_{1'40''} = t_{1'40''} - t_0$，单位为 K。

六、思考题

（1）在使用氧气钢瓶及氧气减压阀时，有哪些注意事项？

（2）搅拌太慢或太快有何影响？

实验 28　完全互溶双液系气−液平衡相图的绘制

一、实验目的

（1）了解双液系气−液平衡相图的绘制方法。

（2）掌握测定双组分液体沸点及正常沸点的方法。

二、实验原理

常温下两种液体混合组成的二组分体系称为双液系，如果二者能按任意比例溶解，则称为完全互溶双液系，若只能部分互溶，则为部分互溶双液系。液体的沸点是指液体的蒸气压与外界大气压相等时的温度。在一定的外界压强下，纯液体的沸点具有确定值。但双液系的沸点不仅与外界压强有关，还与双液体系的组成有关。根据相律可知：$f=N-\varPhi+2$，完全互溶双液系的独立组份数 N 为 1，相数 $\varPhi$ 为 1，则自由度 f 为 2。所以，只要确定任一个变量，体系的状态就能用二维图形来描述。在某恒定温度下，可以画出体系的 $p-x$ 图，而在恒定压强时可以绘出 $T-x$ 图，这就是相图。在 $T-x$ 相图上虽然有温度、液相组成和气相组成三个变量，但只有一个自由度，只需确定其中一个变量，另外两个变量就有确定值。

图 4-6 是一种最简单的完全互溶双液系的 $T-x$ 图，纵轴是温度 T、横轴是液体 B 的摩尔分数 x_B，上面的曲线是气相线，下面的曲线是液相线，对应于同一沸点温度的两曲线上的两个点，就是互相平衡的气相点和液相点，其组成可从横轴上获得。因此，如果在恒压下将溶液蒸馏，测定气相馏出液和液相蒸馏液的组成就能绘出 $T-x$ 图。

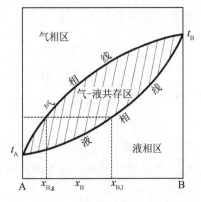

图 4-6　完全互溶双液系的 $T-x$ 图

如果两种液体所形成的溶液中，各组分的蒸气压对拉乌尔定律的偏差较大，在 $T-x$ 图上会出现最高点或最低点，如图 4-7 所示，这些点为恒沸点，相应的溶液为恒沸混合物，在蒸馏时所得气相与液相组成相同，靠蒸馏无法改变其组成。如盐酸与水的体系具有最高恒沸点，苯与乙醇的体系具有最低恒沸点。

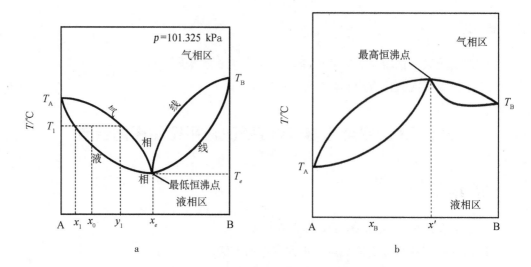

图 4-7　完全互溶双液系具有恒沸点的相图

本实验采用回流冷凝法测定环己烷-乙醇体系的沸点-组成图，采用阿贝折光仪测定不同组成体系在沸点温度时气液相的折光率，再从折光率-组成工作曲线上查得相应的组成，绘制沸点-组成图。

三、主要仪器与试剂

（1）主要仪器：电子天平、沸点测定仪、高型称量瓶、超级恒温槽、带玻璃磨口塞试管、阿贝折光仪、玻璃漏斗、调压变压器、长滴管、水银温度计（最大量程 50～100 ℃、准确度 0.1 ℃）、玻璃温度计、数字贝克曼温度计。

（2）试剂：环己烷、乙醇、丙酮。

四、实验步骤

1. 绘制组成工作曲线

调节超级恒温槽的温度，将恒温水通于阿贝折光仪中，使阿贝折光仪上的温度计读数保持为某一数值。

配制溶液。计算配制 10 mL 环己烷的摩尔分数为 0.10、0.20、0.30、…、0.90 的环己烷-乙醇溶液所需环己烷、乙醇的质量，并用准确度为 0.000 1 g 的电子天平准确称取。称量过程中动作要迅速，以避免挥发带来误差。各溶液的实际组成按实际称样结果计算。

调节超级恒温水槽使其固定在某一温度下，待阿贝折光仪上的温度计读数稳定后，分别测定上述 9 种溶液以及环己烷、乙醇的折光率。以折光率对浓度作曲线，绘制不同温度下的折光率-组成工作曲线。

2. 沸点的测定

按图 4-8 所示安装洗净干燥后的沸点仪,电热丝应靠近烧瓶的底部中心,温度计水银球的位置应处于支管之下,高出电热丝 2 cm 以上,检查带有温度计的软木塞是否塞紧。

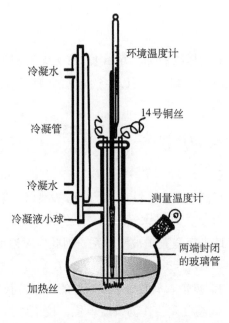

图 4-8　沸点测定仪示意图

借助玻璃漏斗由支管加入无水乙醇,使液面达到温度计水银球的中部;电热丝应完全浸没于液体中,调节电压和冷却水流量使蒸气在冷凝管中回流的高度保持在 1.5 cm 左右。电热丝不能露出液面,一定要被待测液体浸没,以免引起有机液体的燃烧。测量温度计读数稳定后,再维持 3～5 min 以使体系达到平衡,记录温度计的读数和大气压强。

将沸点仪洗净、干燥后,采用同样方法测定环己烷的沸点。实验中应尽可能避免过热现象,每加两次试样可加入一小粒沸石,调节加热温度、控制好液体的回流速度,不宜过快或过慢。

3. 试样的测定

依次取上述配好的溶液,用间隔法逐一测定,具体方法如下:

将 25 mL 第一份溶液加入沸点仪中,加入沸石,待沸腾稳定后读取沸点温度,然后立即停止加热,在空气中自然冷却后,用盛有冰水的 250 mL 烧杯套在沸点仪底部使体系冷却到 25 ℃。

用干燥长滴管自冷凝管伸入小球,取全部气相冷凝液,测量其折光率,再用另一支长滴管吸取 1 mL 烧瓶内的液体,迅速测定其折光率。取出的试样可直接滴在折光仪的

155

玻璃上进行测定，或者暂时储存于带有磨口塞的试管中。

用滴管取出沸点仪中的测定液，放回原试剂瓶中。再向沸点仪中加入 25 mL 下一组待测液，用上述方法测定。在更换溶液时，务必取尽沸点仪中的测定液，以免带来误差。试样转移时要迅速，并尽快测定其折光率。

五、数据处理

(1)溶液的沸点与外界大气压强有关，在 101.325 kPa 下测得的沸点称为正常沸点，而外界压强并非刚好等于 101.325 kPa，所以应该对实验测定值进行压强校正。校正公式如下所示：

$$T_b = T_b^\ominus + \frac{T_b^\ominus \times (p - 101\,325)}{101\,325 \times 10}$$

$$\Delta T_{压} = T_b^\ominus - T_b$$

式中，$T_b^\ominus$ 为标准大气压($p^\ominus = 101.325$ kPa)下的正常沸点，单位为 ℃；T_b 为实验时大气压下的沸点，单位为 ℃；p 为外界大气压强，单位为 Pa。

(2)由于玻璃水银温度计未完全置于被测体系，因此应对温度计做露茎校正。

$$\Delta T_{露} = 1.6 \times 10^{-4} h \cdot (T_{读} - T_B)$$

式中，T_B 为露茎部位的温度值；h 为露出体系外的水银柱长度。温度计的观测值与软木塞处温度计读数之差，以温度差值作为长度单位，校正后的正常沸点为

$$T_{沸} = T_{读} + \Delta T_{压} + \Delta T_{露}$$

(3)将折光率-组成数据列表，绘制组成工作曲线。

(4)将沸点、折光率数据列表，从环己烷-乙醇体系的折光率-组成图上查得相应的组成，从而获得沸点与组成的关系，绘制沸点-组成图，并标明最低恒沸点和组成，绘制 $T-x$ 图，从图中求出环己烷-乙醇体系的最低恒沸点和组成及其温度。

六、思考题

(1)为什么测定工作曲线时折光仪的恒温温度与测定试样时折光仪的恒温温度要保持一致？

(2)测定纯环己烷和乙醇的沸点时，为什么要求蒸馏瓶必须是干燥的？为什么测定混合液沸点和组成时则不必将原先附在瓶壁的混合液绝对弄干？

实验 29　纯液体饱和蒸气压的测定(静态法)

一、实验目的

(1)掌握静态法测定不同温度下苯的饱和蒸气压的方法。

（2）掌握饱和蒸气压与温度的关系。

二、实验原理

在密闭环境中，在一定温度下，与固体或液体处于相平衡的蒸气所具有的压强称为饱和蒸气压。同一物质在不同温度下具有不同的饱和蒸气压，且饱和蒸气压随着温度的升高而增大。纯溶剂的饱和蒸气压大于溶液的饱和蒸气压；对于同一物质，固态的饱和蒸气压小于液态的饱和蒸气压。例如，30 ℃时水、乙醇的饱和蒸气压分别为 4 133 Pa、10 532 Pa；在 100 ℃时，水的饱和蒸气压增大到 101 325 Pa，乙醇的则高达 222 648 Pa。

在一定温度下，液体与其气相达到平衡时，单位时间内由液相逸出进入气相的分子数与由气相返回液相的分子数相等，此时的蒸气压就是该液体在此温度下的饱和蒸气压。例如，放在杯子里的水会因不断蒸发而逐渐变少。如果把去离子水放在一个密闭的容器里，并抽出其上方的空气，当水不断蒸发时，水面上方气相的压强，也就是水的蒸气压强就不断增加。当温度一定时，气相压强将稳定为一个固定数值，这就是水在该温度下的饱和蒸气压强。液体的饱和蒸气压与其本性、温度等有关，当液体温度升高时，蒸气压增大，反之，蒸气压则减小。在一定外界压强下，纯液体与其气相达到平衡时的温度称为沸点。当液体蒸气压与外界压强相等时，液体开始沸腾，外界压强不同，液体的沸点也不相同。当外界压强为 101. 325 kPa 时，纯液体的沸点为该液体的正常沸点。液体的饱和蒸气压与温度的关系可用克拉佩龙-克劳修斯方程表示：

$$\frac{\mathrm{d}(\ln p)}{\mathrm{d}T} = \frac{\Delta_{vap}H_m}{RT^2}$$

式中，p 为液体在绝对温度 T 时的饱和蒸气压，$\Delta_{vap}H_m$ 为纯液体的摩尔汽化热，R 为气体常数。如果温度的变化范围很小，$\Delta_{vap}H_m$ 可近似视为常数，上式转化为

$$\ln\left(\frac{p}{[p]}\right) = -\frac{\Delta_{vap}H_m}{R} \cdot \frac{1}{T} + C$$

由实验测出不同温度下的饱和蒸气压，再以 $\ln(p/[p])$ 对 $1/T$ 作图，可以获得一条直线，其斜率为 m，因此可用下式计算摩尔汽化热：

$$\Delta_{vap}H_m = -m \cdot R$$

常采用如下两类方法测定液体的饱和蒸气压：

（1）动态法。常用的是通气饱和法，在一定温度下，将一定体积的干燥气流通过待测液体，气体被液体蒸气饱和，然后，用吸收或冷凝的方法测出气体中所含液体蒸气的量，便可计算出蒸气分压，此分压即为该温度下被测液体的饱和蒸气压。

（2）静态法。将待测液体置于一个封闭体系中，在不同温度下直接测定该液体的饱和蒸气压，或者在不同外界压强下测定该液体的沸点。此法适用于易挥发液体的测量。

三、主要仪器与试剂

（1）主要仪器：纯液体饱和蒸气压测定装置、真空泵、温度计、U 形压强计、干燥箱、电吹风、电炉。

（2）试剂：苯。

四、实验步骤

1. 测定装置

本实验采用静态法，用等压计直接测定苯在不同温度时的饱和蒸气压，等压计如图 4-9 所示，当装有待测液体的 A 管内的液体沸腾时，蒸气冷凝在 B 管和 C 管中形成液封，当两管中的液面水平时，两管液面上方的压强相等。当 A 管和 B 管的上方只包含待测液体的蒸气时，其蒸气压等于 C 管中液面上方的压强。由连接的压强计可测出该压强，即该温度下的液体饱和蒸气压，相应的温度为该压强下液体的沸点。

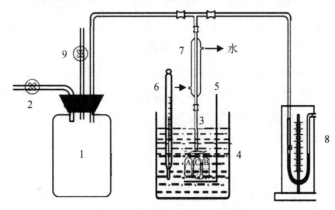

1. 稳压瓶；2. 抽气活塞；3. 等压计；4. 盛水烧杯；5. 搅拌器；6. 温度计；7. 冷凝管；8. 压强计；9. 放空活塞

图 4-9　纯液体饱和蒸气压的测定装置

2. 待测液体的装入

将等压计洗涤干净后在干燥箱内干燥，用电吹风吹出的热风加热等压计的 A 管，管内气体受热膨胀后将被部分赶出。通过 C 管将苯加入等压计中，再迅速冷却 A 管，部分苯将被吸入 A 管内。反复操作多次，使 A 管内苯的盛装量达到总体积的 2/3，B 管、C 管内分别装有 1/2 体积的苯。

3. 仪器的装配

纯液体饱和蒸气压的测定装置如图 4-9 所示，按图中顺序安装好测定装置，将等压计全部浸入水中，所有接口都要严密，以免漏气。

关闭活塞9，打开活塞2，开启真空泵，使系统压强降至 100 mmHg 左右；再关闭活塞2，关闭真空泵。仔细观察 U 形压强计读数，如 5 min 内未变化，则表示不漏气；若读数发生变化，则分段检查，消除漏气隐患。

4. 驱除 A 管、B 管中空气

检查系统气密性后，接通冷凝管冷却水，关闭活塞 2、打开活塞 9，使系统与大气相通。开启电炉加热水浴，同时不断搅拌，直至等压计内的苯沸腾 3 min。A 管内的苯沸腾后，其蒸气携带上方空气经 B 管、C 管逸出，空气即被赶走，苯蒸气在冷凝管内冷却后回流至 B 管、C 管，A 管的上方则充满苯的饱和蒸气。

5. 沸点的测定

停止加热，并不断搅拌，此时 C 管液面高于 B 管。当温度下降到一定程度时，C 管中的气泡逐渐消失，液面开始下降，同时 B 管液面开始逐渐上升。此时要特别注意观察，当 B 管和 C 管内液面相互平齐时，立即记下水浴温度，再从气压计上读出大气压强，该温度即为此大气压强下苯的沸点。

重复一次上述实验，若两次测量结果一致，即可进行下一步实验。

6. 不同温度下饱和蒸气压的测定

为避免空气倒灌进入 A 管，当完成一次沸点测定后，必须立即关闭连通大气的活塞 9，打开活塞 2 使系统与真空泵相连，打开真空泵减压至 50 mmHg，再迅速关闭活塞 2，此时液体又重新沸腾，C 管内液面又上升，继续搅拌使之冷却，C 管内气泡逐渐消失，液面逐渐下降。当 B 管与 C 管内液面平齐时，立即记下水浴温度和压强计读数，计算此温度下苯的饱和蒸气压。

重复此步操作，每次使系统减压 50 mmHg，取得 6 组温度、压强数据。

待水浴温度降至 45 ℃ 以下时，结束实验，将装置与大气相通，关闭冷却水，切断电源。

五、数据处理

(1)压强计压强的校正：

$$\Delta p_{校} = \Delta p_{测} \cdot \frac{\rho_t}{\rho_0}$$

式中，ρ_t 为室温 t ℃时汞的密度，单位为 g/cm^3；ρ_0 为 0 ℃ 时汞的密度，单位为 g/cm^3。

(2)苯饱和蒸气压的计算：

$$p = 大气压_{校} - \Delta p_{校}$$

(3)以 ln $(p/[p])$ 对 $1/T$ 作图，计算实验温度范围内苯的平均摩尔汽化热及其正常沸点。

六、思考题

(1)为什么要将等压计中 A 管内的空气排除干净？

(2)如何检查测定装置的气密性？

实验 30　高分子化合物摩尔质量的测定(黏度法)

一、实验目的

(1)掌握乌氏黏度计的使用方法。

(2)掌握高分子化合物摩尔质量的测定原理和方法。

二、实验原理

高分子化合物的分子比低分子有机化合物的分子大得多,一般有机化合物的摩尔质量不超过 1 000 g/mol,而高分子化合物的摩尔质量可高达 $10^4 \sim 10^6$ g/mol,因此,二者的物理、化学性质有很大差异。高分子化合物包括塑料、橡胶和纤维等。当今世界上许多高分子化合物是以煤、石油、天然气等为起始原料制得的低分子有机化合物经聚合反应而制成的。

尽管高分子化合物的摩尔质量很大,但组成并不复杂,它们的分子往往是由特定的结构单元通过共价键多次重复连接而成的。同一种高分子化合物的分子链所含的链节数并不相同,所以高分子化合物实质上是由许多链节结构相同而聚合度不同的化合物所组成的混合物,其摩尔质量与聚合度都是统计平均值。高分子化合物的摩尔质量是表征其物理、化学性质的重要参数,在聚合和解聚反应的机理和动力学研究中,在改进和控制高分子化合物产品的性能时,都必须掌握高分子化合物摩尔质量这一重要数据。

本实验采用黏度法测定高分子化合物的摩尔质量,虽然精度稍低,但设备简单、操作方便,是一种常用的方法。高分子化合物溶液的特点是黏度大,在流动过程中必须克服内摩擦力而做功,因此,高分子化合物稀溶液的黏度是其流动时内摩擦力大小的反映。纯溶剂的黏度 η_0 反映的是溶剂分子间的内摩擦力,高分子化合物溶液的黏度 η 是高分子化合物分子间的内摩擦力、高分子化合物分子与溶剂分子间的内摩擦力及溶剂分子间的内摩擦力之和。在同一温度时 $\eta > \eta_0$,相对于溶剂而言,溶液黏度增加的数值称为增比黏度,记作 η_{sp},而溶液黏度与纯溶剂黏度的比值称为相对黏度 η_r。其计算公式如下:

$$\eta_{sp} = \frac{\eta - \eta_0}{\eta_0} = \frac{\eta}{\eta_0} - 1 = \eta_r - 1$$

$$\eta_r = \frac{\eta}{\eta_0}$$

因此,η_r 反映的是溶液的黏度行为,而 η_{sp} 则是扣除了溶剂分子间的内摩擦效应。

高分子化合物溶液的增比黏度 η_{sp} 往往随质量浓度 c 的增加而增加，单位浓度下的增比黏度 η_{sp}/c 称为比浓黏度，而 $\ln \eta_r /c$ 则称为比浓对数黏度。当溶液为无限稀时，高分子化合物分子彼此相距较远，它们的相互作用可以忽略，因此，服从如下关系式：

$$\lim_{c \to 0}\left(\frac{\eta_{sp}}{c}\right) = \lim_{c \to 0}\left(\frac{\ln \eta_r}{c}\right) = [\eta]$$

式中，$[\eta]$ 反映的是高分子化合物分子与溶剂分子之间的内摩擦作用，称为高分子化合物溶液的特性黏度。

在足够稀的高分子化合物溶液里，η_{sp}/c 和 $\ln \eta_r /c$ 与 c 之间符合如下关系式：

$$\frac{\eta_{sp}}{c} = [\eta] + \kappa [\eta]^2 c \tag{4-1}$$

$$\frac{\ln \eta_r}{c} = [\eta] - \beta [\eta]^2 c \tag{4-2}$$

式中，κ、β 分别为 Huggins 和 Kramer 常数。

式(4-1)、式(4-2)是两个直线方程，通过 η_{sp}/c 对 c 或 $\ln \eta_r /c$ 对 c 作图，再外推至 $c = 0$ 时所得的截距即为 $[\eta]$。对于同一高分子化合物溶液，由两条线性方程作图外推所得的截距应为同一点。

高分子化合物溶液的特性黏度 $[\eta]$ 与其摩尔质量之间的关系符合 Mark-Houwink 经验方程式。即

$$[\eta] = K \cdot \overline{M}_\eta^\alpha$$

本实验采用乌氏黏度计测定黏度，通过测定一定体积的液体流经一定长度和半径的毛细管时所需时间而获得液体黏度。当液体在重力作用下流经毛细管时，遵守 Poiseuille 定律：

$$\eta = \frac{\pi \rho g h r^4 t}{8lV} - m \frac{\rho V}{8\pi l t}$$

用同一支黏度计在相同条件下测定两种液体的黏度时，它们的黏度之比就等于密度与流经时间之比。如果用已知黏度为 η_1 的液体作为参考液体，则待测液体的黏度 η_2 可通过下式求得。

$$\frac{\eta_1}{\eta_2} = \frac{\rho_1 t_1}{\rho_2 t_2}$$

在测定溶液和溶剂的相对黏度时，如果溶液的浓度不大($c < 10 \text{ kg/m}^3$)，溶液的密度与溶剂的密度比较接近，可视为相同数值，故

$$\eta_r = \frac{\eta}{\eta_0} = \frac{t}{t_0}$$

因此，只需测定溶液和溶剂在毛细管中的流出时间就可得到 η_r。

三、主要仪器与试剂

（1）主要仪器：恒温槽、乌氏黏度计、具塞锥形瓶、洗耳球、移液管、秒表、吹风机。

（2）试剂：聚乙二醇。

四、实验步骤

（1）将恒温槽温度调节到（25±0.1）℃。

（2）称取 4.000 g 聚乙二醇于盛有少量蒸馏水的烧杯中，用玻璃棒搅拌均匀使其溶解，全部转移至 100 mL 容量瓶中，稀释至刻度线，摇匀，获得聚乙二醇水溶液。溶液中不能含有絮状物或其他不溶性物质。

（3）用自来水、蒸馏水将乌氏黏度计清洗干净，自然晾干后备用，其构造如图 4-10 所示。

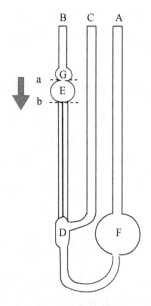

图 4-10　乌氏黏度计

（4）溶剂流经时间的测定。本实验采用蒸馏水作为溶剂，先用蒸馏水润洗黏度计，再将其垂直夹于恒温槽内，测定过程中黏度计要保持垂直，不能移动。于 25 ℃ 水中恒温 5 min 后，再将 10 mL 蒸馏水由 A 管注入黏度计中，再恒温 5 min。在 B 管、C 管口各套上橡胶管，夹紧 C 管上的橡胶管，在 B 管口上用洗耳球慢慢抽气，待水面升至 G 球的一半位置时取下洗耳球，停止抽气，同时打开 C 管口的夹子使毛细管内的水同 D 球分开，用秒表测定液面从 a 线流至 b 线时所需的时间，重复测定 3 次，每次相差不超过 0.2 s，取平均值作为溶剂的流经时间 t_0。

(5)溶液流经时间的测定。待 t_0 测试完毕后，倒出水，用冷风吹干，然后用移液管准确移取 10 mL 聚乙二醇溶液，由 A 管注入黏度计，恒温 5 min，测定溶液的流经时间 t_1。

按照上述操作方法，依次在完成上一次实验的溶液中加入 5 mL、5 mL、10 mL、10 mL 蒸馏水，在 B 管中用洗耳球反复抽洗溶液使液面达到黏度计的 E 球，使黏度计内的溶液混合均匀，分别将溶液稀释至 $\frac{2}{3}c$、$\frac{1}{2}c$、$\frac{1}{3}c$、$\frac{1}{4}c$，恒温 10 min 后才能开始测量，测定溶液的流经时间 t_2、t_3、t_4。每次加入溶剂进行稀释时，必须反复抽洗，以使黏度计内的溶液混合均匀。

(6)实验结束后，将溶液从黏度计中倒出，用水将黏度计冲洗干净，用蒸馏水浸泡，备用。

五、数据处理

(1)计算溶液的浓度，测定溶剂、溶液流经时间，计算 η_r、η_{sp}、$\ln \eta_r/c$、η_{sp}/c。

待测液体	纯溶剂	溶液 10 mL	+5 mL 蒸馏水	+5 mL 蒸馏水	+10 mL 蒸馏水	+10 mL 蒸馏水
$c/(\mathrm{kg/m^3})$						
$\bar{t}/\mathrm{s}$						
η_r						
η_{sp}						
$\ln \eta_r/c$						
η_{sp}/c						

(2)以 $\ln \eta_r/c$、η_{sp}/c 分别对 c 作图，并将直线外推至 c 为 0，所得截距即为 $[\eta]$。

(3)利用以下公式计算聚乙二醇的黏均摩尔质量 $\bar{M}_\eta$。

$$[\eta] = K \cdot \bar{M}_\eta^\alpha$$

式中，$\bar{M}_\eta$ 为黏均摩尔质量，单位为 g/mol；K、α 为 25 ℃时与高分子化合物、溶剂性质有关的常数；$[\eta]$ 为特性黏度。

六、思考题

(1)采用黏度法测定高分子化合物摩尔质量时具有哪些优点？

(2)乌氏黏度计中的支管 C 有什么作用？能否除去该支管？

实验 31　醋酸电离度和电离平衡常数的测定（pH 计法）

一、实验目的

(1)掌握弱酸电离度和电离平衡常数的概念及测定方法。

(2)掌握 pH 计的正确使用方法。

二、实验原理

电离平衡是一种化学现象，当具有极性共价键的弱电解质（如部分弱酸、弱碱）溶于水时，其分子可以微弱电离出离子，同时，溶液中的相应离子也可以结合成分子。一般地，自上述反应开始起，弱电解质分子电离出离子的速率不断降低，而离子重新结合成弱电解质分子的速率不断升高，当两者的反应速率相等时，溶液便达到电离平衡。此时，溶液中电解质分子的浓度与离子的浓度分别处于稳定状态，不再发生变化，即在一定条件下，弱电解质的离子化速率等于其分子化速率。

此时，溶液中电离生成的各种离子的浓度以其在电离方程式中的计量数为幂的乘积，与溶液中未电离分子的浓度以其在化学方程式中的计量数为幂的乘积的比值，就是该弱电解质的电离平衡常数，简称电离常数。

不同的弱电解质在溶剂水中的电离程度是不同的，常用电离度表示。电离度是指弱电解质在溶液中达到电离平衡时已电离的电解质分子数占原来总分子数的百分数。电离度表示弱酸、弱碱在溶液中离解的程度，用 K_a(K_b)表示弱酸（弱碱）的电离常数，pK_a(pK_b)表示其负对数。

当温度与浓度一定时，对于不同的弱电解质，K_a 或 K_b 越大时 α（电离度）越大，溶液酸性（一元弱酸）或碱性（一元弱碱）越强。当温度一定时，对于同一弱电解质来说，浓度越小时 α 越大，但溶液酸性（一元弱酸）或碱性（一元弱碱）越弱。因此，在表示弱电解质的电离度时，必须指明溶液的浓度和温度。多元弱酸、弱碱的电离是分步进行的，每步电离都存在相应的电离平衡。实验证明，它们的二步电离度远远小于一步电离度，三步电离度又远远小于二步电离度。所以，多元弱酸（弱碱）溶液中的氢离子（氢氧根离子）浓度，均可以近似地以一步电离的离子浓度代替。

醋酸 CH_3COOH（简写为 HAc）是一元弱酸，在溶液中存在下列电离平衡：

$$HAc(aq) + H_2O(l) \rightleftharpoons H_3O^+(aq) + Ac^-(aq)$$

如果忽略水的电离，则醋酸的电离常数 K_a 为

$$K_a = \frac{[H_3O^+] \cdot [Ac^-]}{[HAc]} \approx \frac{[H_3O^+]^2}{[HAc]}$$

在一定温度下，先测定弱酸的 pH，再依据 $pH = -\lg[H_3O^+]$ 可计算出 $[H_3O^+]$。c 为 HAc 的起始浓度，$[H_3O^+]$、$[Ac^-]$、$[HAc]$ 分别为 H_3O^+、Ac^-、HAc 的平衡浓度，α 为电离度，K_a 为电离平衡常数。

在纯的 HAc 溶液中，$[H_3O^+] = [Ac^-] = c\alpha$，$[HAc] = c \cdot (1-\alpha)$。对于一元弱酸而言，当 $c/K_a \geq 500$ 时，存在下列关系：

$$\alpha \approx \frac{[H_3O^+]}{c}, \quad K_a = \frac{[H_3O^+]^2}{c}$$

因此，通过测定已知浓度的 HAc 溶液的 pH，就能获得其 $[H_3O^+]$，从而可以计算出该 HAc 溶液的电离度和平衡常数。

三、主要仪器与试剂

(1)主要仪器：pH 计、吸量管、移液管、容量瓶、滴定管、锥形瓶。

(2)试剂：醋酸(质量分数为 36%)、NaOH 标准溶液(0.1 mol/L)、标准缓冲溶液(pH 分别为 6.86、4.00)、酚酞指示剂。

四、实验步骤

1. pH 计的校准

pH 计使用前要进行校准，它能自动识别 pH 为 4.00、6.86、9.18 的三种标准缓冲溶液，通常采用两点法进行校准。

在仪器的测量状态下，把用蒸馏水清洗干净的电极插入 pH = 6.86 的标准缓冲溶液中，用温度计测量出被测溶液的温度值，并设置温度值。待读数稳定后按"定位"键，仪器显示"Std YES"，按"确定"键仪器自动进入校准状态，否则按任意键退出，仪器返回测量状态。进入校准状态后，仪器会自动识别当前标准溶液，并显示当前温度下的 pH，将其调节为 6.86，按"确定"键后仪器存贮当前的校准结果，返回测量状态。如果放弃校准，可按"pH/mV"退出，返回测量状态。再将用蒸馏水清洗过的电极插入 pH = 4.00(或 9.18)的标准缓冲溶液中，待读数稳定后按"斜率"键，再按"确定"键进入校准状态，仪器自动识别当前标准溶液，并显示该温度下的标准 pH，将其调节至 4.00(或 9.18)后，再按"确定"键完成校准返回测量状态。

2. 醋酸溶液的配制

用吸量管移取 4 mL 醋酸于烧杯中，加入 246 mL 蒸馏水后摇匀，获得浓度约为 0.1 mol/L 的醋酸溶液，将其储存于试剂瓶中。

3. 醋酸溶液的标定

用移液管准确移取 25.00 mL 醋酸溶液于锥形瓶中，加入 1 滴酚酞指示剂，用 NaOH 标准溶液滴定，边滴边摇，直至溶液呈浅红色且在半分钟内不褪色时即为终点。读取所消耗 NaOH 标准溶液的体积，平行进行 3 次滴定，计算出醋酸溶液的平均浓度。

4. pH 的测定

分别准确移取 2.50 mL、5.00 mL、10.00 mL、25.00 mL 醋酸溶液于 4 个 50 mL 容量瓶中，用蒸馏水稀释至刻度线，得到一系列不同浓度的醋酸溶液。将上述溶液与醋酸溶液(0.1 mol/L)按浓度由低到高的顺序排列好，分别用 pH 计测定它们的 pH。

五、数据处理

氢离子浓度、醋酸电离度、醋酸平衡常数的计算：

$$[H_3O^+] = 10^{-pH}, \quad \alpha \approx \frac{[H_3O^+]}{c}, \quad K_a = \frac{[H_3O^+]^2}{c}$$

式中，$[H_3O^+]$ 为 H_3O^+ 的浓度，单位为 mol/L；c 为醋酸溶液的浓度，单位为 mol/L。

六、思考题

(1)用 pH 计测定醋酸溶液的 pH 时，为什么要按浓度由低到高的顺序进行？

(2)本实验中各醋酸溶液的 $[H_3O^+]$ 可否改用酸碱滴定法进行测定？

实验 32　化学反应速率常数与活化能的测定

一、实验目的

(1)掌握溶液浓度和反应温度对化学反应速率的影响。

(2)测定 $(NH_4)_2S_2O_8$ 与 KI 反应时的速率常数和活化能。

二、实验原理

化学反应速率常数 k 是化学动力学中一个重要的物理量，它直接反映了反应速率的大小。质量作用定律只适用于基元反应，不适用于复杂反应，复杂反应可用实验法测定其速率方程和速率常数。要获得化学反应的速率方程，首先需要收集大量的实验数据，然后再进行归纳整理。化学速率方程是确定反应机理的主要依据，也是化学工程中设计合理反应器的重要依据。

不同反应有不同的速率常数，它与反应温度、反应介质、催化剂等有关，甚至还受反应器的形状、性质的影响，但与浓度无关。

在酸性介质中，$(NH_4)_2S_2O_8$ 与 KI 发生如下反应：

$$S_2O_8^{2-} + 3I^- = 2SO_4^{2-} + I_3^-$$

该反应的速率方程为

$$v = -\frac{\mathrm{d}c_{S_2O_8^{2-}}}{\mathrm{d}t} = k \cdot c_{S_2O_8^{2-}}^{m} \cdot c_{I^-}^{n}$$

式中 $\mathrm{d}c_{S_2O_8^{2-}}$ 是 $S_2O_8^{2-}$ 在 $\mathrm{d}t$ 时间内浓度的改变量，$c_{S_2O_8^{2-}}$、c_{I^-} 分别为 $S_2O_8^{2-}$ 和 I^- 的浓度，k 为反应速率常数，m 和 n 为反应级数。

由于无法测定 $\mathrm{d}t$ 时间内的变化值 $\mathrm{d}c_{S_2O_8^{2-}}$，本实验以 Δt 内的浓度变化 $\Delta c_{S_2O_8^{2-}}$ 代替 $\mathrm{d}c_{S_2O_8^{2-}}$，即采用平均速率 $\Delta c_{S_2O_8^{2-}}/\Delta t$ 代替瞬时速率 $\mathrm{d}c_{S_2O_8^{2-}}/\mathrm{d}t$，故上式改写为

$$v \approx -\Delta c_{S_2O_8^{2-}}/\Delta t \approx k \cdot c_{S_2O_8^{2-}}^{m} \cdot c_{I^-}^{n}$$

为了测定 $\Delta c_{S_2O_8^{2-}}$，在混合 $(NH_4)_2S_2O_8$ 和 KI 溶液时，同时加入一定体积的 $Na_2S_2O_3$ 标准溶液和淀粉溶液作为指示剂。在 $(NH_4)_2S_2O_8$ 与 KI 反应进行的同时，也进行着如下反应：

$$2S_2O_3^{2-} + I_3^- = S_4O_6^{2-} + 3I^-$$

上述反应几乎在一瞬间就能完成，而 $(NH_4)_2S_2O_8$ 和 KI 的反应则要慢很多，所以由该反应生成的 I_3^- 立刻与 $S_2O_3^{2-}$ 作用生成无色的 $S_4O_6^{2-}$ 和 I^-。因此，在 $Na_2S_2O_3$ 存在时，无法看到碘与淀粉作用而显示的蓝色。但是，一旦 $Na_2S_2O_3$ 消耗完毕，$(NH_4)_2S_2O_8$ 与 KI 的反应继续生成的微量 I_3^- 立即使淀粉指示剂显示蓝色，所以蓝色的出现标志着第二个反应的结束。

根据上述两个反应的计量关系，$S_2O_8^{2-}$ 浓度的改变量等于 $S_2O_3^{2-}$ 浓度改变量的一半，即

$$\Delta c_{S_2O_8^{2-}} = \Delta c_{S_2O_3^{2-}}/2$$

由于在溶液显示蓝色时 $S_2O_3^{2-}$ 已全部耗尽，$\Delta c_{S_2O_3^{2-}}$ 实际上就是反应开始时 $Na_2S_2O_3$ 的浓度。因此，只要记下从反应开始到溶液出现蓝色所需要的时间，就可以计算第一个反应的速率 $\Delta c_{S_2O_8^{2-}}/\Delta t$。

在固定 $c_{S_2O_3^{2-}}$、改变 $c_{S_2O_8^{2-}}$ 和 c_{I^-} 的条件下进行一系列实验，测定不同条件时的反应速率，根据 $v = k \cdot c_{S_2O_8^{2-}}^{m} \cdot c_{I^-}^{n}$ 关系可以计算获得反应级数。

反应速率常数 k 可由下式求出：

$$k = \frac{v}{c_{S_2O_8^{2-}}^{m} \cdot c_{I^-}^{n}}$$

活化能是指分子从常态转变为容易发生化学反应的活跃状态所需要的能量。活化能又称为阈能，是由阿伦尼乌斯（Arrhenius）在 1889 年提出的，它定义的是发生一个化学反应所需要克服的能量障碍，表示发生一个化学反应所需要的最小能量，反应的活化能通常表示为 E_a，单位是 kJ/mol。对一级反应来说，活化能表示势垒的高度，反映的是化学反应发生的难易程度。

阿伦尼乌斯公式反映的是反应速率常数与温度的关系，具体公式如下：

$$\lg k = \frac{-E_a}{2.303RT} + \lg A$$

由公式可知，若能测定不同温度时的 k 值，以 $\lg k$ 对 $1/T$ 作图可得到一条直线，其斜率为 $-E_a/2.303R$，从而能计算反应的活化能 E_a。

实践证明该公式适用范围很广，不仅适用于气相反应，而且适用于液相反应和大部分的复相催化反应，但并不是所有的反应都符合阿伦尼乌斯公式。需要注意的是，阿伦尼乌斯经验公式的前提假设认为活化能 E_a 是与温度无关的常数，这在一定温度范围内与实验结果相符，但是对于温度范围较宽或较为复杂的反应，$\ln k$ 与 $1/T$ 就不是一条很好的直线了，这说明活化能与温度是有关的。

三、主要仪器与试剂

（1）主要仪器：秒表、温度计、烧杯、量筒、移液管、大试管。

（2）试剂：KI 溶液（0.20 mol/L）、$(NH_4)_2S_2O_8$ 溶液（0.20 mol/L）、$Na_2S_2O_3$ 溶液（0.010 mol/L）、KNO_3 溶液（0.20 mol/L）、$(NH_4)_2SO_4$ 溶液（0.20 mol/L）、淀粉溶液（质量分数为 0.4%）。

四、实验步骤

1. 浓度对反应速率的影响

在室温下按表 4-1 中编号 1 的用量分别移取 KI 溶液、淀粉溶液、$Na_2S_2O_3$ 溶液于 100 mL 烧杯中，混合均匀。再量取 $(NH_4)_2S_2O_8$ 溶液迅速加入烧杯中，与此同时按动秒表计时，不断用玻璃棒搅拌溶液，观察溶液颜色，当刚出现蓝色时立即停止计时，记录反应时间，并填入下表中。

采用同样方法进行编号为 2~5 的实验，为保持溶液的离子强度和总体积不变，所减少的 $(NH_4)_2S_2O_8$ 和 KI 溶液的量分别用 KNO_3 和 $(NH_4)_2SO_4$ 溶液补充。记录反应的时间，填于表 4-1 中。

表 4-1 溶液浓度对反应速率的影响

实验编号	1	2	3	4	5
$(NH_4)_2S_2O_8$ 溶液用量/mL	20.0	10.0	5.0	20.0	20.0
KI 溶液用量/mL	20.0	20.0	20.0	10.0	5.0
淀粉溶液用量/mL	2.0	2.0	2.0	2.0	2.0
$Na_2S_2O_3$ 溶液用量/mL	8.0	8.0	8.0	8.0	8.0
KNO_3 溶液用量/mL	—	—	—	10.0	15.0
$(NH_4)_2SO_4$ 溶液用量/mL	—	10.0	15.0	—	—
反应时间 Δt/s					

2. 温度对反应速率的影响

按表 4-1 中实验编号 4 的用量，分别将 KI 溶液、淀粉溶液、$Na_2S_2O_3$ 溶液和 KNO_3 溶液置于 100 mL 烧杯中，搅拌均匀。在一个试管中加入 $(NH_4)_2S_2O_8$ 溶液。分别将烧杯和试管放入冰水浴中冷却，待两种溶液都冷却到温度低于室温 10 ℃ 时，迅速将试管中的 $(NH_4)_2S_2O_8$ 溶液倒入烧杯中，同时开始计时，不断搅拌，当溶液出现蓝色时，记录时间。

在高于室温 10 ℃ 和 20 ℃ 的热水浴中分别进行上述实验。将上述 3 个温度下的数据和表 4-1 中实验编号 4 在室温下的数据一起记入表 4-2，计算反应速率和速率常数。

表 4-2　温度对反应速度的影响

实验编号	4	6	7	8
反应温度 T/℃	室温-10	室温	室温+10	室温+20
反应时间 Δt/s				

五、数据处理

(1) 反应级数的计算：

将表 4-1 中实验编号 1 和 3 的结果分别代入式 $v \approx k \cdot c_{S_2O_8^{2-}}^m \cdot c_{I^-}^n$，两式相除得

$$\frac{v_1}{v_3} = \frac{k \cdot c_{1,S_2O_8^{2-}}^m \cdot c_{1,I^-}^n}{k \cdot c_{3,S_2O_8^{2-}}^m \cdot c_{3,I^-}^n}$$

由于 $c_{1,I^-}^n = c_{3,I^-}^n$，所以有

$$\frac{v_1}{v_2} = \frac{c_{1,S_2O_8^{2-}}^m}{c_{3,S_2O_8^{2-}}^m}$$

式中，v_1 为实验 1 时的反应速率，单位为 mol/(L·s)；v_3 为实验 3 时的反应速率，单位为 mol/(L·s)；$c_{S_2O_8^{2-}}$ 为 $S_2O_8^{2-}$ 的浓度，单位为 mol/L；c_{I^-} 为 I^- 的浓度，单位为 mol/L；k 为反应速率常数；m、n 为反应级数。

v_3、$c_{1,S_2O_8^{2-}}$、$c_{3,S_2O_8^{2-}}$ 均为已知数，根据上式即可求得 m。

同理，利用实验编号 1 和 5 的结果可求出 n，再由 m 和 n 的值求得反应的总级数 $(m+n)$ 的值。

(2) 反应速率常数的计算：

$$k = \frac{v}{c_{S_2O_8^{2-}}^m \cdot c_{I^-}^n}$$

式中 v 为反应速率，单位为 mol/(L·s)；$c_{S_2O_8^{2-}}$ 为 $S_2O_8^{2-}$ 的浓度，单位为 mol/L；c_{I^-}

为 I^- 的浓度，单位为 mol/L；m、n 为反应级数。

（3）活化能的计算

$$E_a = -2.303 R k_{斜}$$

式中，$k_{斜}$ 为以 $1/T$ 为横坐标、$\lg k$ 为纵坐标所得直线的斜率；R 为摩尔气体常数，$R = 8.314\ \text{J}/(\text{mol·K})$。

六、思考题

（1）如果所得 $1/T$-$\lg k$ 曲线偏离直线，应采取什么措施？
（2）实验中最大误差的来源是什么？

实验 33　氧化还原反应与电极电势

一、实验目的

（1）了解氧化还原反应与电极电势之间的关系。
（2）掌握浓度影响电极电势的规律。

二、实验原理

氧化还原反应指的是氧化剂得到电子、还原剂失去电子的电子转移过程。氧化剂与还原剂的相对强弱关系，可以采用其氧化态-还原态组成的氧化还原电对的电极电势的相对高低来进行衡量。以还原电势为准时，发生如下的反应：

氧化态 $+ze^-=$ 还原态

氧化还原电对的标准电极电势 $E^\ominus$ 越大，表明其氧化态越容易得到电子，即该氧化态氧化能力越强，对应还原态的还原能力就越弱。氧化还原电对的标准电极电势 $E^\ominus$ 越小，表明其还原态越易失去电子，即该还原态还原能力越强，而氧化态的氧化能力越弱。

电池由正、负两极组成，在放电过程中正极发生还原反应，负极发生氧化反应。以丹尼尔电池为例：$(-)\,\text{Zn}\,|\,\text{Zn}^{2+}(a_1)\,\|\,\text{Cu}^{2+}(a_2)\,|\,\text{Cu}(+)$，如果电池反应是自发的，则电池电动势为正。电池电动势是正、负两极电势的差值：

$$E = \varphi_+ - \varphi_-$$

正极进行的是还原反应：$\text{Cu}^{2+}+2e^- \rightarrow \text{Cu}$

$$\varphi_+ = \varphi_+^{\ominus} + \frac{RT}{2F}\ln a_{\text{Cu}^{2+}}$$

负极进行的是氧化反应：$\text{Zn}-2e^- \rightarrow \text{Zn}^{2+}$

$$\varphi_- = \varphi_-^{\ominus} + \frac{RT}{2F}\ln a_{Zn^{2+}}$$

电池反应：$Zn + Cu^{2+} \rightarrow Cu + Zn^{2+}$

电池的电动势：

$$E = E^{\ominus} - \frac{RT}{2F}\ln \frac{a_{Zn^{2+}}}{a_{Cu^{2+}}}$$

式中，$\varphi_+^{\ominus}$ 和 $\varphi_-^{\ominus}$ 分别为铜电极和锌电极的标准还原电势；$a_{Zn^{2+}}$ 和 $a_{Cu^{2+}}$ 分别为 $ZnSO_4$ 和 $CuSO_4$ 的平均活度。

通常情况下，可用标准电极电势来判断反应进行的方向，即 $E^{\ominus}$（氧化剂电对）$> E^{\ominus}$（还原剂电对）。

而在实际反应中，许多反应都是在非标准状态下进行的，这时浓度对电极电势的影响就能用 Nernst 方程式表示：

$$E = E^{\ominus} + \frac{RT}{zF}\ln \frac{a_{氧化态}}{a_{还原态}}$$

式中，$E^{\ominus}$ 为该电对的标准电极电势，z 为电极反应得失电子数，R 为摩尔气体常数，F 为法拉第常数（96 485 C/mol），$a_{氧化态}$、$a_{还原态}$ 分别为电极反应中氧化态物质和还原态物质的活度。

浓度对电极电势的影响体现在以下方面：

（1）对有沉淀或配合物生成的电极反应，它们的生成会大大改变氧化态或还原态的浓度；

（2）对有 H^+ 或 OH^- 参加的电极反应，不但氧化态或还原态的浓度对电极电势影响很大，而且 H^+ 或 OH^- 浓度对电极电势也有很大影响。

因为氧化还原反应是由两个或两个以上的氧化还原电对共同作用的结果，所以，自发进行的氧化还原反应的方向可以由电对的电极电势数值的相对大小进行判断，即从较强的氧化剂和较强的还原剂向着生成较弱的还原剂和较弱的氧化剂的方向进行。此时，服从如下关系：

$$E\ （氧化剂电对）> E\ （还原剂电对）$$

通过氧化还原反应产生电流的装置叫原电池。原电池的电动势为

$$E = E(氧化剂) - E(还原剂) = E_+ - E_-$$

单独的电极电势无法测量，实验中只能测量两个电对组成的原电池的电动势，如果原电池中有一个电对的电极电势是已知的，则能计算出另一个电对的电极电势。准确的电动势值是用对消法在电位计上测量的，本实验以 pH 计作毫伏计进行近似测量。

三、主要仪器与试剂

（1）主要仪器：pH 计、烧杯、试管、盐桥、导线、锌电极、铜电极。

（2）试剂：琼脂、Na_2SO_4（CP）、硫酸（2 mol/L、3 mol/L）、氨水（6 mol/L）、$ZnSO_4$ 溶液（0.01 mol/L、0.1 mol/L、0.2 mol/L、1.0 mol/L）、$CuSO_4$ 溶液（0.1 mol/L、1.0 mol/L）、KCl 饱和溶液、$KClO_3$ 饱和溶液、Br_2-H_2O、I_2-H_2O、CCl_4、淀粉溶液（质量分数为 1%）。如下溶液的浓度为 0.1 mol/L：KI 溶液、$FeCl_3$ 溶液、KBr 溶液、$K_2Cr_2O_7$ 溶液、$KMnO_4$ 溶液、$Pb(NO_3)_2$ 溶液、$K_3[Fe(CN)_6]$ 溶液。

四、实验步骤

1. 电极电势和氧化还原反应的关系

（1）设计实验，证明 I^- 的还原能力大于 Br^-。

（2）设计实验，证明 Br_2 的氧化能力大于 I_2。

（3）利用标准电极电势判断下列氧化还原反应能否进行，然后用实验证明。若能发生，观察现象，并写出离子方程式。

$$K_2Cr_2O_7+H_2SO_4+Na_2SO_4 \rightarrow$$

$$KMnO_4+H_2SO_4+KI \rightarrow$$

（4）比较 Zn、Cu、Pb 在电极电势排序中的位置。

取两支小试管，分别加入浓度为 0.1 mol/L 的 $CuSO_4$ 溶液、$Pb(NO_3)_2$ 溶液，再各放入一块表面擦干净的锌片，放置片刻，观察表面的变化情况。

用表面擦干净的铅代替锌片，分别与浓度为 0.1 mol/L 的 $ZnSO_4$ 溶液和 $CuSO_4$ 溶液反应，观察表面有无变化，写出反应的化学方程式，说明电子的转移方向，确定 Zn、Cu、Pb 在电极电势排序中的位置。

2. 介质对含氧酸盐氧化性的影响

取少量 $KClO_3$ 饱和溶液于试管中，加入 2 滴 KI 溶液，稍微加热后观察有无现象发生。然后再加入少量硫酸（3 mol/L），不断振荡试管，并稍微加热，观察发生的现象，并写出反应的离子方程式。

3. 沉淀对氧化还原反应的影响

向试管中加入 0.5 mL KI 溶液和 5 滴 $K_3[Fe(CN)_6]$ 溶液，混合均匀后，再加入 0.5 mL CCl_4，充分振荡，观察 CCl_4 层的颜色有无变化。然后加入 5 滴 $ZnSO_4$ 溶液（0.2 mol/L），充分振荡，观察现象并进行解释。可能发生的反应如下：

$$2I^-+2[Fe(CN)_6]^{3-} \rightarrow I_2+2[Fe(CN)_6]^{4-}$$

$$[Fe(CN)_6]^{4-}+2Zn^{2+} \rightarrow Zn_2[Fe(CN)_6] \downarrow$$

4. 溶液浓度对电极电势的影响

（1）电动势的测定。

盐桥的制备：称取 1 g 琼脂，置于 100 mL KCl 饱和溶液中浸泡一会，加热煮成糊状，趁热倒入 U 形玻管中，管里面不能有气泡，冷却后即可。盐桥不用时应浸在 KCl 饱和溶液中保存。

用细砂纸除去金属棒表面的氧化层，洗净、擦干。在 50 mL 烧杯中加入 20 mL $CuSO_4$ 溶液(1.0 mol/L)，插入铜电极，构成半电池。在另一个 50 mL 烧杯中加入 20 mL $ZnSO_4$ 溶液(1.0 mol/L)，插入锌电极，构成另一个半电池。用盐桥将这两个半电池连接起来，用导线把铜电极与 pH 计的"＋"极相连、锌电极与 pH 计的"－"极相连。将 pH 计上的"pH-mV"开关扳向"mV"，测量此电池的电动势。

(2) Zn^{2+} 浓度对电极电势的影响。

测定(−)Zn∣$ZnSO_4$(0.01 mol/L)∥$CuSO_4$(1.0 mol/L)∣Cu(＋)原电池的电动势，并与上述结果进行对比，分析 Zn^{2+} 浓度降低对 $E_{Zn^{2+}/Zn}$ 的影响。

(3) Cu^{2+} 生成配合物对电极电势的影响。

在 $CuSO_4$(1.0 mol/L)∣Cu 半电池的 $CuSO_4$ 溶液中，先取出盐桥，再缓慢加入氨水，同时不断搅拌，直至沉淀完全溶解，形成深蓝色的 $[Cu(NH_3)_4]^{2+}$ 溶液，并记录其用量。然后插好盐桥，与 Zn∣$ZnSO_4$(1.0 mol/L)组成原电池，测定电动势。

与上述结果比较，分析 Cu^{2+} 生成配合物对 $E_{Cu^{2+}/Cu}$ 的影响。

五、实验记录

记录实验发生的现象，写出反应的离子方程式，分析溶液浓度对电极电势的影响。

六、思考题

(1) 如何证明 I^- 的还原能力大于 Br^-？

(2) 为何测量电动势最好不用伏特计而用电位差计？

实验 34　离子迁移数的测定

一、实验目的

(1) 掌握离子迁移数的测定原理和方法。

(2) 掌握库仑计的使用方法。

二、实验原理

电解质溶液依靠离子的定向迁移而导电，为了能使电流通过电解质溶液，需将两个导体作为电极浸入溶液，使电极与溶液直接接触。当电流通过电解质溶液时，溶液中的正、负离子分别向阴、阳两极迁移，电极上发生氧化还原反应。根据法拉第定律可知，在电极上发生反应的电解质的质量与通入电量成正比，通过溶液的电量等于正、负离子迁移电量之和。由于离子的迁移速度不同，各自所带电量也必然不同，每种离子所带电量与通过溶液的总电量之比称为该离子在此溶液中的迁移数，用符号 t 表示，是无量纲的量。假若两种离子传递的电量分别为 q_+ 和 q_-，则通过的总电量为 $Q=q_++q_-$，每种离子所传递的电量与总电量之比即为离子迁移数。

阴、阳离子的迁移数分别为

$$t_-=\frac{q_-}{Q},\ \ t_+=\frac{q_+}{Q},\ \ t=t_++t_-$$

离子迁移数与浓度、温度、溶剂的性质有关。增加某种离子的浓度则该离子传递电量的百分数增加，其离子迁移数也相应增加；改变温度时，离子迁移数也会发生变化，但温度升高时正、负离子的迁移数差别较小；同一种离子在不同电解质中的迁移数是不同的。

电解某电解质溶液时，由于两种离子的运动速率不同，它们分别向两极迁移的物质的量就不同，因而输送的电量也不同，同时两极附近溶液浓度的改变也不同。例如，两个金属电极浸在含有电解质 MA 的溶液中，设 M^+ 和 A^- 的迁移数分别为 t_+ 和 t_-，设想两极间分成阳极区、阴极区、中间区三个区域。假定电解质阴、阳离子化合物相同，阳离子的淌度为阴离子的 2 倍。电极上发生氧化还原反应时，反应的物质的量可用法拉第定律计算，溶液中阴、阳离子传递电荷的数量因它们淌度的不同而不同，可见，通电电解后阴、阳两极区浓度都减小，中间区不变。阴极区减少的电解质的物质的量等于迁移出的阴离子的物质的量，即阴离子传递电量的法拉第数。同样，阳极区减少的电解质的物质的量等于迁出的阳离子的物质的量，即阳离子传递电量的法拉第数。

某离子的迁移数就是其传递电量与通过总电量的比值，而离子传递电量的法拉第数又等于同电极区减少的电解质的物质的量，通过总电量的法拉第数等于库仑计中沉积物质的物质的量。因此，迁移数可通过下式计算：

$$t_-=\frac{\text{阴极区减少的电解质物质的量}}{\text{库仑计中沉积物质的物质的量}}$$

如果电极反应只有离子放电，在中间区浓度不变时，分析通电前原始溶液及通电后阳极区溶液的质量摩尔浓度，比较通电前后同等质量溶剂中所含 MA 物质的量的差值，即为阳极区 MA 减少的物质的量，而总电量能通过串联在电路中的电流计或库仑计求出，从而求得阴、阳离子的迁移数。该法是在只有电解质离子传递电量、离子不水化这两个假定下进行的。

离子迁移数可以进行直接测定，常用的方法有希托夫法、界面移动法和电动势法等，不考虑水化现象测得的迁移数为希托夫迁移数，本实验是采用希托夫法测定 NO_3^-、Ag^+ 的离子迁移数。

三、主要仪器与试剂

（1）主要仪器：电子天平、锥形瓶、希托夫测定仪、铜库仑计、晶体管直流稳压电源、毫安计、金相砂纸（0#）、电阻箱。

（2）试剂：$CuSO_4 \cdot 5H_2O$、乙醇、$AgNO_3$ 溶液（0.1 mol/L）、浓硫酸、硝酸（6 mol/L）、硫酸铁铵饱和溶液、KSCN 溶液。

四、实验步骤

（1）为使铜在阴极上沉积牢固，先在阴极上镀一层铜。用水将铜阴极洗干净，放入电解质溶液中，电解质溶液为 100 mL 蒸馏水中含 15 g $CuSO_4 \cdot 5H_2O$、5 mL 浓硫酸、5 mL 乙醇。以 10 mA/cm^2 的电流密度电镀 1 h，取出后，分别用蒸馏水、乙醇清洗干净，在热空气中吹干，注意温度不宜太高，以免引起铜的氧化。在电子天平上称重，记录读数为 m_1，放回库仑计中。

（2）用少量 $AgNO_3$ 溶液冲洗迁移管 2 次，再在迁移管中装满 $AgNO_3$ 溶液，避免形成气泡。

（3）按图 4-11 连接好线路，仔细检查，确认无误后再通电。调节电阻 R 使线路中的电流保持在 10~15 mA 的范围内，通电 1 h，然后立即关闭活塞 A 和 B，避免溶液扩散。停止通电后立即取出铜库仑计中的阴极，洗净、干燥后称取质量，记为 m_2。

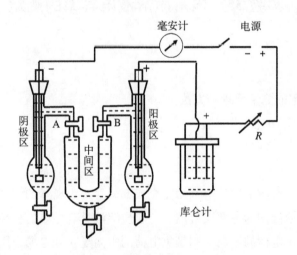

图 4-11　希托夫测定仪示意图

（4）准确称取 25 mL 中间区 $AgNO_3$ 溶液，分析其浓度，如与原来浓度差别较大，需重新开展实验。

（5）将阴、阳极区溶液取出，放入锥形瓶中称重，读数准确至 0.01 g。分别移取

25 mL 两极区溶液加入锥形瓶中，再加入 5 mL 硝酸和 1 mL 硫酸铁铵饱和溶液，用 KSCN 溶液进行滴定，直至溶液呈浅红色、用力摇荡不褪色为止。

（6）再取 25 mL 原始溶液称重并分析。

五、数据处理

（1）总电量的计算：

$$Q = \frac{2 \cdot (m_2 - m_1)}{M} F$$

式中，M 为铜的摩尔质量，单位为 g/mol；m_1 为阴极的质量，单位为 g；m_2 为镀铜后阴极的质量，单位为 g；F 为法拉第常数，即 96 485 C/mol。

（2）由阳极区溶液的质量及分析结果计算阳极区的 $AgNO_3$ 量。

（3）由原溶液的质量及分析结果计算通电前阳极部分的 $AgNO_3$ 量。

（4）计算 NO_3^-、Ag^+ 的迁移数。

六、思考题

（1）测定离子迁移数的方法有哪些？比较它们的优缺点。

（2）在希托夫法中，如果通电前后中间区的浓度改变，为什么要重新进行实验？

实验 35　电解质溶液电导率的测定

一、实验目的

（1）掌握电导率的测量原理和方法。

（2）学会电导率仪的使用方法。

二、实验原理

电解质溶液是指溶质溶解于溶剂后完全或部分解离为离子的溶液，相应溶质即为电解质。酸、碱、盐溶液均为电解质溶液。电解质溶液具有导电的特性，其导电性是靠电解质解离出来的带正电荷的阳离子和带负电荷的阴离子在外电场作用下定向地向对应电极移动并在其上放电而实现的。电解质导电属于离子导电，其电导率大小随温度的升高而增大。离子导电必定在电极界面发生电解作用，引起物质变化。依靠自由电子导电的金属导体为第一类导体，而电解质溶液为第二类导体。

电导率是描述物质中电荷流动难易程度的参数，用希腊字母 κ 来表示。电导率是电阻率 ρ 的倒数。电导率 $\kappa = Gl/A$，其意义是电极面积为 1 m^2、电极间距为 1 m 的立方体导体的电导率,单位为 S/m。对于电解质溶液而言,常用电导率表示其导电能力的大小。令 $l/A = K_{cell}$,K_{cell} 称为电导池常数,所以有

$$\kappa = \frac{G \times l}{A} = G \times K_{cell}$$

强电解质稀溶液的摩尔电导率 Λ_m($\Lambda_m = \kappa/c$)与浓度的关系如下:

$$\Lambda_m = \Lambda_m^{\infty} - A\sqrt{c}$$

以 Λ_m 对 $\sqrt{c}$ 作图可以得到一条直线,其截距为 Λ_m^{∞},为无限稀释溶液的摩尔电导率。在弱电解质溶液的无限稀溶液中可认为弱电解质已全部电离。此时溶液的摩尔电导率为

$$\Lambda_m^{\infty} = \nu_+ \cdot \Lambda_{m,+}^{\infty} + \nu_- \cdot \Lambda_{m,-}^{\infty}$$

因此,弱电解质电离度等于浓度为 c 的弱电解质溶液摩尔电导率 Λ_m 与无限稀释溶液的摩尔电导率 Λ_m^{∞} 的比值,即 $\alpha = \Lambda_m/\Lambda_m^{\infty}$。

AB 型弱电解质的电离平衡常数服从如下关系:

$$K^{\ominus} = \frac{c\alpha^2}{1-\alpha}$$

所以,通过实验测定 α,即可计算电离平衡常数 $K^{\ominus}$ 的值,即

$$K^{\ominus} = \frac{c\Lambda_m^2}{\Lambda_m^{\infty}(\Lambda_m^{\infty} - \Lambda_m)}$$

$$c\Lambda_m = (\Lambda_m^{\infty})^2 K^{\ominus} \frac{1}{\Lambda_m} - \Lambda_m^{\infty} K^{\ominus}$$

以 $c\Lambda_m$ 对 $1/\Lambda_m$ 作图,其直线的斜率为 $(\Lambda_m^{\infty})^2 K^{\ominus}$,根据 Λ_m^{∞} 值即可得到 $K^{\ominus}$。

三、主要仪器与试剂

(1)主要仪器:电导率仪、电导电极、量杯、移液管、洗瓶、洗耳球。

(2)试剂:KCl 溶液(10.00 mol/m³)、HAc 溶液(0.100 mol/m³)、电导水。

四、实验步骤

1. 预热

打开电导率仪开关,预热 5 min。

2. KCl 溶液电导率的测定

(1)用移液管准确移取 25.00 mL KCl 溶液加入量杯中,测定其电导率,测量 3 次,取其平均值。

(2)用移液管准确移取 25.00 mL 电导水加入上述量杯中,搅拌均匀后测定其电导率,测量 3 次,取其平均值。

(3)用移液管准确移出 25.00 mL 上述溶液并弃去,再准确移入 25.00 mL 电导水,

加入上述量杯中,搅拌均匀后测定其电导率,测量 3 次,取其平均值。

(4)重复步骤(3)2 次。

(5)倒去电导池中的 KCl 溶液,用电导水洗净量杯和电极,将量杯放入干燥箱进行干燥,电极则用滤纸吸干。

3. HAc 溶液和电导水电导率的测定

(1)用移液管准确移取 25.00 mL HAc 溶液置于量杯中,测定其电导率,测量 3 次,取其平均值。

(2)用移液管准确移取 25.00 mL 电导水置于上述量杯中,搅拌均匀后测定其电导率,测量 3 次,取其平均值。

(3)用移液管准确移出 25.00 mL 上述溶液并弃去,再移入 25.00 mL 电导水,搅拌均匀后测定其电导率,测量 3 次,取其平均值。

(4)重复步骤(2)1 次。

(5)倒去电导池中的 HAc 溶液,用电导水洗净量杯和电极,然后注入电导水,测定电导水的电导率,测量 3 次,取其平均值。

(6)倒去电导池中的电导水,量杯放进干燥箱中进行干燥,用滤纸吸干电极,关闭电导率仪电源。

五、数据处理

已知 25 ℃时,KCl 溶液(10.00 mol/m^3)的电导率 κ 为 0.141 3 S/m,无限稀释 HAc 水溶液的摩尔电导率为 3.907×10^{-2} S·m^2/mol,水的电导率 κ 为 7×10^{-4} S/m。

(1)测定 KCl 溶液、HAc 溶液的电导率,单位为 S/m;计算不同浓度时 KCl 溶液的 Λ_m(S·m^2/mol)、$\sqrt{c}$(mol$^{1/2}$/m$^{3/2}$),根据 $\Lambda_m = \Lambda_m^\infty - A\sqrt{c}$,可以得到截距为 Λ_m^∞。

(2)将 HAc 溶液的数据填入下表内,HAc 溶液的原始浓度为 0.100 mol/m^3,计算其电离平衡常数。

$c/$ (mol/m^3)	$\kappa/$ (S/m)	$\Lambda_m/$ (S·m^2/mol)	$\Lambda_m^{-1}/$ (S^{-1}·mol/m^2)	$c\Lambda_m/$ (S/m)	α	$K^\ominus$	$K_{ave}^\ominus$
0.100							
0.050							
0.025							
0.012 5							

六、思考题

(1)影响摩尔电导率的因素有哪些?

(2)本实验为什么要采用铂电极?

实验 36　氢氧化铁溶胶 ζ 电位的测定

一、实验目的

(1)掌握制备氢氧化铁[Fe(OH)$_3$]溶胶的方法。

(2)掌握溶胶的电泳现象及电学性质。

(3)掌握胶体电泳速度和 ζ 电位的测定方法。

二、实验原理

某些物质在水解和聚合作用下会形成有机或无机的纳米或微米级的粒子,这些粒子通常带电荷,在电荷作用下吸附一层溶剂分子,形成由溶剂包覆的纳米或微米粒子(简称胶粒),胶粒的大小为 1~100 nm。这些胶粒由于带有电荷而相互排斥,从而以悬浮状态存在于溶剂中,形成溶胶。如果胶粒失去电荷或者包覆在外围的溶剂层被破坏,则胶粒聚合,溶胶固化形成凝胶。

胶粒周围分布着反离子,反离子所带电荷与胶粒表面电荷符号相反、数量相等,因此整个溶胶体系保持电中性。在静电引力和热扩散运动的作用下,胶粒周围的反离子形成紧密层和扩散层两部分。紧密层为一两个分子层的厚度,紧密地吸附在胶核表面上;而扩散层的厚度则随温度、电解质浓度及其离子价态等外界条件的改变而改变。由于离子的溶剂化作用,紧密层结合着一定数量的溶剂分子,在电场作用下,溶剂分子和胶粒作为一个整体移动,而扩散层中的反离子则向相反电极的方向移动。在外加直流电源的作用下,胶体粒子在分散介质里向阴极或阳极做定向移动,这种现象称为电泳。胶体的电泳现象证明胶体粒子带有电荷,各种胶体粒子的本质不同,它们吸附的离子也不同,所以带有不同的电荷。利用电泳现象可以确定胶体粒子的电性质,向阳极移动的胶粒带负电荷,向阴极移动的胶粒带正电荷。一般来说,金属氢氧化物、金属氧化物等胶粒吸附阳离子带正电荷;非金属氧化物、非金属硫化物等微粒吸附阴离子带负电荷。发生相对移动的界面称为切动面,它与液体内部的电位差为电动电位或 ζ 电位,胶体的稳定性与 ζ 电位有直接关系, ζ 电位绝对值越大,表明胶粒带电荷越多、胶粒间的排斥力越大、胶体越稳定。当 ζ 电位为零时,胶体的稳定性最差。

本实验采用图 4-12 所示的拉比诺维奇-付其曼 U 形电泳仪测定 Fe(OH)$_3$ 胶粒的电

泳速度和 ζ 电位，活塞 2、3 以下的 U 形管内盛装待测溶胶，以上的管内盛装的是辅助溶液。

在电泳仪的两电极间接上电位差为 E 的电压后，胶粒界面在时间 t 内移动的距离为 D，胶粒的电泳速度 $U(\mathrm{m/s})$ 为 D/t，距离为 l 的电极间的平均电位梯度 $H(\mathrm{V/m})$ 为 E/l，则 ζ 电位可用下式计算：

$$\zeta(V) = \frac{K\pi\eta}{\varepsilon H} \times U = \frac{K\pi\eta lD}{\varepsilon Et}$$

式中，K 为与胶粒形状有关的常数，胶粒为球形、棒形时，K 分别为 $5.4\times10^{10}\,\mathrm{V^2 \cdot s^2/(kg \cdot m)}$、$3.6\times10^{10}\,\mathrm{V^2 \cdot s^2/(kg \cdot m)}$，本实验所得胶粒为棒形。

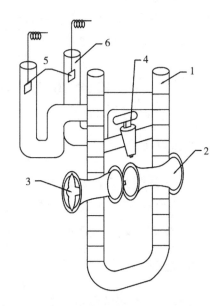

图 4-12　拉氏诺维奇-付其曼 U 形电泳仪示意图

三、主要仪器与试剂

（1）主要仪器：电子秤、直流稳压电源、拉氏诺维奇-付其曼 U 形电泳仪、铂电极、电导率仪、电炉、烧杯、锥形瓶、珂珞酊袋。

（2）试剂：$FeCl_3$、棉胶液、KCl 溶液（0.1 mol/L）。

四、实验步骤

1. 珂珞酊袋的制备

将 20 mL 棉胶液倒入干净的 250 mL 锥形瓶内，小心转动锥形瓶，使其内壁均匀附着一层液膜，倒出多余的棉胶液。将锥形瓶倒置在铁架台的铁圈上，直至溶剂完全挥发。然后，向胶膜与瓶壁之间加入蒸馏水使二者分离，小心地将胶膜从锥形瓶中取出，加入蒸馏水检查胶袋是否完整、无漏洞。若胶膜完整，将其浸入蒸馏水中备用，即可制得珂珞酊袋。

2. $Fe(OH)_3$ 溶胶的制备

称取 0.25 g $FeCl_3$ 于小烧杯中，加入 10 mL 蒸馏水，搅拌使其溶解；然后，在不断搅拌的情况下，将上述溶液逐滴加入 100 mL 沸水中，控制滴加时间为 5 min；然后继续煮沸 2 min，即可获得 $Fe(OH)_3$ 溶胶。

3. 溶胶的纯化

将温度降至 50 ℃ 的 $Fe(OH)_3$ 溶胶转移至珂珞酊袋中，将其置于盛有 50 ℃ 蒸馏水的烧杯中进行渗析，纯化 $Fe(OH)_3$ 溶胶。每 10 min 更换 1 次烧杯中的蒸馏水，一共渗析 3

次即可。

4. 电导率的测定

将渗析好的 $Fe(OH)_3$ 溶胶冷至室温，测定其电导率，再用 KCl 溶液和蒸馏水配制与溶胶电导率相同的辅助液。

5. $Fe(OH)_3$ 溶胶的电泳

(1)用洗液和蒸馏水将电泳仪清洗干净，在活塞处涂好凡士林，确保活塞能转动自如。

(2)用少量 $Fe(OH)_3$ 溶胶润洗电泳仪，然后加入 $Fe(OH)_3$ 溶胶直至溶胶液面高出活塞 2 mm，关闭活塞 2、3(见图 4-12)，倒去多余的溶胶。

(3)用蒸馏水将电泳仪活塞 2、3 以上的部分清洗干净，再用 KCl 溶液润洗 3 次，然后向两个支管内加入 KCl 辅助液直至支管口，将电泳仪固定在铁架台的支架上。

(4)将两支铂电极插入支管内，缓慢开启活塞 4 使两支管内辅助液面的高度相等，再关闭该活塞。

(5)缓缓开启活塞 2、3，注意切勿搅动溶胶液面。打开稳压电源，逐步将电压调节至 150 V，开始电泳，观察溶胶液面是否移动及其移动的方向，观察电极表面是否发生反应。电泳 30 min 后，将电压调节为 0，停止电泳，测量溶胶界面移动的距离，然后，测量出两电极间的距离。

五、数据处理

ζ 电位的计算：

$$\zeta(V) = \frac{K\pi\eta}{\varepsilon H} \times U = \frac{K\pi\eta lD}{\varepsilon Et}$$

式中，D 为溶胶界面移动的距离，单位为 m；t 为电泳时间，单位为 s；U 为电泳速度，单位为 m/s；E 为电泳仪两电极间的电位差，单位为 V；l 为两电极间的距离，单位为 m；H 为平均电位梯度，单位为 V/m；K 为与胶粒形状有关的常数；η 为胶体的黏度，为 $1.001\ 9 \times 10^{-3}$ kg/(m·s)；ε 为胶体的介电常数，其数值为 80.10。

六、思考题

(1)溶胶的电泳速度与哪些因素有关？

(2)$Fe(OH)_3$ 胶粒带何种电荷？这取决于什么因素？

实验 37　碳钢阳极极化曲线的测定（恒电位法）

一、实验目的

（1）掌握阳极极化曲线的测定方法。

（2）了解金属钝化行为的原理及其应用。

二、实验原理

金属的阳极过程是指金属阳极发生的电化学溶解过程，即

$$M \rightarrow M^{n+} + ne^-$$

在金属阳极的电化学溶解过程中，只有当其电极电位高于其热力学平衡电极电位时，电极过程才能进行，这种电极电位偏离热力学平衡电极电位的现象，称为极化。当阳极的极化不大时，阳极的溶解速度随着电位的升高而逐渐增大，这是金属的正常阳极溶解。当其电极电位达到某一数值时，阳极溶解速率则随电位的升高而大幅度降低，即为金属的钝化。此时金属的溶解速率很低，因此利用阳极钝化可以防止金属的腐蚀，从而在电解质中保护电镀中的不溶性阳极，这种使金属表面生成一层耐腐蚀的钝化膜来防止金属腐蚀的方法，被称为阳极保护。

极化曲线是以电极电位为横坐标、以电极上通过的电流为纵坐标的曲线，它表示的是腐蚀原电池反应的推动力电位与反应速度电流之间的函数关系。从实验直接测得的是实验极化曲线，而构成腐蚀过程的局部阳极或者局部阴极上单独电极反应的电位与电流的关系称为理想极化曲线。阳极极化曲线是表示阳极电极电位（E）与阳极电极上电流密度（i）之间变化关系的曲线。$EA \sim A$ 表示阳极极化曲线，电位向正的方向变化；$EC \sim C$ 表示阴极极化曲线，电位向负的方向变化。极化曲线愈陡，说明电位偏移程度愈大，极化愈强，电极过程受到的阻碍愈大；反之，极化曲线愈平缓，说明极化程度愈小，电极过程愈顺利。

测绘阳极极化曲线的主要方法有恒电位法、恒电流法。

1. 恒电位法

将研究电极电位依次恒定在不同的数值上，然后测量对应的电流。测量时应尽可能接近稳态体系，此时研究体系的极化电流、电极电位、电极表面状态等基本上不随时间而改变。常用的控制电位的测量方法有以下两种。

（1）静态法：将电极电位恒定在某一数值，测定相应的稳定电流值，如此逐点测量一系列电极电位下的稳定电流值，从而获得完整的极化曲线。

（2）动态法：控制电极电位以较慢的速度连续扫描，测量对应电位下的瞬时电流

值，用瞬时电流与对应的电极电位作图，获得极化曲线。电极表面建立稳态的速度愈慢，则电位扫描速度也应愈慢，因此不同电极体系的扫描速度不尽相同。为了获得稳态极化曲线，人们通常依次减小扫描速度测定若干条极化曲线，当测得的极化曲线不再发生明显变化时，可确定此扫描速度下的极化曲线即为稳态极化曲线。

2. 恒电流法

控制研究电极上的电流密度依次恒定在不同数值时，测定稳定的电极电位。采用恒电流法测定极化曲线时，给定电流后电极电位往往不能立即达到稳态，不同体系的电位达到稳态所需时间也不相同，一般当电位接近稳定时即可读数。

由于恒电位法能测得完整的阳极极化曲线，在研究金属的钝化现象时使用较多，采用恒电位法测得的典型阳极极化曲线如图 4-13a 所示。

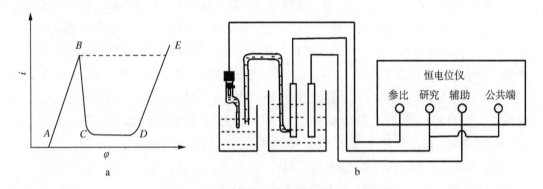

图 4-13 阳极极化曲线及其测定装置示意图

由图 4-13a 可知，AB 段对应的电极电位范围为活性溶解区，当电位逐渐向正方向移动时电流不断增大，此时金属进行正常的阳极溶解，A 点的电位是金属的自然腐蚀电位，B 点对应的电流是致钝电流或临界钝化电流、对应的电位是临界钝化电位。电位超过 B 点以后电流迅速减小，BC 段为钝化过渡区，CD 段为钝化稳定区。电位到达 C 点以后电位继续升高，阳极极化曲线的电流密度仍保持在一个几乎不变的很小数值上，此时金属发生溶解。当溶解速度降至最小数值时，对应于 CD 段的电流称为维钝电流，DE 段为超钝化区。电位达到 D 点以后时，电流又随着电位的升高而迅速增加，这是由于阳极金属以高价离子的形式氧化、溶解在溶液中，发生了所谓的超钝化现象，它在电镀中不易发生。

本实验采用恒电位仪用动态法测定极化曲线，恒电位仪能自动地使被研究电极的电位保持在所需数值，测定装置如图 4-13b 所示。

三、主要仪器与试剂

(1) 主要仪器：恒电位仪、H 型电解池、琼脂 (质量分数为 3%)-饱和 KCl 盐桥、饱和甘汞电极 (参比电极)、碳钢电极 (研究电极)、Pt 电极 (辅助电极)、金相砂纸、脱脂棉。

（2）试剂：NH_4HCO_3 饱和溶液、丙酮、环氧树脂。

四、实验步骤

（1）用金相砂纸抛光碳钢电极表面，然后将电极充分清洗干净。用环氧树脂涂封电极的多余表面，仅露出工作面，用绒布擦拭，之后用吸附了丙酮溶液的脱脂棉擦拭已磨光的工作面。

（2）洗干净电解池，加入 NH_4HCO_3 饱和溶液，检查盐桥中是否有气泡，有气泡时为断路状态、无法测量。装配好研究电极、辅助电极、参比电极和盐桥，接好各个电极的线路。

（3）先将开关置于准备状态，然后接通恒电位仪的电源，预热 10 min。将选择开关置于"参比"，电位数值即为研究电极与参比电极所构成原电池的电动势，也称开路电位。

（4）选择最大量程，将功能选择的开关置于"引入""给定"。调节旋钮使电压表的读数为开路电位值，按下工作开关，选择合适的电流量程和倍率值，稳定 3 min 后读取极化电流值和电位值。每隔 3 min 将给定电位减小 50 mV，稳定 3 min 后记录极化电流值和电位值。当电极电位进入稳定的钝化区时，增加电位的改变幅度，每 3 min 下降 100 mV，测量时应及时调整电流量程，观察析出氢气和氧气时的电位。

（5）当阳极上大量析出氧气时停止测量，将所有开关置于起始位置，关闭电源。取出并清洗研究电极、辅助电极，清洗电解池，实验结束。

五、数据处理

（1）测量不同的阳极电位 E、电流 I，计算电流密度 j，以 φ 为横坐标、j 为纵坐标作图，从极化曲线上获得维钝电位范围和维钝电流密度值 j_m。

（2）钝化条件下碳钢年腐蚀速率的计算：

$$K(mm/a) = \frac{j_m \times t \times \left(\frac{1}{3}M\right) \times 1\,000}{26.8 \times \rho}$$

式中，j_m 为维钝电流密度，单位为 A/m^2；t 为时间，单位为 h/a；M 为 Fe 的摩尔质量，单位为 kg/mol；ρ 为铁的密度，其数值为 $7.8 \times 10^3\ kg/m^3$；26.8 为析出 1 mol 的物质 $\left(\frac{1}{3}Fe\right)$ 时需要的电量（96 485 C）。

六、思考题

（1）阳极保护的基本原理是什么？什么样的介质才能用阳极保护？
（2）研究阳极钝化现象有什么重要意义？

实验 38　溶液表面张力的测定（最大泡压法）

一、实验目的

（1）掌握表面、表面自由能的意义及表面张力和吸附的关系。

（2）掌握用最大泡压法测定表面张力的原理和方法。

二、实验原理

水等液体会产生使表面尽可能缩小的力，这就是表面张力。从热力学观点来看，液体表面缩小是一个自发过程，是体系总自由能减小的过程，欲使液体产生新的表面 ΔA，就要对其做功，其大小与 ΔA 成正比：

$$-W' = \sigma \cdot \Delta A$$

它表示的是液体表面自动缩小趋势的大小。σ 为比表面自由能，量纲为 J/m^2，又可以写为 N/m，所以 σ 又被称为表面张力，其物理意义是沿着与表面相切的方向垂直作用于表面单位长度上的力。

根据能量最低原理可知，当溶质能降低溶剂的表面张力时，表面层中溶质的浓度比溶液内部大，反之，溶质使溶剂的表面张力升高时，它在表面层中的浓度低于内部的浓度，这种表面浓度与内部浓度不同的现象叫作溶液的表面吸附。在一定条件下，溶质的吸附量与溶液的表面张力及其浓度之间的关系遵守吉布斯（Gibbs）吸附方程：

$$\Gamma = -\frac{c}{RT}\left(\frac{d\sigma}{dc}\right)_T$$

式中，Γ 为溶质在气-液界面上的吸附量，单位为 mol/m^2。

当加入表面活性剂使液体表面张力下降时，$\left(\dfrac{d\sigma}{dc}\right)_T < 0$、$\Gamma > 0$，为正吸附；当加入非表面活性物质使液体表面张力升高时，$\left(\dfrac{d\sigma}{dc}\right)_T > 0$、$\Gamma < 0$，为负吸附。本实验测定的是正吸附的情况。

在一定温度下，可用朗格缪尔（Langmuir）吸附等温式表示吸附量 Γ 与浓度 c 间的关系：

$$\Gamma = \Gamma_\infty \frac{kc}{1+kc}$$

$$\frac{c}{\Gamma} = \frac{1}{\Gamma_\infty}c + \frac{1}{k\Gamma_\infty}$$

式中，Γ_∞ 为饱和吸附量，k 为经验常数。

以 c/Γ 对 c 作图可得到一条斜率为 $1/\Gamma_\infty$ 的直线。

当 N 代表 1 m^2 的表面上溶质的分子数时，则有 $N=\Gamma_\infty L$，L 为阿伏加德罗常数，由此可知表面上每个溶质分子所占据横截面积为 $\sigma_B=1/(\Gamma_\infty L)$。

本实验采用最大泡压法测定表面张力，装置如图 4-14 所示，当毛细管下端面与待测液面相切时，液体将沿毛细管上升。

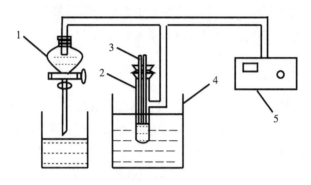

1. 分液漏斗；2. 表面张力仪；3. 毛细管；4. 恒温槽；5. 微压差计

图 4-14　表面张力测定装置

图中的分液漏斗起抽气作用，打开活塞缓慢放水进行抽气，此时测定管压强 p_r 逐渐减小，毛细管中的大气压 p_0 会将管内液面压至管口形成气泡。当其曲率半径等于毛细管半径 r 时，由拉普拉斯公式可知此时承受的压强差最大为

$$\Delta p_{\max}=p_0-p_r=\frac{2\sigma}{r}$$

进一步抽气时大气压强将把该气泡压出管口，曲率半径再次增大，气泡表面膜所能承受的压强差必然减少，而测定管中的压强差却进一步增大，导致气泡破裂。最大压强差可通过微压差计测得。

当用同一个毛细管测定不同溶液的表面张力 σ_1、σ_2 时，具有如下关系：

$$\sigma_1=\sigma_2\times\frac{\Delta p_{\max,1}}{\Delta p_{\max,2}}=K'\times\Delta p_{\max,1}$$

式中，K' 为毛细管常数，可用已知表面张力的物质来确定。

三、主要仪器与试剂

（1）主要仪器：表面张力仪、恒温槽。

（2）试剂：乙醇、洗液。

四、实验步骤

（1）依次配制质量分数分别为 5%、10%、15%、20%、25%、30%、35%、40% 的

乙醇水溶液。

（2）将表面张力仪用洗液浸泡数分钟后，再分别用自来水及蒸馏水冲洗干净，玻璃表面上不能残留水珠，以使毛细管具有良好的润湿性。

（3）调节恒温槽温度为 25 ℃，在分液漏斗中装满水，塞紧塞子，使夹子处于关闭状态，在表面张力管中注入少量蒸馏水，装好毛细管，使其尖端处刚好与液面接触，多余液体用洗耳球吸出。装好夹子，为检测仪器是否漏气，打开分液漏斗开始滴水以增大压强，在微压差计上显示一定压强，关闭开关，停止 1 min。若微压差计显示的压强保持不变，则说明仪器不漏气。

（4）打开分液漏斗开关，继续滴水增压，空气泡从毛细管下端逸出，使空气泡逸出的速度为每分钟 20 个，可以发现当空气泡刚破坏时，微压差计显示的压强值最大，至少读取 3 次压强值，求平均值。由已知蒸馏水的表面张力 σ_0 及实验测定的压强差值 Δp_0，可算出 K' 值。

（5）测定乙醇水溶液的表面张力，夹好夹子，将表面张力仪中的蒸馏水倒掉，用少量待测溶液将毛细管内部及毛细管冲洗 3 次，然后加入待测定的乙醇水溶液。按照前述方法，从浓度最低的溶液开始进行测定。

（6）测量完毕后，清洗细管，重新测量蒸馏水的表面张力，并与实验前测定的蒸馏水的表面张力进行比较。

（7）调节恒温槽的温度为 35 ℃，再按上述步骤依次测定乙醇水溶液的表面张力。

五、数据处理

绘制乙醇水溶液的 σ–c 曲线，用切线法求出各溶液的 Γ 值，绘制 Γ–c 等温吸附线，分析温度的影响。

六、思考题

（1）测定溶液的表面张力时为什么要按照浓度从低到高的顺序进行？

（2）用不同毛细管测定同一溶液时，Δp、r 是否相同？为什么？

实验 39　表面活性剂临界胶束浓度的测定

一、实验目的

（1）掌握表面活性剂临界胶束浓度的概念。

（2）掌握十二烷基硫酸钠的临界胶束浓度的测定方法。

二、实验原理

表面活性剂是指少量加入就能使其溶液体系的界面状态发生明显变化的物质，它包含固定的亲水、亲油基团，能在溶液的表面定向排列。表面活性剂分子的一端为亲水基团，另一端为疏水基团。亲水基团常为极性基团，如羧酸、磺酸、硫酸、氨基（胺基）及其盐，羟基、酰胺基、醚键等也可作为极性亲水基团；而疏水基团常为非极性烃链，如 8 个碳原子以上的烃链。根据极性基团的解离性质，表面活性剂可以分为阴离子表面活性剂（硬脂酸、十二烷基苯磺酸钠）、阳离子表面活性剂（季铵化物）、两性离子表面活性剂（卵磷脂、氨基酸型、甜菜碱型）、非离子表面活性剂（脂肪酸甘油酯、脂肪酸山梨坦、聚山梨酯）等。

表面活性剂的表面活性源于其分子的两亲结构，亲水基团使分子有进入水中的趋势，而疏水基团则阻止其在水中溶解，使其从水的内部向外迁移，有逃逸水相的倾向。这两种倾向共同作用使表面活性剂在水表面富集，亲水基伸向水中、疏水基伸向空气，其结果是水表面好像被一层非极性的碳氢链所覆盖，从而使水的表面张力下降。表面活性剂在界面富集能吸附一般的单分子层，当表面吸附达到饱和状态时，表面活性剂分子不能在表面继续富集，而疏水基的疏水作用仍竭力促使疏水基分子逃离水环境，于是表面活性剂分子则在溶液内部自聚，即疏水基聚集在一起形成内核，亲水基朝外与水接触形成外壳，组成最简单的胶团。表面活性剂开始形成胶团时的浓度为临界胶束浓度。

当达到临界胶束浓度时，溶液的表面张力降至最低值，此时再提高表面活性剂浓度，溶液的表面张力也不再降低，而是形成大量胶团。临界胶束浓度是溶液性质发生显著变化的一条"分界线"，因此，表面活性剂的研究多与各种体系中临界胶束浓度的测定有关。表面活性剂浓度不断增加，其胶束结构从单分子转变为球状、棒状和层状，通常认为形成球状胶束时的浓度为第一临界胶束浓度，球状胶束转变为棒状胶束时的浓度为第二临界胶束浓度。在第一临界胶束浓度的狭窄范围内，表面活性剂的许多物理化学性质发生了变化，如表面张力、折射率、黏度、渗透压等。

表面活性剂临界胶束浓度常见的测定方法如下：

1. 表面张力法

配制不同浓度的表面活性剂溶液，测定其表面张力，开始时水溶液的表面张力随表面活性剂浓度的增加而急剧下降，到达一定浓度后则变化缓慢。用表面张力 γ 与浓度的对数 $\lg c$ 作图，当表面吸附达到饱和时，曲线上出现转折点的浓度即为临界胶束浓度。将 $\gamma - \lg c$ 曲线转折点两侧的直线部分外延，相交点的浓度即为临界胶束浓度。一般认为，表面张力法是测定表面活性剂临界胶束浓度的标准方法。

2. 电导率法

测定前述溶液的电导率，用电导率 σ 与浓度的对数 $\lg c$ 作图，当表面吸附达到饱和时，该曲线出现转折点，对应的浓度即为临界胶束浓度，这是测定临界胶束浓度的经典方法。

本实验利用电导率仪测定不同浓度时的十二烷基硫酸钠水溶液的电导率值，绘制电导率与浓度对数的曲线，从转折点求得临界胶束浓度。

三、主要仪器与试剂

(1)主要仪器：电导率仪、电导电极、恒温槽、容量瓶。

(2)试剂：KCl 标准溶液(0.001 mol/L)、十二烷基硫酸钠。

四、实验步骤

(1)将十二烷基硫酸钠在 80 ℃ 干燥箱内干燥 3 h。准确配制 100 mL 浓度分别为 0.002 mol/L、0.004 mol/L、0.006 mol/L、0.007 mol/L、0.008 mol/L、0.009 mol/L、0.010 mol/L、0.012 mol/L、0.014 mol/L、0.016 mol/L、0.018 mol/L、0.020 mol/L 的十二烷基硫酸钠水溶液。

(2)将恒温槽温度调节至 25 ℃，用 KCl 标准溶液标定电导池常数。

(3)用电导率仪按照浓度从低到高的顺序依次测定上述溶液的电导率，测量前溶液必须在恒温槽中恒温 10 min，再用待测溶液将电导池清洗 3 次，每个溶液测量 3 次，取其平均值。

(4)记录电导值，将其换算成电导率。测量完毕后，关闭电导率仪。

五、数据处理

绘制电导率 σ 与浓度对数 $\lg c$ 的曲线图，从图中转折点处获得临界胶束浓度。

六、思考题

(1)如何判断所测临界胶束浓度是否准确？

(2)表面活性剂分子与胶束之间的吸附平衡是否同温度和浓度有关？

实验 40　液体动力黏度和运动黏度的测定

一、实验目的

(1)掌握动力黏度和运动黏度的概念和测量方法。

(2)掌握动力黏度和运动黏度的换算方法。

二、实验原理

液体在流动时其内部存在着内摩擦力,其大小常用黏度来反映。黏度分为动力黏度、运动黏度和条件黏度。

1. 动力黏度

动力黏度又称为动态黏度、绝对黏度、简单黏度,是应力与应变速率之比。动力黏度的单位为 Pa·s,工业上动力黏度的单位为泊。将两块面积为 $1 m^2$ 的板浸于液体中,两板的距离为 1 m,若在某一块板上加 1 N 的切应力,使两板之间的相对运动速率为 1 m/s,则此液体的黏度为 1 Pa·s。

2. 运动黏度

流体的动力黏度 η 与同温度下该流体密度 ρ 的比值称为运动黏度,它是流体在重力作用下所受流动阻力的度量。在国际单位制中,运动黏度的单位为 m^2/s,常用厘斯(cst)表示,1 cst = $1 mm^2/s$。运动黏度广泛用于测定燃料油、柴油、润滑油等石油产品,常采用逆流法测定。

3. 条件黏度

采用不同的特定黏度计所测得的以条件单位表示的黏度即为条件黏度,各国通用的条件黏度有恩氏黏度、赛氏黏度、雷氏黏度三种,它们的测定在欧美各国比较常用,我国除采用恩氏黏度计测定深色润滑油及残渣油外,其余两种黏度计很少使用。

黏度对各种润滑油的质量鉴别和用途确定及各种燃料用油的燃烧性能具有决定意义。在同样的馏出温度下,以烷烃为主要组分的石油产品的黏度低、黏温性好,即黏度指数较高,也就是黏度随温度变化而改变的幅度较小。含环烷烃(或芳烃)组分较多的油品的黏度较高、黏温性较差,含胶质和芳烃较多的油品的黏度最高、黏温性最差、黏度指数较低。

动力黏度单位的换算如下:

1 泊(1 P)= 100 厘泊(100 cP)

1 厘泊(1 cP)= 1 毫帕斯卡·秒 (1 mPa·s)

1 000 毫帕斯卡·秒(1 000 mPa·s)= 1 帕斯卡·秒 (1 Pa·s)

1 000 微帕斯卡·秒(1 000 μPa·s)= 1 毫帕斯卡·秒 (1 mPa·s)

三、主要仪器与试剂

(1)主要仪器:旋转式黏度计、平氏黏度计、恒温槽。

(2)试剂:甘油。

四、实验步骤

1. 动力黏度的测定

常用旋转式黏度计测量各种牛顿型液体的动力黏度。

由于 I 号测定组的结构不严密、无法控制温度，其测定结果不够准确，因而该仪器取消了 I 号测定组。黏度计的测量范围为 $2 \sim 10^6$ mPa·s，分为 II、III 两个测定组，转速为 750 r/min、75 r/min、7.5 r/min 三档。每组包括一个测定容器和几个测定转子配合使用，有关参数见表 4-3。实际测量时，可根据待测液体的大致黏度范围选择适当的测定组及转子，为取得较高的测试精度，读数最好大于 30 分度、不得小于 20 分度，否则，应变换转子或测定组。

表 4-3 各测定组的技术参数

测定组	因子	转速/(r/min)	量程范围/mPa·s	系数（刻度）	剪切速率/s⁻¹	试样量/mL
II	1	750	10~100	1	2 000	15
	10		100~1 000	10	350	
	100		1 000~10 000	100	175	
	F10×100	75	10 000~100 000	1 000	18	
	F100×100	7.5	100 000~1 000 000	10 000	2	
III	0.1	750	1~10	0.1	3 500	70
	0.2		2~20	0.2	1 850	
	0.4		4~40	0.4	1 000	
	0.5		5~50	0.5	850	

（1）第 II 测定组。

该组常用于测定较高黏度的液体，配有三个标准转子，它们的因子分别为 1、10 和 100。使用前，先安装好联轴器，联轴器是一个左旋滚花螺母，固定于电机轴的端部。安装时用专用插杆插入胶木圆盘上的小孔，卡住电机轴。测定组配有小勾，用于转子挂勾悬挂。

接通电源，连通恒温循环水，并调节到所需温度，开启电机使其空转，反复调节调零螺旋使其指示零点。测定时，将被测液体缓缓地注入测试容器中，使液面与测试容器锥形面下部边缘平齐，再将转子浸入液体，将测试容器平放在仪器托架上，把转筒悬挂在仪器的联轴器上，此时转子应全部浸没于液体中。开启电机，如果转子旋转时伴有晃动，可移动托架上的测试容器使其与转子为同一中心，从而消除转子的晃动，当指针稳定后即可读数。

将指针的读数乘以转子系数即为测定黏度，当电源频率不准时，可按下式进行修正：

$$实际黏度 = 指示黏度 \times \frac{标准频率}{实际频率}$$

当液体黏度大于 10^4 mPa·s 时可选用减速器，以测得更高的黏度。1:10、1:100 减速器的转速分别为 75 r/min、7.5 r/min，对应的最大量程分别为 10^5 mPa·s、10^6 mPa·s。安装时，将减速器的输入轴孔套于电机轴上，旋紧滚花螺母，将减速器固定在电机轴的细杆下端，并使减速器处于水平位置。将联轴器旋紧于减速器输出轴上，检查并调节零点，调零时如果指针抖动，可在减速器转动轴处加注少量润滑油。

（2）第Ⅲ测定组。

用于测量低黏度液体，量程为 1~50 mPa·s，共有四个圆筒形的转子，它们的因子分别为 0.1、0.2、0.4 和 0.5，其测定步骤与第Ⅱ测定组相同，但不能使用减速器。

（3）使用注意事项。

①开启电机开关时，如电机未能及时启动，应立即关闭开关，再重新开启。

②电机不得长时间连续使用，一般不超过 4 h。

③测试容器和转子使用后应立即清洗，保持清洁干燥。第Ⅱ、Ⅲ测定组转子的 U 形弹簧挂环可以拉出，以便进行转子内外的清洗，插入弹簧即可重新使用。

④装配联轴器时不可用力过大，应先插入插杆，再旋紧滚花螺母。

⑤开启电机后，转子旋转时可能伴有晃动，应调整至转筒不再晃动，待指针稳定时即可读数，指示值一般为最小位置，否则读数将有较大误差。

⑥仪器使用完毕后，必须松开调零螺旋。

2. 运动黏度的测定

运动黏度计又称为平氏黏度计，是一种玻璃毛细管黏度计，其结构如图 4-15 所示，它使用方便、结果精确，广泛用于石油、化工等领域及科学研究中。

将乳胶管套在黏度计的支管 6 上，将黏度计倒置，并用右手食指堵住管身 7 的管口，然后将管身 4 的端口插入盛有试样的烧杯中。左手用洗耳球从乳胶管的端口 6 将试样吸入黏度计中，直至到达标线 b 处，注意黏度计中不得产生气泡。当液面正好达到标线 b 时，从烧杯中提起黏度计，并迅速将它倒置过来，恢复正常位置。将管身外壁所沾试样拭去，并使管内试样自然流下，从支管口 6 上取下乳胶管并套在管身 4 的端口上，用于测定时吸取液体。

在管身 7 的上端套入一个软木塞，用夹子夹住软

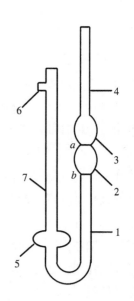

图 4-15　平氏黏度计示意图

木塞将黏度计固定于恒温槽中进行恒温。当达到所需温度时，用洗耳球通过管身 4 所套的乳胶管将试样吸入扩张部分 2，使液面稍高于标线 a，但不得高出恒温槽的液面，并且注意不要让毛细管和扩张部分 2 中的液体产生气泡。然后，让液体自然流下，不应有气泡，当液面正好达到标线 a 时，开启秒表，当液面下降达到标线 b 时，停止计时，记录液体流经两线间的时间(s)。

本方法是在恒定的温度下，测定一定体积的液体在重力作用下流过一个经标定的玻璃毛细管黏度计的时间(s)。黏度计的毛细管常数与流动时间的乘积，即为该温度下被测液体的运动黏度。在国际单位中，运动黏度的单位为 m^2/s，实际使用中常以 mm^2/s 为基本单位，在温度 T 时的运动黏度用符号 ν 表示。

3. 动力黏度与运动黏度的换算

研究表明，液体的动力黏度 η 等于同温度下该液体的运动黏度 ν 与液体密度 ρ 的乘积。准确测定液体的密度，在此基础上对液体的动力黏度、运动黏度和密度进行换算，分析三者之间是否服从上述关系。

五、数据处理

(1)动力黏度的计算：

$$\eta = K \cdot a$$

式中，η 为液体的动力黏度，单位为 $mPa \cdot s$；K 为系数；a 为指针读数。

(2)运动黏度的计算：

$$\nu = A \cdot t$$

式中，ν 为液体的运动黏度，单位为 mm^2/s；A 为黏度计常数，单位为 mm^2/s^2；t 为液体流经毛细管的时间，单位为 s。

(3)动力黏度与运动黏度的换算：

判断它们是否满足下述关系：

$$\eta = \nu \cdot \rho$$

式中，η 为液体的动力黏度，单位为 $mPa \cdot s$；ν 为液体的运动黏度，单位为 mm^2/s；ρ 为液体的密度，单位为 g/cm^3。

六、思考题

(1)采用旋转黏度计测定高黏度液体的动力黏度时应注意哪些事项？

(2)影响平氏黏度计准确测定运动黏度的因素有哪些？

实验 41　固体粉末比表面积的测定(BET 容量法)

一、实验目的

(1)掌握比表面积测定仪的结构与原理。

(2)掌握 BET 容量法测定固体粉末比表面积的方法。

二、实验原理

比表面积是指单位质量物体所具有的表面积,即以 1 g 固体所占有的总表面积为该物质的比表面积 S,单位为 m^2/g。理想的非孔性材料只具有外表面积,有孔和多孔材料则具有外表面积和内表面积。固体有一定的几何外形,利用仪器和计算可求得其表面积。而粉末、多孔性材料表面积的测定则有一定的难度,它们不仅具有不规则的外表面,还有复杂的内表面。一般而言,粉末的粒子越细,比表面积就越大。一般比表面积大、活性大的多孔材料的吸附能力强。比表面积是评价催化剂、吸附剂、多孔材料的重要指标。细粒子常具有显著的物理和化学活性,氧化、溶解、吸附、催化等性能都因粒子比表面积的增大而提高。

比表面积的测试方法主要有动态法和静态法。动态法是将待测粉体试样装在 U 形的样品管内,使含有一定比例吸附质的混合气体流过试样,根据吸附前后气体浓度的变化可以确定被测试样对吸附质分子的吸附量。静态法根据确定吸附量方法的不同而分为重量法和容量法。重量法是根据吸附前后试样质量变化来确定被测试样对吸附质分子的吸附量,该法的分辨率低、准确度差,因而很少使用;容量法是将待测粉体试样装在一定体积的一段封闭的试管状样品管内,向管内注入一定压强的吸附质气体,根据吸附前后的压强变化来确定被测试样对吸附质分子的吸附量。

对于大吸附量试样,静态法和动态法都能准确地测量,动态法适合比表面积的快速测试和中小吸附量的试样。虽然静态容量法适合测定孔径及比表面积,但试样的真空处理耗时较长、吸附平衡过程较慢、易受外界环境影响,测试效率稍低。

Brunauer S、Emmett P 和 Teller E 三位科学家从经典统计理论推导出了多分子层吸附公式,即著名的 BET 方程。这是颗粒表面吸附科学的理论基础,广泛应用于颗粒表面吸附性能的研究。

BET 法是以氮气为吸附质、氦气或氢气作载气,两种气体按一定比例混合达到指定相对压强后流过固体物质。将试样管放入液氮中进行保温时,试样对混合气体中的氮气发生物理吸附,载气则不被吸附,屏幕上出现吸附峰。当液氮被取走后,试样管重新处于室温,吸附的氮气就被脱附出来,在屏幕上出现试样的脱附峰。最后,在混合气中注入已知体积的纯氮气获得校正峰。根据校正峰和脱附峰的峰面积，计算试样在该相对压强下的吸附量。改变氮气和载气的混合比，测定不同相对压强的吸附量，再按如下 BET 公式计算比表面积。

$$\frac{p}{V(p^0-p)}=\frac{(C-1)}{V_m C}\times\frac{p}{p^0}+\frac{1}{V_m C}$$

式中，p 为氮气分压，单位为 Pa；p^0 为吸附温度下液氮的饱和蒸气压，单位为 Pa；V_m 为试样上形成单分子层需要的气体量，单位为 mL；V 为被吸附气体的总体积，单位为 mL；C 为与吸附有关的常数。

以 $\dfrac{p}{V(p^0-p)}$ 对 $\dfrac{p}{p^0}$ 作图，可以获得一条斜率为 $\dfrac{(C-1)}{V_m C}$、截距为 $\dfrac{1}{V_m C}$ 的直线，由斜率和截距可获得 V_m：

$$V_m=\frac{1}{斜率+截距}$$

若已知每个被吸附分子的截面积，可求出被测试样的比表面积，即

$$S_g=\frac{V_m\cdot N_A\cdot A_m}{2\,240\cdot m}\times10^{-18}$$

BET 公式的适用范围为 $p/p^0=0.05\sim0.35$。这是因为当相对压强低于 0.05 时，无法建立多分子层物理吸附平衡，甚至连单分子层的物理吸附也未完全形成；当相对压强大于 0.35 时，孔结构使毛细凝聚的影响突出，破坏了吸附平衡。

三、主要仪器与试剂

(1) 主要仪器：比表面积和孔径测定仪、电子天平、干燥箱。

(2) 试剂：氮气、氦气、液氮、$\alpha\text{-Al}_2\text{O}_3$（色谱纯）。

四、实验步骤

采用比表面积和孔径测定仪，用 BET 法测定试样的比表面积和孔径分布。

1. 装入试样

装样前，先检查试样管是否干净、是否完好无损，再准确称量试样管质量。

一般试样的最低干燥温度为 105 ℃，测量比表面积时一般不用抽真空，孔多时建议抽真空，测量孔径分布时则必须抽真空。试样处理时不能用鼓风干燥箱进行鼓风，一般干燥 3 h 即可。试样干燥后，从干燥箱中取出，迅速放入干燥器中进行冷却，达到室温后，再称量试样和试样管的总质量，最后计算出试样的实际质量。

用仪器配备的漏斗装试样时，必须装入试样管底部的粗管中。如果颗粒较大时可不用漏斗，但不能将试样黏附在试样管两端细管的管壁上，以免对吸附有影响。实验所需试样量由其比表面积确定，比表面积较大时可只用少量试样，而比表面积较小时则应多

称试样，但试样不能超过试样管容积的 2/3。

2. 调节仪器

将试样管装入测试仪器，注意试样管接头是金属材质，不要将试样管碰破。不含测试样的通道也必须安装试样管。主机通电前必须先通气体，将两路气体压强分别调节为 0.16 MPa，开机前至少通气 5 min。仪器长期未用时通气时间应更长，以免热导池受损；通气开始时，压强会下降，应进行多次调节，使气压值达到 0.16 MPa。点击"热导池预热"，系统将自动调节流量达到一定数值，热导池通电预热 30 min。

在预热过程中可设置参数，点击"实验设置"出现参数设置界面，测试时，一般 p/p^0 在 0.05~0.35 间选择 5 个点，至少应选择 3 个点，软件已在此范围设置了 7 个点，只需在需要的点前打勾即可。管体积已经校准好，不能改动，也可用标准试样进行校准。测量炭黑的比表面积时，如要测量外比表面积，必须在炭黑前打勾，不含测试样的通道输入 0。界面中的试样名称和质量要与管路中的一一对应。

3. 测试试样

检查确认气压表为 0.16 MPa、参数设置准确无误后，点击"开始测试"。系统将自动进行复位操作，以检查是否正常。当系统提示是否进行实验时，点"是"，仪器将自动调节流量开始测试。

测试过程中，设置内容无法改变，设置图标为灰色，如需中止实验，应点击"结束实验"，待程序结束后设置图标变亮，关闭软件。程序未结束时不能强制关闭窗口，以免丢失数据。测试过程中，可以改变坐标轴大小、调整曲线的显示比例。

实验过程中每测完一个 p/p^0 点，软件将自动建立一个文档数据，保存在默认文件目录或者设置的路径中，不会因为偶然性错误而引起数据丢失。实验结束后关闭窗口时，软件会提示是否保存数据，点击"是"即可。

如果测试过程中气压出现小幅度波动，不能调节，也不能强制关闭程序。测试结束后，应先关闭主机电源，继续通气一定时间后再关闭气源。

4. 分析数据

BET 脱附曲线中最左边的一个是定量管脱附曲线，其余由左往右依次为第一路到第四路试样的脱附峰。对数据进行筛选，改变坐标轴范围以调节曲线的显示比例，观察试样的脱吸附情况。

通过观察 BET 曲线的线性拟合度，判断每个 p/p^0 点的测试情况，可将远离曲线的点去掉，以达到更好的拟合。点击"实验设置"，选择参与计算的数据，双击"是(否)"就会变成"否(是)"，再点击"确定""重新计算"，软件就会自动计算得出实验结果。

五、数据处理

(1)计算试样上形成单分子层需要的气体量:

以 $\dfrac{p}{V(p^0-p)}$ 对 $\dfrac{p}{p^0}$ 作图获得一条直线,经线性拟合可获得其斜率、截距,进而求得试样形成单分子层需要的气体量 V_m:

$$V_m = \frac{1}{斜率+截距}$$

(2)试样比表面积的计算:

$$S_g = \frac{V_m \cdot N_A \cdot A_m}{2\,240 \cdot m} \times 10^{-18}$$

式中,S_g 为被测试样的比表面积,单位为 m^2/g;N_A 为阿伏加德罗常数;V_m 为试样上形成单分子层需要的气体量,单位为 mL;A_m 为被吸附气体分子的截面积;m 为待测试样的质量,单位为 g。

六、思考题

(1)测试过程中要注意哪些事项?
(2)为什么要将 p/p^0 控制在 0.05~0.35 之间?

实验 42　常见无机离子的鉴定

一、实验目的

(1)掌握常见无机离子分离、鉴定的原理和方法。
(2)掌握试剂取用、水浴加热、离心分离、沉淀洗涤等操作。

二、实验原理

无机离子的鉴定主要有系统分析法、分别鉴定法。系统分析法是将可能的共存离子按照一定顺序用"组试剂"将性质相似的离子分成若干组,再用特殊试剂进行分别鉴定。而分别鉴定法则是分别取一定量的溶液,排除干扰离子的影响后,加入特征试剂进行直接鉴定。

所有分离和鉴定都是基于离子的某种特性进行的,如外观、溶解性、酸碱性、氧化还原性、配位能力等,鉴定时经常出现颜色变化,沉淀的生成与溶解,气体、气味的产生等明显特征。鉴定反应的条件由待测离子、试剂及产物的性质决定,还应创造适宜的浓度、酸碱度、温度等条件使反应向预想的方向进行。

鉴定时还应消除干扰物质的影响，常采用沉淀分离法、萃取分离法、配位掩蔽法、氧化还原掩蔽法等。有些情况下，特殊有机溶剂还能降低鉴定产物在水中的溶解度，提高产物的稳定性、控制温度和酸度、选择催化剂等。

常见阳离子有来自 23 种元素的 28 种离子，鉴定时相互干扰大，常采用系统分析法，如硫化氢系统分析法、两酸两碱系统分析法，如表 4-4、表 4-5 所示。

表 4-4　硫化氢系统分析法

分组依据	硫化物不溶于水				硫化物溶于水	
	在稀酸中生成硫化物沉淀			在稀酸中不生成硫化物沉淀	碳酸盐不溶于水	碳酸盐溶于水
	氯化物不溶于热水	氯化物溶于热水				
		硫化物不溶于硫化钠	硫化物溶于硫化钠			
相应离子	Ag^+、Hg_2^{2+}、Pb^{2+}	Pb^{2+}、Bi^{3+}、Cu^{2+}、Cd^{2+}	Hg^{2+}、As^{3+}、As^{5+}、Sb^{3+}、Sb^{5+}、Sn^{2+}、Sn^{4+}	Fe^{3+}、Fe^{2+}、Al^{3+}、Mn^{2+}、Cr^{3+}、Zn^{2+}、Co^{2+}、Ni^{2+}	Ba^{2+}、Sr^{2+}、Ca^{2+}	Mg^{2+}、Na^+、K^+、NH_4^+
组名称	第一组银组（盐酸组）	二 A 组	二 B 组	第三组铁组（硫化铵组）	第四组钙组（碳酸铵组）	第五组钠组（可溶组）
		第二组铜锡组（硫化氢组）				
组试剂	盐酸	H_2S、盐酸（0.3 mol/L）		$(NH_4)_2S$（NH_3-NH_4Cl）	$(NH_4)_2CO_3$（NH_3-NH_4Cl）	—

表 4-5　两酸两碱系统分析法

	分别检出 NH_4^+、Na^+、Fe^{3+}、Fe^{2+}				
分组依据	氯化物难溶于水	氯化物易溶于水			
		硫酸盐难溶于水	硫酸盐易溶于水		
			氢氧化物难溶于水及氨水	氨性条件下不生成沉淀	
				氢氧化物难溶于过量氢氧化物	强碱条件下不生成沉淀
分离后形态	$AgCl$、Hg_2Cl_2、$PbCl_2$	$PbSO_4$、$BaSO_4$、$SrSO_4$、$CaSO_4$	$Fe(OH)_3$、$Al(OH)_3$、$MnO(OH)_2$、$Cr(OH)_3$、$Bi(OH)_3$、$Sb(OH)_5$、$HgNH_2Cl$、$Sn(OH)_4$	$Cu(OH)_2$、$Co(OH)_3$、$Ni(OH)_2$、$Mg(OH)_2$、$Cd(OH)_2$	$[Zn(OH)_4]^{2-}$、K^+、Na^+、NH_4^+
组名称	第一组盐酸组	第二组硫酸组	第三组氨组	第四组碱组	第五组可溶组
组试剂	盐酸	硫酸	NH_3-NH_4Cl、H_2O_2	NaOH	—

常见的 15 种阴离子主要是非金属元素的简单离子和复杂离子，干扰较少，特征反应多，常用分别鉴定法，只有在可能含有某些干扰离子时才进行掩蔽或分离。由于同种元素能组成多种阴离子，存在形式不同、性质各异，必须确认元素及其存在形式。

鉴定混合阴离子时应先按表 4-6 进行初步实验。阴离子性质比较复杂，先根据下述特性进行初步实验归纳其存在范围，根据性质差异、特征反应进行个别鉴定。其中"+"为有反应现象，"(+)"为浓度大时才有反应现象。

低沸点酸和易分解酸的阴离子与酸反应能释放气体或形成沉淀，利用气体性质判断是否存在 CO_3^{2-}、SO_3^{2-}、$S_2O_3^{2-}$、S^{2-} 和 NO_2^-。

除碱金属盐及 NO_2^-、ClO_3^-、ClO_4^-、Ac^- 等盐易溶解外，其余盐类多数难溶。利用钡盐、银盐的溶解性差别可将阴离子分为三组。第一组能生成钡盐沉淀、但银盐能溶于硝酸的 SO_4^{2-}、SO_3^{2-}、$S_2O_3^{2-}$、SiO_3^{2-}、CO_3^{2-}、PO_4^{3-}、AsO_3^{3-}、AsO_4^{3-}；第二组的钡盐易溶于水而银盐难溶于水和硝酸，如 S^{2-}、Cl^-、Br^- 和 I^-；第三组为钡盐和银盐均溶于水的 NO_2^-、NO_3^- 和 Ac^-。据此可判定是否存在该组离子。

除 Ac^-、CO_3^{2-}、SO_4^{2-} 和 PO_4^{3-} 外，绝大多数阴离子具有不同的氧化还原性，在溶液中共存时能相互作用、改变存在形式。

表 4-6　阴离子的初步实验

离子　　　　试剂	硫酸	$BaCl_2$	$AgNO_3$	I_2-淀粉	$KMnO_4$	KI-淀粉
SO_4^{2-}		+				
SO_3^{2-}	+	+		+	+	
$S_2O_3^{2-}$	+	(+)	+	+	+	
CO_3^{2-}	+	+				
PO_4^{3-}		+				
AsO_4^{3-}						+
AsO_3^{3-}		(+)				
SiO_3^{2-}	(+)	+				
Cl^-			+		(+)	
Br^-			+		+	
I^-			+			
S^{2-}			+	+	+	
NO_2^-					+	+
NO_3^-						(+)
Ac^-						
备注		中性弱碱性	稀硝酸	稀硫酸	稀硫酸	稀硫酸

三、主要仪器与试剂

（1）主要仪器：离心机、离心管、水浴锅、滴管、试管。

（2）试剂：Cl^-、Br^-、I^-的混合溶液，$KMnO_4$ 溶液（0.01 mol/L），CCl_4，（NH_4）$_2CO_3$ 饱和溶液，$SnCl_2$ 溶液（0.2 mol/L、0.5 mol/L），NH_4SCN 饱和溶液，Zn 粉，$CdCO_3$（s），$PbCO_3$（s），$NaBiO_3$（s），$BaCl_2$ 溶液（0.5 mol/L），浓硫酸，硫酸（1 mol/L、2 mol/L、3 mol/L），浓硝酸，硝酸（2 mol/L、6 mol/L），盐酸（2 mol/L、6 mol/L），HAc 溶液（1 mol/L、2 mol/L、6 mol/L），王水，H_2O_2 溶液（质量分数 3%），NaOH 溶液（2 mol/L、6 mol/L），氨水（2 mol/L、6 mol/L），饱和氯水，$Na_2Fe(CN)_5NO \cdot 2H_2O$ 溶液（质量分数 3%），丁二酮肟乙醇溶液（质量分数 1%），丙酮，二硫腙–CCl_4 溶液（质量分数为 0.010%），茜素磺酸钠溶液（质量分数为 0.1%），邻二氮菲乙醇溶液（质量分数为 1%），I_2–淀粉溶液，二苯胺浓硫酸溶液（质量分数为 1%），pH 试纸，KI–淀粉试纸，$PbAc_2$ 试纸。如下溶液的浓度为 0.1 mol/L：$AgNO_3$ 溶液、$Pb(NO_3)_2$ 溶液、K_2CrO_4 溶液、$Hg(NO_3)_2$溶液、$HgCl_2$ 溶液、$FeCl_3$ 溶液、$FeSO_4$ 溶液、$K_4[Fe(CN)_6]$溶液、KSCN 溶液、$NiCl_2$ 溶液、$MnSO_4$ 溶液、$CrCl_3$ 溶液、$CuSO_4$ 溶液、$ZnSO_4$ 溶液、$CoCl_2$ 溶液、$AlCl_3$ 溶液、$Na_2S_2O_3$ 溶液、Na_2SO_3 溶液、Na_2S 溶液、$NaNO_2$ 溶液、$NaNO_3$ 溶液、Na_3PO_4 溶液、Na_2SiO_3 溶液、Na_2SO_4 溶液、NaCl 溶液、KBr 溶液、KI 溶液、（NH_4）$_2MoO_4$ 溶液。

四、实验步骤

说明：未标注浓度的溶液均为 0.1 mol/L。

1. 常见阳离子的鉴定

均为没有干扰离子的情况，若有干扰离子，则必须先分离后鉴定。

Ag^+：先向离心管内加 5 滴 $AgNO_3$ 溶液，再滴加 5 滴 NaCl 溶液，管内即形成白色沉淀。采用离心分离舍去清液后，用蒸馏水洗涤沉淀，加入氨水（6 mol/L），待沉淀溶解后，用稀硝酸（2 mol/L）进行酸化处理时又出现白色沉淀，则表示存在 Ag^+。

Pb^{2+}：向试管中加入 5 滴 $Pb(NO_3)_2$ 溶液，加入 1 滴 HAc 溶液（6 mol/L），然后滴加 K_2CrO_4 溶液，如果出现黄色沉淀则表明存在 Pb^{2+}。

Hg^{2+}：向试管中加入 5 滴 $HgCl_2$ 溶液，再逐滴加入 $SnCl_2$ 溶液（0.2 mol/L），如果先形成白色沉淀、后变为灰黑色，则表示存在 Hg^{2+}。

Fe^{3+}：向试管中加入 5 滴 $FeCl_3$ 溶液，滴加 KSCN 溶液，若变为血红色，则存在 Fe^{3+}。

Fe^{2+}：向试管中加入 5 滴 $FeSO_4$ 溶液，滴加邻二氮菲乙醇溶液，若生成橘红色溶液，则存在 Fe^{2+}。

Ni^{2+}：向试管中加入 5 滴 $NiCl_2$ 溶液，滴加氨水（2 mol/L）直至生成的沉淀刚好溶解，再滴加丁二酮肟乙醇溶液，若有鲜红色沉淀产生，表示存在 Ni^{2+}。

Mn^{2+}：向试管中加入 5 滴 $MnSO_4$ 溶液和稀硝酸（6 mol/L），再加入少许 $NaBiO_3$，略微加热，如果溶液变为紫红色，则表示存在 Mn^{2+}。

Cr^{3+}：向试管中加入 5 滴 $CrCl_3$ 溶液，滴加 NaOH 溶液（2 mol/L）至生成的灰绿色沉淀溶解、变为亮绿色溶液，加入 6 滴 H_2O_2 溶液，水浴加热后变为黄色溶液，用 HAc 溶液（6 mol/L）酸化，再滴加 $Pb(NO_3)_2$ 溶液，如生成黄色沉淀，则存在 Cr^{3+}。

Cu^{2+}：向试管中加入 5 滴 $CuSO_4$ 溶液，再用 HAc 溶液（2 mol/L）进行酸化处理，滴加 $K_4[Fe(CN)_6]$ 溶液，如出现红棕色沉淀，表示存在 Cu^{2+}。

Al^{3+}：向试管中加入 5 滴 $AlCl_3$ 溶液，用氨水调节 pH 至 4~9，再加入茜素磺酸钠溶液，如形成红色沉淀，表明存在 Al^{3+}。

Zn^{2+}：向试管中加入 5 滴 $ZnSO_4$ 溶液，然后依次加入 10 滴 NaOH 溶液（2 mol/L）和 1 mL 二硫腙-CCl_4 溶液，搅拌均匀，在水浴中加热并不断搅拌，如果水层、CCl_4 层分别显示粉红色、棕色，则存在 Zn^{2+}。

Co^{2+}：向试管中加入 5 滴 $CoCl_2$ 溶液，再加入 2 滴盐酸（2 mol/L）、5 滴 NH_4SCN 饱和溶液和 10 滴丙酮，如振荡后溶液为蓝色，则存在 Co^{2+}。

2. 常见阳离子混合溶液的分离和鉴定

Ag^+、Hg_2^{2+}、Pb^{2+} 混合离子：均能生成难溶的氯化物沉淀，$PbCl_2$ 的溶解度稍大而且随着温度的升高而增大，因此沸水处理时 $PbCl_2$ 沉淀溶解，AgCl 沉淀溶于氨水时形成 $[Ag(NH_3)_2]^+$，从而能将它们分开，再进行分别鉴定，具体流程如图 4-16 所示。

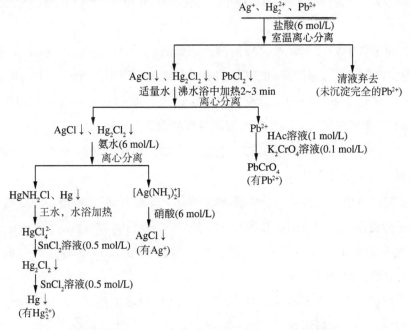

图 4-16　Ag^+、Hg_2^{2+}、Pb^{2+} 混合阳离子的分离与鉴定

Fe^{3+}、Al^{3+}、Ag^+、Cu^{2+}混合离子：Ag^+能生成难溶的沉淀，Cu^{2+}则与氨水生成氨合物，$Al(OH)_3$具有两性。请利用这些性质，制定它们的分离与鉴定方案。

3. 阴离子的初步实验

与稀硫酸反应：分别取 3 滴 $Na_2S_2O_3$ 溶液、Na_2SO_3 溶液、Na_2NO_2 溶液、Na_2S 溶液加入试管，然后加入 2 滴硫酸(3 mol/L)，再在水浴中加热，观察实验现象，生成的气体用 $PbAc_2$ 试纸、KI-淀粉试纸进行检验。

与 $BaCl_2$ 反应：分别取 3 滴 $Na_2S_2O_3$ 溶液、Na_2SO_4 溶液、Na_3PO_4 溶液、Na_2SiO_3 溶液加入离心管，用氨水（2 mol/L）调节至弱碱性，再分别加入 2 滴 $BaCl_2$ 溶液(0.5 mol/L)，观察实验现象。如有沉淀生成，用离心机进行分离，向沉淀中加数滴盐酸(6 mol/L)，观察沉淀是否溶解。

与 $AgNO_3$ 反应：分别取 3 滴 NaCl 溶液、KBr 溶液、KI 溶液、Na_2S 溶液、$Na_2S_2O_3$ 溶液、Na_3PO_4 溶液加入离心管，分别加入 3 滴 $AgNO_3$ 溶液，观察是否有沉淀生成及颜色变化，用硝酸(6 mol/L)酸化后观察沉淀是否溶解。

4. 常见阴离子的鉴定

均为不存在干扰离子的情况，若有干扰离子，则必须先分离后鉴定。

Cl^-：向试管中加入 5 滴 NaCl 溶液，用硝酸（2 mol/L）酸化，滴入 $AgNO_3$ 溶液后生成白色沉淀，而该沉淀能溶于氨水；再用硝酸（2 mol/L）酸化时又出现白色沉淀，则表明存在 Cl^-。

Br^-、I^-：分别向 2 支试管加入 5 滴 KBr 溶液、KI 溶液，各加入 10 滴 CCl_4，然后逐滴加入饱和氯水，振荡，如 CCl_4 层呈橙色，表明存在 Br^-，当 CCl_4 层为紫红色时，则存在 I^-。

NO_2^-：向试管中加入 5 滴 $NaNO_2$ 溶液，用硫酸（3 mol/L）酸化处理后，分别加入 3 滴 KI 溶液、10 滴 CCl_4，振荡后如 CCl_4 层显示紫红色，则存在 NO_2^-。

NO_3^-：向试管中加入 $NaNO_3$ 溶液，加入硫酸（1 mol/L）进行酸化，再沿试管壁慢慢加入 0.5 mL 二苯胺浓硫酸溶液，如两溶液界面处出现蓝色环，则存在 NO_3^-。

$S_2O_3^{2-}$：向试管中加入 5 滴 $Na_2S_2O_3$ 溶液，再加入数滴盐酸（2 mol/L），加热后如果溶液变浑浊，则表示存在 $S_2O_3^{2-}$。

SO_3^{2-}：向试管中加入 5 滴 Na_2SO_3 溶液，再加入 3 滴 I_2-淀粉溶液，用盐酸（2 mol/L）酸化后如果蓝色褪去，则表示存在 SO_3^{2-}，应排除 S^{2-} 和 $S_2O_3^{2-}$ 的存在。

S^{2-}：向试管中加入 5 滴 Na_2S 溶液，再加数滴盐酸（2 mol/L），若形成的气体使 $PbAc_2$ 试纸变黑，则表示存在 S^{2-}。

PO_4^{3-}：向试管中加入 5 滴 Na_3PO_4 溶液，再加入 10 滴浓硝酸、1 mL $(NH_4)_2MoO_4$ 溶液，稍微加热后如生成黄色沉淀，则表示存在 PO_4^{3-}。

5. Cl⁻、Br⁻、I⁻混合离子的分离和鉴定

取 10 滴混合溶液加入离心管中，用 2 滴硝酸（6 mol/L）酸化后，再加入 10 滴 AgNO₃ 溶液至完全形成沉淀，加热 2 min 后进行离心分离，用蒸馏水清洗沉淀 2 次。

分离和鉴定 Cl⁻ 时，用 1 mL 氨水（2 mol/L）处理沉淀，用 1 滴硝酸（2 mol/L）酸化离心后的溶液，进行 Cl⁻ 的鉴定。

用少量 Zn 粉分解卤化银沉淀时，应先搅拌 2 min，离心分离后弃去沉淀。再加入 4 滴 CCl₄，用饱和氯水鉴定 Br⁻、I⁻，每滴 1 滴饱和氯水后，都要振摇试管，观察 CCl₄ 层的颜色是否变化。

上述过程如图 4-17 所示。

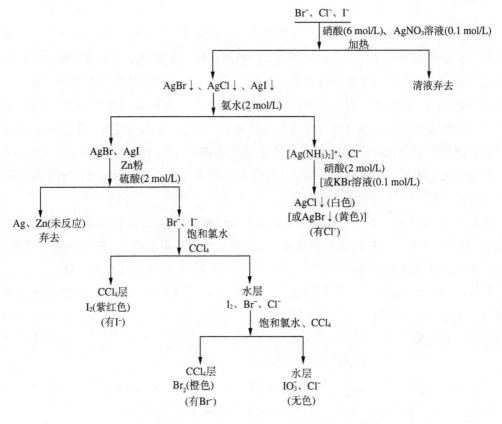

图 4-17　Cl⁻、Br⁻、I⁻混合阴离子的分离与鉴定

五、实验记录

记录离子鉴定过程中发生的实验现象，写出有关反应的化学方程式。

六、思考题

（1）在离子分离过程中，如何判断离子是否沉淀完全？

（2）在鉴定某种离子时，应注意什么？

实验 43　硫代硫酸钠标准溶液的配制和标定

一、实验目的

(1) 掌握 $Na_2S_2O_3$ 标准溶液的配制方法。

(2) 掌握淀粉指示剂终点的判断方法。

二、实验原理

$Na_2S_2O_3$ 是常见的硫代硫酸盐，为无色透明的单斜晶体。$Na_2S_2O_3$ 易溶于水，遇强酸能产生硫单质和 SO_2 气体。它在干燥空气中有风化性，在潮湿空气中有潮解性，其水溶液显弱碱性。它主要用作照相行业的定影剂，其次用作鞣革时重铬酸盐的还原剂、含氮尾气的处理剂、媒染剂、漂白剂及纸浆漂白的脱氯剂。在硫氰酸酶参与下，$Na_2S_2O_3$ 能与人体内游离的或与高铁血红蛋白结合的氰离子相结合，形成无毒的硫氰酸盐由尿排出，从而解除了氰化物的中毒，因而是氰化物的解毒剂。$Na_2S_2O_3$ 还能与钡、砷、汞、铋、铅等多种金属离子结合形成无毒的硫化物并由尿排出，此外还具有抗过敏作用，可以治疗皮肤瘙痒、慢性荨麻疹、药疹等。

通常采用 $Na_2S_2O_3 \cdot 5H_2O$ 配制标准溶液，如果所用水中二氧化碳的含量较高，则溶液的 pH 较低，而 $Na_2S_2O_3$ 遇酸时将迅速分解形成 S，从而导致 $Na_2S_2O_3$ 溶液变浑浊，因此，常采用新煮沸并冷却至室温、含有少量 Na_2CO_3 的蒸馏水配制标准溶液。

$KBrO_4$、KIO_4、$K_2Cr_2O_7$、$KMnO_4$ 等氧化剂都可以用来标定 $Na_2S_2O_3$ 标准溶液，其中又以 $K_2Cr_2O_7$ 最为常用。采用置换滴定法进行标定，先让 $K_2Cr_2O_7$ 与过量的 KI 作用形成 I_2，其反应为

$$Cr_2O_7^{2-} + 14H^+ + 6I^- = 3I_2 + 2Cr^{3+} + 7H_2O$$

当溶液酸度较低时该反应的速度较慢，如果酸性太强，KI 又可能被空气氧化成为 I_2，因此要使反应能定量的完成，必须控制适宜的酸度并避光放置 10 min。

用 $Na_2S_2O_3$ 标准溶液滴定第一步反应释放出来的 I_2，采用淀粉溶液作为指示剂，离子方程式如下：

$$I_2 + 2S_2O_3^{2-} = 2I^- + S_4O_6^{2-}$$

当存在 I^- 时，淀粉指示剂能与 I_2 反应形成蓝色的可溶性化合物使溶液变为蓝色。达到滴定终点时，溶液中的 I_2 全部都与 $Na_2S_2O_3$ 发生反应，此时溶液中的蓝色消失。但是，由于刚开始滴定时 I_2 的含量太高，被淀粉牢牢结合，终点不好观察，因此，应在接近滴定终点时再加入淀粉指示剂。

由于 $Na_2S_2O_3$ 与 I_2 在碱性溶液中将发生如下副反应：

$$S_2O_3^{2-}+4I_2+10OH^-=2SO_4^{2-}+8I^-+5H_2O$$

$$S_2O_3^{2-}+2H^+=S\downarrow+SO_2\uparrow+H_2O$$

$Na_2S_2O_3$ 在酸性溶液中容易分解，因此滴定只能在中性或弱酸性溶液中进行。滴定前必须稀释溶液从而降低溶液的酸性，还能避免滴定终点时溶液颜色太深、影响观察。KI 的浓度也不能太高，以免产生的 I_2 与淀粉显红紫色，使滴定终点难以判断。

三、主要仪器与试剂

（1）主要仪器：电子天平、干燥箱、滴定管、干燥器、电炉。

（2）试剂：$Na_2S_2O_3\cdot 5H_2O$、KI、盐酸（浓盐酸与水的体积比为 1∶2）、$K_2Cr_2O_7$（基准试剂）、Na_2CO_3、淀粉。

四、实验步骤

1. $Na_2S_2O_3$ 标准溶液的配制

向 200 mL 煮沸冷却后的蒸馏水中加入 0.04 g Na_2CO_3，然后再加入 5.2 g $Na_2S_2O_3\cdot 5H_2O$，搅拌使其完全溶解，放置两周后再进行标定。

2. 指示剂的配制

称取 0.25 g 可溶性淀粉于烧杯中，加入 5 mL 冷却后的蒸馏水，搅拌均匀后，再缓慢倒入 45 mL 沸腾的蒸馏水中，不断搅拌，并煮沸至稀薄的半透明溶液。该指示剂应现配现用。

3. $Na_2S_2O_3$ 标准溶液的标定

将 $K_2Cr_2O_7$ 基准试剂在 150 ℃ 干燥至恒重，在干燥器内冷却至室温。称取 0.2 g $K_2Cr_2O_7$（准确到 0.000 1 g）于碘量瓶中，加入 25 mL 蒸馏水使其溶解，再加入 3 g KI，轻轻摇动使其溶解，然后加入 25 mL 蒸馏水、5 mL 盐酸，用瓶塞密封后摇匀，再用水密封，在阴暗处放置 10 min。

加入 50 mL 蒸馏水进行稀释，用 $Na_2S_2O_3$ 标准溶液滴定至近终点，再加入 2 mL 淀粉指示剂，继续滴定至蓝色消失、显示绿色时，即为终点。

五、数据处理

$Na_2S_2O_3$ 标准溶液浓度的计算：

$$c(\,mol/L)=\frac{m\times 6}{M\times V}\times 1\ 000$$

式中，m 为称取 $K_2Cr_2O_7$ 的质量，单位为 g；M 为 $K_2Cr_2O_7$ 的摩尔质量，单位为 g/mol；V 为所消耗 $Na_2S_2O_3$ 标准溶液的体积，单位为 mL。

六、思考题

（1）配制 $Na_2S_2O_3$ 标准溶液时为什么要加入 Na_2CO_3？要采用什么样的蒸馏水？

（2）为什么要在接近滴定终点时才加入淀粉指示剂？

实验 44　果蔬总酸度的测定

一、实验目的

（1）掌握果蔬的处理方法。

（2）掌握酸碱滴定的基本操作。

二、实验原理

食品中的酸不仅是酸味的成分，而且是加工贮运、品质管理的重要指标。食品酸度分为总酸度、有效酸度、挥发酸和牛乳酸度。总酸度是指食品中所有酸性成分的总量；有效酸度是指果蔬待测液中氢离子的浓度，代表已解离酸的浓度，常用 pH 表示，其大小可用 pH 计测定；挥发酸则是指食品中易挥发的甲酸、醋酸、丁酸等有机酸，可通过蒸馏法分离，再用碱的标准溶液来进行滴定；牛乳酸度是外表酸度与发酵酸度的总和，外表酸度是指刚挤出来的新鲜牛乳所具有的酸度，如酪蛋白、白蛋白、柠檬酸盐及磷酸盐等酸性成分，发酵酸度是指放置过程中发酵产生的乳酸对应的酸度。

食品中的酸可分为有机酸和无机酸两类。无机酸以中性盐的化合态存在于食品中，其含量很低。有机酸的种类较多、含量较大、分布不均衡，如柠檬酸、苹果酸、酒石酸、草酸、琥珀酸、乳酸、醋酸等。有机酸常呈游离状态，有的是食品本身固有的，有的则是加工过程中加入的，有的是在生产、加工、储藏过程中产生的，如酸奶和食醋中的有机酸。

果蔬中的有机酸含量取决于其品种、成熟度、气候条件等因素，因成熟度、生长条件的不同而不同，如葡萄未成熟时所含的主要是苹果酸，随着葡萄的逐渐成熟，苹果酸的含量越来越少、酒石酸的含量不断增加，最后酒石酸变成酒石酸钾。有机酸将会影响食品的色、香、味及稳定性，有机酸的种类和含量是判断食品质量的一个指标，有机酸和糖含量的比值还能判断果蔬的成熟度。

果蔬总酸度包括未解离酸的浓度和已解离酸的浓度，其数值可用酸碱滴定法来测定，又称为可滴定酸度，以食品中主要的有机酸含量表示。可将试样直接滴定，或者将试样用水浸渍后，测定其滤液。滴定时消耗的浓度为 0.1 mol/L 的碱标准溶液的体积不得低于 3 mL，以减小测定误差。

三、主要仪器与试剂

（1）主要仪器：电子天平、水浴锅、温度计、滴定管、烧杯、容量瓶、滤纸、漏斗、抽滤瓶、活性炭。

（2）试剂：NaOH 标准溶液（0.1 mol/L）、酚酞指示剂。

四、实验步骤

（1）测定有色果蔬酸度前应先脱色，常用的方法是活性炭脱色。如果其中含有二氧化碳，则需要在测定前除去二氧化碳，在 40 ℃ 的水浴上加热 30 min 即可。采用酚酞为指示剂时，用刚煮沸的中性蒸馏水稀释试样溶液的方法也能除去其中的二氧化碳，一般稀释 20 倍即可。

（2）将所选果蔬粉碎，混合均匀。称取 25 g 试样于 250 mL 烧杯中，准确至 0.001 g，加入 150 mL 蒸馏水，在 80 ℃ 的水浴上加热 30 min，冷却后，用干燥滤纸、漏斗进行过滤，将滤液全部转移至 250 mL 容量瓶中，加水至刻度线。

（3）用移液管准确移取 50.00 mL 滤液于 250 mL 锥形瓶中，加入 1 滴酚酞指示剂，用 NaOH 标准溶液进行滴定，当溶液刚好转变为浅红色、在 30 s 内不褪色时，即为终点。

五、数据处理

果蔬总酸度的计算：

$$总酸度(\%) = \frac{c \times V \times K \times 250}{m \times 1\,000 \times 50} \times 100\%$$

式中，c 为 NaOH 标准溶液的浓度，单位为 mol/L；V 为滴定时消耗 NaOH 标准溶液的体积，单位为 mL；m 为试样质量，单位为 g；K 为换算系数，苹果酸、醋酸、酒石酸、柠檬酸、乳酸的换算系数分别为 0.067、0.060、0.075、0.070、0.090。

六、思考题

（1）怎样才能脱除滤液的颜色？

（2）如果滤液的颜色影响观察终点时，可用什么方法指示滴定的终点？

实验 45　配位化合物的生成

一、实验目的

（1）掌握配位化合物的概念。

(2)掌握配离子、简单离子和配位化合物与复盐的区别。

二、实验原理

配位化合物广泛应用于日常生活、工业生产及生命科学中，不仅与无机化合物、有机金属化合物相关连，并且与原子簇化学、配位催化、分子生物学等前沿学科有联系。

由中心原子或离子(统称中心原子)和围绕它的分子或离子(称为配位体)完全或部分通过配位键结合而形成的复杂分子或离子，统称为配位单元，凡是含有配位单元的化合物都是配位化合物，又称为配合物。配位化合物有电解质和非电解质之分。$[Cu(NH_3)_4]SO_4$、$K_4[Fe(CN)_6]$ 等电解质能在水溶液中分别解离为 $[Cu(NH_3)_4]^{2+}$、SO_4^{2-} 和 $[Fe(CN)_6]^{4-}$、K^+，带正电荷的 $[Cu(NH_3)_4]^{2+}$ 为配阳离子，带有负电荷的 $[Fe(CN)_6]^{4-}$ 则为配阴离子，统称为配离子，它们组成配合物的内界，是配合物的特征部分，而 SO_4^{2-} 和 K^+ 则分别是外界。非电解质配位化合物无论是在晶体还是在溶液中都是以不带电荷的中性分子的形式存在的，如 $Co(NH_3)_3Cl_3$。

复盐在溶液中能全部解离成简单离子，而配离子在溶液中却只有部分能解离成简单离子，在某一配位解离平衡体系中加入酸、碱、沉淀剂、氧化还原剂等将会使该配位解离平衡产生移动。配位化合物的稳定性主要指热稳定性和配合物在溶液中是否容易电离出其中心原子和配位体。配位体在溶液中可以微弱地解离出极少量的中心原子和配位体，如 $[Cu(NH_3)_4]^{2+}$ 可以解离出少量的 Cu^{2+} 和 NH_3。配位体在溶液中的解离平衡与弱电解质的电离平衡很相似，也有其解离平衡常数，称为配合物的稳定常数 K，K 越大，配合物越稳定，在水溶液中的解离程度越小。

配合物在溶液中的稳定性与中心原子的半径、电荷数及在周期表中的位置有关，过渡金属的电荷高、半径小、有空的 d 轨道和自由的 d 电子，它们容易接受配位体的电子对，又容易将 d 电子反馈给配位体，因而它们能形成稳定的配合物。碱金属和碱土金属则恰好相反，它们形成配合物的能力较差、配合物的稳定性也较差。

配位化合物中的配位体可被其他配位体所取代，称为配位体交换反应，该反应的速率相差很大，有些能在几秒内完成，有的则需要几个月的时间。配位化合物的氧化还原反应包含两种类型，一种是中心原子与配位体之间的氧化还原反应，另一种则是两种配合物之间的氧化还原反应。

三、主要仪器与试剂

(1)主要仪器：离心机、离心管、布氏漏斗、抽滤瓶、烧杯、试管、滴管。

(2)试剂：$CuSO_4 \cdot 5H_2O$(CP)、$(NH_4)_2C_2O_4$(CP)、浓硫酸、硫酸(1 mol/L)、盐酸(2 mol/L、6 mol/L)、NaOH 溶液(2 mol/L)、浓氨水、氨水(2 mol/L)、NH_4F 溶液(质量分数为 10%)、Na_2S 溶液(0.5 mol/L)、$Fe(NO_3)_3$ 溶液(0.5 mol/L)、H_3BO_3、无水乙

醇、乙醇(体积分数为 95%)、CCl_4、甘油、pH 试纸、丁二酮肟乙醇溶液。如下溶液的浓度均为 0.1 mol/L：NaCl 溶液、KBr 溶液、$K_4[Fe(CN)_6]$ 溶液、KSCN 溶液、$CuSO_4$ 溶液、$BaCl_2$ 溶液、$FeCl_3$ 溶液、$FeSO_4$ 溶液、$Na_2S_2O_3$ 溶液、$K_3[Fe(CN)_6]$ 溶液、$AgNO_3$ 溶液、KI 溶液、$NiSO_4$ 溶液、$(NH_4)_2Fe(SO_4)_2$ 溶液。

四、实验步骤

1. $[Cu(NH_3)_4]SO_4 \cdot H_2O$ 的生成

取一只 100 mL 的烧杯，加入 1g $CuSO_4 \cdot 5H_2O$，再加入 10 mL 滴有 4 滴浓硫酸的蒸馏水，微热使其完全溶解，待其冷却后逐滴加入浓氨水，溶液中将生成浅蓝色的 $Cu_2(OH)_2SO_4$ 沉淀，在不断搅拌的同时加入浓氨水，最终获得深蓝色溶液。再缓慢加入 6 mL 乙醇(体积分数为 95%)，溶液中将会析出深蓝色的固体 $[Cu(NH_3)_4]SO_4 \cdot H_2O$。待沉淀完全后再进行抽滤，用无水乙醇洗涤 $[Cu(NH_3)_4]SO_4 \cdot H_2O$ 固体。取少量该固体，逐渐加入氨水(2 mol/L)使其溶解，获得 $[Cu(NH_3)_4]^{2+}$ 溶液。

向两支试管中各加入 10 滴 $CuSO_4$ 溶液，再分别加入 4 滴 $BaCl_2$ 溶液、NaOH 溶液，观察发生的实验现象，写出反应的化学方程式；再向另外两支试管中各加入 10 滴 $[Cu(NH_3)_4]^{2+}$ 溶液，分别向其中加入 4 滴 $BaCl_2$ 溶液、NaOH 溶液，观察发生的实验现象，写出反应的化学方程式，分析配位化合物的内界和外界。

2. 配离子与简单离子的区别

以 $FeSO_4$ 溶液、$K_4[Fe(CN)_6]$ 溶液、$FeCl_3$ 溶液、$K_3[Fe(CN)_6]$ 溶液、KSCN 溶液、KI 溶液、Na_2S 溶液及 CCl_4 为原料，设计方案，分析 Fe^{3+}、$[Fe(CN)_6]^{3-}$ 在存在形式、沉淀、氧化还原性等方面的区别。

3. 配位化合物与单盐、复盐的区别

分别向三支试管中加入 10 滴 $K_3[Fe(CN)_6]$ 溶液、$(NH_4)_2Fe(SO_4)_2$ 溶液、$FeCl_3$ 溶液，再在每支试管中各加入 4 滴 KSCN 溶液，观察溶液颜色的变化，并进行说明。

4. 配位体的取代

分别向两支试管中加入 10 滴 $Fe(NO_3)_3$ 溶液，向其中一支加入盐酸(6 mol/L)，振荡后观察颜色变化情况，接着向其中加入几滴 KSCN 溶液，振荡后观察颜色变化，继续滴加 NH_4F 溶液，振荡后观察颜色变化，最后加入 $(NH_4)_2C_2O_4$，振荡后观察溶液颜色变化。写出上述反应的离子方程式。

5. 配位解离平衡的转移

探讨配位解离平衡与下列平衡的相互转移情况，写出反应的化学方程式。

(1)与沉淀溶解平衡的相互转移。分别向离心管中加入 10 滴 $AgNO_3$ 溶液、NaCl 溶液，用离心机离心分离后弃去清液，用蒸馏水洗涤沉淀 3 次，加入氨水(2 mol/L)使沉淀刚好溶解。再加入 2 滴 NaCl 溶液，观察是否有 AgCl 沉淀产生。加入 2 滴 KBr 溶液，观察是否产生 AgBr 沉淀，并观察其颜色，不断加入 KBr 溶液直至不再产生沉淀。采用离心法进行分离，弃去清液，用蒸馏水洗涤沉淀 3 次，加入 $Na_2S_2O_3$ 溶液直至沉淀刚好溶解为止。再加入 KBr 溶液，观察是否产生 AgBr 沉淀。继续加入 KI 溶液，观察是否产生 AgI 沉淀，并观察其颜色变化。

（2）与酸碱平衡的相互转移。在不断振荡的同时，向 $[Cu(NH_3)_4]^{2+}$ 溶液中逐滴加入硫酸（1 mol/L），观察是否产生沉淀。如果继续加入硫酸直至溶液显酸性，又有什么变化发生？解释说明上述现象。

（3）与氧化还原平衡的相互转移。分别向两支试管中加入几滴 CCl_4、$FeCl_3$ 溶液，再向其中一支试管中加入 NH_4F 溶液至无色，然后分别向两支试管中加入几滴 KI 溶液，振荡后观察 CCl_4 层的颜色，并说明颜色发生变化的原因。

五、实验记录

观察相关实验现象，分析原因，并写出反应的化学方程式。

六、思考题

（1）配位体是否影响配离子的稳定性？
（2）分析配离子与简单离子的区别，并用实验证实其形成原因。

实验 46　氯化铅溶度积常数的测定

一、实验目的

（1）掌握难溶电解质溶度积的测定原理和方法。
（2）掌握离子交换树脂的使用方法。

二、实验原理

尽管难溶电解质难以溶解，但还是有一部分离子进入溶液，这些离子又会在固体表面沉积下来，当这两个过程的速率相等时，固体的量不再减少，难溶电解质与溶解在溶液中的离子之间存在沉淀溶解和生成沉淀的平衡，难溶电解质就达到沉淀溶解平衡，其平衡常数为溶度积常数，即沉淀平衡常数。

将难溶电解质 AgCl 溶于水中，固体表面的一部分 Ag^+ 和 Cl^- 在水分子的不断作用下脱离 AgCl 固体，与水分子缔合成水合离子进入溶液，此过程称为沉淀的溶解。与此同时，溶液中的水合 Ag^+ 和 Cl^- 不断运动，其中一部分受到 AgCl 固体表面带相反电荷离子的吸引，又会重新结合成 AgCl 固体，此过程是沉淀的生成。难溶电解质的溶解和生成是可逆过程，经过一段时间后，当难溶电解质溶解和生成的速率相等时，溶液中各离子的浓度不再发生变化，难溶电解质固体和溶液中水合离子间的沉淀溶解平衡由此建立。

当达到沉淀溶解平衡状态时，溶液中各离子浓度保持不变，其离子浓度幂的乘积为一个常数，这个常数即为溶度积常数，用 K_{sp}^{e} 表示。将溶液离子浓度幂的乘积 Q 与 K_{sp}^{e} 进行比较，根据化学平衡移动原理可以判断沉淀生成和溶解的发生趋势，这就是溶度积规则。

当 $Q>K_{sp}^{e}$ 时，溶液为过饱和溶液，平衡向左移动，有沉淀析出；

当 $Q<K_{sp}^{e}$ 时，溶液为不饱和溶液，若溶液中仍有沉淀存在时，平衡往右移动，沉淀溶解；

当 $Q=K_{sp}^{e}$ 时，溶液为饱和溶液，处于沉淀溶解平衡状态，既无沉淀生成，也无沉淀溶解。

本实验采用离子交换法测定难溶电解质氯化铅（$PbCl_2$）的溶度积。离子交换树脂是一种含有能进行离子交换活性基团的高分子化合物，含有磺酸基（—SO_3H）、羧酸基—COOH 等酸性交换基团，能和阳离子进行交换的称为阳离子交换树脂，而包含—NH_3Cl 等碱性交换基团，能和阴离子进行交换的则是阴离子交换树脂。

本实验采用强酸性阳离子交换树脂，它一般是钠型，即活性基团为—SO_3Na，能用 H^+ 将 Na^+ 交换出来，获得氢型树脂，再将一定量的 $PbCl_2$ 饱和溶液与氢型阳离子树脂充分接触，如下的交换反应才能进行得比较彻底。

$$2R—SO_3H+PbCl_2=(R—SO_3)_2Pb+2HCl$$

Pb^{2+} 交换后的树脂可用不含 Cl^- 的稀硝酸进行淋洗，使树脂重新转化为酸型，完成再生过程。交换得到的盐酸，能用已知浓度准确的 NaOH 标准溶液来进行滴定，从而计算出 $PbCl_2$ 饱和溶液的浓度，获得 $PbCl_2$ 的溶解度和溶度积。计算过程如下：

$$PbCl_2=Pb^{2+}+2Cl^-$$
$$[Pb^{2+}]=c_{PbCl_2},\quad [Cl^-]=2c_{PbCl_2}$$
$$K_{sp}^{e}(PbCl_2)=[Pb^{2+}][Cl^-]^2=(c_{PbCl_2})(2c_{PbCl_2})^2=4(c_{PbCl_2})^3$$

三、主要仪器与试剂

（1）主要仪器：电子天平、碱式滴定管、离子交换柱、移液管、烧杯、锥形瓶、温度计、漏斗、滤纸、玻璃棒、玻璃纤维。

（2）试剂：强酸性阳离子交换树脂、$PbCl_2$、NaOH 标准溶液（0.1 mol/L）、盐酸（6.0 mol/L）、溴百里酚蓝指示剂（质量分数为 0.1%）。

四、实验步骤

1. 交换柱的装配

在离子交换柱的底部装入少量玻璃纤维，用去离子水洗干净钠型阳离子交换树脂，并用去离子水浸泡 24 h。称取 20 g 阳离子交换树脂于小烧杯中，加入少量去离子水，然后将它们加入到交换柱内，高度约为 20 cm。水量太多时，打开螺旋活塞使水缓慢流出，直至液面略高于离子交换树脂，然后旋紧螺旋活塞。上述操作中，必须让树脂浸泡在去离子水中，以免气泡进入树脂床的内部影响离子交换。如果出现气泡，应加入去离子水使液面高出树脂，用玻璃棒搅动树脂以赶走气泡。

2. 交换柱的转型

向离子交换柱内加入 20 mL 盐酸，调节螺旋活塞，使溶液以 40 滴/min 的速度流过离子交换柱，待盐酸界面降至接近树脂上表面时，用去离子水洗涤树脂直至流出溶液为中性，弃去流出液。

3. $PbCl_2$ 饱和溶液的配制

将去离子水煮沸除去其中的二氧化碳，称取 1.43 g $PbCl_2$ 置于烧杯中，用 100 mL 上述去离子水溶解，并搅拌均匀，使溶液达到平衡状态。使用前先测量溶液的温度，将定量滤纸置于干燥后的漏斗上进行过滤，并用干燥烧杯盛接滤液。

4. Pb^{2+} 的交换

用移液管准确移取 25.00 mL $PbCl_2$ 饱和溶液，加入离子交换柱中；控制液体的流出速度为 20 滴/min，并用干净的锥形瓶盛接流出液。待 $PbCl_2$ 溶液的液面接近树脂层的上表面时，用 50 mL 去离子水多次洗涤树脂，直到流出液呈中性，切记只能使用同一只锥形瓶盛接流出液，避免流出液的损失。

5. 滴定

向装有流出液的锥形瓶内加入 2 滴溴百里酚蓝指示剂，用 NaOH 标准溶液进行滴定，当溶液由黄色转为蓝色时，达到滴定终点，此时溶液的 pH 约为 6.2~7.6。

五、数据处理

$PbCl_2$ 溶度积常数的计算：

$$c_2(\text{mol/L}) = \frac{c_1 \times V_1}{2 \times V_2}$$

$$K_{sp}^{\ominus} = [Pb^{2+}][Cl^-]^2 = (c_{PbCl_2})(2c_{PbCl_2})^2 = 4(c_{PbCl_2})^3 = 4 \times c_2^3$$

式中，c_1 为 NaOH 标准溶液的浓度，单位为 mol/L；V_1 为滴定用 NaOH 标准溶液的体积，单位为 mL；V_2 为 $PbCl_2$ 饱和溶液的用量，单位为 mL；c_2 为 $PbCl_2$ 饱和溶液的溶解度，单位为 mol/L。

六、思考题

(1)在离子交换时为什么液体的流速不宜太快?

(2)为什么过滤时所用的漏斗和盛接烧杯必须是干燥的?

实验 47　铁矿石中铁含量的测定

一、实验目的

(1)掌握矿石试样的溶解方法。

(2)掌握 $K_2Cr_2O_7$ 法测定铁含量的原理及方法。

二、实验原理

凡是含有铁单质或铁化合物的矿石都叫作铁矿石,天然的铁矿石经过破碎、选矿后才能选出铁。铁矿石是钢铁企业的重要原材料,是重要的战略物资,它控制着经济发展的命脉。

铁矿石的种类很多,能用于炼铁的主要有如下几种:磁铁矿(Fe_3O_4),具有磁性,在选矿时可采用磁选法,它经过长期风化后能转变为赤铁矿;赤铁矿(Fe_2O_3),是最主要的铁矿石;褐铁矿($mFe_2O_3 \cdot nH_2O$),是含有 $Fe(OH)_3$ 的矿石,多半附存于其他铁矿石中;菱铁矿($FeCO_3$),其钙盐和镁盐的含量较高,提炼时先在 800~900 ℃下焙烧除去二氧化碳,再加入鼓风炉。我国的铁矿石储量虽然不少,但品位比较低、贫矿多、复合矿较多、矿体复杂。在选矿前测定铁矿石中铁的含量十分重要。

测定前必须先将铁矿石矿样进行溶解,盐酸分解法是常用的方法。铁矿石一般都能在加热时被盐酸分解,含铁硅酸盐难溶于盐酸,加入少量氢氟酸或 NH_4F 能使其分解,磁铁矿的溶解速度很慢,加入少量 $SnCl_2$ 溶液能加速其分解。除此之外,还有硫酸-氢氟酸分解法、磷酸-硫磷混酸分解法。含有硫化物和有机物的铁矿石可先在 500~600 ℃下灼烧除去硫及有机物后,再采用盐酸进行分解。

铁矿石试样经盐酸溶解后,其中的铁转化为 Fe^{3+},在强酸性条件下,用 $SnCl_2$ 将 Fe^{3+} 还原为 Fe^{2+},还原完毕后甲基橙指示剂能被 Sn^{2+} 还原为氢化甲基橙而褪色,因而甲基橙可指示 Fe^{3+} 的还原终点。经典方法是采用 $HgCl_2$ 氧化过量的 $SnCl_2$,从而消除 Sn^{2+} 的干扰,但 $HgCl_2$ 容易污染环境,因此,常采用新的无汞法代替经典方法。Sn^{2+} 还能继续将氢化甲基橙还原为 N,N-二甲基对苯二胺和对氨基苯磺酸钠,过量的 Sn^{2+} 就可以消除。上述反应如下:

$$2FeCl_4^- + SnCl_4^{2-} + 2Cl^- = 2FeCl_4^{2-} + SnCl_6^{2-}$$

$$(CH_3)_2NC_6H_4N=NC_6H_4SO_3Na \xrightarrow{2H^+} (CH_3)_2NC_6H_4NH-HNC_6H_4SO_3Na \xrightarrow{2H^+}$$
$$(CH_3)_2NC_6H_4NH_2+H_2NC_6H_4SO_3Na$$

上述反应是不可逆的，因而甲基橙的还原产物并不会消耗 $K_2Cr_2O_7$。盐酸浓度应控制在 4 mol/L，当大于 6 mol/L 时 Sn^{2+} 先将甲基橙还原至无色，无法指示 Fe^{3+} 的还原反应，而当盐酸浓度低于 2 mol/L 时，甲基橙将会缓慢褪色。

滴定过程中发生的反应为

$$6Fe^{2+}+Cr_2O_7^{2-}+14H^+=6Fe^{3+}+2Cr^{3+}+7H_2O$$

该滴定反应的突变范围为 0.93~1.34 V，而使用二苯胺磺酸钠为指示剂时其条件电位仅为 0.85 V，需要加入磷酸使形成的 Fe^{3+} 转变为无色的 $[Fe(PO_4)_2]^{3-}$，从而降低 Fe^{3+}/Fe^{2+} 电对的电位，使突变范围转变为 0.71~1.34 V，指示剂可在此范围内变色，同时还消除了黄色 $FeCl_4^-$ 对终点的干扰。

三、主要仪器与试剂

（1）主要仪器：电子天平、干燥箱、干燥器、烧杯、表面皿、容量瓶、锥形瓶、移液管。

（2）试剂：$K_2Cr_2O_7$（基准试剂）、$SnCl_2$ 溶液（50 g/L、100 g/L）、硫酸-磷酸混酸、浓盐酸、甲基橙指示剂（1 g/L）、二苯胺磺酸钠指示剂（2 g/L）。

四、实验步骤

1. $K_2Cr_2O_7$ 标准溶液（0.1000 mol/L）的配制

将 $K_2Cr_2O_7$ 在 150 ℃ 干燥 2 h 后，在干燥器中冷却至室温。用固定质量称量法准确称取 7.36 g $K_2Cr_2O_7$ 于小烧杯中，加蒸馏水溶解，定量转移至 250 mL 容量瓶中，加蒸馏水稀释至刻度线，摇匀。

2. 铁矿石溶液的配制

准确称取 1.0 g 铁矿石粉置于 250 mL 烧杯中，用少量蒸馏水润湿，再加入 20 mL 浓盐酸，盖上表面皿后在通风橱中低温加热以分解矿样，若有明显的不溶残渣，可滴加 20 滴 $SnCl_2$ 溶液（100 g/L）助溶。待矿样完全分解时，残渣接近白色，用少量蒸馏水冲洗表面皿及烧杯内壁，冷却后全部转移至 250 mL 容量瓶中，加水稀释至刻度线，摇匀。

3. 滴定

用移液管移取 25.00 mL 铁矿石溶液置于锥形瓶中，加入 6 mL 浓盐酸，加热至近沸腾状态，再加入 5 滴甲基橙指示剂，趁热边摇动边逐滴加入 $SnCl_2$ 溶液（100 g/L）用以还原 Fe^{3+}。当溶液由橙色变为红色时，再慢慢滴加 $SnCl_2$ 溶液（50 g/L）至淡粉色，再摇动几次直至粉色全部褪去，然后立即用自来水冷却，加入 50 mL 蒸馏水、20 mL 硫酸-磷酸混酸、4 滴二苯胺磺酸钠指示剂，立即用 $K_2Cr_2O_7$ 标准溶液滴定至出现稳定的紫红色，即为终点。平行测定 3 次。

五、数据处理

（1）$K_2Cr_2O_7$ 标准溶液浓度的计算：

$$c(\text{mol/L}) = \frac{m_1}{V_1 \times M_1} \times 1\,000$$

式中，m_1 为称取 $K_2Cr_2O_7$ 的质量，单位为 g；M_1 为 $K_2Cr_2O_7$ 的摩尔质量，单位为 g/mol；V_1 为所配制 $K_2Cr_2O_7$ 标准溶液的体积，单位为 mL。

（2）铁矿石 Fe 含量的计算：

$$w(\%) = \frac{6 \times c \times V_2 \times 250 \times M_2}{m_2 \times 25 \times 1\,000} \times 100\%$$

式中，m_2 为称取铁矿石的质量，单位为 g；M_2 为铁的摩尔质量，单位为 g/mol；V_2 为所消耗 $K_2Cr_2O_7$ 标准溶液的体积，单位为 mL。

六、思考题

（1）为什么要在低温下分解铁矿石？
（2）用 $SnCl_2$ 还原 Fe^{3+} 的条件是什么？

实验 48　铜合金中铜含量的测定

一、实验目的

（1）了解铜合金的溶解方法。
（2）掌握铜合金中铜含量的测定原理及方法。

二、实验原理

纯铜是紫红色的，又称为紫铜，它具有优良的导电性、导热性、延展性和耐蚀性，常用于发电机、电缆、开关、变压器等电工器材，以及热交换器、管道等导热器材。铜合金是指在纯铜中加入一种或多种其他元素所构成的合金，铜合金主要有黄铜、白铜、青铜等。

黄铜是指以锌作为主要添加元素的铜合金，它具有美观的黄色。铜锌二元合金称为普通黄铜、简单黄铜，三元以上的黄铜则称为特殊黄铜、复杂黄铜。锌含量低于 36% 的黄铜是由固溶体组成的，具有良好的冷加工性能，如含锌 30% 的黄铜常用于制造弹壳，又称为弹壳黄铜、七三黄铜。最常用的锌含量位于 36% ~ 42% 之间的黄铜是含锌 40% 的六四黄铜。除此之外，还添加铝、镍、锰、锡、硅、铅等元素改善普通黄铜的性能，如铝能提高黄铜的强度、硬度、耐蚀性，适合用作海轮冷凝管等耐蚀零件；锡能提高黄铜的强度和对海水的耐腐性，又称为海军黄铜；铅能改善黄铜的切削性能，常用作钟表零件。

白铜则是以镍为主要添加元素的铜合金，铜镍二元合金称为普通白铜，添加了锰、铁、锌、铝等元素的白铜又称为复杂白铜。工业白铜分为结构白铜和电工白铜两类，结构白铜的机械性能和耐蚀性好、色泽美观，用于制造精密机械、化工机械和船舶构件等，电工白铜具有良好的热电性能，常用于制造精密电工仪器、精密电阻、热电偶等。

青铜是我国使用最早的合金，原来指的是铜锡合金，现在则是指黄铜、白铜以外的铜合金。锡青铜的铸造性能、减摩性能、机械性能好，适用于制造轴承、齿轮等；铅青铜是现代发动机广泛使用的轴承材料；铝青铜的强度高、耐磨性和耐蚀性好，用于铸造高载荷的齿轮、轴套；磷青铜的弹性高、导电性好，用于制造精密弹簧和电接触元件；铍青铜用来制造煤矿、油库等无火花工具。

一般采用盐酸和 H_2O_2 溶解铜合金，但过量的 H_2O_2 会干扰测定，常通过煮沸溶液的方法来除去。在溶解形成的弱酸性溶液中，铜合金中的二价铜与碘化物发生如下反应：

$$2Cu^{2+} + 4I^- \Longrightarrow 2CuI \downarrow + I_2$$

Cu^{2+} 与 I^- 的反应是可逆的，必须加入过量的 KI 增加 I^- 浓度，促使反应向右进行，以使滴定反应顺利进行，反应还能形成 I_3^-，从而提高了 I_2 的稳定性。

溶液酸度对测定结果影响较大，酸度过低时反应速度低，Cu^{2+} 能部分水解；而酸度过高时，I^- 容易被氧气氧化成为 I_2，Cu^{2+} 能催化该反应从而使测试结果偏高。适宜的 pH 为 3.4 左右，用硫酸或 HAc 能调节溶液的酸度，不能采用盐酸，以免形成 $CuCl_4^{2-}$ 配离子，阻碍滴定反应的进行。

CuI 能吸附形成的 I_2，常在滴定终点前加入 NH_4SCN，使沉淀的表面形成一层 CuSCN，将吸附的 I_2 释放出来。但是，不能过早加入 NH_4SCN，以防它还原 I_2。铜合金中的高价 Fe^{3+}、As^{5+} 和 Sb^{5+} 能干扰测定，加入 NH_4HF_2 能掩蔽 Fe^{3+}，使其形成 FeF_6^{3-}，当 pH 为 3~4 时，As^{5+} 和 Sb^{5+} 难以氧化 I^-，从而消除其干扰。

以淀粉为指示剂、用 $Na_2S_2O_3$ 标准溶液滴定反应释放出来的 I_2，再根据 $Na_2S_2O_3$ 标准溶液的浓度和滴定时消耗的体积，就能计算获得的铜合金中铜的含量。

三、主要仪器与试剂

(1)主要仪器：电子天平、电炉、滴定管。

(2)试剂：$Na_2S_2O_3$ 标准溶液(0.1 mol/L)、淀粉指示剂(质量分数为 0.5%)、KI 溶

液(质量分数为 20%)、NH_4SCN 溶液(质量分数为 10%)、NH_4HF_2 溶液(质量分数为 20%)、H_2O_2(质量分数为 30%)、盐酸(浓盐酸与水的体积比为 1∶1)、HAc(体积分数为 36% 的 HAc 与水的体积比为 1∶1)、氨水(浓氨水与水的体积比为 1∶1)。

四、实验步骤

(1)准确称取 0.1 g 黄铜试样,置于 250 mL 锥形瓶中,加入 10 mL 盐酸,缓慢滴加 2 mL H_2O_2,加热使试样完全溶解,再继续加热除去过量的 H_2O_2,煮沸 1~2 min,但不能蒸干溶液。冷却至室温后,加入 40 mL 蒸馏水,滴加氨水至溶液开始形成稳定的沉淀,再加入 8 mL HAc。

(2)依次加入 10 mL NH_4HF_2 溶液、KI 溶液,然后立即用 $Na_2S_2O_3$ 标准溶液滴定,当溶液为浅黄色时加入 2 mL 淀粉指示剂,再继续滴定至浅灰色或浅蓝色,临近终点时,加入 10 mL NH_4SCN 溶液,剧烈摇动后,继续滴定至溶液的蓝色消失并在 5 min 内不再返回蓝色时为止,即为终点。如溶液中存在白色沉淀,终点将呈灰白色或者肉色,记录消耗 $Na_2S_2O_3$ 标准溶液的体积。

五、数据处理

铜合金中铜含量的计算:

$$w(\%) = \frac{c \times V \times M}{1\,000 \times m} \times 100\%$$

式中,m 为称取铜合金的质量,单位为 g;M 为铜的摩尔质量,单位为 g/mol;c 为 $Na_2S_2O_3$ 标准溶液的浓度,单位为 mol/L;V 为所消耗 $Na_2S_2O_3$ 标准溶液的体积,单位为 mL。

六、思考题

(1)为什么将溶液 pH 调节至 3.0~4.0 之间?酸度太高或太低时对测定结果有什么影响?

(2)如果加入 KI 溶液后不立即滴定,对测试结果有什么影响?

实验 49　合金钢中钒含量的测定

一、实验目的

(1)掌握合金钢中钒含量的测定原理和方法。

(2)掌握萃取法分离钒的基本操作。

二、实验原理

合金钢是指在普通碳素钢基础上添加适量的一种或多种合金元素而构成的铁碳合金。添加不同元素、采取适当的加工工艺，能获得高强度、高韧性、耐磨、耐腐蚀、耐低温、耐高温、无磁性等特殊性能的合金钢。合金钢的主要合金元素有硅、锰、铬、镍、钼、钨、钒、钛、钴、铝、铜、硼及稀土元素等，按合金元素的种类可分为铬钢、锰钢、铬锰钢、铬镍钢、铬镍钼钢、硅锰钼钒钢等，按合金元素的百分含量可分为低合金钢（<5%）、中合金钢（5%~10%）、高合金钢（>10%）。钒、钛在钢中是强碳化物的形成元素，只要有足够的碳，就能在适当条件下形成各自的碳化物，当缺碳或在高温条件下则以原子状态进入固溶体中；锰、铬、钨、钼是碳化物的形成元素，其中一部分以原子状态进入固溶体，另一部分则形成置换式合金渗碳体；铝、铜、镍、钴、硅是不形成碳化物的元素，一般以原子状态存在于固溶体中。

钒钢是以钒为主要合金元素的合金钢，钒在钢中的作用是增强淬透性，能耐高温，有强烈的二次硬化作用，对提高硬度有显著作用。钒能够细化晶粒、稳定结构，因而钒钢大量应用在合金刀具钢中。在钒钢中增加氮能提高碳氮化钒的析出温度，增加其析出的驱动力，增加氮后不仅析出相的数量成倍增加，而且析出相的粒度更加细小，析出强化的效果更加明显，显著提高了钒的沉淀强化效果。在钒钢中每增加质量分数为0.001%的氮，强度就能提高6 MPa以上。由此可见，增加氮可明显节约钒消耗、显著降低生产成本。

钽试剂的学名为N-苯甲酰苯基羟胺，又称为N-苯甲酰基苯，其结构如下：

钽试剂常用作光度法测定钒、钛、铀、钼时的显色剂，还能在采用沉淀分离、称量法测定铝、铍时用作沉淀剂。在强酸性溶液中，钽试剂能与V^{5+}生成颜色较深的疏水性有色配合物，该配合物能被有机溶剂萃取，从而适用于分光光度法测定微量钒。

在进行钢铁分析时常在3.5~5 mol/L的盐酸介质中进行萃取从而测定V^{5+}，此时钒与钽试剂、Cl^-能按1∶2∶1的比例形成紫红色的配合物，该配合物能被$CHCl_3$萃取，其最大的吸收波长λ_{max}为530 nm，溶液能够稳定地保存4 h以上。

但是，钽试剂即使在强酸性溶液中也不与V^{4+}发生反应，因而应采用$KMnO_4$氧化剂将溶液中的V^{4+}氧化为V^{5+}，再除去过量的$KMnO_4$，以免$KMnO_4$氧化钽试剂对测定产生干扰。在尿素作用下，用$NaNO_2$能还原$KMnO_4$，其中的尿素在除去过量的$NaNO_2$的同

时还能抑制 $NaNO_2$ 还原 V^{5+}，该反应如下：

$$(NH_2)_2CO + 2NO_2^- + 2H^+ = 2N_2\uparrow + CO_2\uparrow + 3H_2O$$

测定时一般采用硫磷混酸溶解合金钢试样，在 3.5 mol/L 的盐酸介质中，当硫酸、磷酸浓度低于 1.5 mol/L 时对测定无干扰。在溶液中加入盐酸后，应立即加入钽试剂，并用三氯甲烷溶剂萃取，以免 V^{5+} 被逐渐还原使结果偏低。

钽试剂对钒的萃取吸光光度法测定具有很好的选择性，Ti^{4+} 与钽试剂将形成能被三氯甲烷萃取的黄色配合物，从而干扰测定。但是，当磷酸存在时，含量低于 5 mg/L 的 Ti^{4+} 不干扰测定，而含量大于 1 mg/L 的 Mo^{6+} 能抑制萃取使结果偏低，此时可将溶液的酸度提高至 6 mol/L，从而降低钽试剂–三氯甲烷溶液对钼的萃取。

三、主要仪器与试剂

（1）主要仪器：电子天平、分光光度计、电阻炉、电炉、烧杯、容量瓶、分液漏斗、比色皿、移液管、脱脂棉。

（2）试剂：浓硫酸、稀硫酸、浓磷酸、V_2O_5（高纯）、盐酸（浓盐酸与水的体积比为 2∶1）、硝酸（6 mol/L）、氨水、$KMnO_4$ 溶液（质量分数为 0.2%）、$NaNO_2$ 溶液（质量分数为 0.25%）、尿素溶液（质量分数为 10%）、钽试剂–三氯甲烷溶液（质量分数为 0.1%）。

四、实验步骤

1. 硫磷混酸的配制

用干燥后的量筒量取 120 mL 浓硫酸，在不停搅拌的同时加入 600 mL 的去离子水中，冷却后再加入 100 mL 浓磷酸，然后搅拌均匀。

2. 钒标准溶液的配制

将少量 V_2O_5 置于坩埚中，在 500 ℃ 电阻炉中灼烧 1 h，冷却后保存于干燥器内。准确称取 0.017 8 g V_2O_5 于 50 mL 烧杯中，用氨水溶解后再用稀硫酸进行酸化处理，定量转入 100 mL 容量瓶中，用去离子水稀释至刻度线，摇匀。此溶液中钒的含量为 100 μg/mL，然后准确移取 10.00 mL 置于 100 mL 容量瓶中，用水稀释至刻度线，摇匀后获得钒含量为 10.0 μg/mL 的标准溶液。

3. 合金溶液的配制

准确称取 0.25 g 合金钢试样置于 250 mL 烧杯中，加入 30 mL 硫磷混酸，在电炉上加热使试样溶解，逐渐滴入硝酸进行氧化，再煮沸溶液以除去低价氮氧化物，待冷却至室温后，定量转入 100 mL 容量瓶中，用去离子水稀释至刻度线，摇匀。

4. 测量试液的吸光度

用移液管准确移取 10.00 mL 溶液于 125 mL 分液漏斗中，慢慢滴入 $KMnO_4$ 溶液直至出现稳定的紫红色，放置 1 min 后再加入 5 mL 尿素溶液，在不断摇动的同时逐滴加入 $NaNO_2$ 溶液直至紫红色刚刚消失。然后，用移液管加入 10 mL 钽试剂-三氯甲烷溶液，加入 10 mL 盐酸后剧烈振荡 1 min，待静置分层后将有机相用脱脂棉滤入试管中。以钽试剂-三氯甲烷溶液为参比液，将其加入 1 cm 比色皿中，将分光光度计的波长调节为 530 nm，测量溶液的吸光度。

5. 测量不同浓度含钒溶液的吸光度

称取 0.25 g 不含钒的合金钢试样，按上述方法处理制得空白试样溶液。分别吸取钒标准溶液 0.0 mL、2.0 mL、4.0 mL、6.0 mL、8.0 mL、10.0 mL 于已加入 10 mL 空白试样溶液的 125 mL 分液漏斗中，再按相同步骤进行萃取，以未加钒的钽试剂-三氯甲烷萃取液为参比液，测定各溶液的吸光度。

五、数据处理

以标准溶液中钒的浓度为横坐标、以吸光度为纵坐标绘制标准曲线，从中查得试样中钒的浓度，计算试样中钒的百分含量。

六、思考题

(1)在显色过程中加入的 $KMnO_4$ 溶液起什么作用？而过量的 $KMnO_4$ 要除去，为什么？

(2)为什么试样溶液和钽试剂-三氯甲烷溶液必须准确加入，而尿素及盐酸等则不必准确加入？

实验 50　自来水总硬度的测定

一、实验目的

(1)了解水硬度的表示方法。

(2)掌握水硬度的测定原理和方法。

二、实验原理

水的总硬度是指水中钙离子、镁离子的总浓度，分别称为钙硬度、镁硬度。钙硬度和镁硬度又分为碳酸盐硬度、非碳酸盐硬度。碳酸盐硬度指的是主要由钙、镁的碳酸氢盐以及少量碳酸盐所形成的硬度，该硬度加热后能形成沉淀物而从水中除去，又称为暂时硬度。非碳酸盐硬度是指主要由钙、镁的硫酸盐、氯化物、硝酸盐等形成的硬度，这类硬度无法采用加热分解的方法除去，也称为永久硬度。

目前，硬度的表示方法并未统一，我国常采用如下两种表示方法：一种是将所测得的钙、镁折算成 CaO 的质量，以每升水中含有 CaO 的毫克数表示，单位为 mg/L；另一种以度表示，1 硬度单位表示 10 万份水中含 1 份 CaO，即 CaO 在水中的含量为10 mg/L。国家颁布的《生活饮用水卫生标准》中规定水的 $CaCO_3$ 总硬度应低于 450 mg/L。

在日常生活中，通常用煮沸的方法来减小水的硬度；在实验室中，则采用蒸馏的方法。随着现代科学技术的发展，以反渗透膜为核心组件的反渗透技术已经获得广泛应用，它能够降低水中各种离子的浓度、减小水的硬度，许多饮用纯净水已经采用该方法进行生产。

总硬度测定的是钙、镁总含量，而钙硬度、镁硬度是分别测定钙、镁的含量。一般采用络合滴定法测定，在 pH 为 10 的氨性溶液中，以铬黑 T（EBT）作为指示剂，用 EDTA 标准溶液直接滴定水中的 Ca^{2+}、Mg^{2+}，当溶液由紫红色经蓝紫色转变为蓝色时，即为滴定终点，发生的反应如下：

滴定前：

$$EBT+Me(Ca^{2+}、Mg^{2+}) = Me—EBT$$

蓝色　　　　　　　　　紫红色

从滴定开始至达到化学计量点前：

$$H_2Y^{2-}+Me^{2+}=MeY^{2-}+2H^+$$

计量点时：

$$H_2Y^{2-}+Me—EBT=MeY^{2-}+EBT+2H^+$$

蓝紫色　　　　　蓝色

在滴定过程中，用三乙醇胺掩蔽 Fe^{3+}、Al^{3+} 等干扰离子，Na_2S 掩蔽 Cu^{2+}、Pb^{2+}、Zn^{2+} 等重金属离子；络合滴定时，通过 EDTA 与金属离子形成有色络合物来指示金属离子浓度的变化。刚开始滴入 EDTA 时，金属离子逐步被指示剂络合；当达到化学计量点时，已与指示剂络合的金属离子被 EDTA 夺出，从而释放指示剂的颜色。

EDTA 与金属离子形成螯合物时的络合比为 1∶1，通常采用间接法来配制 EDTA 标准溶液，能够标定 EDTA 标准溶液的基准物质有纯金属 Cu、Zn、Ni、Pb 及其氧化物，以及某些盐类，如 $CaCO_3$、$ZnSO_4 \cdot 7H_2O$、$MgSO_4 \cdot 7H_2O$。考虑到本实验是测定自来水的总硬度，采用 $CaCO_3$ 为基准物质。

三、主要仪器与试剂

（1）主要仪器：电子天平、碱式滴定管、容量瓶、移液管、锥形瓶、小口试剂瓶、表面皿、电炉。

（2）试剂：$CaCO_3$（基准试剂）、EDTA、Mg^{2+}—EDTA 溶液、NH_3-NH_4Cl 缓冲溶液、Na_2S 溶液（20 g/L）、氨水（浓氨水与水的体积比为 1∶2）、盐酸（浓盐酸与水的体积比为

1∶1)、甲基红指示剂、铬黑 T 指示剂(质量分数为 0.5%)、三乙醇胺溶液。

四、实验步骤

1. Ca^{2+} 标准溶液(0.01 mol/L)的配制

计算配制 100 mL Ca^{2+} 标准溶液所需 $CaCO_3$ 的质量,用递减称量法准确称取 $CaCO_3$ 于烧杯中,用少量蒸馏水润湿后盖上表面皿,从烧杯尖嘴处滴加盐酸使 $CaCO_3$ 刚好全部溶解。加蒸馏水 50 mL 并微沸几分钟,除去二氧化碳;冷却后用蒸馏水冲洗烧杯内壁和表面皿,将 $CaCO_3$ 溶液全部转移至 100 mL 容量瓶中,用蒸馏水稀释至刻度线,摇匀。

2. EDTA 标准溶液(0.01 mol/L)的配制及标定

计算配制 200 mL EDTA 标准溶液所需 EDTA 的质量,用电子天平称取 EDTA 于烧杯中,加水微热使其溶解,冷却至室温后,全部转移至 200 mL 容量瓶中,用蒸馏水稀释至刻度线,摇匀。

用移液管准确移取 25.00 mL Ca^{2+} 标准溶液于锥形瓶中,加 1 滴甲基红指示剂,用氨水中和,当溶液由红色变为黄色时即可。再加入 20 mL 蒸馏水、10 mL NH_3-NH_4Cl 缓冲溶液,还可加入 5 mL Mg^{2+}—EDTA 溶液提高判断滴定终点的敏锐度,再加 3 滴铬黑 T 指示剂,然后,用 EDTA 标准溶液进行滴定,当溶液由红色转变为蓝紫色时即为终点。

3. 自来水总硬度的测定

用移液管移取 50.00 mL 蒸馏水样于 250 mL 锥形瓶中,加入 2 滴盐酸酸化水样。煮沸数分钟以除去其中的二氧化碳,冷却后加入 3 mL 三乙醇胺溶液、5 mL NH_3-NH_4Cl 缓冲溶液、1 mL Na_2S 溶液以掩蔽重金属离子,再滴加 3 滴铬黑 T 指示剂,然后立即用 EDTA 标准溶液进行滴定,当溶液由酒红色转变为蓝紫色时即为终点。

五、数据处理

(1)EDTA 标准溶液浓度的计算:

$$c(EDTA)\ (mol/L) = \frac{m_1 \times 25}{V_1 \times M \times 100} \times 1\ 000$$

式中,m_1 为称取 $CaCO_3$ 的质量,单位为 g;M 为 $CaCO_3$ 的摩尔质量,单位为 g/mol;V_1 为所消耗 EDTA 标准溶液的体积,单位为 mL。

(2)自来水总硬度的计算:

$$c(CaCO_3)\ (mg/L) = \frac{c \times V_2 \times M}{50} \times 1\ 000$$

式中,c 为 EDTA 标准溶液的浓度,单位为 mol/L;V_2 为所消耗 EDTA 标准溶液的体积,单位为 mL;M 为 $CaCO_3$ 的摩尔质量,单位为 g/mol。

六、思考题

(1)滴定为什么要在缓冲溶液中进行?

(2)在中和 Ca^{2+} 标准溶液中的盐酸时,能否用酚酞取代甲基红作为指示剂?

实验 51　二水合氯化钡中钡含量的测定

一、实验目的

(1)掌握 $BaCl_2 \cdot 2H_2O$ 中钡含量的测定原理。

(2)掌握晶体沉淀的过滤、洗涤、灼烧及恒重等操作。

二、实验原理

二水合氯化钡($BaCl_2 \cdot 2H_2O$)是白色晶体,味苦咸,易溶于水,微溶于盐酸和硝酸,难溶于乙醇和乙醚。$BaCl_2 \cdot 2H_2O$ 在 100 ℃时失去结晶水,形成 $BaCl_2$。$BaCl_2$ 易吸湿,在湿空气中又能重新吸收水形成二分子结晶水,因此需要密封保存。

$BaCl_2 \cdot 2H_2O$ 主要用于金属热处理、钡盐制造、冶金、电子仪表等工业,它还是实验室常用的分析试剂,主要用于形成硫酸盐沉淀、测定硫酸盐和硒酸盐含量、色谱分析。

Ba^{2+} 能形成 $BaSO_4$、$BaCO_3$、$BaCrO_4$、BaC_2O_4、$BaHPO_4$ 等化合物,其中,$BaSO_4$ 的溶解度最小,其 K_{sp} 为 1.1×10^{-10}。由于 $BaSO_4$ 的性质非常稳定且组成与化学式一致,因此通常用 $BaSO_4$ 质量法测定 $BaCl_2 \cdot 2H_2O$ 中的钡含量。

虽然 $BaSO_4$ 的溶解度较小,但还无法满足质量法对沉淀的要求,必须加入过量沉淀剂以降低其溶解度。刚开始形成 $BaSO_4$ 沉淀时,晶体比较细小,过滤时会穿过滤纸。硫酸在灼烧时能挥发,是理想的沉淀剂,一般可以过量 50% ~ 100%。为了获得颗粒大而纯净的晶体沉淀,在接近沸腾的酸性溶液中,在不断搅拌的同时逐滴加入热稀硫酸。反应介质一般为 0.05 mol/L 的盐酸,在酸性条件下沉淀 $BaSO_4$ 时还能防止其他沉淀的形成。将所得的 $BaSO_4$ 沉淀经过陈化、过滤、洗涤、灼烧、称量,即可求得 $BaCl_2 \cdot 2H_2O$ 中 Ba^{2+} 的含量。

三、主要仪器与试剂

(1)主要仪器:电子天平、电阻炉、瓷坩埚、定量滤纸、长颈漏斗、抽滤瓶。

(2)试剂:$BaCl_2 \cdot 2H_2O$、盐酸(2.0 mol/L)、硫酸(0.01 mol/L、1.0 mol/L)、硝酸(2.0 mol/L)、$AgNO_3$ 溶液(0.1 mol/L)。

四、实验步骤

1. 坩埚的恒重

将两只瓷坩埚清洗干净，在 800 ℃ 的电阻炉内灼烧，第一次灼烧 30 min，取出稍冷后，放入干燥器中冷却至室温，然后称重。再进行第二次灼烧，灼烧时间为 20 min，采用同样的方法冷却至室温后称重。如此反复进行多次操作，直到最后两次质量差不超过 0.3 mg 时，方可认为达到恒重。

2. 沉淀的制备

准确称取两份 0.4 g $BaCl_2 \cdot 2H_2O$ 试样，分别置于 250 mL 烧杯中，加入 2.0 mL 盐酸，盖好表面皿，加热至接近沸腾状态，但应避免沸腾，以防溶液飞溅引起损失。

与此同时，再移取两份 3.0 mL 硫酸(1.0 mol/mL)分别置于两只 100 mL 烧杯中，分别加去离子水稀释至 30 mL，加热至近沸状态，得到稀硫酸，然后分别用滴管将稀硫酸逐滴加入热的钡盐溶液中，用玻璃棒不断搅拌，玻璃棒不能接触烧杯底部和内壁以免划损烧杯，从而使沉淀附着在烧杯壁上难以清洗。沉淀完毕，待溶液澄清后，向上层清液中加入 2 滴稀硫酸，检查沉淀反应是否彻底。如清液中又出现浑浊，应再加入稀硫酸直至沉淀完全。盖好表面皿，将玻璃棒靠在烧杯尖嘴边，在水浴上加热、陈化 0.5 h，并不断搅拌。

3. 沉淀的过滤

待溶液冷却后，将上层清液倾倒在定量滤纸上，用硫酸(0.01 mol/mL)在烧杯内洗涤 3 次沉淀，每次 10 mL。将沉淀转移到滤纸上，并用小片滤纸擦干净烧杯内壁，将小片滤纸放在漏斗内的滤纸上；用去离子水洗涤沉淀直至没有氯离子为止，用 $AgNO_3$ 溶液检查滤液。

4. 沉淀的恒重

将盛有沉淀的滤纸折成小包，放入已恒重的坩埚中，在酒精灯上烘干碳化后，再在 800 ℃ 的高温电阻炉中灼烧 1 h。取出稍微冷却后，置于干燥器内冷却至室温，称量，第二次再灼烧 20 min，冷却后称量，直至恒重。

五、数据处理

$BaCl_2 \cdot 2H_2O$ 中 Ba^{2+} 质量百分含量的计算：

$$\omega(\%) = \frac{m_2 \times M_2}{m_1 \times M_1} \times 100\%$$

式中，m_1 为称取 $BaCl_2 \cdot 2H_2O$ 的质量，单位为 g；m_2 为获得 $BaSO_4$ 沉淀的质量，单位为 g；M_1 为 $BaSO_4$ 的摩尔质量，单位为 g/mol；M_2 为 Ba 的摩尔质量，单位为 g/mol。

六、思考题

(1) 为什么要在热溶液中沉淀 $BaSO_4$？

(2) 为什么要在稀溶液中沉淀 $BaSO_4$，不断搅拌的目的是什么？

实验 52　混合溶液中 Bi^{3+}、Pb^{2+} 的连续滴定

一、实验目的

(1) 掌握采用调节溶液酸度提高 EDTA 选择性的原理。

(2) 掌握采用 EDTA 进行连续滴定的方法。

二、实验原理

混合离子的滴定通常采用控制酸度法、掩蔽法进行，可以通过分析副反应的系数探讨对它们进行分别滴定的可行性。Bi^{3+}、Pb^{2+} 都能与 EDTA 形成稳定的、组成为 1∶1 的络合物，它们的 $\lg K$ 分别为 27.94 和 18.04。由于两者的 $\lg K$ 值相差 9.90，明显符合混合离子进行连续滴定时 $\Delta \lg K$ 应大于 6 的最低要求，能利用酸效应，通过控制酸度对二者分别进行滴定。由于 Bi^{3+} 的最低允许 pH 为 0.7，当 pH 为 2 时 Bi^{3+} 开始水解、Pb^{2+} 开始络合，因此适宜滴定 Bi^{3+} 的 pH 范围为 0.7~1.5，本实验选择在 pH≈1 时滴定 Bi^{3+}。Pb^{2+} 的最低允许 pH 为 4，选择在 pH 为 5~6 时滴定 Pb^{2+}。

在二者的混合溶液中，首先用硝酸调节溶液的 pH 至 1，注意在滴定前期及初期时，尽量少用蒸馏水冲洗锥形瓶，以免 Bi^{3+} 发生水解。Bi^{3+} 能与二甲酚橙指示剂形成紫红色络合物，而在此条件下 Pb^{2+} 与二甲酚橙不会形成有色络合物，用 EDTA 标准溶液滴定 Bi^{3+}，当溶液由紫红色变为黄色时，即达到 Bi^{3+} 的滴定终点，此时 Bi^{3+} 完全被 EDTA 络合。

在滴定 Bi^{3+} 后的溶液中，加入六亚甲基四胺溶液，调节溶液 pH 为 5~6，此时 Pb^{2+} 将与二甲酚橙形成紫红色络合物，溶液将再次呈现为紫红色。利用 EDTA 标准溶液进行滴定，当终点不明显时，为避免出现白色沉淀，应适当加热至 50~60 ℃，此时滴定终点容易分辨，然后再小心滴定，当溶液由紫红色变为黄色时，即为 Pb^{2+} 的滴定终点。

三、主要仪器与试剂

(1) 主要仪器：电炉、移液管、锥形瓶、滴定管、温度计、pH 试纸。

(2) 试剂：EDTA 标准溶液 (0.1 mol/L)、二甲酚橙指示剂 (2 g/L)、六亚甲基四胺溶液 (200 g/L)、硝酸 (0.1 mol/L)。

四、实验步骤

1. 混合溶液中 Bi^{3+} 的测定

用移液管准确移取 25.00 mL Bi^{3+}、Pb^{2+} 的混合溶液于 250 mL 锥形瓶中，加入 10 mL 硝酸，调节溶液的 pH 约为 1。加入 1 滴二甲酚橙指示剂，用 EDTA 标准溶液进行滴定，当溶液刚好由紫红色变为黄色时，即为 Bi^{3+} 的滴定终点。

2. 混合溶液中 Pb^{2+} 的测定

在滴定 Bi^{3+} 后的溶液中，滴加六亚甲基四胺溶液，当溶液呈现稳定的紫红色后，再加入 5 mL 六亚甲基四胺溶液，此时溶液的 pH 约为 5~6。用 EDTA 标准溶液进行滴定，快要接近终点时加热至 60 ℃，再进行滴定，当溶液刚好由紫红色变为黄色时，即为 Pb^{2+} 的滴定终点。

五、数据处理

混合溶液中 Bi^{3+}、Pb^{2+} 浓度的计算：

$$c(Bi^{3+})(mol/L) = \frac{c \times V_1}{25}$$

$$c(Pb^{2+})(mol/L) = \frac{c \times V_2}{25}$$

式中，c 为 EDTA 标准溶液的浓度，单位为 mol/L；V_1 为滴定 Bi^{3+} 所消耗 EDTA 标准溶液的体积，单位为 mL；V_2 为滴定 Pb^{2+} 所消耗 EDTA 标准溶液的体积，单位为 mL。

六、思考题

（1）能否先在 pH 为 5~6 的溶液中测定 Pb^{2+} 和 Bi^{3+} 总量，然后再将 pH 调整为 1 测定 Bi^{3+} 含量？

（2）观察连续滴定 Bi^{3+}、Pb^{2+} 过程中锥形瓶内颜色的变化情况，并分析其产生的原因。

实验 53 硼镁石中硼含量的测定

一、实验目的

（1）掌握离子交换法测定硼镁石中硼含量的原理和方法。

（2）掌握熔融法分解矿样的基本操作。

二、实验原理

硼镁石是一种硼酸盐矿物，其化学式为 $Mg_2[B_2O_4(OH)]OH$。硼镁石一般与磁铁矿、硼镁铁矿、氟硼镁石等矿物伴生，在外生矿床中亦有出现，系沉积硼矿物脱水而成。硼镁石含有硼酸镁、硅酸盐以及铁、铝的氧化物，其中 MgO 含量为 45% ~ 48%，其中的 Mg 常为 Mn 置换，当 MnO 含量大于 MgO 时被称为白硼锰石。硼镁石容易冶炼，是提取工业用硼的主要矿物，主要用于生产硼酸、硼砂($Na_2B_4O_7 \cdot 10H_2O$)、硼及其他硼化合物。硼镁石矿的化工产品是良好的还原剂、氧化剂、溴化剂以及有机合成的催化剂、塑料的发泡剂、合成烷的原料。

硼是一种用途广泛的化工原料，在轻工业中常用于制造肥皂和洗涤剂，在建材工业中用于制造玻璃，在冶金工业中用于制造硼钢、冶金助熔剂、金属焊接剂，在航天工业中制造高能喷气燃料、火箭喷嘴，在农业上用于浸种、配制硼素农药和肥料，硼同位素在核工业中用作原子反应堆材料。

通常采用碱熔法分解硼镁石矿样，将矿样与 NaOH 固体经高温熔融后，就能用水将熔块浸出，加入盐酸溶解后，硼以硼酸的形式存在，铁、铝等则以阳离子形式存在。采用酸碱滴定法测定来自硼镁石矿样中的硼酸含量时，由于 Fe^{3+}、Al^{3+} 易水解，会干扰滴定，因此常利用阳离子交换树脂进行交换，将铁、铝、镁等阳离子交换到离子交换柱上，而硼酸则能通过交换柱，从而实现分离。

硼酸分子中含有三个氢原子，但是国内外的研究表明硼酸没有二级、三级电离，因此硼酸是一种一元极弱酸，不能进行直接滴定。通常加入甘油、甘露醇等多元醇增强其酸性，使其形成一种酸性较强的配合酸，形成的配合酸的 K_a 为 8.4×10^{-6}，明显高于硼酸的 5.8×10^{-10}，滴定时应采用新煮沸过的冷水，以消除二氧化碳的影响，用 NaOH 标准溶液进行直接滴定，滴定过程中选择酚酞作为指示剂。

三、主要仪器与试剂

(1)主要仪器：电阻炉、干燥箱、离子交换柱、玛瑙研钵、银坩埚、滴定管、玻璃漏斗、容量瓶。

(2)试剂：NaOH、NaOH 溶液(质量分数为 20%)、NaOH 标准溶液(0.05 mol/L)、甘露醇、盐酸(浓盐酸与水的体积比为 1:1、1:5、1:9)、甲基红指示剂(质量分数为 0.1%)、酚酞指示剂(质量分数为 0.2%)、苯乙烯强酸性阳离子树脂、玻璃纤维、玻璃珠。

四、实验步骤

(1)取过量苯乙烯强酸性阳离子树脂置于烧杯中，加入盐酸(浓盐酸与水的体积比为 1∶5），搅拌均匀后浸泡 1 d。倒出上层的盐酸，再更换为新鲜盐酸（浓盐酸与水的体积比为 1∶5），然后再浸泡 1 d，偶尔进行搅拌，再倒出上层盐酸，用去离子水浸泡树脂数次，最后用去离子水浸没树脂。

（2）取 1 支离子交换柱，用夹子夹住其下端的橡皮管，在底部放入几粒玻璃珠，再把少量玻璃纤维轻轻推至交换柱的底部，用去离子水充满整个交换柱，然后打开夹子除去管中的气泡，再重新用去离子水装至半满状态。将离子交换树脂置于烧杯中，加入少量去离子水并用玻璃棒进行搅拌。通过玻璃漏斗将交换树脂缓慢加入交换柱中，避免空气进入树脂层形成气泡，使树脂一直浸于水中。当水过多时，可打开夹子放出适量水，如此反复多次。水和树脂在柱中的高度约为 250 mm，树脂层应装填均匀、无气泡。在树脂层上面覆盖少量玻璃纤维，分批加入去离子水淋洗交换柱直到流出液为中性。

（3）取一定量的硼镁石矿样，用玛瑙研钵进行研磨使其通过 120 目的标准筛，在 105 ℃ 干燥箱中进行干燥。向银坩埚底部装入 1.5 g NaOH，准确称取 0.2 g 硼镁石矿样加入坩埚内，在矿样上覆盖一层质量为 1.5 g 的 NaOH。将坩埚置于电阻炉内，从室温开始逐渐升温至 700 ℃，当熔融为透明状态后继续加热 20 min，慢慢转动坩埚使熔融物在坩埚内壁冷凝为薄层，取出后冷却至室温。分多次用 20 mL 盐酸（浓盐酸与水的体积比为 1∶1）溶解熔块，用去离子水清洗坩埚，将溶液全部转移至 100 mL 容量瓶，用去离子水稀释至刻度线，摇匀。

（4）准确移取 25.00 mL 上述溶液置于 100 mL 烧杯内，加入 NaOH 溶液至刚好形成铁、铝等氢氧化物沉淀，再加入盐酸（浓盐酸与水的体积比为 1∶5）至沉淀刚好溶解，此时溶液的 pH 为 2~3。将溶液以 10 mL/min 的速度通过交换柱，用烧杯收集流出液，并用 100 mL 去离子水洗涤交换柱，将洗涤液合并于一个烧杯内。向其中加入 2 滴甲基红指示剂，用 NaOH 溶液（质量分数为 20%）滴定至溶液刚好为黄色，再逐滴加入盐酸（浓盐酸与水的体积比为 1∶9）至刚显示红色，然后用 NaOH 标准溶液滴定至红色刚褪去、呈稳定的橙黄色，无须读取溶液体积，此时溶液 pH 约为 6。

（5）加入 1 g 甘露醇并充分搅拌，加入 5 滴酚酞指示剂，记下 NaOH 标准溶液的初始体积，然后开始进行滴定。当溶液显粉红色时再加入 0.5 g 甘露醇，如红色褪去则继续进行滴定，直至加入甘露醇后 0.5 min 内红色不褪去即为终点。

五、数据处理

硼镁石中 B_2O_3 含量的计算：

$$w(\%) = \frac{c \times V \times M \times 100}{1\ 000 \times m \times 25} \times 100\%$$

式中，c 为 NaOH 标准溶液的浓度，单位为 mol/L；V 为所消耗 NaOH 标准溶液的体积，单位为 mL；M 为 B_2O_3 的摩尔质量，单位为 g/mol；m 为矿样的质量，单位为 g。

六、思考题

(1)钠型树脂为什么必须交换成氢型后才能使用?

(2)如果交换失败,交换柱中的树脂应如何进行处理再生?

实验 54 磷矿石中磷含量的测定(称量法)

一、实验目的

(1)掌握磷矿石中磷含量的测定原理和方法。

(2)掌握称量法的操作技术。

二、实验原理

磷是重要的化工原料,工业用磷大部分是从磷矿中提取的。磷是生物细胞质的重要组成元素,也是植物生长必不可少的一种元素,世界上84%~90%的磷矿用于生产磷肥。

磷矿是指能被利用的磷酸盐矿物的总称,它是一种重要的矿物原料。我国磷矿资源比较丰富,已探明的储量仅次于摩洛哥和美国,占全国总储量 3/4 的云南、贵州、四川、湖北和湖南 5 省是我国主要的磷矿资源产区。磷矿可以用来制造磷肥,也可以用来制造白磷、磷酸、磷化物及其他磷酸盐。磷矿石多产于沉积岩,也有产于变质岩和火成岩,大多数是以正磷酸盐的形态存在,磷的主要矿物为磷灰石。天然磷矿中存在很多伴生矿物,如硅矿物、碳酸盐矿物,前者主要是石英、方石英、黏土矿、其他硅酸盐矿物,后者主要是石灰石和白云石。

磷矿是否有开采价值取决于杂质矿物能否被经济地分离掉,磷矿物与伴生矿物间的嵌布情况和矿物的颗粒大小是决定其能否有效分离的主要因素,如果它们相互胶结、嵌布致密、矿物颗粒细小、杂质难以分离,那么其利用价值就较小。磷矿中伴生的稀土是一种潜在的稀土资源。

磷矿石被酸分解后能转变为磷酸、可溶性酸式磷酸盐,它们在酸性条件下能与 Na_2MoO_4、喹啉反应形成黄色沉淀,其反应的化学方程式如下。将沉淀在 155~370 ℃烘干后便可以除去结晶水,得到无水磷钼酸喹啉。

$$H_3PO_4+12Na_2MoO_4+3C_9H_7N+24HNO_3 = H_3PO_4 \cdot 12MoO_3 \cdot 3C_9H_7N \cdot 12H_2O \downarrow +24NaNO_3$$

磷矿石中的 SiO_3^{2-} 能在沉淀过程中形成硅钼酸喹啉沉淀,使测定结果偏高,可以加入柠檬酸使其与钼酸盐形成配合物,从而控制 MoO_4^{2-} 浓度,使其不能形成硅钼酸喹啉沉淀。加入的柠檬酸还能抑制 Na_2MoO_4 水解析出 MoO_3 沉淀,柠檬酸用量过多时磷钼酸喹啉沉淀得不彻底。

如果溶液中存在大量 NH_4^+，将产生磷钼酸铵沉淀，会干扰测定，加入丙酮能消除干扰，这是由于丙酮将与 NH_4^+ 发生反应，使其无法形成磷钼酸铵沉淀，丙酮还能使沉淀颗粒变得更加均匀，从而有利于后续的过滤与洗涤操作。

三、主要仪器与试剂

(1)主要仪器：电子天平、电炉、干燥器、烧杯、漏斗、搅拌棒、容量瓶、移液管、洗瓶、表面皿、瓷坩埚、玻璃坩埚、坩埚钳、干燥箱。

(2)试剂：浓硝酸、硝酸(浓硝酸与水的体积比为 $1:1$)、浓盐酸、盐酸(浓盐酸与水的体积比分别为 $1:1$、$1:49$)、喹啉、丙酮、柠檬酸、Na_2MoO_4。

四、实验步骤

1. 溶液的配制

溶液 A：将 70 g Na_2MoO_4 溶解于 150 mL 去离子水中。

溶液 B：将 60 g 柠檬酸溶解于 85 mL 硝酸(浓硝酸与水的体积比为 $1:1$)和 150 mL 去离子水的混合溶液中。

溶液 C：在不断搅拌的同时，将溶液 A 缓慢加入到冷却后的溶液 B 中。

溶液 D：将 5 mL 喹啉溶解到 35 mL 硝酸(浓硝酸与水的体积比为 $1:1$)和 100 mL 去离子水的混合溶液中。

将溶液 D 缓慢加至溶液 C 中，放置 24 h 后过滤，将滤液加入到 280 mL 丙酮中，用水稀释至 1 000 mL，混合均匀后储存于聚乙烯瓶中，即得喹钼柠酮试剂。

2. 矿样的分解

溶解矿样时如发现黑色残渣，表明其中存在有机物质。当矿样中有机物质含量较多时，先将矿样置于瓷坩埚中，逐渐升温至 600 ℃ 并灼烧 1 h，除去有机物质后再用酸处理。

称取 1 g 磷矿石矿样(准确至 0.000 1 g)置于 250 mL 烧杯中，加入 15 mL 浓盐酸和 5 mL 浓硝酸，混合均匀后，盖上表面皿。在电炉上缓慢加热煮沸，在适当搅拌下，用粗玻璃棒研磨小块矿样，继续蒸发至近干状态，在 110 ℃ 下保温 45 min。然后，分别加入 25 mL 的盐酸(浓盐酸与水的体积比为 $1:1$)、热去离子水，再加热至沸腾，进行过滤，用 250 mL 容量瓶盛接滤液；分别用热盐酸(浓盐酸与水的体积比为 $1:49$)和热去离子水洗涤 3 次残渣，清洗液均合并在容量瓶中，冷却后用去离子水稀释至刻度线，摇匀。

3. 沉淀的形成

移取 25 mL 矿样溶液置于 250 mL 烧杯中，加入 10 mL 硝酸(浓硝酸与水的体积比为 $1:1$)，再加去离子水稀释至 100 mL；然后加入 50 mL 喹钼柠酮溶液，盖上表面皿，在垫有石棉网的电炉上加热煮沸 1 min，取出后冷却至室温，在冷却过程中应转动烧杯。用倾析法过滤，并洗涤沉淀 3 次，将沉淀全部转移至已恒重的玻璃坩埚中，再用少量去离子水洗涤。

此法适用于测定 P_2O_5 含量在 $20\sim35$ mg 的范围，若磷含量较高时，应减少吸取矿样溶液的体积。

4. 沉淀的干燥

将坩埚与沉淀一起在 180 ℃ 干燥箱中干燥 45 min，取出稍冷后再放入干燥器中，冷却至室温，然后称量，反复多次操作，直至玻璃坩埚与沉淀的质量达到恒重时为止。

5. 按照同样方法进行空白实验

五、数据处理

磷矿石中 P_2O_5 含量的计算：

$$w(\%) = \frac{(m_1 - m_0) \times 0.032\,07 \times 250}{m_s \times V} \times 100\%$$

式中，m_1 为磷钼酸喹啉沉淀的质量，单位为 g；m_0 为空白实验所得沉淀的质量，单位为 g；m_s 为磷矿石矿样的质量，单位为 g；V 为吸取试液体积，单位为 mL；0.032 07 为磷钼酸喹啉换算为 P_2O_5 的换算因数。

六、思考题

(1) 喹钼柠酮试剂起什么作用？

(2) 先用过量 NaOH 标准溶液溶解沉淀，再用标准酸溶液回滴过量的碱时，P_2O_5 的含量如何计算？

实验 55　水中微量氟的测定（氟离子选择性电极法）

一、实验目的

(1) 了解氟离子选择性电极的结构、工作原理。

(2) 掌握直接电位法测定氟离子浓度的方法。

二、实验原理

氟化物指含负化合价氟的有机或无机化合物，氟能形成 F^-，F^- 能与 He、Ne、Ar 以外的所有元素形成二元化合物。氟广泛存在于自然界的水体中，人体组织中含有的氟主要积聚在牙齿和骨骼中，适量的氟是人体必需的，而过量的氟则对人体有危害。人体中氟摄入总量的 50%~70% 来自饮用水，我国规定饮用水中氟的浓度应低于 $1.0\ \text{mg/L}$，低于 $0.5\ \text{mg/L}$ 时容易导致龋齿，而高于 $1.5\ \text{mg/L}$ 时将引起急性或者慢性中毒，破坏钙磷的正常代谢。

氟化物在现代科技中具有重要的应用，氢氟酸是重要的氟化物，不仅用于氟代烃和铝氟化物的生产，还能用来溶解玻璃；含氟试剂在有机合成中占有很重要的地位，常用氟化物来脱去硅醚保护基；在生物化学中，氟化物常被用为酶抑制剂；无机材料六氟化硫是惰性、无毒的绝缘气体，六氟化铀是分离核裂变的原料；含氟聚合物，如聚四氟乙烯，是化学惰性且对生物无害的材料，能应用于外科植入物材料中；含氟化合物还能预防龋齿、用于饮水加氟及生产其他口腔卫生产品。

环境中氟化物污染主要来自于矿石开采、金属冶炼以及铝、陶瓷、玻璃、搪瓷、钢铁、磷肥等工业生产。氟含量是环境监测的一个重要指标，监测饮用水中的氟离子含量至关重要。液体中氟化物的测定方法有氟试剂比色法、茜素磺酸锆目视比色法、离子选择性电极法、离子色谱法，而测定气体中氟化物的方法主要有吸光光度法、滤膜采样-氟离子选择性电极法。

氟离子选择性电极法是测定饮用水中氟含量的标准方法。氟离子选择性电极是一种能将溶液中特定离子的活度转换成相应电信号的电化学传感器，它的敏感膜是由掺杂了 EuF_2（质量分数为 $0.1\%\sim0.5\%$）和 CaF_2（质量分数为 $1\%\sim5\%$）的 LaF_3 单晶片制成的。离子半径较小、带电荷较少的氟离子的存在使膜具有导电性。膜中的 Eu^{2+}、Ca^{2+} 代替 La^{3+} 后能形成较多的氟离子点阵空位，从而降低晶体膜电阻。

将氟离子选择性电极插入待测溶液中时，待测离子吸附在膜的表面，与膜上相同离子进行交换，通过扩散进入膜相。膜相晶体缺陷产生的离子能扩散进入溶液相，从而在膜与溶液界面间形成双电层结构，产生相界电位。因而，氟离子活度的变化符合如下的能斯特方程：

$$E_{氟电极} = K - \frac{2.303RT}{F}\lg a_{F^-}$$

当氟离子选择性电极与饱和甘汞电极（SCE，参比电极）插入溶液中时形成如下的电池：

$$(-)\text{Ag} \mid \text{AgCl}_{(固)} \mid \text{LaF}_{3(膜)} \mid \text{F}^- \parallel \text{KCl}_{(饱和溶液)}, \text{Hg}_2\text{Cl}_{2(固)} \mid \text{Hg}(+)$$

电池电动势 E 为

$$E = E_{SCE} - E_{氟电极} = E_{SCE} - \left(K - \frac{2.303RT}{F}\lg a_{F^-}\right)$$

式中，E_{SCE} 和 K 均为常数，二者合并为常数 K'，上式可转变为

$$E = K' + \frac{2.303RT}{F}\lg a_{F^-}$$

在 25 ℃ 的室温时，将常数 R、F 的数值代入上式，可得

$$E = K' + 0.059 \lg a_{F^-}$$

因此，电池电动势与溶液中 F^- 活度的对数成线性关系，这是离子选择性电极测定 F^- 的理论依据。本方法的最低检出浓度为 0.05 mg/L，上限为 1 900 mg/L。测定时最适宜的 pH 范围为 5.5~6.5，pH 过低时将形成 HF，影响 F^- 活度；而当 pH 过高时，由于单晶膜中 La^{3+} 水解形成 $La(OH)_3$，将影响电极的响应时间。溶液中的 Al^{3+}、Fe^{3+} 等离子严重干扰测定，其他常见离子没有影响，通常采取加入大量柠檬酸钠的方法来消除离子和酸度的影响。

用离子选择性电极测量的是溶液中离子的活度，在溶液中加入大量 $NaNO_3$ 能控制溶液的总离子强度，使标准溶液和待测试液拥有相同的离子强度，通过标准曲线可以获得溶液中 F^- 的浓度。实验中使用的 pH 为 6 的柠檬酸钠–硝酸钠混合溶液是总离子强度缓冲溶液。

三、主要仪器与试剂

（1）主要仪器：pH 计、LaF_3 单晶膜电极、饱和甘汞电极、磁力搅拌器、塑料烧杯、吸量管、量筒、容量瓶。

（2）试剂：NaF、$NaNO_3$、氟标准溶液、总离子强度缓冲溶液、二水合柠檬酸钠、盐酸（浓盐酸与水的体积比为 1 : 1）。

四、实验步骤

1. 氟标准溶液（100 μg/mL）的配制

将 NaF 于 500 ℃ 干燥 50 min，在空气中稍微冷却后，置于干燥器内冷却至室温。准确称取 0.110 6 g NaF 于烧杯中，用蒸馏水溶解后，全部转移至 500 mL 容量瓶中，用蒸馏水稀释至刻度线，摇匀，贮存于塑料瓶中。

2. 总离子强度缓冲溶液［柠檬酸钠（0.2 mol/L）–硝酸钠（1 mol/L）混合溶液］的配制

称取 14.712 5 g 二水合柠檬酸钠和 21.248 7 g $NaNO_3$ 于烧杯中，加蒸馏水溶解，用盐酸调节溶液 pH 为 6，全部转入 250 mL 容量瓶内，以蒸馏水稀释至刻度线，摇匀。

3. 电极的清洗

将少量蒸馏水倒入塑料烧杯中，加入搅拌磁子，然后将氟离子选择性电极和饱和甘汞电极连接在 pH 计上，选择开关为"mV"挡。打开磁力搅拌器，在搅拌情况下清洗电极，直至溶液电池电动势低于−200 mV。测量时，将饱和甘汞电极、氟电极分别连接"+""−"端时，读数应大于 200 mV。

4. 标准曲线的绘制

用吸量管分别移取 0.10 mL、0.25 mL、0.50 mL、1.00 mL、2.50 mL、5.00 mL 氟标准溶液于不同的 50 mL 容量瓶中，加入 10.00 mL 总离子强度缓冲溶液，用蒸馏水稀释至刻度线，摇匀。氟的浓度分别为 0.20 mg/L、0.50 mg/L、1.00 mg/L、2.00 mg/L、5.00 mg/L、10.0 mg/L。然后，将它们转入 50 mL 塑料烧杯中，放入搅拌磁子，连接好电极，将溶液搅拌 1 min，停止搅拌后读取稳定的电位值。按照浓度从低到高的顺序进行测量，每次测量前用蒸馏水冲洗电极并用滤纸吸干，记录电位数据。绘制 E-lg a_F-标准曲线。

5. 水样的测定

移取 25 mL 蒸馏水样置于 50 mL 容量瓶中，加入 10.00 mL 总离子强度缓冲溶液，用蒸馏水稀释至刻度线，摇匀。将上述溶液全部转入 50 mL 塑料烧杯中，放入搅拌磁子，连接好电极，搅拌溶液 1 min，停止搅拌后，测出稳定的电位值，在标准曲线上查得氟离子的浓度，计算其含量。

五、数据处理

水样中氟化物含量的计算：

$$c(\text{mg/L}) = \frac{m}{V}$$

式中，c 为氟离子的含量，单位为 mg/L；m 为测定的氟含量，单位为 μg；V 为吸取的水样体积，单位为 mL。

六、思考题

(1)用离子选择性电极法测定溶液中的氟离子浓度时，为什么要控制溶液的离子强度？

(2)总离子强度缓冲溶液起什么作用？测定时为什么要使用塑料烧杯？

实验 56　氯化物中氯含量的测定(莫尔法)

一、实验目的

(1)学习配制和标定 $AgNO_3$ 标准溶液的方法。

(2)掌握莫尔法的操作技术。

二、实验原理

莫尔法是以 K_2CrO_4 为指示剂，在中性或弱碱性溶液中，用 $AgNO_3$ 标准溶液滴定 Cl^- 或 Br^- 的方法。在滴定过程中，首先析出 AgCl 沉淀，当 AgCl 完全沉淀后，过量的 $AgNO_3$ 标准溶液会与 K_2CrO_4 指示剂生成砖红色的 Ag_2CrO_4 沉淀，即到达指示终点。所发生反应的化学方程式如下：

$$Ag^+ + Cl^- = AgCl\downarrow（白色）$$

$$2Ag^+ + CrO_4^{2-} = Ag_2CrO_4\downarrow（砖红色）$$

分步沉淀原理表明，如果溶液中的几种浓度相同的离子都能和沉淀剂生成沉淀时，那么沉淀的先后顺序与溶度积有关，溶度积较小的离子先沉淀。因为 $K_{sp,AgCl} = 1.8 \times 10^{-10}$，$K_{sp,Ag_2CrO_4} = 1.12 \times 10^{-12}$，可知 $K_{sp,AgCl} > K_{sp,Ag_2CrO_4}$，按照分步沉淀原理应先形成 Ag_2CrO_4，而这与实际情况不符。$AgCl$、Ag_2CrO_4 分别是 AB、A_2B 型难溶物，不能单纯比较溶度积常数，而应比较沉淀所需的 Ag^+ 浓度，需要 Ag^+ 浓度低的沉淀先析出，二者的表达式如下：

$$[Ag^+] = K_{sp,AgCl}/[Cl^-]，\quad [Ag^+] = \sqrt{K_{sp,Ag_2CrO_4}/[CrO_4^{2-}]}$$

反应是在稀溶液中进行，显然析出 Ag_2CrO_4 沉淀比析出 $AgCl$ 沉淀所需的 $[Ag^+]$ 大很多，因此先析出 $AgCl$ 沉淀。

实际滴定时，由于 K_2CrO_4 本身为黄色，如加入后的浓度为 5.9×10^{-2} mol/L，黄色太深将影响观察终点，实验中理想的 K_2CrO_4 浓度为 $2.6 \sim 5.6 \times 10^{-3}$ mol/L。因此，在 $50 \sim 100$ mL 溶液中应加入 1 mL K_2CrO_4 溶液（5%）。

采用莫尔法滴定时应在中性或弱碱性介质中进行，若介质为酸性，则 CrO_4^{2-} 将与 H^+ 作用生成 $Cr_2O_7^{2-}$，溶液中 CrO_4^{2-} 的浓度将减小，Ag_2CrO_4 沉淀出现较迟，甚至不会出现；碱性较强时将出现 Ag_2O 沉淀。因此，使用莫尔法测定时适宜的 pH 范围是 $6.5 \sim 10.5$，若溶液的碱性较强，可先用稀硝酸中和至甲基红变橙色，再滴加稀 NaOH 溶液至橙色变为黄色，而当酸性较强时则用 $NaHCO_3$、Na_2CO_3、$Na_2B_4O_7 \cdot 10H_2O$ 等中和。不能在含有氨或其他能与 Ag^+ 生成络合物的物质存在时滴定，否则将增大 $AgCl$ 和 Ag_2CrO_4 的溶解度，影响测定结果，若溶液中有氨存在时，应先用硝酸中和。当溶液中存在 NH_4^+ 时，滴定的 pH 范围应控制在 $6.5 \sim 7.2$。

莫尔法不能测定 SCN^-、I^-，这是由于它们形成的 AgX 沉淀对自身有强烈的吸附作用，即使振摇也无法释放出来；也不能用 NaCl 标准溶液直接滴定 Ag^+，因为在 Ag^+ 溶液里滴加 K_2CrO_4 指示剂会立刻产生 Ag_2CrO_4 沉淀，且生成 $AgCl$ 沉淀的速度很慢，从而推迟了终点的出现。莫尔法的选择性稍差，凡能与 CrO_4^{2-} 或 Ag^+ 生成沉淀的阳离子（Pb^{2+}、Ba^{2+}）或阴离子（PO_4^{3-}、AsO_4^{3-}、SO_3^{2-}、S^{2-}、CO_3^{2-}、$C_2O_4^{2-}$）均会干扰滴定，而在弱碱性条件下容易水解的阳离子（Al^{3+}、Fe^{3+}、Bi^{3+} 等）或者有色的阳离子（Co^{2+}、Cu^{2+}、Ni^{2+} 等）也都会干扰测定，应预先进行分离。

三、主要仪器与试剂

(1) 主要仪器：电子天平、电阻炉、干燥器、容量瓶、锥形瓶、移液管、吸量管、滴定管、棕色试剂瓶。

(2)试剂：NaCl(基准试剂)、$AgNO_3$、K_2CrO_4 溶液(质量分数为5%)。

四、实验步骤

1. $AgNO_3$ 标准溶液(0.1 mol/L)的配制与标定

将 NaCl 在 500 ℃ 电阻炉内灼烧 30 min，取出后先在空气中冷却 5 min，再在干燥器中冷却至室温。准确称取 0.584 4 g NaCl 基准试剂于小烧杯中，用蒸馏水溶解后，全部转移至 100 mL 容量瓶中，用蒸馏水稀释至刻度线，摇匀。

称取 4.246 8 g $AgNO_3$，将其溶解于 250 mL 不含 Cl^- 的蒸馏水中，获得浓度为 0.1 mol/L 的 $AgNO_3$ 溶液，再将溶液转入棕色试剂瓶中，以免被光照发生分解。

用移液管准确移取 25.00 mL NaCl 溶液于锥形瓶中，加入 25 mL 蒸馏水，再用吸量管加入 1.00 mL K_2CrO_4 溶液，在不断搅拌的同时用 $AgNO_3$ 标准溶液滴定至砖红色，达到滴定终点。

2. 试样分析

准确称取 2 g NaCl 试样于烧杯中，加蒸馏水溶解后，全部转入 250 mL 的容量瓶中，用蒸馏水稀释至刻度线，摇匀。用移液管移取 25.00 mL NaCl 溶液于锥形瓶中，加入 25 mL 蒸馏水，再用吸量管加入 1.00 mL K_2CrO_4 溶液，在不断搅拌的同时用 $AgNO_3$ 标准溶液滴定至砖红色，即为终点。

测定生理盐水等液体试样中 NaCl 的含量时，先粗略测定其大致浓度，确定取样量后，再进行准确滴定。实验结束后，将盛装 $AgNO_3$ 溶液的滴定管用蒸馏水冲洗 3 次后，再用自来水洗净，以免 $AgNO_3$ 残留于管内。

五、数据处理

(1)$AgNO_3$ 标准溶液浓度的计算：

$$c(mol/L) = \frac{m_1 \times 25 \times 1\,000}{M_1 \times V_1 \times 100}$$

式中，m_1 为称取 NaCl 基准试剂的质量，单位为 g；M_1 为 NaCl 的摩尔质量，单位为 g/mol；V_1 为所消耗 $AgNO_3$ 标准溶液的体积，单位为 mL。

(2)氯化钠中氯含量的计算：

$$w(\%) = \frac{c \times V_2 \times M_2 \times 250}{m_2 \times 25 \times 1\,000} \times 100\%$$

式中，c 为所配制 $AgNO_3$ 标准溶液的浓度，单位为 mol/L；V_2 为所消耗 $AgNO_3$ 标准溶液的体积，单位为 mL；M_2 为 Cl 的摩尔质量，单位为 g/mol；m_2 为称取 NaCl 试样的质量，单位为 g。

六、思考题

(1)采用莫尔法测定氯含量时，为什么将溶液的 pH 控制在 6.5~10.5 范围内？

(2)以 K_2CrO_4 作指示剂时，其浓度高低对测定结果有什么影响？

实验 57　天然水中亚硝酸盐含量的测定(分光光度法)

一、实验目的

(1)熟悉分光光度计的基本原理和操作方法。

(2)掌握标准曲线的绘制方法。

二、实验原理

亚硝酸盐主要是指 $NaNO_2$，是白色或淡黄色粉末，易溶于水。硝酸盐和亚硝酸盐广泛存在于人类环境中，是自然界中普遍存在的含氮化合物。人体内的微生物能将硝酸盐还原为亚硝酸盐，亚硝酸盐在酸性条件下是强氧化剂，进入人体后能使血液中的低铁血红蛋白转变成为高铁血红蛋白，从而失去运输氧的功能，致使组织缺氧，发生中毒。

亚硝酸盐可用作肉制品的护色剂，与肌红蛋白反应生成玫瑰色的亚硝基肌红蛋白，从而增进肉的色泽、风味，还具有防腐作用。研究发现，亚硝酸盐能扩张血管、增加血液流量，从而有可能用作治疗心脏病等疾病的药物。

亚硝酸盐本身并不致癌，但在烹调等条件下，肉内的亚硝酸盐可与氨基酸发生降解反应，生成具有强致癌性的亚硝胺。值得注意的是，高剂量的亚硝酸盐会产生很大毒性，误食会导致亚硝酸盐食物中毒。在日常生活中，不能吃腐烂的蔬菜，不要大量食用刚腌的菜，至少应腌制 15 天以上。

测定亚硝酸盐含量是食品和水检测中非常重要的项目，是环境监测、水污染防治、水产养殖等方面的必检项目。一般采用分光光度法进行测定，它的基本原理是朗伯-比尔定律，即

$$A = -\lg T = \lg \frac{I_0}{I} = K \cdot c \cdot l$$

当入射光波长 λ 及吸收池厚度 l 一定时，在一定的浓度范围内有色溶液的吸光度 A 与其浓度 c 成正比关系。用分光光度法测定物质的含量时一般采用标准曲线法，即配制一系列浓度由小到大的标准溶液，在相同条件下测量它们的吸光度。再以溶液的浓度 c 为横坐标、吸光度 A 为纵坐标，绘制标准曲线。待测试样的测试条件必须与标准溶液完全一致，根据测定的未知试样的吸光度，可以从标准曲线中查出待测物的含量。

本实验用对氨基苯磺酸和盐酸-α-萘胺-乙二胺测定水样中的亚硝酸盐，在特定 pH 范围时，亚硝酸盐与对氨基苯磺酸发生重氮化作用，然后再与盐酸-α-萘胺-乙二胺进行偶合生成紫红色的染料，在最大吸收波长 520 nm 处进行测量。水中的氯、硫代硫酸盐、铁离子都会干扰测定，当水样为碱性时，加入酚酞指示剂使溶液为红色，再滴加磷酸溶液至红色消失为止。而当水样有颜色或悬浮物时，可加入 Al(OH)₃ 悬浮液消除干扰。

三、主要仪器与试剂

(1)主要仪器：电子天平、分光光度计、比色管、移液管、吸量管、硬质玻璃蒸馏器、过滤装置、量筒、容量瓶、棕色瓶。

(2)试剂：NaOH、NaNO₂、NH₄Al(SO₄)₂、对氨基苯磺酸、盐酸-α-萘胺-乙二胺、浓盐酸、氨水、NaAc 溶液(2 mol/L)。

四、实验步骤

1. 溶液的配制

(1)在蒸馏水中加入适量 NaOH 使其呈碱性，再用硬质玻璃蒸馏器蒸馏，获得不含亚硝酸盐氮的去离子水。

(2)对氨基苯磺酸溶液(10 g/L)的配制。准确称取 1.0 g 对氨基苯磺酸于烧杯中，将其溶解于 70 mL 去离子水中，加入 2 mL 浓盐酸，全部转移至容量瓶中，清洗烧杯的去离子水也转入 100 mL 容量瓶内，用去离子水稀释至刻度线，摇匀，然后贮存于棕色瓶中。

(3)盐酸-α-萘胺-乙二胺溶液(1.0 g/L)的配制。准确称取 0.1 g 盐酸-α-萘胺-乙二胺于烧杯中，加去离子水充分润湿后，再加入 1 mL 浓盐酸，用去离子水稀释至 100 mL。

(4)NaNO₂ 标准溶液的配制。准确称取 0.024 7 g NaNO₂，将其溶解于去离子水中，全部转移至 100 mL 容量瓶中，用去离子水稀释至刻度线，摇匀。从容量瓶中移取 2 mL 溶液加入另一个 100 mL 容量瓶中，用去离子水稀释至刻度线，摇匀，即得 NaNO₂ 标准溶液，1 mL 该溶液含 1 μg 亚硝酸盐氮。

(5)Al(OH)₃ 悬浮液的配制。称取 12.5 g NH₄Al(SO₄)₂ 于烧杯中，加入 100 mL 去离子水，加热到 60 ℃后缓慢加入 5.5 mL 氨水，使 Al(OH)₃ 完全沉淀。搅拌均匀后静置，然后弃去上层清液，再用去离子水多次洗涤沉淀，直至倒出的清液中不含铝离子，再加入 30 mL 去离子水获得悬浮液。

2. 水样的处理

移取 100 mL 蒸馏水样于烧杯中，加入 2 mL Al(OH)₃ 悬浮液搅拌均匀后静置 30 min，然后过滤，再用酸、碱溶液将水样的 pH 调节为近中性。

3. 标准溶液的配制

分别向 7 支比色管中加入 0.0 mL、0.2 mL、0.5 mL、1.0 mL、2.0 mL、3.0 mL 和 4.0 mL NaNO$_2$ 标准溶液，再加入 15 mL 去离子水摇匀，然后加入 1 mL 对氨基苯磺酸溶液，摇匀后放置 5 min，再分别加入 1 mL NaAc 溶液、盐酸-α-萘胺-乙二胺溶液，加去离子水至刻度线，摇匀，放置 10 min 后，在分光光度计波长 520 nm 处测量其吸光度。

4. 水样的测定

移取 25 mL 待测水样，用快速滤纸进行过滤，再移取 20 mL 滤液加入比色管中，采取与标准溶液一样的步骤加入显色剂显色，然后与标准溶液一起测定。

五、数据处理

以标准溶液中亚硝酸盐的浓度为横坐标、吸光度为纵坐标绘制标准曲线，从中查得水样中亚硝酸盐的浓度(mg/mL)。

六、思考题

(1)实验中，哪些试剂必须准确加入？哪些则不必严格准确？为什么？

(2)水样浑浊时，对测定结果有无影响？要怎样才能消除该影响？

实验 58　过氧化氢含量的测定(高锰酸钾法)

一、实验目的

(1)掌握 KMnO$_4$ 标准溶液的配制与标定方法。

(2)掌握过氧化氢含量的测定原理和方法。

二、实验原理

过氧化氢的化学式为 H$_2$O$_2$，俗称双氧水，纯过氧化氢是淡蓝色的黏稠液体。它能以任意比例与水混溶，是一种强氧化剂，它会缓慢分解为水和氧气，具有消毒、杀菌作用。双氧水具有氧化作用，日常消毒用的是医用双氧水，一般用于物体表面消毒。用质量分数为 3%的 H$_2$O$_2$ 擦拭创伤面时，有灼烧感、表面被氧化成白色并冒气泡，用清水冲洗一下即可，几分钟后就能恢复原貌。在化学工业上，H$_2$O$_2$ 常用作生产过硼酸钠、过碳酸钠、过氧乙酸等的原料，它还能消除厨房下水道的异味。

常采用 KMnO$_4$ 法测定 H$_2$O$_2$ 的含量，在酸性介质中，KMnO$_4$ 还可以作为指示剂，滴定过程中将发生如下化学反应：

$$2MnO_4^- + 5H_2O_2 + 6H^+ = 2Mn^{2+} + 5O_2\uparrow + 8H_2O$$

终点时溶液显微红色，在半分钟内不褪色。

滴定过程中只能用硫酸来调节酸度，而不能用硝酸、盐酸，这是由于硝酸具有氧化性，盐酸中的 Cl^- 将会与 MnO_4^- 发生反应。滴定开始时反应较慢，但是只能在室温下进行，不能通过加热等方式来加速滴定反应，这是由于 H_2O_2 受热容易分解，使测定结果偏低。随着滴定反应的进行，由于 Mn^{2+} 对上述滴定反应具有催化作用，反应速率会逐渐加快。

$KMnO_4$ 标准溶液无法直接配制，常采用间接法配制。用于标定 $KMnO_4$ 标准溶液的基准物质主要有 $Na_2C_2O_4$、铁丝和 $H_2C_2O_4 \cdot 2H_2O$ 等，其中又以 $Na_2C_2O_4$ 最为常用，这是由于其容易获得纯净的物质，不易吸湿，性质比较稳定。在硫酸介质中，在温度为 $70 \sim 80$ ℃ 范围时，将发生如下反应：

$$2MnO_4^- + 5C_2O_4^{2-} + 16H^+ = 2Mn^{2+} + 10CO_2 \uparrow + 8H_2O$$

$KMnO_4$ 自身可以作为指示剂，终点时溶液变为微红色，且在半分钟之内不褪色。

三、主要仪器与试剂

(1)主要仪器：电子天平、台秤、电炉、干燥箱、棕色试剂瓶、酸式滴定管、锥形瓶、移液管、吸量管、玻璃砂芯漏斗。

(2)试剂：$KMnO_4$、硫酸(浓硫酸与水的质量比为 $1:5$)、$Na_2C_2O_4$(基准试剂)。

四、实验步骤

1. $KMnO_4$ 标准溶液(0.02 mol/L)的配制

用台秤称取 1.8 g $KMnO_4$ 固体，在 500 mL 煮沸的蒸馏水中进行溶解，并在 1 h 内保持微沸状态，冷却后采用倾析法转入容积为 500 mL 的棕色试剂瓶中，切勿将烧杯底部的棕色沉淀倒入。标定前，将溶液用玻璃砂芯漏斗进行过滤，舍去残余溶液及底部的沉淀。将试剂瓶清洗干净后，再将滤液倒回原瓶内，并摇匀。

2. $KMnO_4$ 标准溶液的标定

将 $Na_2C_2O_4$ 在干燥箱内干燥 2 h，然后准确称取 3 份质量为 0.20 g 的 $Na_2C_2O_4$，准确至 0.0001 g，分别将其置于 500 mL 烧杯中，加入 80 mL 蒸馏水、20 mL 硫酸使其溶解，并缓慢加热直至有蒸汽冒出，此时温度约为 80 ℃。然后，趁热用配制好的 $KMnO_4$ 标准溶液进行滴定，刚开始时，滴定速度应较慢，在滴入第一滴 $KMnO_4$ 溶液后，摇动溶液，待紫红色褪去后再滴入第二滴；滴定过程中溶液温度不能低于 75 ℃，应边加热边滴定。当溶液中产生 Mn^{2+} 后，反应速率加快，此时滴定速度也可适当加快，但绝对不能连续滴入 $KMnO_4$ 溶液。当接近滴定终点时，溶液的紫红色褪去变慢，此时必须进行缓慢滴定，并充分摇匀，避免超过终点。最后，当滴加半滴 $KMnO_4$ 溶液摇匀后显示微红色，在半分钟内仍不褪色，表明已达到滴定终点，记录所消耗 $KMnO_4$ 标准溶液的体积。

3. H_2O_2 含量的测定

用吸量管取 1.00 mL H_2O_2 试样置于 250 mL 容量瓶中，用蒸馏水稀释至刻度线，摇匀。然后用移液管移取 25.00 mL 稀释液置于锥形瓶中，再加入 5.0 mL 硫酸，用 $KMnO_4$ 标准溶液进行滴定，滴定过程与上述标定过程一致，但是，只能在室温下进行滴定，不能加热。

五、数据处理

(1) $KMnO_4$ 标准溶液浓度的计算：

$$c(\text{mol/L}) = \frac{2 \times m_1 \times 1\,000}{5 \times M_1 \times V_1}$$

式中，m_1 为称取 $Na_2C_2O_4$ 的质量，单位为 g；M_1 为 $Na_2C_2O_4$ 的摩尔质量，单位为 g/mol；V_1 为所消耗 $KMnO_4$ 标准溶液的体积，单位为 mL。

(2) H_2O_2 含量的计算：

$$c(H_2O_2)(\text{g/L}) = \frac{5 \times c \times V_2 \times M_2 \times 250}{2 \times 1 \times 25}$$

式中，c 为 $KMnO_4$ 标准溶液的浓度，单位为 mol/L；V_2 为所消耗 $KMnO_4$ 标准溶液的体积，单位为 mL；M_2 为 H_2O_2 的摩尔质量，单位为 g/mol。

六、思考题

(1) 配制 $KMnO_4$ 标准溶液时，为什么要将其煮沸并放置才能使用？

(2) 为什么配制好的 $KMnO_4$ 溶液要过滤后才能保存？过滤时能否使用滤纸？

实验 59　废水化学需氧量的测定

一、实验目的

(1) 了解废水化学需氧量的概念和意义。

(2) 掌握废水化学需氧量的测定方法。

二、实验原理

化学需氧量，简称为 COD，是指在一定条件下，采用强氧化剂处理水样时所消耗氧化剂的量，它是水中还原性物质含量的指标。水中还原性物质包括各种有机物以及亚硝酸盐、硫化物、亚铁盐等无机物，而废水中有机物的数量往往高于无机物，因此，一般用化学需氧量来代表废水中有机物的总量。有机物对工业水系统的危害很大，化学需氧量是水体有机污染的一项重要指标，能够反映出水体的污染程度。

化学需氧量越高，表明水的有机物污染越严重，这些污染可能来源于农药、化工、有机肥料等行业，如果不进行处理，有机污染物将在水体的底部沉积下来，对水生物造成持久的毒害，如果水生物大量死亡，将摧毁水体的生态系统。人类食用这些生物后，将会大量吸收生物体内的毒素，对健康造成严重危害。而若以受污染的水进行灌溉，则植物、农作物也会受到严重污染。化学需氧量高时，要对有机物的种类及影响进行具体分析，也可间隔几天再取水样进行测定，如果下降很多，则说明水中含有的是易降解有机物，它们的危害相对较轻。

含有大量有机物的水在通过除盐系统时会污染离子交换树脂，尤其是阴离子交换树脂，使其交换能力下降。有机物经过混凝、澄清、过滤等预处理后，其含量能减少50%。在循环水系统中，有机物含量高时会促进微生物的繁殖，因此，对除盐、炉水或循环水系统来说，化学需氧量也是越低越好。

在一定条件下，以氧化 1 L 水样中还原性物质所消耗氧化剂的量为指标，折算成每升水样全部被氧化后需要氧的毫克数，以 mg/L 表示，即测得水样的化学需氧量。水样中还原性物质及测定方法不同，化学需氧量的测定值也不同。常用酸性 $KMnO_4$ 法与 $K_2Cr_2O_7$ 法测定化学需氧量。$KMnO_4$ 法的氧化率较低，但其测定比较简便。在测定有机物含量较大的水样时，可以采用 $K_2Cr_2O_7$ 法，该法的氧化率高、重现性好、准确可靠，是普遍公认的标准方法。其测定原理：在硫酸酸性介质中，以 $K_2Cr_2O_7$ 为氧化剂、Ag_2SO_4 为催化剂、$HgSO_4$ 为氯离子的掩蔽剂，浓度为 9 mol/L 的硫酸为消解反应液，加热使其在 148 ℃ 的沸点时消解沸腾，回流反应 2 h，待消解液自然冷却后，再加水稀释至 140 mL，以亚铁灵为指示剂，用 $(NH_4)_2Fe(SO_4)_2$ 标准溶液滴定剩余的 $K_2Cr_2O_7$，根据溶液消耗量计算水样的化学需氧量。该法的不足之处：回流装置所占实验空间大，水、电消耗较大，试剂用量大，难以快速测定。

三、主要仪器与试剂

（1）主要仪器：电子天平、干燥箱、干燥器、全玻璃回流装置、电炉、酸式滴定管、锥形瓶、容量瓶、棕色试剂瓶。

（2）试剂：$K_2Cr_2O_7$（基准物质）、邻菲啰啉、$FeSO_4 \cdot 7H_2O$、$(NH_4)_2Fe(SO_4)_2 \cdot 6H_2O$、浓硫酸、$Ag_2SO_4$、硫酸银-硫酸溶液（质量分数为 1%）、$HgSO_4$。

四、实验步骤

1. $K_2Cr_2O_7$ 标准溶液（0.250 0 mol/L）的配制

将 $K_2Cr_2O_7$ 基准物质在 120 ℃ 干燥箱中干燥 2 h，冷却后称取 18.386 5 g 置于烧杯中，加蒸馏水溶解，再全部转入 250 mL 容量瓶中，加蒸馏水稀释至刻度线，摇匀。

2. 亚铁灵指示剂的配制

分别称取 1.485 g 邻菲啰啉、0.695 g $FeSO_4 \cdot 7H_2O$ 溶于蒸馏水中，稀释至 100 mL，储存于棕色试剂瓶内。

3. $(NH_4)_2Fe(SO_4)_2$ 标准溶液(0.1 mol/L)的配制及标定

称取 9.806 g $(NH_4)_2Fe(SO_4)_2 \cdot 6H_2O$ 溶于蒸馏水中，在不断搅拌的同时缓慢加入 5 mL 浓硫酸，冷却后全部转入 250 mL 容量瓶中，加蒸馏水稀释至刻度线，摇匀。用 $K_2Cr_2O_7$ 标准溶液标定其浓度。

用移液管准确移取 10.00 mL $K_2Cr_2O_7$ 标准溶液，置于 500 mL 锥形瓶中，加蒸馏水稀释至 110 mL，然后缓慢加入 30 mL 浓硫酸，摇匀、冷却后加入 3 滴亚铁灵指示剂，用 $(NH_4)_2Fe(SO_4)_2$ 标准溶液滴定，当溶液的颜色由黄色经蓝绿色变为红褐色时即为终点。

4. 水样的处理

取 20.00 mL 蒸馏水样置于 250 mL 的磨口回流锥形瓶中，准确加入 10.00 mL $K_2Cr_2O_7$ 标准溶液，再加入几粒沸石，将回流冷凝管连接好，从其上端口缓慢地加入 30 mL 硫酸银-硫酸溶液，摇动锥形瓶使溶液混合均匀，然后加热回流 2 h。冷却后，用 90 mL 蒸馏水冲洗冷凝管内壁，锥形瓶内溶液总体积不少于 140 mL，以免酸度太大滴定终点不明显。

对于化学需氧量稍高的水样，可先取 1/10 水样和试剂置于 15 mm×150 mm 硬质玻璃试管中，摇匀加热后观察溶液是否变为绿色，如显绿色，则适当减少水样体积直至溶液不变绿色，最终确定水样体积。稀释时水样量不得少于 5 mL，如果化学需氧量很高，应多次稀释水样。当其中氯离子含量超过 30 mg/L 时，则先将 0.4 g $HgSO_4$ 加入锥形瓶，再加 20.00 mL 废水并摇匀。

5. 化学需氧量的测定

溶液冷却后，加入 3 滴亚铁灵指示剂，用 $(NH_4)_2Fe(SO_4)_2$ 标准溶液进行滴定，当溶液颜色由黄色经蓝绿色变为红褐色时即为终点，记录 $(NH_4)_2Fe(SO_4)_2$ 标准溶液的体积。

另外，移取 20.00 mL 二次蒸馏水为水样进行空白实验。

五、数据处理

(1) $(NH_4)_2Fe(SO_4)_2$ 标准溶液浓度的计算：

$$c(\text{mol/L}) = \frac{6 \times 0.2500 \times 10}{V}$$

式中，c 为 $(NH_4)_2Fe(SO_4)_2$ 标准溶液的浓度，单位为 mol/L；V 为 $(NH_4)_2Fe(SO_4)_2$

标准溶液的用量，单位为 mL。

（2）水样化学需氧量的计算：

$$COD(mg/L) = \frac{c(V_1 - V_2) \times M \times 1\,000}{4 \times V_0}$$

式中，c 为 $(NH_4)_2Fe(SO_4)_2$ 标准溶液的浓度，单位为 mo/L；V_1 为空白实验所消耗 $(NH_4)_2Fe(SO_4)_2$ 标准溶液的体积，单位为 mL；V_2 为水样测定所消耗 $(NH_4)_2Fe(SO_4)_2$ 标准溶液的体积，单位为 mL；V_0 为水样的体积，单位为 mL；M 为氧气的摩尔质量，单位为 g/mol。

六、思考题

（1）为什么要测定水样的化学需氧量？

（2）水样中氯离子的含量较高时，对测定有没有干扰？如何消除？

实验 60　废水中苯酚含量的测定

一、实验目的

（1）学习溴酸盐碘量法测定苯酚的原理和方法。

（2）掌握从废水中蒸馏苯酚的方法。

二、实验原理

苯酚是煤焦油的主要成分之一，是许多高分子材料、合成染料、医药、农药等的主要原料。苯酚的生产和应用，不可避免地对环境造成了污染，苯酚已被列入有机污染物的黑名单。苯酚具有较强的毒性，严重威胁着人类的健康。废水中苯酚的毒性较大，长期饮用被苯酚污染的水会引起头晕、贫血及各种神经系统疾病。当水中苯酚的含量大于 0.3 mg/L 时将引起鱼的逃逸，大于 1 mg/L 时将导致鱼类中毒死亡。因此，苯酚是水体的常规检测项目，准确检测废水中苯酚的含量具有重要的意义。

$KBrO_3$ 是一种强氧化剂，可用于测定苯酚含量。$KBrO_3$ 与 KBr 在酸性条件下反应生成 Br_2，而 Br_2 在酸性溶液中能与苯酚发生取代反应，生成白色的三溴苯酚沉淀，上述反应的化学方程式如下：

$$5KBr + KBrO_3 + 6HCl = 3Br_2 + 6KCl + 3H_2O$$

过量的 Br_2 可用 KI 还原，析出的 I_2 用 $Na_2S_2O_3$ 标准溶液进行滴定，其反应方程式为

$$Br_2 + 2KI = 2KBr + I_2$$

$$I_2 + 2Na_2S_2O_3 = 2NaI + Na_2S_4O_6$$

从加入的 $KBrO_3$ 量中减去剩余量，即可算出废水中苯酚的含量。

该方法操作简单、要求的仪器简单、反应迅速。

三、主要仪器与试剂

(1) 主要仪器：电子天平、pH 计、烧杯、圆底烧瓶、容量瓶、蒸馏装置。

(2) 试剂：$KBrO_3$（基准试剂）、KBr、KI、$Na_2S_2O_3$ 标准溶液（0.1 mol/L）、盐酸（浓盐酸与水的体积比为 1∶1）、$CuSO_4$ 溶液（质量分数为 10%）、硫酸（6 mol/L）、淀粉溶液（质量分数为 0.5%）、甲基橙指示剂（质量分数为 0.1%）。

四、实验步骤

(1) 准确称取 0.695 6 g $KBrO_3$ 和 2.5 g KBr 于烧杯中，加入少量蒸馏水溶解，然后全部转移至 250 mL 容量瓶中，用蒸馏水反复清洗烧杯及玻璃棒，洗涤液也转入容量瓶中，再用蒸馏水稀释刻度线，摇匀，得到浓度为 0.016 66 mol/L 的 $KBrO_3$-KBr 混合液。

(2) 移取 250 mL 废水置于 500 mL 的圆底烧瓶中，加入 5 mL $CuSO_4$ 溶液、2 滴甲基橙指示剂，滴加硫酸调节溶液 pH 至 4.0，此时溶液显橙红色，然后加热蒸馏，馏出液收集于 250 mL 容量瓶中。当大部分废水被蒸出后，应向蒸馏瓶中补加少量水，使馏出液的体积达到 250 mL。如果废水的成分比较复杂，应先消除氧化剂、硫化物、油类等干扰物，再进行蒸馏。

(3) 用移液管准确吸取 25.00 mL 待测溶液加入 250 mL 碘量瓶中，再用移液管准确加入 20.00 mL $KBrO_3$-KBr 混合液，加入盐酸进行酸化，然后迅速塞紧瓶塞，振摇后放置 10 min。再充分摇荡后加入 1 g KI，振摇均匀。用 $Na_2S_2O_3$ 标准溶液滴定至溶液为淡黄色时，加入 2 mL 淀粉溶液，然后继续滴定至蓝色消失，所消耗 $Na_2S_2O_3$ 标准溶液的体积为 V_2。

(4) 另取 25.00 mL 去离子水作为水样，按上述同样的步骤进行空白实验，所消耗 $Na_2S_2O_3$ 标准溶液的体积为 V_1。

五、数据处理

废水中苯酚含量的计算：

$$w(g/L) = \frac{c \times (V_1 - V_2) \times M}{6 \times 25}$$

式中，c 为 $Na_2S_2O_3$ 标准溶液的浓度，单位为 mol/L；M 为苯酚的摩尔质量，单位为 g/mol；V_1 为空白实验时所消耗 $Na_2S_2O_3$ 标准溶液的体积，单位为 mL；V_2 为水样测定时所消耗 $Na_2S_2O_3$ 标准溶液的体积，单位为 mL。

六、思考题

（1）能否直接用 Br_2 标准溶液滴定苯酚？

（2）能否用 $Na_2S_2O_3$ 标准溶液直接滴定过量的 Br_2？

实验 61　药品中阿司匹林含量的测定

一、实验目的

（1）掌握乙酰水杨酸含量的测定原理和方法。

（2）掌握返滴定法的操作技能。

二、实验原理

阿司匹林学名乙酰水杨酸，是水杨酸的衍生物，通过将水杨酸乙酰化就可以制得，其结构如下所示：

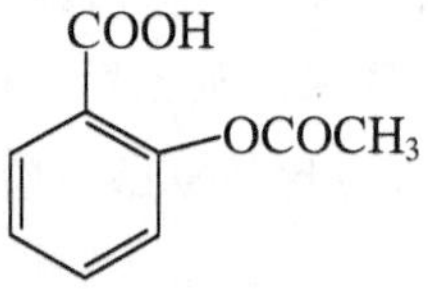

它是一种白色结晶或粉末，无臭或微带醋酸臭，微溶于水，可溶于乙醚、氯仿，易溶于乙醇，其水溶液呈酸性。它能缓解轻度或中度的疼痛，如牙痛、头痛、神经痛、肌肉酸痛、风湿痛等，还能用于普通感冒、流行感冒等发热疾病的退热。近年来发现，阿司匹林还能抑制血小板的聚集、阻止血栓的形成，从而能预防短暂性脑缺血、心肌梗死、人工心脏瓣膜以及其他手术后血栓的形成。

乙酰水杨酸能在 NaOH 或 Na_2CO_3 等强碱性溶液中分解成为水杨酸盐和乙酸盐，即乙酰水杨酸是一种有机弱酸，其电离平衡常数 K_a 较低，为 1×10^{-3}，pK_a 为 3.0，常以酚酞为指示剂，采用 NaOH 溶液进行直接滴定来测定其含量。为防止乙酰基发生水解，在温度低于 10 ℃的中性乙醇溶液中进行滴定，滴定时发生的反应为

然而，上述直接滴定法仅适用于纯乙酰水杨酸的测定，而一般药片中都加入了淀粉等不溶物，在冷的乙醇溶液中难以完全溶解，从而无法进行直接滴定，因此，通常利用其水解反应采用返滴定法测定其含量。首先将药片研磨成细粉，称取一定质量的药片粉末后，向其中加入过量的 NaOH 标准溶液，在电炉上加热一定时间后使乙酰基完全水解。然后，再用盐酸标准溶液回滴剩余的 NaOH 溶液，由于碱液受热后容易吸收空气中的二氧化碳从而影响滴定，因此必须在同样条件下进行空白实验，进行校正。最后，根据滴定消耗 NaOH 标准溶液的体积计算药片中阿司匹林的含量。

三、主要仪器与试剂

（1）主要仪器：电子天平、电炉、研钵、碱式滴定管、酸式滴定管、移液管、容量瓶。

（2）试剂：阿司匹林药片、NaOH 标准溶液（0.1 mol/L）、盐酸标准溶液（0.1 mol/L）、乙醇、酚酞指示剂。

四、实验步骤

（1）取一定数量的阿司匹林药片，在研钵中研磨为细粉，采用递减称量法准确称量 0.4~0.5 g 阿司匹林药片粉末置于锥形瓶中。

（2）加入 20 mL 乙醇，摇动使阿司匹林完全溶解，然后滴加 1 滴酚酞指示剂，用 NaOH 标准溶液进行滴定，当溶液刚好显粉红色时停止滴定，读取所消耗的 NaOH 标准溶液体积 V_1。

（3）再准确加入 40 mL NaOH 标准溶液，在电炉上加热 15 min 并不停摇动，然后迅速冷却至室温，用盐酸标准溶液进行滴定，当溶液的粉红色刚好消失时为终点，记录所消耗盐酸的体积 V_2。

（4）利用空白试样，采用相同的步骤（2）和（3）进行空白实验，记录空白试样所消耗

NaOH、盐酸标准溶液的体积 V_1' 和 V_2'。用空白值进行实验校正，计算药品中阿司匹林的含量。

五、数据处理

（1）盐酸标准溶液消耗量的计算：

$$V_{HCl} = (V_1 + 40 - V_2) - (V_1' + 40 - V_2')$$

（2）药品中阿司匹林含量的计算：

$$w(\%) = \frac{c \times V_{HCl} \times M}{m \times 1\,000} \times 100\%$$

式中，c 为盐酸标准溶液的浓度，单位为 mol/L；V_{HCl} 为消耗盐酸标准溶液的体积，单位为 mL；M 为阿司匹林的摩尔质量，单位为 g/mol；m 为药品的质量，单位为 g。

六、思考题

（1）称取药品粉末时，是否要求锥形瓶是干燥的？

（2）向药片中加入 NaOH 标准溶液后，为什么要进行加热？

实验 62　烟丝中尼古丁含量的测定

一、实验目的

（1）掌握增强尼古丁碱性的方法。

（2）掌握非水滴定的原理和基本操作。

二、实验原理

尼古丁俗称烟碱，是一种弱碱，其分子式为 $C_{10}H_{14}N_2$，其结构如下所示：

尼古丁是一种难闻、味苦、无色透明的油状液态物质。它是存在于茄科植物中的生物碱，烟草中通常会含有尼古丁，电子烟也含有该物质。当人们吸烟时，进入人体的烟雾大部分吸入肺部，小部分与唾液一起进入消化道。烟中部分有害物质停留在肺部，部分则进入血液循环，流向全身。当尼古丁进入体内时，经由血液传送，吸入后只需要 7 秒即可到达脑部，它能使人上瘾、产生依赖性，引起末梢血管收缩、血压上升、心跳加快、呼吸变快，增加发生高血压、中风等心血管疾病的风险。

香烟燃烧时产生的烟雾中有许多种有害成分，其中多数有致癌、促癌作用。有不少专家认为香烟中的尼古丁并没有太多的危害，真正的致癌凶手是焦油和一氧化碳。究竟是尼古丁致癌，还是焦油、一氧化碳等致癌并不重要，因为吸烟的时候谁也无法把它们分开，而让人上瘾的是尼古丁。因此，测定其中的尼古丁含量十分重要。

尼古丁的解离分为两级，解离常数 K_b 分别为 7×10^{-7}、1.4×10^{-11}。尼古丁的碱性较弱，在水溶液中无法采用普通的酸碱滴定法进行直接测定。通常将其置于冰醋酸介质中，其碱性将明显增强，发生反应如下：

$$C_{10}H_{14}N_2 + 2H^+(HAc) = C_{10}H_{16}N_2^{2+}$$

因此可以采用高氯酸作为滴定剂测定尼古丁含量，该滴定为非水滴定，溶剂中不能带入水，所用的玻璃仪器均需干燥。

三、主要仪器与试剂

(1) 主要仪器：电子天平、干燥箱、电炉、滴定管、容量瓶、具塞锥形瓶、抽滤瓶、布氏漏斗。

(2) 试剂：高氯酸、冰醋酸、醋酸酐、邻苯二甲酸氢钾（基准物质）、结晶紫指示剂（质量分数为 0.2% 的冰醋酸溶液）、$Ba(OH)_2$、$Ba(OH)_2$ 饱和溶液、无水 $MgSO_4$、甲苯-氯仿溶液（体积比为 9：1）、硅藻土。

四、实验步骤

1. 高氯酸醋酸标准溶液(0.05 mol/L)的配制与标定

向 250 mL 冰醋酸中缓慢加入 1 mL 高氯酸（质量分数为 70%~72%），混合均匀后加入 2 mL 醋酸酐，摇晃使其混合均匀，冷却至室温，放置数小时后再摇匀，获得浓度为 0.05 mol/L 的高氯酸醋酸溶液。

高氯酸为强氧化剂，遇有机物和还原性无机物后将发生剧烈反应，必须仔细操作。醋酸酐的分子式为 $(CH_3CO)_2O$，是由两个醋酸分子脱水而成，它与高氯酸能发生剧烈反应放出大量的热。因此配制该溶液时不能使高氯酸与醋酸酐直接混合，只能将高氯酸慢慢加入冰醋酸中，再加入醋酸酐。

准确称取 0.2 g 邻苯二甲酸氢钾于干燥的锥形瓶中，加入 50 mL 冰醋酸，小火加热使其溶解，冷却后加入 4 滴结晶紫指示剂，用高氯酸醋酸标准溶液进行滴定，当溶液由紫色变为亮蓝色时即为终点。

2. 尼古丁含量的测定

准确称取 2 g 烟丝置于 250 mL 具塞锥形瓶中，加入 1 g $Ba(OH)_2$ 及 15 mL $Ba(OH)_2$ 饱和溶液，摇动锥形瓶使烟丝完全润湿，再准确加入 100 mL 甲苯-氯仿混合液，盖紧塞子，振荡 20 min 后加入 2 g 硅藻土，剧烈振荡使其分散。静置分层后进行过滤，使绝大部分有机相通过干滤纸，盛接于干燥锥形瓶中，加入 2 g 无水硫酸镁，振荡 15 min 后，再将有机相过滤到干燥的锥形瓶中，吸取 50 mL 滤液置于干燥的锥形瓶中，加入 4 滴结晶紫指示剂，以高氯酸醋酸标准溶液进行滴定，当溶液的颜色由暗蓝经蓝绿、黄绿色最后转变为黄色时，即为滴定终点。

五、数据处理

（1）高氯酸醋酸溶液浓度的计算：

$$c(\text{mol/L}) = \frac{m_1 \times 1\,000}{M_1 \times V_1}$$

式中，m_1 为称取邻苯二甲酸氢钾的质量，单位为 g；M_1 为邻苯二甲酸氢钾的摩尔质量，单位为 g/mol；V_1 为所消耗高氯酸醋酸标准溶液的体积，单位为 mL。

（2）尼古丁含量的计算：

$$w(\%) = \frac{c \times V_2 \times M_2}{2 \times m_2 \times 1\,000} \times 100\%$$

式中，c 为高氯酸醋酸标准溶液的浓度，单位为 mol/L；V_2 为所消耗高氯酸醋酸标准溶液的体积，单位为 mL；m_2 为称取烟丝的质量，单位为 g；M_2 为尼古丁的摩尔质量，单位为 g/mol。

六、思考题

（1）为什么要向高氯酸醋酸溶液中加入醋酸酐？

（2）邻苯二甲酸氢钾常用于标定 NaOH 溶液的浓度，为什么本实验用来标定高氯酸醋酸溶液？

实验 63　苯甲酸红外吸收光谱的测定

一、实验目的

（1）熟悉红外分光光度计的工作原理及使用方法。

（2）掌握用压片法制作固体试样晶片的方法。

（3）掌握采用红外吸收光谱对有机化合物进行定性分析的方法。

二、实验原理

通常将红外光谱分为近红外区（0.75~2.5 μm）、中红外区（2.5~25 μm）和远红外区

(25~1 000 μm)三个区域，近红外光谱是由分子的倍频、合频产生的，中红外光谱是分子的基频振动光谱，远红外光谱则属于分子的转动光谱和某些基团的振动光谱。由于绝大多数有机物和无机物的基频吸收带都出现在中红外区，通常所说的红外光谱指中红外光谱。

当一束具有连续波长的红外光通过物质，如果分子中某基团的振动、转动频率和红外光的频率相等时，分子将吸收能量由原来的基态能级跃迁到能量较高的能级，分子吸收红外辐射后发生振动和转动能级的跃迁，该波长处的光就被物质吸收。因此，红外光谱法实质上是一种根据分子内部原子间的相对振动和分子转动等信息确定物质的分子结构、鉴别化合物的方法。将分子吸收红外光的情况用仪器记录下来就得到红外光谱图，通常以波数 σ 为横坐标、以透光率 T 或吸光度 A 为纵坐标。

分子的振动形式可分为伸缩振动和弯曲振动，前者是指原子沿键轴方向的往复运动，后者是指原子沿垂直于化学键方向的振动。用不同符号表示不同形式的振动，伸缩振动分为对称伸缩振动 V_s、反对称伸缩振动 V_{as}，弯曲振动分为面内弯曲振动 δ 和面外弯曲振动 γ。

组成分子的各种基团都有自己特定的红外特征吸收峰，在不同化合物中同一种官能团的吸收振动出现在一个窄的波数范围内，并非一个固定的波数，与其在分子中所处的环境有关。引起基团频率位移的因素有很多，外部因素是分子所处的物理状态和化学环境，如温度效应和溶剂效应等，内部因素有分子中取代基的诱导效应、共轭效应、中介效应、偶极场效应等电性效应，以及键角效应、耦合效应等机械效应，氢键效应和配位效应也会引起基团频率发生位移。

红外光谱对试样的适用广泛，固态、液态、气态试样都能应用，无机、有机、高分子化合物都可检测。红外光谱具有操作方便、测试迅速、重复性好、灵敏度高、试样用量少等特点，已成为现代结构化学中不可缺少的工具。红外吸收峰的位置与强度反映了分子结构的特点，可以用来鉴别未知物的结构组成，吸收谱带的吸收强度与化学基团的含量有关，可用于定量分析和纯度鉴定。

本实验采用 KBr 晶体稀释苯甲酸标样和试样，将其研磨均匀后分别压制成参比晶片，在相同实验条件下，测定它们的红外吸收光谱，将所得图谱与表 4-7 中的原子基团与基频峰的频率及吸收强度进行对照，若两图谱一致，则认为该试样即为苯甲酸。

表 4-7　苯甲酸中的原子基团与基频峰

原子基团的基本振动形式	基频峰的频率/cm⁻¹
$\nu_{=C-H}$(Ar 上)	3 077、3 012
$\nu_{C=C}$(Ar 上)	1 600、1 582、1 495、1 450
$\delta_{=C-H}$(Ar 上邻接的五氢)	715、690
ν_{O-H}(形成氢键二聚体)	3 000~2 500(多重峰)
δ_{O-H}	935
$\nu_{C=O}$	1 400
δ_{C-O-H}(面内弯曲振动)	1 250

三、主要仪器与试剂

(1)主要仪器:傅立叶变换红外吸收光谱仪、压片机、玛瑙研钵、红外干燥灯。

(2)试剂:苯甲酸(优级纯)、KBr。

四、实验步骤

(1)透明固体试样可直接放在试样架上进行光谱采集,透明液体试样可直接放入液体池中在 KBr 片上采集,不透明固体试样则必须同 KBr 一起研磨、压片、制作晶片。

将 KBr 在 110 ℃干燥箱内干燥 48 h,冷却后储存在干燥器内。称取 150 mg KBr 置于干净的玛瑙研钵中,将其研磨成均匀的细小颗粒,然后转移到压片模具上,依次放好各部件,将压模置于压片上,旋转压力杆手轮将模具压紧,再顺时针旋转放油阀至底部,然后一边抽气,一边上下缓慢移动压力杆,逐渐加压至 20 MPa 时停止加压,保持压强3 min。然后,按逆时针方向旋转放油阀,解除压强使压强表指针指向"0",再旋松压强杆手轮取出压模,得到厚度为 1 mm 的透明 KBr 晶片。晶片应无裂缝、无局部发白现象,应像玻璃一样透明。如果晶片局部发白,表明晶片的厚度不一致;如果晶片模糊则表示晶体已经吸潮,取出后应保存于干燥器内。

另取两份 150 mg KBr 分别置于玛瑙研钵中,分别加入 2 mg 苯甲酸标样和试样,按照上述操作制备晶片并保存在干燥器中。

(2)将 KBr 参比晶片和苯甲酸标样晶片分别置于红外光谱仪的参比窗口和试样窗口上,按仪器操作步骤进行调节,测定红外吸收光谱。

(3)在相同的实验条件下,测定苯甲酸试样的红外吸收光谱。

五、实验记录

在苯甲酸标样和试样的红外光谱图上,标出各特征吸收峰的波数,确定所属官能团，并判定试样是否为苯甲酸。

六、思考题

(1)红外吸收光谱分析时对固体试样的制片有什么要求？
(2)如何进行红外吸收光谱的定性分析？

实验 64　邻二甲苯中杂质环己烷的测定(气相色谱法)

一、实验目的

(1)熟悉气相色谱仪的工作原理及操作方法。
(2)掌握内标法的基本原理。
(3)掌握试样中杂质含量的测定方法。

二、实验原理

流动相和固定相是构成色谱法的基础，流动相有气体和液体两种，而固定相则有液体和固体两种。流动相是气体的称为气相色谱，流动相是液体的称为液相色谱。气相色谱法是以气体为流动相的色谱分析方法，主要用于分析易挥发的物质，是一种极为重要的分离分析方法，在医药、卫生、石油、化工、环境监测、生物化学等领域获得广泛的应用。该方法具有灵敏度高、选择性高、分析速度快等优点。

气相色谱仪是利用色谱分离技术和检测技术，对多组分的复杂混合物进行定性、定量分析的仪器，它主要是利用物质的沸点、极性、吸附性质的差异来分离混合物。气相色谱仪的气流系统包括气源、气体纯化及调节装置，气源的一部分是作为流动相的载气，常用的是氮气，另一部分是作为检测所用的燃烧气体，主要是氢气和空气。由于必须保证进入分离系统的气体纯度，不论气源纯度如何，都必须通过气体净化装置才能进入色谱的分离系统。虽然检测器或色谱柱不同，对气相色谱仪的气体纯度要求有所不同，但气体纯度至少应高于99%，甚至达到99.99%。气相色谱仪的分离系统包括试样汽化室和色谱柱两部分，其分离技术要求所测有机物试样必须为气态。

气相色谱仪以气体作为流动相(载气)，由气源流出的载气经减压阀降至所需压强，通过净化干燥管、稳压阀、转子流量计后达到稳定的压强、恒定的速度。试样由微量注射器注入进样器，在汽化室汽化后，被惰性气体带入含有液体或固体固定相的色谱柱，由于试样中各组分在色谱柱中的流动相(气相)和固定相(液相或固相)之间分配或吸附系数的差异，在载气的冲洗下，各组分在两相间作反复多次的分配而得到分离，检测器根据组分的物理、化学特性将各组分按顺序检测出来。常用的检测器有热导检测器、火焰离子化检测器、氦离子化检测器。检测器能将试样组分转变为电信号,经放大后在记录仪上记录下来,电信号的大小与待测组分的含量成正比,在记录仪上表现为一个个峰,即为色谱峰,从而获得气相色谱图。

气相色谱法不仅能将混合物中的各种有机成分分离,还能对它们进行定性、定量分析。定性分析是确定各组分是什么物质,而定量分析则是测定各组分的实际含量。当有机物进入气相色谱仪后能获得色谱峰保留值和峰面积两个重要数据,前者是定性分析的依据,而后者则是定量分析的依据。虽然气相色谱法在定性分析方面远不如其他结构鉴定方法,但其在定量分析方面拥有强大的功能,远远优于光谱和质谱等方法。

1. 定性分析

气相色谱法的定性分析主要是保留值定性法,保留值又分为保留时间和保留体积两种,常采用保留时间作为保留值。在相同的仪器条件和操作方法下,同一种有机物具有同样的保留时间,但保留时间相同的有机物其种类不一定相同。气相色谱法的保留时间定性分析方法就是将试样各组分的保留时间与已知有机物在相同条件下的保留时间进行比较,如果二者相同或在误差范围内,就能判定未知组分可能是已知有机物。但是,由于同一种有机物的保留时间在不同仪器中有一定差别,因此只能进行初步判定,常用的方法是将可能的有机物加到试样中再进行一次分析,如试样中含有该有机物,则相应的色谱峰会增强,这样就可以确定前期的推断是否正确。

2. 定量分析

气相色谱定量分析法是依据特定条件下色谱峰面积与相应组分的浓度成正比关系进行的,首先试样中各组分应完全被分离;其次,要注意色谱峰面积和组分质量的关系问题,这关系到色谱峰面积的准确测量、定量校正因子和定量计算方法等根本问题。因此,气相色谱法的定量分析本质上就是准确测量色谱峰的面积、确定定量校正因子、选择合适的计算方法。

如果只需测定试样中的某些组分或少量杂质,可采用内标法,该方法需加入一种物质作为内标物,它应符合下列条件:不是试样中的物质、其色谱峰应位于被测组分色谱峰的附近、其物理化学性质应与被测组分相近、加入量应与被测组分含量接近。

假设质量为 W 的试样中加入质量为 W_s 的内标物,待测组分质量为 W_i,待测组分与内标物的色谱峰面积分别为 A_i、A_s,则待测组分的含量为

$$c_i\% = \frac{W_i}{W} \times 100 = \frac{W_i \times W_s}{W \times W_s} \times 100 = \frac{W_s \times A_i f_i}{W \times A_s f_s} \times 100$$

若以内标物作为标准,可设 $f_s = 1$,则

$$c_i\% = \frac{W_s \times A_i f_i}{W \times A_s} \times 100$$

在 f_i 未知的情况下,可采用内标标准曲线法,准确配制一系列内标物质量恒定的标

准溶液，分别加入色谱仪中进行分析，测得 A_i/A_s，再以 A_i/A_s 为纵坐标、W_i/W_s 为横坐标绘制内标标准曲线。

然后准确称取一定量的试样，加入与标准溶液同样质量的内标物，混匀后进行测定，获得试样中该组分与内标物的峰面积之比 A_i/A_s，就能从标准曲线上查得相应的质量比 W_i/W_s，则

$$c_i\% = \frac{W_s \times W_i}{W \times W_s} \times 100$$

内标法的结果准确，不需严格控制进样量和操作条件，因此，该内标标准曲线法应用广泛。

本实验以苯为内标物，采用内标标准曲线法测定邻二甲苯中杂质环己烷的含量，峰出现的先后顺序为环己烷、苯、邻二甲苯。

三、主要仪器与试剂

(1)主要仪器：气相色谱仪、氮气、氢气、空气净化仪、色谱柱、微量进样器。
(2)试剂：环己烷、苯、邻二甲苯。

四、实验步骤

1. 标准溶液的配制
按表 4-8 准确配制一系列标准溶液于 50 mL 具塞试管中。

表 4-8　实验安排表

序号	苯/g	环己烷/g	邻二甲苯/g
1	0.731 6	0.129 6	31.848
2	0.731 6	0.259 2	31.848
3	0.731 6	0.388 8	31.848
4	0.731 6	0.518 4	31.848
5	0.731 6	0.648 0	31.848

2. 实验条件
气相色谱仪的工作条件如下：流动相为氮气，流速为 40 mL/min，柱温为 90 ℃，汽化温度为 100 ℃，检测器为火焰离子化检测器，检测温度为 100 ℃，进样量为 0.1 μL。

3. 未知试样的配制
准确称取 32 g 试样(准确至 0.000 1 g)置于 50 mL 具塞试管中，再准确加入 0.731 6 g 苯，混合均匀。

4. 气相色谱分析

分别吸取 0.1 μL 上述标准溶液、未知溶液注入气相色谱仪中，在规定实验条件下进行测定，获得气相色谱图。

五、数据处理

(1)计算各标准溶液中环己烷与苯的质量比 W_i/W_s、峰面积比 A_i/A_s，绘制 A_i/A_s-W_i/W_s 内标标准曲线。

(2)根据试样的 A_i/A_s 值，从标准曲线上查出相应的 W_i/W_s，计算试样中环己烷的质量百分含量。

六、思考题

(1)实验中是否要严格控制进样量？

(2)改变实验条件是否会影响测定结果？为什么？

实验 65　饮料中咖啡因含量的测定（高效液相色谱法）

一、实验目的

(1)掌握高效液相色谱仪的基本原理及操作方法。

(2)了解高效液相色谱法测定咖啡因含量的方法。

(3)掌握高效液相色谱法进行定性和定量分析的方法。

二、实验原理

咖啡因是一种黄嘌呤的生物碱化合物，它是黄嘌呤的衍生物，其化学名为 1,3,7-三甲基黄嘌呤，它的分子式为 $C_8H_{10}N_4O_2$，其结构如下所示：

咖啡因能刺激人的大脑皮层，使人精神兴奋，因而是一种中枢神经兴奋剂，它能刺激中枢神经、驱赶睡意、恢复精力，在临床上可用于治疗神经衰弱、昏迷。由于具有成瘾性，我国把咖啡因列为"精神药品"进行管制，属于一种毒品。

　　咖啡、茶、软饮料、能量饮料中都含有咖啡因，世界上咖啡因的最主要来源是咖啡树的种子(即咖啡豆)。咖啡中咖啡因的含量主要取决于咖啡豆的品种及制作方法，深焙咖啡中的咖啡因含量一般低于浅焙咖啡，这是由于烘焙能减少咖啡豆里的咖啡因含量。茶是咖啡因的另外一个重要来源，由可可粉制得的巧克力也含有少量咖啡因，咖啡因也是软饮料、能量饮料的常见成分。

　　尽管咖啡因是生物碱，但它的碱性极弱，常温下，质量分数为 1% 的咖啡因水溶液的 pH 仅为 6.9，因而，一般生物碱的含量测定方法均不适用于咖啡因。但咖啡因可在酸性条件下与碘定量反应生成沉淀，从而能采用剩余碘量法测定其含量。萃取分光光度法也能测定咖啡因的含量。

　　高效液相色谱法是色谱法的一个重要分支，它以液体为流动相、采用高压输液系统，将具有不同极性的单一溶剂或混合溶剂、缓冲液等流动相吸入装有固定相的色谱柱，溶质在固定相和流动相之间连续多次进行交换。由于溶质在两相间分配系数、亲和力、吸附力或分子大小不同，以及排阻作用的差别，因此不同溶质得以分离。试样各组分在柱内被分离后进入检测器进行检测，从而实现对试样的分析。高效液相色谱法是重要的分离分析技术，分为液液分配色谱、液固吸附色谱、离子交换色谱、离子对色谱、离子色谱等。

　　高效液相色谱法具有如下特点。

　　(1)高压：液体流动相流经色谱柱时受到的阻力较大，为使其迅速通过色谱柱，对载液施加高压。

　　(2)高速：分析速度快、载液流速快，比经典液体色谱法快得多。

　　(3)高效：分离效能高，可选择合适的固定相和流动相以达到最佳分离效果。

　　(4)高灵敏度：紫外检测器可达 0.01 ng，进样量在 μL 级。

　　(5)范围广：70% ~ 80% 的有机化合物都可用高效液相色谱法进行分析，它在高沸点、大分子、强极性、热稳定性差等化合物的分离分析中具有显著优势。易挥发、低沸点、中等摩尔质量的化合物只能用气相色谱法进行分析。

　　此外，高效液相色谱法还具有色谱柱可以反复使用、试样不被破坏、易回收等优点；其缺点是有"柱外效应"，从进样到检测器间，如果流动相的流型有变化，被分离物质的任何扩散和滞留都会显著地导致色谱峰加宽、柱效率降低。高效液相色谱检测器的灵敏度不如气相色谱仪。

　　高效液相色谱法最常用的是利用已知标准试样进行定性分析，由于同一种化合物在相同色谱条件下的保留值是相同的，因此能利用保留值进行定性分析。还可以查阅文献中的保留值进行对照，但这仅能作为参考，因为液相色谱仪的填柱技术复杂、重现性差。除此之外，还能利用已知物增加峰高法进行定性分析，将已知标准物质加到待测试样中，若某峰增高，即使改变色谱柱或流动相后该峰仍增高，则可认定该峰与已知标准物为同一种物质。

高效液相色谱法的定量分析可根据试样的具体情况采用峰面积法或峰高法，峰面积法主要包括归一化法、内标法、外标法等方法。

(1)归一化法。测定试样中各杂质含量时采用不加校正因子的峰面积归一法，计算各杂质峰的面积及其总和，并求出其所占总峰面积的百分比。该法要求所有组分都能分离并有响应，不需要标样，测试简单，但由于液相色谱仪所用检测器为选择性检测器，对很多组分没有响应，因此，液相色谱法较少采用归一化法。

(2)内标法。这是一种比较精确的定量方法，它是将已知量的内标参比物加入一系列已知量的试样中，那么试样中参比物的浓度为已知，用液相色谱仪测定后，待测组分峰面积和参比物峰面积的比值应该等于待测组分的质量与参比物的质量之比，从而计算待测组分的质量及含量。

(3)外标法。以纯待测组分配制标准溶液，将它们和待测试样同时进行分析比较而定量，分为标准曲线法和直接比较法，这要求它们的测定条件必须一致，进样体积必须准确。

本实验采用高效液相色谱法将饮料中的咖啡因与单宁酸、咖啡酸、蔗糖等组分分离后，将配制的不同浓度的咖啡因标准溶液注入色谱系统。在整个实验过程中流动相流速和泵的压强恒定不变，测定它们在色谱图上的保留时间 t_R 和峰面积 A，用 t_R 进行定性分析，用峰面积 A 作为定量测定的参数，采用标准曲线法测定饮料中的咖啡因含量。

三、主要仪器与试剂

(1)主要仪器：高效液相色谱仪、色谱柱、微量注射器、容量瓶、烧杯、干燥箱。
(2)试剂：咖啡因、流动相(甲醇与高纯水的体积比为 30∶70)、饮料。

四、实验步骤

(1)咖啡因标准储备液(1 000 mg/L)的配制。将咖啡因在 110 ℃ 干燥箱内干燥 1 h，冷却至室温后，准确称取 0.100 0 g 咖啡因，用二次蒸馏水溶解后，再全部转移至 100 mL 容量瓶中，用二次蒸馏水稀释至刻度线，摇匀。

(2)用标准储备液配制浓度分别为 20 μg/mL、40 μg/mL、60 μg/mL、80 μg/mL 的咖啡因标准溶液。

(3)试样的处理。移取 25 mL 饮料置于 100 mL 干净的烧杯中，剧烈搅拌 30 min 以消除其中的二氧化碳，然后转移至 50 mL 容量瓶中，并定容至刻度线。分别用干漏斗、干滤纸进行干过滤，弃去前过滤液，取后面的过滤液。分别取 5 mL 上述过滤液，用 0.45 μm 的微孔过滤膜进行过滤，注入 2 mL 试样瓶。

(4)打开液相色谱仪的电源开关，开启检测器、泵，打开计算机，开启仪器操作软件，将液相色谱仪的工作条件设置为泵的流速为 1.0 mL/min，检测波长为 275 nm，进样量为 10 μL，柱温为室温。

(5)用流动相冲洗色谱系统，待仪器基线稳定后，将基线调零。

(6)绘制标准曲线时，每隔一定时间，按照浓度由低到高的顺序注入咖啡因标准样进行测试，记录在一张色谱图上。

(7)测试试样时，单独进样，单独记录色谱图。

(8)测试结束后，继续冲洗色谱系统 30 min，然后关闭软件，关闭计算机、泵、检测器等开关。

五、数据处理

(1)测定标准样、未知试样中咖啡因的保留时间及不同浓度下的峰面积；

(2)根据标准溶液的色谱图，以标准溶液的浓度为横坐标、峰面积为纵坐标，采用最小二乘法得到标准曲线方程，计算饮料中咖啡因的含量。

六、思考题

(1)进行干过滤时为什么要弃去前过滤液？这样会不会影响实验结果？

(2)为什么高效液相色谱柱可在室温下进行分离，而气相色谱柱必须在高温下分离？

第5章 材料化学综合实验

实验1 由煤矸石制备硫酸铝

一、实验目的

（1）养成利用废物生产有用产品的环境保护意识。

（2）掌握制备无机化合物的基本方法。

二、实验原理

煤矸石是在采煤、洗煤过程中排出的固体废弃物，是与煤伴生的一种含碳量和发热值都较低、比煤坚硬的灰黑色岩石，是碳质、泥质和砂质页岩的混合物，它包括洗煤厂的洗矸、煤炭生产中的手选矸、半煤巷和岩巷掘进中排出的煤和岩石以及和煤矸石一起堆放的除煤之外的白矸等混合物。煤矸石的主要成分是 Al_2O_3（质量分数为 16% ~ 36%）、SiO_2（质量分数为 52% ~ 65%），另外还有含量较低的 Fe_2O_3、CaO、MgO、Na_2O、K_2O、P_2O_5、SO_3。

历年来，我国积存了大量的煤矸石，达 10 亿吨以上，每年还将继续产生 1 亿吨。煤矸石弃置不用时占用大片土地，其中的硫化物逸出后会污染大气、农田、水体，堆积形成的矸石山还会自燃、发生火灾，在雨季时还可能崩塌、堵塞河流造成灾害。

煤矸石能代替燃料来加热用于化铁、烧锅炉，洗中煤和洗矸能混烧发电，煤矸石还可以代替部分或全部黏土生产水泥和建筑材料，代替黏土作为制砖原料时能减少耕地的使用，烧砖时利用煤矸石中的可燃物能节约煤炭，所得砖的质量较好、颜色均匀。用盐酸浸取煤矸石还能生产 $AlCl_3$ 结晶，浸取所得的残渣主要成分为 SiO_2，能用来生产水玻璃，还能生产 $Al_2(SO_4)_3$、$(NH_4)_2SO_4$ 等化工产品。

$Al_2(SO_4)_3$ 是具有白色斜方晶系的结晶，它的最大用途是造纸，还能用作松香胶、蜡乳液的沉淀剂，约占总产量的 50%；第二大用途是在饮用水、工业用水、工业废水处理中用作絮凝剂，该部分约占 $Al_2(SO_4)_3$ 产量的 40%，向废水中加入 $Al_2(SO_4)_3$ 后可以生成胶状的、能吸附胶体及悬浮物的 $Al(OH)_3$ 絮状物，还能控制水的颜色和味道。

$Al_2(SO_4)_3$ 可由铝土矿和硫酸反应制得，还能用硫酸分解明矾石、高岭土、含氧化铝硅原料而制得。将铝土矿粉碎至一定粒度后，加入反应釜中与硫酸反应，反应所得澄清液用硫酸中和至中性或微碱性，然后在 115 ℃浓缩，冷却固化后即得 $Al_2(SO_4)_3$。

　　本实验是利用煤矸石制备 $Al_2(SO_4)_3$，在 700 ℃下焙烧以使其中的 Al_2O_3 更多地转化为具有活性的 γ-Al_2O_3；温度太低时达不到活化的目的，而温度太高时则转化为 α-Al_2O_3。当 γ-Al_2O_3 与硫酸发生反应时，主要反应的化学方程式如下，其中 x 为 6、10、14、16、18、27。

$$Al_2O_3 + 3H_2SO_4 + (x-3)H_2O = Al_2(SO_4)_3 \cdot xH_2O$$

主要副反应为

$$Al_2O_3 + 3H_2SO_4 = Al_2(SO_4)_3 + 3H_2O$$

　　$Al_2(SO_4)_3$ 结晶通常为无色单斜晶系的十八水合物，此外，煤矸石中的钙、镁、钛等金属氧化物也能与硫酸反应生成相应硫酸盐，当硫酸铁杂质的含量较高时，产品将显黄色。反应时煤矸石粉应过量，以使产品中不含游离酸，充分利用硫酸原料。

三、主要仪器与试剂

　　(1)主要仪器：电子天平、电阻炉、搅拌器、电炉、pH 计、三口烧瓶、温度计、回流冷凝器、滴定管、烧杯、量筒、布氏漏斗、抽滤瓶、滤纸、容量瓶、蒸发皿、标准筛。

　　(2)试剂：煤矸石、工业硫酸(质量分数为 50%)、盐酸(浓盐酸与水的体积比为 1∶1)、聚丙烯酰胺溶液(质量分数为 0.1%)、氨水(浓氨水与水的体积比为 1∶1)、磺基水杨酸溶液(质量分数为 10%)、EDTA 标准溶液(0.01 mol/L、0.025 mol/L)、$CuSO_4$ 标准溶液(0.025 mol/L)、PAN 指示剂(质量分数为 0.1%)、KF 溶液(质量分数为 20%)。

四、实验步骤

1. 煤矸石的浸取

　　将煤矸石干燥后破碎，并通过 60 目的标准筛，称取 40 g 煤矸石粉置于蒸发皿中，在电阻炉中于 700 ℃焙烧 2 h，然后冷却至室温。将工业硫酸加入三口烧瓶内，在搅拌的同时加入已焙烧的煤矸石粉末，并用少量水冲洗瓶口，安装好温度计，加热至 100 ℃，待冷凝器中有回流液出现。当反应进行一段时间后，若反应物比较黏稠，应补加适量蒸馏水，以确保反应顺利进行。反应进行 2 h 后，当溶液 pH 为 2.5 时停止反应，加入 100 mL 蒸馏水，并趁热倒入烧杯中，再加入 2 mL 聚丙烯酰胺溶液，搅拌均匀后静置 30 min。

2. 溶液的浓缩

　　在布氏漏斗中装好滤纸，连接好抽滤装置；先将浸取的清液倒入漏斗中进行抽滤，然后再倒入残渣，用热蒸馏水洗涤 3 次。将滤液加热至 110 ℃进行浓缩，直至出现大量泡沫时为止。将固体倒入不锈钢托盘中，冷却后获得 $Al_2(SO_4)_3$。称量，计算收率。

3. 杂质含量的测定

准确称取 2.0 g $Al_2(SO_4)_3$ 于小烧杯中，加入蒸馏水溶解，并转移至 100 mL 容量瓶内，然后用少量蒸馏水洗涤 3 次烧杯，将洗涤液也加入容量瓶中，用蒸馏水稀释至刻度线，摇匀。

准确移取 10.00 mL 待测液于 250 mL 锥形瓶中，加入 2 mL 盐酸并煮沸 2 min，然后加入 50 mL 蒸馏水，用氨水调节溶液 pH 为 1.5~2.0，加入 3 滴磺基水杨酸溶液，加热至 60 ℃，用 EDTA 标准溶液(0.01 mol/L)进行滴定，测定 Fe_2O_3 含量时，当溶液由紫红色变为亮黄色或无色时，即为滴定终点。

在滴定完 Fe_2O_3 的溶液中准确加入 25 mL EDTA 标准溶液(0.025 mol/L)，用氨水调节 pH 为 4.5，加入 10 滴 PAN 指示剂，用 $CuSO_4$ 标准溶液趁热滴定，当溶液由黄色变为稳定的鲜红色或紫色时，再加入 20 mL KF 溶液，并煮沸 2 min，继续用 $CuSO_4$ 标准溶液滴定，当溶液由黄色变为稳定的紫红色或蓝紫色时即为终点。

五、数据处理

(1) $Al_2(SO_4)_3$ 收率的计算：

$$w(\%) = \frac{m_2 \times M_1}{m_1 \times M_2} \times 100\%$$

式中，m_1 为加入煤矸石的质量，单位为 g；m_2 为制备 $Al_2(SO_4)_3$ 的质量，单位为 g；M_1 为 Al_2O_3 的摩尔质量，单位为 g/mol；M_2 为 $Al_2(SO_4)_3$ 的摩尔质量，单位为 g/mol。

(2) Fe_2O_3 含量的计算：

$$w(\%) = \frac{T_1 \times V_1 \times 100}{G \times 10} \times 100\%$$

式中，T_1 为 1 mL EDTA 标准溶液相当于 Fe_2O_3 的克数；V_1 为滴定 Fe_2O_3 时消耗 EDTA 标准溶液的体积，单位为 mL；G 为试样的质量，单位为 g。

(3) Al_2O_3 含量的计算：

$$w(\%) = \frac{T_2 \times V_2 \times 100}{G \times 10} \times 100\%$$

式中，T_2 为 1 mL $CuSO_4$ 标准溶液相当于 Al_2O_3 的克数；V_2 为第二次滴定时消耗的 $CuSO_4$ 标准溶液的体积，单位为 mL；G 为试样的质量，单位为 g。

六、思考题

(1) 当煤矸石中 Al_2O_3 的含量为 20% 时，应加入多少工业硫酸？

(2) 本实验中采用了哪些除去铁杂质的方法？

实验 2　由硼镁泥制备七水硫酸镁

一、实验目的

（1）掌握除去杂质离子的原理和方法。

（2）了解工业废渣的综合利用方法。

二、实验原理

硼镁泥是生产硼砂时产生的一种工业废料，又称硼酸泥，其主要成分是 MgO，这是一种重要的镁资源，硼镁泥中还含有 CaO、MnO、Fe_2O_3、FeO、Al_2O_3、SiO_2 等杂质。全国的硼砂生产厂家每年产生的硼镁泥超过 40 万吨，如果不进行处理，不仅会造成大量金属资源的浪费，而且还会污染环境。我国围绕硼镁泥的综合利用做了大量工作，已经能通过硼镁泥制取轻质 $MgCO_3$、MgO、Na_2SO_4、$MgSO_4 \cdot 7H_2O$ 等，这是硼镁泥综合利用的几个主要途径。

以硼镁泥为原料能制取七水硫酸镁，它的分子式为 $MgSO_4 \cdot 7H_2O$，又名硫苦、苦盐、泻利盐、泻盐，是白色或无色的针状、斜柱状结晶。$MgSO_4 \cdot 7H_2O$ 在 67.5 ℃时能溶于自身的结晶水中，受热分解；它在空气中容易风化变为粉末，加热时将逐渐脱去结晶水，加热至 70~80 ℃时失去四个分子的结晶水，在 200 ℃时将失去所有结晶水、形成 $MgSO_4$。$MgSO_4 \cdot 7H_2O$ 不容易溶解，比 $MgSO_4$ 更容易称量，能在工业中进行定量控制。$MgSO_4 \cdot 7H_2O$ 主要用于食品、肥料、颜料、催化剂、制革、造纸、瓷器、炸药等行业，在医药上常用作泻盐。

$MgSO_4 \cdot 7H_2O$ 的制备方法主要有：菱镁矿反应法、菱苦土反应法、海水晒盐苦卤法。工业上生产 $Na_2B_4O_7 \cdot 10H_2O$ 时是将硼镁矿煅烧、粉碎后，再加入水和纯碱，在加热加压下通入二氧化碳气体而制得的，该反应如下：

$$2Mg_2B_2O_5(硼镁矿) + Na_2CO_3 + 3CO_2 = Na_2B_4O_7(硼砂) + 4MgCO_3(硼镁泥)$$

固液分离后镁将以 $MgCO_3$ 或碱式碳酸镁的形式存在于废渣中，即得硼镁泥。

本实验利用上述硼镁泥制取 $MgSO_4 \cdot 7H_2O$ 时，需要经过浸提、除杂等步骤。

浸提：用硫酸提取弱碱性的硼镁泥时，其中的镁、铁、锰、铝等形成硫酸盐进入浸出液，并释放出二氧化碳气体，所发生的反应如下：

$$MgCO_3 + H_2SO_4 = MgSO_4 + CO_2 \uparrow + H_2O$$

$$Mg(OH)_2 \cdot 4MgCO_3 + 5H_2SO_4 = 5MgSO_4 + 4CO_2 \uparrow + 6H_2O$$

$$Na_2B_4O_7 + H_2SO_4 + 5H_2O = 4H_3BO_3 + Na_2SO_4$$

为了浸提彻底，加入硫酸反应后浆料的 pH 控制为 1。

除杂：因形成 $Fe(OH)_2$、$Mn(OH)_2$ 的 pH 与 $Mg(OH)_2$ 接近，难以分离 Mg^{2+} 与 Mn^{2+}。因此，再向浸出液中加入少量硼镁泥调节 pH 为 5~6，然后加入 NaClO 氧化、沉淀，从而除去 Fe^{2+} 和 Mn^{2+}，所发生的主要化学反应如下：

$$Mn^{2+}+ClO^-+H_2O \rightleftharpoons MnO_2\downarrow+2H^++Cl^-$$

$$2Fe^{2+}+ClO^-+5H_2O \rightleftharpoons 2Fe(OH)_3\downarrow+4H^++Cl^-$$

$$Fe^{3+}+3H_2O \rightleftharpoons Fe(OH)_3\downarrow+3H^+$$

$$Al^{3+}+3H_2O \rightleftharpoons Al(OH)_3\downarrow+3H^+$$

水解生成的 H^+ 将分解后加入的硼镁泥，使水解反应完全进行。

将上述沉淀过滤后，滤液中还含有 $CaSO_4$ 杂质，加热浓缩将使 $CaSO_4$ 的溶解度减小，趁热过滤除去 $CaSO_4$。再将滤液蒸发、浓缩、结晶，最终得到高纯度的 $MgSO_4 \cdot 7H_2O$ 结晶。

三、主要仪器与试剂

（1）主要仪器：电子天平、电炉、玛瑙研钵、布氏漏斗、抽滤瓶、循环水真空泵。

（2）试剂：硫酸（浓硫酸与水的体积比为 1∶1，1 mol/L）、NaClO 溶液（氯元素质量分数为 10%~15%）、KSCN 溶液（0.1 mol/L）、H_2O_2 溶液（质量分数为 3%）。

四、实验步骤

1. 硼镁泥的浸提

用玛瑙研钵将硼镁泥研磨成为较细的粉末，称取 10 g 硼镁泥粉末置于烧杯中，加入 50 mL 蒸馏水搅拌形成浆料。然后，缓慢滴加入硫酸（浓硫酸与水的体积比为 1∶1），在小火加热的同时不断搅拌，释放出大部分气体后继续保持微沸状态 10 min，继续滴加硫酸，调节溶液 pH 为 1。

2. 杂质离子的除去

加入适量硼镁泥调节浆料的 pH 为 5~6，继续加热，浆料变稠时加入适量蒸馏水使溶液保持为 60 mL。当溶液 pH 为 5~6 时，加入 3 mL NaClO 溶液，加热煮沸以便完全水解，然后抽滤，用热水淋洗沉淀。移取 1 mL 滤液于试管中，用硫酸（1 mol/L）酸化，加入数滴 H_2O_2 溶液后继续加热煮沸 2 min，然后加入 KSCN 溶液，检验是否存在 Fe^{3+}。如果溶液为红色，继续加入 NaClO 溶液调节 pH 为 5~6 以使 $Fe(OH)_3$ 完全沉淀，重新过滤以彻底除去杂质 Fe^{3+}。

将滤液倒入烧杯中，加热蒸发浓缩至 20 mL，溶液中将形成 $CaSO_4$ 沉淀，再趁热抽滤除去 $CaSO_4$。

3. 结晶

将滤液转入蒸发皿中，蒸发浓缩直至变为稠液，加热时火力不能太大，以免溶液溅出。将溶液冷却结晶，进行抽滤，干燥后称量。

五、数据处理

$MgSO_4 \cdot 7H_2O$ 收率的计算：

$$w(\%) = \frac{m_3 \times M_2}{(m_1 + m_2) \times M_1} \times 100\%$$

式中，m_1 为首次加入硼镁泥的质量，单位为 g；m_2 为中间加入硼镁泥的质量，单位为 g；m_3 为制得 $MgSO_4 \cdot 7H_2O$ 的质量，单位为 g；M_1 为 $MgSO_4 \cdot 7H_2O$ 的摩尔质量，单位为 g/mol；M_2 为 MgO 的摩尔质量，单位为 g/mol。

六、思考题

(1)除去 Mn^{2+} 和 Fe^{2+} 杂质时，为什么要氧化？

(2)为什么选择 NaClO 作氧化剂，能否使用 $KMnO_4$、H_2O_2？

实验 3　由铬铁矿制备重铬酸钾

一、实验目的

(1)掌握固体碱熔氧化法制备 $K_2Cr_2O_7$ 的原理。

(2)掌握熔融等操作。

二、实验原理

铬铁矿是发展冶金、国防、化工等工业不可缺少的矿产资源，主要用于生产不锈钢、合金钢，还能制造 Cr_2O_3、$Na_2Cr_2O_7$、$K_2Cr_2O_7$ 等。

铬铁矿常产于超基性岩中，它与橄榄石共生，比较坚硬、难熔，具有黑色半金属光泽，外表看起来很像磁铁矿，一般为块状、粒状的集合体。铬铁矿是一种主要成分为铁、镁和铬的氧化物矿物，是一种尖晶石。铬铁矿是短缺的矿种，它的储量少、产量低，工业上常把铬铁、铬尖晶石、富铬尖晶石、硬铬尖晶石等类似矿物统称为铬铁矿。自然界含铬的矿物约有 30 种，但具有工业价值的只有 Cr_2O_3 在 30% 以上的铬铁矿，它是唯一一种可供开采的铬矿石，它的矿物成分较复杂，广泛存在 Cr_2O_3、Al_2O_3、Fe_2O_3、FeO、MgO 五种组分的类质同象置换。根据含碳量的不同，铬铁矿可分为高碳铬铁矿（碳的质量分数为 4%~8%）、中碳铬铁矿（碳的质量分数为 0.5%~4%）、低碳铬铁矿（碳的质量分数为 0.15%~0.50%）、微碳铬铁矿（碳的质量分数为 0.06%）等。

重铬酸钾是橙红色三斜晶体或针状晶体，溶于水，不溶于乙醇；它的分子式是

$K_2Cr_2O_7$，是一种有毒且有致癌性的强氧化剂，在实验室和工业中都有广泛的应用。$K_2Cr_2O_7$ 能用于制造铬矾、铬颜料，在鞣革、电镀、有机合成等领域应用广泛。

本实验利用铬铁矿制备 $K_2Cr_2O_7$ 时，先将铬铁矿与碱混合，再在空气中于 $1\,000\sim1\,300\,℃$ 时将其与氧气或其他强氧化剂共熔，从而生成可溶于水的六价铬酸盐，其反应化学方程式如下：

$$4FeO\cdot Cr_2O_3+8Na_2CO_3+7O_2\xrightarrow{\triangle}8Na_2CrO_4+2Fe_2O_3+8CO_2$$

常加入 NaOH 固体作助熔剂以降低熔点，用 $KClO_3$ 代替氧气时能加速氧化，使反应能在较低的 $700\sim800\,℃$ 下进行，该反应化学方程式为

$$6FeO\cdot Cr_2O_3+24NaOH+7KClO_3\xrightarrow{\triangle}12Na_2CrO_4+3Fe_2O_3+7KCl+12H_2O$$

同时，Al_2O_3、Fe_2O_3 和 SiO_2 转变为相应的可溶性盐：

$$Al_2O_3+Na_2CO_3\xrightarrow{\triangle}2NaAlO_2+CO_2\uparrow$$

$$Fe_2O_3+Na_2CO_3\xrightarrow{\triangle}2NaFeO_2+CO_2\uparrow$$

$$SiO_2+Na_2CO_3\xrightarrow{\triangle}Na_2SiO_3+CO_2\uparrow$$

用水浸取熔体时，其中的 $NaFeO_2$ 将发生强烈水解、形成氢氧化铁沉淀，与不溶性杂质和未反应的铬铁矿等一起成为残渣，而 Na_2CrO_4、$NaAlO_2$、Na_2SiO_3 则进入溶液。过滤后弃去残渣，然后将滤液 pH 调至 $7\sim8$，使 $NaAlO_2$、Na_2SiO_3 水解生成沉淀从而与 Na_2CrO_4 分离，其反应的化学方程式如下：

$$NaAlO_2+2H_2O=Al(OH)_3\downarrow+NaOH$$

$$Na_2SiO_3+2H_2O=H_2SiO_3\downarrow+2NaOH$$

过滤后，将滤液进行酸化处理，使 Na_2CrO_4 转化为 $Na_2Cr_2O_7$：

$$2CrO_4^{2-}+2H^+=Cr_2O_7^{2-}+H_2O$$

将 $Na_2Cr_2O_7$ 与 KCl 进行复分解反应便能获得 $K_2Cr_2O_7$：

$$Na_2Cr_2O_7+2KCl=K_2Cr_2O_7\downarrow+2NaCl$$

在室温下 $K_2Cr_2O_7$ 的溶解度很小，但随温度的升高而明显增大，而温度对 NaCl 溶解度的影响则很小，将溶液蒸发浓缩后再冷却，大量的 $K_2Cr_2O_7$ 晶体就可以析出，而 NaCl 仍保留在母液中。

三、主要仪器与试剂

(1)主要仪器：电子天平、电阻炉、铁坩埚、水浴锅、干燥箱、蒸发皿、漏斗、布氏漏斗、滤纸、抽滤瓶、真空泵、研钵、烧杯、移液管、容量瓶、碱式滴定管、碘量瓶。

(2)试剂：Cr_2O_3、无水碳酸钠、NaOH、$KClO_3$、KCl、KI、硫酸(2 mol/L、3 mol/L、

6 mol/L)、$Na_2S_2O_3$ 标准溶液(0.100 0 mol/L)、淀粉指示剂(质量分数为 0.2%)、无水乙醇。

四、实验步骤

1. 铬铁矿的浸取

分别称取 6 g 铬铁矿粉(或 Cr_2O_3)、4 g $KClO_3$,将它们在研钵中混合均匀。再分别称取 4.5 g 无水碳酸钠和 4.5 g NaOH 于铁坩埚中,混合均匀,缓慢加热直至熔融,再分几次将矿粉加入坩埚,同时不断搅拌以避免飞溅。加完后,将坩埚转移至电阻炉内在 800 ℃时灼烧 30 min,熔融物将显红褐色,将坩埚取出冷却 5 min,再在水中急冷,以便浸取。

向坩埚内加入少量去离子水并加热至沸腾状态,将溶液小心转入烧杯中,再向坩埚中加去离子水并加热至沸腾;反复操作几次即能从坩埚中取出熔融物,不断搅拌的同时继续煮沸 15 min,冷却后抽滤并用去离子水洗涤残渣,控制溶液总体积为 40 mL,抽干后舍去残渣。

用硫酸(3 mol/L)将滤液的 pH 调至 7,继续加热煮沸 3 min 后趁热过滤,用少量去离子水洗涤残渣,将滤液转移至蒸发皿中,舍去残渣。

2. 结晶

用硫酸(6 mol/L)将滤液调至强酸性,观察溶液颜色的变化,加入 1 g KCl,用水浴加热至液面上出现晶膜。冷却后结晶、抽滤,获得 $K_2Cr_2O_7$ 晶体,用滤纸吸干晶体,称重。

按 $K_2Cr_2O_7$ 与 H_2O 的质量比为 1:1.5 的比例加入去离子水,加热使晶体溶解,并趁热过滤,再加热浓缩,然后冷却结晶、抽滤,用无水乙醇洗涤晶体,在 50 ℃下烘干后称量。

3. $K_2Cr_2O_7$ 含量的测定

准确称取 1.0 g 晶体并溶解于 100 mL 容量瓶中,用去离子水稀释至刻度线,摇匀。用移液管吸取 10.00 mL 该溶液加入碘量瓶中,加入 4 mL 硫酸(2 mol/L)、0.8 g KI,摇匀后在暗处存放 5 min。取出后加入 40 mL 去离子水,用 $Na_2S_2O_3$ 标准溶液滴定至溶液变为黄绿色,加入 2 mL 淀粉指示剂,再继续滴定至蓝色褪去、显亮绿色时,即为滴定终点。

五、数据处理

$K_2Cr_2O_7$ 含量的计算:

$$w(\%) = \frac{c \times V \times M}{6 \times m \times 1\ 000} \times 100\%$$

式中，c 为 $Na_2S_2O_3$ 标准溶液的浓度，单位为 mol/L；V 为所消耗 $Na_2S_2O_3$ 标准溶液的体积，单位为 mL；m 为 $K_2Cr_2O_7$ 结晶的质量，单位为 g；M 为 $K_2Cr_2O_7$ 的摩尔质量，单位为 g/mol。

六、思考题

（1）向滤液中加入硫酸调节 pH 至强酸性时溶液颜色如何变化？

（2）浓缩结晶时能否将溶液蒸干，为什么？

实验4　由钛铁矿制备二氧化钛

一、实验目的

（1）掌握硫酸分解钛铁矿制备二氧化钛的原理和方法。

（2）掌握矿样浸取、除杂的基本操作。

二、实验原理

二氧化钛（TiO_2）是白色固体，无毒，是两性氧化物，又称为钛白。其熔点为 1 830～1 850 ℃，沸点为 2 500～3 000 ℃。自然界存在的 TiO_2 有三种晶体，其中金红石、锐钛矿为四方晶体，而板钛矿为正交晶体。它是重要的白色颜料，常用于化妆品中。TiO_2 在水中的溶解度很小，难溶于弱酸，但它易溶于热浓硫酸和氢氟酸，也能溶于碱。与酸碱能发生如下化学反应：

$$TiO_2 + H_2SO_4 = TiOSO_4 + H_2O$$

$$TiO_2 + 2NaOH = Na_2TiO_3 + H_2O$$

钛铁矿是铁和钛的氧化物矿物，又称为钛磁铁矿，是提炼钛和 TiO_2 的主要矿石。钛铁矿的化学成分与矿石的形成条件有关，其主要成分为 $FeTiO_3$，其中 TiO_2 的质量分数约为 52. 66%，其余成分有 CaO、MgO、SiO_2、Al_2O_3、MnO_2、V_2O_5、Cr_2O_3 等。

钛铁矿的冶炼方法主要有硫酸法和氯化法两种，它们都能将钛矿石转变为纯 TiO_2。硫酸法不仅可以提炼品位较低的钛铁矿石，还能生产 $FeSO_4$，该法的成本低，但是污染大、副产物难处理、硫酸消耗量大。而氯化法则需要使用品位较高的矿石，它的成本高，但是污染小、副产物少、氯气可以循环使用。氯化法先将矿石粉末与纯氯气、焦炭在高温下反应生成 $TiCl_4$ 和一氧化碳，再用金属钙、镁、钠将其还原为海绵状的金属钛，是大规模生产钛的方法。第一步，在高温时将金红石 TiO_2 和炭粉混合，通入 Cl_2 制得 $TiCl_4$ 和可燃性气体一氧化碳；第二步，在氩气环境中用过量的镁在加热条件下与 $TiCl_4$ 反应制得金属钛，其中氩气是惰性气体，不参加反应。

由于杂质的存在，部分铁（Ⅱ）在风化过程中转化为铁（Ⅲ）而损失，TiO_2 的含量范围变化较大，为 50% 左右。在 160~200 ℃时，过量浓硫酸与钛铁矿发生如下反应：

$$FeTiO_3 + 2H_2SO_4 = TiOSO_4 + FeSO_4 + 2H_2O$$

$$FeTiO_3 + 3H_2SO_4 = Ti(SO_4)_2 + FeSO_4 + 3H_2O$$

该反应是放热反应，反应开始时就比较剧烈。

用水浸取反应产物时，钛和铁以 $TiSO_4$ 和 $FeSO_4$ 的形式进入溶液中。将溶液冷却至 0 ℃以下时将析出大量的 $FeSO_4 \cdot 7H_2O$ 晶体。因此，应在浸出液中加入铁粉，将 Fe^{3+} 还原为 Fe^{2+}，适当过量的铁粉还能将少量的 $(TiO)^{2+}$ 还原为 Ti^{3+}，从而保护 Fe^{2+} 不被氧化。

反应中的有关电极电势如下：

$$Fe^{2+} + 2e^- = Fe \qquad E^\ominus = -0.45 \text{ V}$$

$$Fe^{3+} + e^- = Fe^{2+} \qquad E^\ominus = +0.77 \text{ V}$$

$$(TiO)^{2+} + 2H^+ + e = Ti^{3+} + H_2O \qquad E^\ominus = +0.10 \text{ V}$$

为使 $TiOSO_4$ 在高酸度下也能水解，先取一部分 $TiOSO_4$ 溶液，使其水解、分散为 H_2TiO_3 溶液，作为沉淀的凝聚中心，再与其余的 $TiOSO_4$ 溶液一起加热至沸腾使其水解，获得 H_2TiO_3 沉淀，该过程发生的反应为

$$TiOSO_4 + 2H_2O = H_2TiO_3 + H_2SO_4$$

将 H_2TiO_3 在 800~1 000 ℃灼烧即得 TiO_2，发生的反应为

$$H_2TiO_3 \xrightarrow{\triangle} TiO_2 + H_2O$$

三、主要仪器与试剂

（1）主要仪器：电子天平、电阻炉、电炉、沙浴、温度计、蒸发皿、瓷坩埚、抽滤瓶、玻璃砂芯漏斗、布氏漏斗。

（2）试剂：铁粉、浓硫酸、硫酸（2 mol/L）、冰盐水。

四、实验步骤

1. 钛铁矿的浸取

称取 10 g 钛铁矿粉置于蒸发皿中，加入 8 mL 浓硫酸，搅拌均匀，然后在沙浴中加热并不断搅拌，观察发生的现象。用温度计测量反应物的温度，当升至 110 ℃时，注意反应物的变化情况。当有白烟冒出时，反应物变为蓝黑色，其黏稠度增大，要用力进行搅拌。当温度上升至 150 ℃时，反应变得比较剧烈，反应物迅速变稠变硬，该过程在几分钟内完成，故应用力搅拌，避免反应物凝固在蒸发皿上。待反应变平稳后，将温度计插入沙浴，在 200 ℃反应 0.5 h，不停地搅动以防结成大块，最后将蒸发皿移出沙浴，冷却至室温。

将产物转入烧杯中，向其中加入 30 mL 温度为 50 ℃的蒸馏水，此时溶液温度升高，

不断搅拌直至产物全部分散，注意温度不应高于 70 ℃，以免 $TiOSO_4$ 水解，浸取 1 h。然后，用玻璃砂芯漏斗抽滤，用 5 mL 蒸馏水洗涤滤渣，溶液体积保持为 35 mL，并观察滤液的颜色。

2. 铁杂质的除去

向浸取液中加入适量铁粉，并不断搅拌直至溶液变为紫黑色、形成 Ti^{3+}；然后立即用玻璃砂芯漏斗抽滤，用冰盐水将滤液冷却至 0 ℃ 以下，观察是否析出 $FeSO_4 \cdot 7H_2O$ 结晶；冷却一段时间后进行抽滤，回收 $FeSO_4 \cdot 7H_2O$ 结晶。

3. 钛盐的水解

将一半上述浸取液在不停地搅拌下，逐滴加入 160 mL 沸蒸馏水中，继续煮沸 10 min；然后，再缓慢加入剩余的浸取液，继续煮沸 0.5 h，注意补充蒸馏水以保持原来的体积，静置。用倾析法除去上层水，再用热的稀硫酸（2 mol/L）洗涤 2 次，用热蒸馏水冲洗沉淀，直至检测不到 Fe^{2+}，用布氏漏斗抽滤，获得 H_2TiO_3。

4. H_2TiO_3 的煅烧

将 H_2TiO_3 置于瓷坩埚中，在电阻炉内于 850 ℃ 下灼烧，直至不再冒白烟时为止，冷却后获得白色 TiO_2 粉末。

五、数据处理

TiO_2 收率的计算：

$$y(\%) = \frac{m_3 - m_2}{m_1} \times 100\%$$

式中，m_1 为钛铁矿的质量，单位为 g；m_2 为瓷坩埚的质量，单位为 g；m_3 为瓷坩埚和 TiO_2 的质量，单位为 g。

六、思考题

(1) 温度对浸取产物有没有影响？为什么要将温度控制在 75 ℃ 以下？
(2) 能否用其他金属来还原 Fe^{3+}？

实验 5　由化学废液制备硝酸银

一、实验目的

掌握由含银废液制备 $AgNO_3$ 的原理和方法。

二、实验原理

实验室产生的废液中含有贵金属、有机溶剂、有害组分，需要进行回收处理，以免造成浪费、引起环境污染。照相馆、医院、实验室中的废定影液是主要的含银废液,具有较高的经济价值,常用的回收含银废液的方法有电解法、离子交换法、沉淀法等。

一般而言,废液中贵金属的含量低,必须经过富集,对含银废液可采取以下方法提取金属银。

(1)还原法:$Ag^+ +$ 还原剂 $\rightarrow Ag$。

(2)沉淀法:$Ag^+ +Na_2S \rightarrow Ag_2S \rightarrow Ag$;$Ag^+ +NaCl \rightarrow AgCl+NH_3 \cdot H_2O \rightarrow [Ag(NH_3)_2]^+ +$ 还原剂 $\rightarrow Ag$。

(3)萃取、离子交换法:$Ag^+ +$ 还原剂 $\rightarrow Ag$。

具体采用哪种方法应依据银含量、杂质及存在形式而定,应先了解废液来源、测定废液组分。如废定影液中银主要是以 $[Ag(S_2O_3)_2]^{3-}$ 的形式存在,可加入 Na_2S 进行富集得到 Ag_2S 沉淀。分离沉淀后获得的 $Na_2S_2O_3$ 可作定影液使用,将沉淀灼烧即可得到 Ag,加入 Na_2CO_3 和 $Na_2B_4O_7 \cdot 10H_2O$ 作为助熔剂能降低灼烧温度。将 Ag 溶解在硝酸(浓硝酸与水的体积比为 $1:1$)中,经蒸发、干燥即可得到 $AgNO_3$。上述反应如下:

$$2Na_3Ag(S_2O_3)_2 +Na_2S = Ag_2S \downarrow +4Na_2S_2O_3$$

$$Ag_2S+O_2 \xrightarrow{\triangle} 2Ag+SO_2$$

$$3Ag+4HNO_3 = 3AgNO_3 +NO \uparrow +2H_2O$$

采用佛尔哈德滴定法可测定所得 $AgNO_3$ 的含量,该法以生成微溶性银盐的沉淀反应为基础,在 pH 为 $0.1 \sim 1$ 的酸性含 Ag^+ 溶液中,以 $(NH_4)_2Fe(SO_4)_2$ 作指示剂,采用 NH_4SCN 标准溶液进行滴定。滴定时溶液中先析出 $AgSCN$ 沉淀,而当 NH_4SCN 过量时,NH_4SCN 与 Fe^{3+} 生成的红色配位化合物能指示滴定终点,所发生的化学反应如下:

$$Ag^+ +SCN^- = AgSCN \downarrow (白色)$$

$$Fe^{3+} +SCN^- = [Fe(SCN)]^{2+} (红色)$$

三、主要仪器与试剂

(1)主要仪器:电阻炉、电子天平、干燥箱、烧杯、瓷坩埚、蒸发皿、锥形瓶、酒精灯、布氏漏斗、抽滤瓶、定量滤纸、滴定管。

(2)试剂:Na_2CO_3、$Na_2B_4O_7 \cdot 10H_2O$、稀盐酸、NaOH 溶液(6 mol/L)、硝酸(浓硝酸与水的体积比为 $1:1$)、$Pb(Ac)_2$ 试纸、NH_4SCN 溶液(0.1 mol/L)、Na_2S 溶液(2.0 mol/L)、铁铵矾指示剂、酒精。

四、实验步骤

1. Ag^+ 的沉淀

取 200 mL 废定影液置于 500 mL 烧杯中,加热至 30 ℃,用 NaOH 溶液调节 pH 为 8,

在不断搅拌的同时，加入 Na_2S 溶液生成 Ag_2S 沉淀，然后用 $Pb(Ac)_2$ 试纸检查清液，如果试纸变黑表明 Ag_2S 已沉淀完全。采用倾析法分离上层清液，将 Ag_2S 沉淀转移至烧杯中，用热水洗涤沉淀直至没有 S^{2-}。抽滤后将 Ag_2S 沉淀转移到蒸发皿上，先干燥后冷却，最后称量。

2. 银的提取

按 3∶2∶1 的质量比分别称取 Na_2CO_3、$Na_2B_4O_7 \cdot 10H_2O$、Ag_2S，在研钵中混合研磨后置于瓷坩埚中，再转移到 1 000 ℃ 的电阻炉中灼烧 1 h，取出坩埚，适当冷却后趁热将上层熔渣倒出，再倒出熔化后的银，冷却后在稀盐酸中煮沸，除去黏附在银表面上的盐类，干燥后称量。如果金属银的量较少、难以与熔渣分离时，可将多份 Ag_2S 沉淀合并至同一坩埚，然后在电阻炉中加热。

3. $AgNO_3$ 的制备

将纯净的银溶解在硝酸(浓硝酸与水的体积比为 1∶1)中，在蒸发皿中缓缓蒸发、浓缩、冷却、过滤，用少量酒精洗涤，干燥后称量。

4. $AgNO_3$ 含量的测定

准确称取 0.5 g $AgNO_3$ 于锥形瓶中，加入去离子水溶解后，再加入 5 mL 硝酸、1 mL 铁铵矾指示剂，用 NH_4SCN 标准溶液进行滴定，不停振荡溶液，直至出现稳定的淡红色时即为滴定终点。

五、数据处理

$AgNO_3$ 百分含量的计算：

$$w(\%) = \frac{c \times V \times M}{1\,000 \times m} \times 100\%$$

式中，c 为 NH_4SCN 标准溶液的浓度，单位为 mol/L；V 为所消耗 NH_4SCN 标准溶液的体积，单位为 mL；m 为废定影液的质量，单位为 g；M 为 $AgNO_3$ 的摩尔质量，单位为 g/mol。

六、思考题

(1)如何回收 AgCl 废渣中的 Ag?
(2)能否直接用 Ag_2S 来制取 $AgNO_3$?

实验 6　纳米钛酸钡的制备

一、实验目的

(1)掌握制备纳米 $BaTiO_3$ 的原理和方法。

(2)掌握制备纳米材料的方法。

二、实验原理

钛酸钡($BaTiO_3$)是一种强介电材料,具有介电常数高、介电损耗低的特点,是电子陶瓷中使用最广泛的材料之一,被称为电子陶瓷工业的支柱。$BaTiO_3$ 的应用前景极其广阔,主要用于电子陶瓷、PTC 热敏电阻、电容器等电子元器件。

$BaTiO_3$ 是一致熔融化合物,其熔点为 1 618 ℃。$BaTiO_3$ 结晶在 1 460~1 618 ℃ 内为非铁电、稳定的六方晶系。在 130~1 460 ℃ 间转变为立方的钙钛矿型结构,其晶体结构对称性极高、无偶极矩产生,此时无铁电性、无压电性。随着温度下降,晶体的对称性下降,当下降到 130 ℃ 时,$BaTiO_3$ 发生顺电-铁电相变,在 5~130 ℃ 范围时,$BaTiO_3$ 转变为四方晶系,具有显著的铁电性,其自发极化强度沿 c 轴方向,$BaTiO_3$ 从立方晶系转变为四方晶系过程中的结构变化较小。当温度下降到-90~5 ℃ 时,$BaTiO_3$ 晶体转变成正交晶系,此时仍具有铁电性,其自发极化强度沿原立方晶胞的面对角线方向。而当温度下降到-90 ℃ 以下时,晶体由正交晶系转变为三方晶系,此时晶体仍具有铁电性,其自发极化强度方向与原立方晶胞的体对角线方向平行,$BaTiO_3$ 从止交晶系转变成三方晶系时结构变化也不大。$BaTiO_3$ 在整个温区内共有五种晶体结构,即六方、立方、四方、正交、三方,随着温度的下降,晶体的对称性越来越低。$BaTiO_3$ 晶体在 130 ℃ 以上呈现顺电性,在 130 ℃ 以下呈现铁电性。

一般认为,颗粒尺寸小于 100 nm 时是纳米粒子。研究发现纳米材料具有显著的特点,比如,当铁的晶粒尺寸为 20 nm 时,其断裂强度提高了 11 倍,达到 5.88 GPa,此时其仍保持塑性,纳米 Si_3N_4 具有较强的压电效应,是普通压电陶瓷锆钛酸铅的 4 倍,航天用的纳米结构陶瓷的烧成温度较传统陶瓷下降 300~600 ℃。

纳米材料的制备方法主要有气相法和液相法,气相法包括化学气相沉积、激光气相沉积、真空蒸发、电子束溅射等,其主要缺点是设备要求高、投资大;而液相法则包括溶胶凝胶法、水热法、共沉淀法等。溶胶凝胶法由于具有如下优点而获得广泛应用:操作简单、无须复杂的仪器,各组分能实现分子级混合、能制备均匀的纳米材料,不仅能制备微粉,还能制备纤维、薄膜等。

通常采用 $BaCO_3$ 和 TiO_2 为原料,以固相烧结法制备 $BaTiO_3$,两者以等物质的量混合后在 1 300 ℃时煅烧，即可发生如下的固相反应：

$$BaCO_3 + TiO_2 \xrightarrow{\quad 1\ 300\ ℃\quad} BaTiO_3 + CO_2 \uparrow$$

尽管该方法简单易行、成本低，但必须依赖于粉碎、球磨，反应温度较高、反应不完全，组分的均匀性和一致性较差，所得 $BaTiO_3$ 的晶粒较大。

通过溶胶凝胶法不但能得到组分均匀的 $BaTiO_3$ 纳米粉体，还能显著降低烧结温度。溶胶凝胶法利用金属有机物、无机盐为原料，在溶液中发生水解、聚合等化学反应，经干燥、除去水分和溶剂后，即形成干凝胶，再于适当温度下进行热处理，即可制备纳米 $BaTiO_3$ 粉体。

三、主要仪器与试剂

（1）主要仪器：电子天平、电阻炉、干燥箱、pH 计、烧杯、坩埚、X 射线衍射仪。

（2）试剂：无水乙酸钡、钛酸四丁酯、冰乙酸、正丁醇。

四、实验步骤

（1）本实验拟制备 0.02 mol $BaTiO_3$，用移液管移取 10 mL 正丁醇置于烧杯中，再准确称取 6.833 7 g 钛酸四丁酯加入烧杯中，搅拌均匀，然后，在不断搅拌下加入 4 mL 冰乙酸并混合均匀。准确称取 5.108 2 g 干燥的无水乙酸钡于另一烧杯中，加入适量去离子水使其溶解形成乙酸钡的水溶液，然后在不断搅拌下将该水溶液逐滴加入到钛酸四丁酯的正丁醇溶液中。经过磁力搅拌数分钟后，再将其 pH 调节为 3.5，得到无色透明的溶胶。用塑料薄膜将烧杯口扎紧、密封，在室温下放置 24 h，得到透明的凝胶。

（2）将凝胶捣碎后，在 100 ℃干燥箱中充分干燥以彻底除去其中的溶剂，取出冷却后，将获得的干凝胶研细。将干凝胶置于 Al_2O_3 坩埚中，移入电阻炉进行热处理，其过程如下：先以 4 ℃/min 的升温速率加热至 250 ℃保温 1 h，除去其中的有机溶剂，然后，再以 8 ℃/min 的速率升温至 800 ℃并保温 2 h。自然冷却至室温后，得到白色或淡黄色固体，研细后获得纳米 $BaTiO_3$ 粉体。

（3）用 X 射线衍射仪测定试样的物相，检索 $BaTiO_3$ 的标准 PDF 卡片，将试样的 d 值和相对强度与标准卡片的数据进行比较，确定产物是否为 $BaTiO_3$。用 X 射线衍射峰的半高宽，采用谢乐公式计算 $BaTiO_3$ 的粒径。

五、数据处理

（1）$BaTiO_3$ 收率的计算：

$$w(\%) = \frac{m_2 - m_1}{n \times M} \times 100\%$$

式中，m_1 为坩埚质量，单位为 g；m_2 为坩埚与烧结后粉体的质量，单位为 g；n 为钛酸四丁酯的物质的量，单位为 mol；M 为 $BaTiO_3$ 的摩尔质量，单位为 g/mol。

（2）试样粒径的计算：

$$D_{hkl} = \frac{K \cdot \lambda}{\beta \cdot \cos\theta}$$

式中，β 为衍射峰的半高宽；K 为常数，通常取 0.9；θ 为衍射峰的半衍射角；λ 为 X 射线的波长，单位为 nm。

六、思考题

（1）称量钛酸四丁酯时应注意什么？

（2）如何保证乙酸钡完全转移到钛酸四丁酯的正丁醇溶液中？

实验 7　二茂铁的合成

一、实验目的

（1）掌握惰性气氛的操作技术。

（2）掌握柱色谱法提纯二茂铁的操作。

二、实验原理

二茂铁又名环戊二烯基铁，分子式是 $(C_5H_5)_2Fe$，是亚铁与环戊二烯的配合物。二茂铁是一种具有芳香族性质的有机过渡金属化合物，它是十分重要且很稳定的金属茂基配合物，在常温下为橙黄色粉末，有樟脑气味，在真空和加热时将迅速升华。二茂铁不溶于水，易溶于苯、乙醚等大多数有机溶剂。二茂铁的化学性质比较稳定，对空气、潮湿空气不敏感，不易与酸、碱发生反应，在沸水、稀沸碱液和浓盐酸沸液中既不溶解也不分解，但对氧化剂较为敏感。二茂铁具有优良的热稳定性，最高可耐 470 ℃ 的高温且在 400 ℃ 以内不分解。它能强烈吸收紫外线，其分子为极性，有抗磁性，偶极矩为零。二茂铁本身的应用并不多，但其衍生物种类繁多，从而极大拓展了其应用范围。二茂铁可用作火箭燃料添加剂、汽油的抗爆剂、橡胶及硅树脂的熟化剂、紫外线吸收剂。二茂铁的乙烯基衍生物能发生烯键聚合得到碳链骨架的含金属高聚物，从而用作航天飞船的外层涂料。

制备二茂铁的方法有很多，基本路线是先生成环戊二烯负离子，然后与 Fe^{2+} 反应；可用铁粉与环戊二烯在 300 ℃ 的氮气中加热生成，也可用 $FeCl_2$ 与环戊二烯化钠在四氢呋喃中反应而获得。常用的制备方法有如下两种：

第一种是利用细铁粉还原 $FeCl_3$ 制备 $FeCl_2$，在搅拌的同时向四氢呋喃溶剂中分批

加入 $FeCl_3$，再加入铁粉，在氮气保护下加热回流得到 $FeCl_2$ 溶液。经减压蒸馏除去四氢呋喃溶剂，在冰浴冷却下加入环戊二烯和乙二胺的混合液，在含有乙二胺的四氢呋喃溶剂中使环戊二烯与 $FeCl_2$ 作用生成二茂铁。在室温下剧烈搅拌 6~8 h，减压蒸馏去除多余的胺，残留物用石油醚回流萃取，将萃取液趁热过滤，经蒸馏除去溶剂后获得粗二茂铁。在环己烷溶剂中重结晶获得二茂铁精制品。环戊二烯在常温下为二聚体，使用前应解聚为单体，该实验必须在严格无水无氧的条件下进行。

第二种是以二甲亚砜为溶剂、NaOH 为环戊二烯的脱质子剂，使其变为环戊二烯负离子，再与 $FeCl_2$ 反应生成二茂铁。此法有一定的优越性，NaOH 不仅能用作环戊二烯的脱质子剂，而且也是脱水剂，反应物可用普通的 $FeCl_2 \cdot 4H_2O$。

本实验采用第二种方法制备二茂铁。由于二茂铁分子中的茂基具有芳香化合物的显著特征，能在该戊环上进行磺化、酰基化等取代反应形成多种含取代基的衍生物，二茂铁可与亲电试剂反应生成取代衍生物，丁基锂能很快夺取二茂铁中的质子，发生锂化反应，获得 1-1′-二锂代二茂铁。二茂铁还能发生还原反应，在酸性溶液中很容易被氧化为蓝色顺磁性的二茂铁鎓离子，由于二茂铁的反应性不强且易于分离，该离子有时被用作氧化剂，以六氟磷酸盐或氟硼酸盐的形式存在。本实验在磷酸催化下，由乙酸酐与二茂铁发生亲电取代反应制取乙酰二茂铁，采用柱色谱法进行提纯。

三、主要仪器与试剂

（1）主要仪器：电子天平、研钵、温度计、三口烧瓶、滴液漏斗、T 形管、布氏漏斗、氮气钢瓶、干燥管、烧杯、毛细管、广口瓶、锥形瓶、色谱柱、球形冷凝管、接引管、蒸馏头、分馏柱、磁力搅拌器、熔点测定仪、红外光谱仪。

（2）试剂：NaOH、$FeCl_2 \cdot 4H_2O$、环戊二烯、二甲亚砜、盐酸（6 mol/L）、乙酸酐、浓磷酸、无水 $CaCl_2$、$NaHCO_3$、二氯甲烷、甲苯、石油醚（60~90 ℃）、乙醚、乙酸乙酯、KBr、CCl_4。

四、实验步骤

1. 二茂铁的合成

在 100 mL 烧瓶内加入 40 mL 环戊二烯，然后用分馏装置进行分馏，收集温度低于 44 ℃ 的馏分，从而将环戊二烯进行解聚，并在 3 h 内使用。

首先用研钵将 NaOH、$FeCl_2 \cdot 4H_2O$ 磨细。将磁力搅拌棒放入 250 mL 的三口圆底烧瓶内，然后依次加入 143 mL 二甲亚砜、38.86 g NaOH 粉末，按图 5-1 所示安装仪器。检查无误后，在搅拌的同时持续通入 10 min 氮气，然后将 20 mL 环戊二烯逐滴加入，反应液将显红色。反应进行 15 min 后，再分批次加入 24 g $FeCl_2 \cdot 4H_2O$ 粉末，剧烈搅拌 100 min 后反应结束，停止通气。

将反应物转入到 215 mL 盐酸和 140 g 冰的混合物中，继续搅拌 30 min 后将析出黄色固体，抽滤，并用水充分洗涤固体，干燥后称量。

2. 乙酰二茂铁的合成

将 3 g 二茂铁和 10 mL 乙酸酐加入 50 mL 锥形瓶中，在磁力搅拌下逐滴加入 2 mL 浓磷酸，用 $CaCl_2$ 干燥管保护混合物，在沸水浴上加热 10 min。然后将其倒入盛有 60 g 冰的烧杯中，不断搅拌，待冰融化后，再小心加入 $NaHCO_3$ 中和直至无二氧化碳气体逸出时为止。在冰浴上冷却 30 min 后抽滤，再用水充分洗涤直至滤液为浅橙色，干燥。该试样通常含有杂质，应进一步分离提纯。

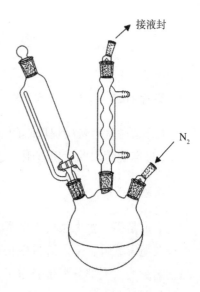

图 5-1　二茂铁的合成装置

3. 试样的提纯

先按要求制备薄层色谱板，再分别将少量纯二茂铁、乙酰二茂铁试样溶于 2 mL 甲苯溶剂中配成溶液，分别用毛细管浸入上述溶液，轻轻在色谱板上点触，两样点应在同一水平线上。选择不同的展开剂进行展开，然后计算两种化合物的 R 值，确定合适的淋洗剂。

按柱色谱的操作过程和选用的淋洗剂进行过柱，根据颜色的差别分别收集，蒸发除去柱色谱中收集的两溶液中的溶剂，获得二茂铁和乙酰二茂铁，称量并计算收率。

4. 试样的鉴定

用熔点测定仪测定二茂铁、乙酰二茂铁的熔点，并与标准值（173~174 ℃、85~86 ℃）进行对比。测定二者的红外光谱，并与标准谱图进行比较，判定特征吸收峰。

五、数据处理

二茂铁收率的计算：

$$w(\%) = \frac{(m_2 - m_1) \times M_1}{\rho \times V \times M_2} \times 100\%$$

式中，ρ 为环戊二烯的密度，单位为 g/cm^3；V 为环戊二烯的体积，单位为 mL；m_1 为烧杯的质量，单位为 g；m_2 为烧杯与粉体的质量，单位为 g；M_1 为环戊二烯的摩尔质量，单位为 g/mol；M_2 为二茂铁的摩尔质量，单位为 g/mol。

六、思考题

（1）为什么要在惰性气氛中合成二茂铁？

（2）提纯乙酰二茂铁时如何选用淋洗剂？

实验 8　从海带中提取碘

一、实验目的

(1)掌握从海带中提取碘的原理和方法。

(2)掌握萃取的适用范围。

二、实验原理

海带是多年生大型食用藻类，生长于海边低潮线下海底的岩石上，人工养殖时主要生长在绳索或竹材上。海带生长于水温较低的海中，它的生长受温度、光照、营养盐等因素的影响。大部分海带分布于北半球，太平洋西北部是海带的集中生长地，绝大部分种类的海带分布在这里。

海带含有60余种营养成分，它的热量低、蛋白质含量适中、氨基酸种类齐全且比例适当、矿物质含量丰富。海带除直接食用外，还能加工成各种风味独特的食品，还可以从中提取褐藻糖胶、甘露醇、膳食纤维和海藻酸钠。在饲料中加入海带粉末能有效地改善营养结构、降低饲养成本。

海带能阻止放射性元素锶的吸收，食用海带能起到排铅的作用，还能降低血压、血脂和血糖。人体缺碘会患甲状腺肿，海带中含有非常丰富的碘，对预防和治疗甲状腺肿有很好的作用。

常采用如下几种方法提取碘：

1. I^- 的氧化

由于海带中的碘含量较高，因而能从其中提取碘。提取时先将海带转化为灰，再将灰加入水中，其中的碘便转变为能溶于水的无机碘化物，以 I^- 的形式进入溶液。用适量的氧化剂将 I^- 氧化成为单质 I_2，从而提取碘，这利用的是海带中 I^- 的还原性。用 H_2O_2、Cl_2、MnO_2 等氧化剂在酸性溶液中将具有较强还原性的 I^- 氧化成为碘单质，反应如下：

$$2I^- + Cl_2 = I_2 + 2Cl^-$$

$$2I^- + H_2O_2 + 2H^+ = I_2 + 2H_2O$$

为了避免单质碘被进一步氧化为高价的 IO_3^-，氧化剂的用量要适当，避免过量。

2. IO_3^- 的还原

自然界中的碘酸钠也含有大量的碘，因此，能用还原剂 $NaHSO_3$ 将其中的高价碘还原为单质碘。

$$2IO_3^- + 5HSO_3^- = 3HSO_4^- + 2SO_4^{2-} + H_2O + I_2$$

实际上，上述反应是先用适量的 $NaHSO_3$ 将碘酸盐还原成碘化物，即

$$IO_3^- + 3HSO_3^- = I^- + 3SO_4^{2-} + 3H^+$$

再将所形成的碘化物溶液与适量的碘酸盐溶液作用,使碘析出,即

$$IO_3^- + 5I^- + 6H^+ = 3I_2 + 3H_2O$$

在上述反应中,I_2 能与淀粉水溶液作用显蓝色,从而证实形成了 I_2。单质碘易溶于 CCl_4 等有机溶剂,因此可采用与水互不混溶的有机溶剂将碘单质从含碘水溶液中分离出来。

三、主要仪器与试剂

(1)主要仪器:电子天平、烧杯、瓷坩埚、泥三角、漏斗、滤纸、玻璃棒、酒精灯、分液漏斗、石棉网。

(2)试剂:硫酸(2 mol/L)、H_2O_2 溶液(质量分数为 6%)、CCl_4、酒精、凡士林、淀粉指示剂。

四、实验步骤

(1)称取 20 g 干海带,将其表面的附着物刷洗干净,不要用大量清水洗。然后,将海带剪碎,用酒精润湿后放入瓷坩埚中并置于泥三角上。在通风处用酒精灯加热灼烧盛有海带的坩埚,应边加热边搅拌,使其受热均匀,大约 5 min 后,海带将逐渐卷曲,变成黑色粉末,当海带完全变为黑色灰后,停止加热,自然冷却。

(2)称取一药匙海带灰置于小烧杯内,向其中加入 60 mL 蒸馏水,煮沸 3 min。煮沸时海带灰并未明显溶解,冷却后过滤,得到淡黄色滤液;如果滤液浑浊,应重新过滤一次。向滤液中加入 4 mL 硫酸,使含有 Na_2CO_3、K_2CO_3 的碱性溶液呈弱酸性,从而有利于氧化剂的氧化,再加入 10 mL H_2O_2 溶液,并不断搅拌,溶液颜色逐渐变深,呈棕黄色。移取 2 mL 上述溶液加入试管中,滴入几滴淀粉指示剂,溶液将显蓝色,说明已形成单质碘。

(3)向分液漏斗中加入少量水以检查活塞是否漏水,用右手食指按住分液漏斗上口的玻璃塞,将其倒转过来,检查玻璃塞是否漏水。如果漏水,在玻璃活塞上涂一层薄薄的凡士林,不要堵塞上面的小孔,将它装回原处并旋转数圈,使凡士林均匀分布。然后关闭旋塞,往漏斗内注水,检查旋塞处是否漏水。

(4)向所得液体中加入 CCl_4 溶剂,混合均匀后再转入分液漏斗中,塞好分液漏斗上的玻璃塞。用右手压紧分液漏斗的玻璃塞,左手握住活塞,将分液漏斗倒转过来,用力摇动。开始时振摇速度较慢,振摇几次后将漏斗底部的管口向上倾斜,用左手的大拇指和食指打开活塞放气,此时管口不能对人,更不能对着火。经过多次振摇放气后,将分液漏斗置于铁架台的铁圈上,静置。

打开分液漏斗上口的玻璃塞,使漏斗与外界空气相通,再打开活塞,使下层液体缓

慢流出，用烧杯盛接。待下层液体完全流出后关闭活塞，将上层液体从漏斗上口倒出，获得碘的 CCl_4 溶液。

五、实验记录

写出实验中所发生的有关反应的化学方程式。

六、思考题

(1)哪些氧化剂能将溶液中的 I^- 氧化成为 I_2？

(2)本实验选用 H_2O_2 作氧化剂时有哪些优点？

实验 9　从茶叶中提取咖啡因

一、实验目的

(1)掌握从茶叶中提取咖啡因的原理和方法。

(2)掌握索氏提取器的操作方法。

二、实验原理

咖啡因是一种弱碱性物质，易溶于氯仿、水、乙醇、苯，它是一种中枢神经兴奋剂，能刺激中枢神经、驱赶睡意、恢复精力，在临床上可用于治疗神经衰弱、昏迷，是复方阿司匹林等药物的一种成分。茶叶是咖啡因的一个重要来源，其中的咖啡因质量分数一般为 1%~5%，某些品种的茶中的咖啡因含量高，如红茶和乌龙茶。茶叶的制作方法对于茶有很大影响，但是茶的颜色几乎与咖啡因含量无关，日本绿茶的咖啡因含量远远低于许多红茶。咖啡因主要通过人工合成而制得，也可以从茶叶等物品中提取。

为了提取茶叶中的咖啡因，常采用适当的溶剂在脂肪提取器中进行提取。脂肪提取器又称索氏提取器，它由提取瓶、提取管、冷凝器三部分组成，提取管两侧分别有虹吸管和连接管，连接处应密封不漏气。提取时，将茶叶包在脱脂滤纸包内，小心放入提取管内，向提取瓶内加入溶剂。缓慢加热提取瓶，溶剂汽化后由连接管上升进入冷凝器，在冷却水作用下凝结成液体滴入提取管内，从而浸提茶叶中的咖啡因。待提取管内的溶剂液面达到一定高度时，溶有咖啡因的溶剂经虹吸管流入提取瓶，之后被加热汽化、上升、冷凝，滴入提取管内，如此循环往复，直到咖啡因被完全抽提时为止，然后再蒸馏除去溶剂获得粗咖啡因。

含有结晶水的咖啡因是无色针状结晶，它在 100 ℃时失去结晶水，开始升华，在 120 ℃时升华现象变明显，到 178 ℃时升华速度较快；不含水的咖啡因的熔点为

234.5 ℃。

尽管重结晶法很常用，但它只能纯化杂质质量分数低于 5% 的固体有机物，而粗咖啡因中还含有生物碱和其他杂质，杂质含量高，因此不能用重结晶法进行提纯。可以利用咖啡因能升华这一特点进行提纯，本实验采用升华法提纯由茶叶中提取的咖啡因。

咖啡因可以通过测定熔点法和红外光谱法进行鉴定，还能通过制备咖啡因水杨酸衍生物进一步验证，这是由于作为碱时，咖啡因能与水杨酸作用生成水杨酸盐，其熔点为 137 ℃。

三、主要仪器与试剂

（1）主要仪器：电子天平、分光光度计、熔点测定仪、索氏提取器、圆底烧瓶、水浴锅、直形冷凝管、接液管、蒸发皿、表面皿、研钵、漏斗、锥形瓶、温度计、烧杯、具塞试管、标准筛。

（2）试剂：乙醇（体积分数为 95%）、CaO、乙酸锌溶液（质量分数为 20%）、亚铁氰化钾溶液（质量分数为 10%）、$KMnO_4$ 溶液（质量分数为 1.5%）、Na_2SO_3 与硫氰酸钾混合溶液（质量分数为 10%）、咖啡因标准储备液（0.5 mg/mL）、磷酸（质量分数为 15%）、氯仿、Na_2SO_4。

四、实验步骤

1. 咖啡因的提取

将茶叶粉碎使其通过 30 目的标准筛，称取 10 g 茶叶粉末，装入如图 5-2 所示的索氏提取器的滤纸套筒中，轻轻压实，并在筒上口盖一片滤纸，然后置于提取器中。向圆底烧瓶中加入 60 mL 乙醇和几粒沸石，用水浴加热开始回流抽取，直到提取液颜色变浅时为止，约需 3 h，当冷凝液刚虹吸下去时停止加热。稍微冷却后，将其改为蒸馏装置，加热回收提取液中的大部分乙醇。然后，将少量残留液倒入蒸发皿中，加入 6 g CaO 细粉末，在蒸气浴上用玻璃棒搅拌，翻炒至干的状态。再隔着石棉网焙炒片刻，除去全部水分，冷却后擦去沾在边上的粉末，以免污染升华产物。

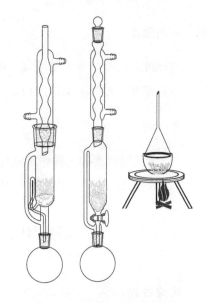

图 5-2　索氏提取器及常压升华装置

2. 咖啡因的提纯

将刺有许多小孔的圆形滤纸盖在装有粗咖啡因的蒸发皿上，用一只玻璃漏斗罩住，用一小团棉花疏松地塞在漏斗的颈部位置。将蒸发皿在上述升华装置上用沙浴小心加热直至升华，控制温度为 220 ℃。当滤纸上出现许多结晶时，停止加热，自然冷却至 100 ℃。取下漏斗，揭开滤纸，将附着于滤纸漏斗上的咖啡因用小刀仔细地刮下。搅拌残渣后继续加热使之升华完全。最后，将两次收集的咖啡因合并放入蒸发皿中，称重并测定其熔点。

3. 咖啡因含量的测定

称取 2.0 g 茶叶粉末于烧杯中，加入 80 mL 沸水后加盖并摇匀，浸泡 2 h。然后，将浸出液全部转入 100 mL 容量瓶中，分别加入 2 mL 乙酸锌溶液、亚铁氰化钾溶液，摇匀后用水稀释至 100 mL，静置后过滤。移取 20.0 mL 滤液置于分液漏斗中，依次加入 5 mL $KMnO_4$ 溶液、10 mL Na_2SO_3 与硫氰酸钾混合溶液、1 mL 磷酸，分别用 50 mL 氯仿萃取 2 次，合并萃取液获得 100 mL 氯仿溶液。

移取咖啡因标准储备液，用重蒸氯仿配制咖啡因浓度分别为 0 μg/mL、5 μg/mL、10 μg/mL、20 μg/mL 的系列标准溶液。以重蒸氯仿作为参比调节零点，将溶液加入 1 cm 比色皿内，将分光光度计的波长调节为 276.5 nm，测定各溶液的吸光度。

向 25 mL 具塞试管中加入 5 g Na_2SO_4、20 mL 含试样的氯仿溶液，摇匀后静置。然后以重蒸氯仿作空白溶剂，将试样溶液加入 1 cm 比色皿中，在分光光度计的波长 276.5 nm 处测定其吸光度。

五、数据处理

以标准溶液中咖啡因的浓度为横坐标、以吸光度为纵坐标绘制标准曲线，从标准曲线上查得茶叶中咖啡因的浓度(μg/mL)。

六、思考题

(1)索氏提取器的工作原理是什么？
(2)为什么从茶叶中提取出的粗咖啡因常有绿色光泽？

实验 10　从红辣椒中提取红色素

一、实验目的

(1)掌握天然化合物的分离方法。
(2)掌握薄层色谱板和色谱柱的制作方法。

二、实验原理

我国的辣椒资源十分丰富、种类繁多。红辣椒红色素因其色泽鲜艳、稳定性好、着色力强而被广泛用作食品着色剂，与人工合成色素相比，天然植物色素的原料充足、对人体无毒副作用。红辣椒红色素天然无公害、市场潜力大、前景乐观，因而越来越受到重视。红辣椒红色素的国内需求量较大，是一种理想的食品、药品、保健品、化妆品等的着色剂。从红辣椒中提取红色素具有广阔的前景，常见的提取方法有萃取法、色谱分离法、薄层色谱法。

萃取法又称溶剂萃取法，是利用组分在溶剂中具有不同的溶解度来分离混合物的操作。它是利用物质在两种互不相溶的溶剂中溶解度或分配系数的不同，使溶质从一种溶剂内转移到另外一种溶剂中的方法，所选溶剂要和溶质易于分开，最好选择低沸点溶剂。

色谱分离法，是基于不同物质在由固定相和流动相构成的体系中具有不同的分配系数，在采用流动相洗脱过程中呈现不同保留时间而实现分离的方法。柱色谱法常用的是吸附色谱，以 Al_2O_3、硅胶作为固定相，常在吸附柱色谱玻璃管中填入表面积大、活化的多孔性或粉状固体吸附剂，当混合物溶液流过时，各成分同时吸附在柱上端。当洗脱剂流下时，由于吸附能力的不同、向下洗脱的速度不同、对吸附剂的亲和力不同，溶质在柱中自上而下形成若干色带，用溶剂洗脱时已分开的溶质可从柱上分别洗出、收集。

薄层色谱法是一种吸附薄层色谱分离法，它是以涂布于支持板上的支持物作为固定相、以合适的溶剂为流动相，利用吸附剂对各成分吸附能力的不同，在流动相溶剂流过固定相吸附剂的过程中，连续发生吸附、解吸附、再吸附、再解吸附的过程，从而达到各成分互相分离的目的。待点样展开后，根据比移值进行鉴别、测定，是对混合试样进行分离、鉴定和定量分析的一种分离技术。

本实验采用层析柱法以二氯甲烷为溶剂从红辣椒中分离红色素，并用薄层色谱进行鉴定。

三、主要仪器与试剂

(1)主要仪器：圆底烧瓶、薄层色谱板、层析柱、色谱柱、层析缸、水浴锅、广口瓶。

(2)试剂：二氯甲烷、硅胶(100~200 目)、乙醇、石油醚、乙酸乙酯。

四、实验步骤

1. 红色素的提取

将红辣椒干燥、研碎，然后称取 5 g 置于 100 mL 圆底烧瓶内，再加入 40 mL 二氯甲烷和几粒沸石。加热回流 30 min，冷却后进行抽滤，所得滤液用水浴加热、蒸干，即可得到粗红色素。

2. 红色素的分离

装柱。采用干法装柱时，先称取 10 g 硅胶，将其装填到装有 12 mL 二氯甲烷、带旋塞的层析柱中，排出气泡，再加入约 3 mm 的干净沙粒。打开旋塞放出部分二氯甲烷使其液面降至沙层的上层面。当用湿法装柱时，用二氯甲烷将 10 g 硅胶调成糊状，缓慢倒入柱内，并用橡胶塞轻敲柱的下端使填装紧密，当装至 3/4 时在上面加一层厚度约 5 mm 的石英砂，应注意液面不能低于石英砂的上层。

加样。当溶剂液面刚好流经石英砂面时，立即沿柱内壁加入 1 mL 红辣椒红色素溶液，当其流至石英砂面时，立即用二氯甲烷冲洗管壁的有色物质，连续多次冲洗直至洗干净为止。

洗脱。以二氯甲烷为溶剂洗脱色素，控制流出速度，并确保洗脱剂覆盖吸附剂。β-胡萝卜素的极性小，先向下移动，而极性较大的叶绿素、叶黄素、红色素则留在柱的上端形成不同的色带。当最下端的色带快流出时，更换一个接收瓶，继续洗脱；当滴出液无色时再换一个接收瓶。收集洗脱液每份 2 mL，当红色素洗脱后停止淋洗。将含有相同组分的溶液合并蒸干获得纯红色素。

3. 红色素的鉴定

铺板。薄层色谱板的铺板方法有平铺法、倾注法两种，后者最为常用。将调好的均匀浆料倾注在两块干净的玻璃片上，用大拇指和食指拿住玻璃片的两端，前后左右轻轻摇晃，使流动的浆料均匀地铺在玻璃片上，使其表面光洁平整。将其水平放置晾干，再移入干燥箱内加热活化，缓缓升温至 110 ℃并恒温 30 min，取出后放在干燥器中冷却。

点样。用软铅笔在距离薄层板一端边沿 1 cm 处轻画一条点样线，用管口平齐的毛细管吸取少量红色素于小锥形瓶中，加入 10 滴二氯甲烷配成溶液，再用毛细管蘸取溶液轻轻接触点样线。一次点样不够时，待溶剂挥发后再点数次，试样扩散直径不应大于 2 mm。

展开。薄层色谱应在密闭的容器中展开，将适量石油醚-乙酸乙酯展开剂（质量比为 1∶2）倒入层析缸，使液层厚度为 0.5 cm。将已点样的薄层板放入层析缸，点样的一端在下，试样点在展开剂液面上，盖好缸盖。展开剂将沿薄层板向上移动，当展开剂的前沿距离薄层板顶端 1 cm 时取出薄层板，尽快用铅笔标出前沿位置，置于通风处晾干。

R_f 值。某种化合物在薄层板上上升的高度与展开剂上升高度的比值即为其 R_f 值，它是有机化合物的物理常数，每种化合物在选定的固定相和流动相体系中都具有一定的 R_f 值，因此，可用薄层色谱鉴定化合物。

用制得的红色素配制少量溶液，用薄层板进行鉴定，如果只有一个点且其 R_f 值与标准值相同，表明所得即为红色素。

五、数据处理

各组分 R_f 的计算：

$$R_f = \frac{H_1}{H_2}$$

式中，H_1 为某组分在薄层板上上升的高度，单位为 mm；H_2 为展开剂在薄层板上上升的高度，单位为 mm。

六、思考题

(1)装柱时为什么要把硅胶填平？

(2)在加热回流提取红色素时，为什么要将温度控制在 50 ℃以下？

实验 11　土壤中腐殖质的测定

一、实验目的

(1)了解土壤分析的目的和意义。

(2)掌握土壤腐殖质组成的测定方法。

二、实验原理

土壤是地球表面的一层疏松物质，它由固体物质、液体物质、气体物质组成。固体物质是土壤矿物、有机质、微生物通过光照灭菌后得到的养料，液体物质是指土壤水分，而气体物质则是存在于土壤孔隙中的空气。土壤中的这三类物质构成一个统一体，它们互相联系、互相制约，为农作物提供必需的生活条件，是土壤肥力的物质基础。

有机质含量是衡量土壤肥力的一个重要标志，它和矿物质紧密结合在一起。在一般耕地的耕层中，有机质质量只占土壤干重的 0.5% ~ 2.5%，耕层以下则更少，但它的作用却很大，常把有机质含量较多的土壤称为"油土"。土壤有机质按分解程度分为新鲜有机质、半分解有机质和腐殖质，包括各种动植物残体、微生物及各种有机产物，它不仅能为作物提供营养元素，还对形成土壤结构、改善土壤物理性状有决定作用。土壤腐殖质是土壤有机物存在的一种特殊形式，是土壤有机质存在的主要形态，它是指新鲜有机质经过微生物分解形成的黑色胶体物质，占土壤有机质总质量的 85% ~ 90%，由胡敏酸、富啡酸和存在于残渣中的胡敏素等组成。

胡敏酸是指土壤中只溶于稀碱而不溶于稀酸的棕色、暗褐色的腐殖酸，是土壤腐殖质的主要成分。胡敏酸的摩尔质量在 400 ~ 100 000 g/mol，主要由碳、氢、氧、氮等元素组成，含有芳香环、杂环和多环。胡敏酸分子边缘的羧基、酚羟基、甲氧基、酰胺基决定了它的酸度和吸收容量。胡敏酸是一种效果良好的化学肥料，具有植物生长刺激剂的作用，对土壤结构的形成发挥着重要作用。

富啡酸指的是黄腐酸，是一种溶于水的红棕色粉末。它是一种生长调节剂，能促进植物生长，能减少蒸腾，具有抗旱作用，能增加植物产量、改善品质。

胡敏素是土壤中与矿物质结合牢固的腐殖物质的总称，是胡敏酸与矿物的结合物，它的分子比胡敏酸简单。胡敏素较难溶于水，具有较高的化学和生物学稳定性，是一种惰性的腐殖质，在土壤中的存在时间可达千年以上，它不能溶于一般的弱酸弱碱，但黏土被氢氟酸破坏后，其中的胡敏素就能溶于碱，它在土壤中的肥力最小。

在同一土壤中，平均摩尔质量的大小顺序：胡敏素>胡敏酸>富啡酸。胡敏素的醇羟基数量大于富啡酸和胡敏酸的醇羟基数量，而富啡酸的羧基含量最高。

本实验采用 $K_2Cr_2O_7$ 氧化加热法测定含碳量，土样用 $K_2Cr_2O_7$ 溶液加热消煮后，有机质中的碳被氧化成为二氧化碳，而重铬酸根离子（$Cr_2O_7^{2-}$）则被还原成 Cr^{3+}，剩余的 $K_2Cr_2O_7$ 用 $(NH_4)_2Fe(SO_4)_2$ 标准溶液滴定，然后根据有机碳被氧化前后重铬酸根离子量的变化，就可算得有机碳和有机质的含量。

通常采用 $Na_4P_2O_7$-NaOH 浸提液来提取腐殖质，该浸提液具有极强的络合能力，能将土壤中难溶于水和易溶于水的结合态腐殖质结合成为易溶于水的腐殖酸钠盐，将腐殖质完全提取到溶液中。取部分浸出液测定其含碳量，作为胡敏酸和富啡酸的总量。将另一部分浸出液酸化处理后使胡敏酸沉淀，并分离出富啡酸，然后将沉淀溶解于 NaOH 中，测定其含碳量作为胡敏酸含量。富啡酸则从差数计算而得。由腐殖质测定中的全碳量减去胡敏酸和富啡酸的含碳量即可算出留在土样残渣中的有机质胡敏素。

三、主要仪器与试剂

（1）主要仪器：电子天平、干燥箱、油浴锅、水浴、硬质试管、离心机、离心管、干燥器、注射器、振荡器、标准筛、玻璃漏斗、滴定管、试管架。

（2）试剂：$K_2Cr_2O_7$、$(NH_4)_2Fe(SO_4)_2 \cdot 6H_2O$、$Na_4P_2O_7 \cdot 10H_2O$、NaOH、NaOH 溶液（0.05 mol/L）、Na_2CO_3、浓硫酸、硫酸（浓硫酸与水的体积比为 1：1、0.025 mol/L、0.5 mol/L）、Ag_2SO_4、邻菲啰啉指示剂、N-苯基邻氨基苯甲酸。

四、实验步骤

1. 溶液的配制

N-苯基邻氨基苯甲酸指示剂。首先配制浓度为 2 g/L 的 Na_2CO_3 溶液，再称取 0.1 g N-苯基邻氨基苯甲酸于烧杯中，加入 50 mL Na_2CO_3 溶液，在加热的同时不断搅拌，使其溶解。

浸提液。分别称取 6.647 5 g $Na_4P_2O_7 \cdot 10H_2O$ 和 1.0 g NaOH 于烧杯中，用水溶解后全部转移至 250 mL 容量瓶中，用蒸馏水稀释至刻度线，摇匀，得到 $Na_4P_2O_7$-NaOH 混合液（0.1 mol/L）。

$K_2Cr_2O_7$ 标准溶液（0.800 0 mol/L）。将 $K_2Cr_2O_7$ 在 150 ℃ 的干燥箱内烘干 2 h，冷却

后保存在干燥器内。准确称取 23.534 8 g $K_2Cr_2O_7$ 于烧杯中，加入 40 mL 蒸馏水，加热搅拌使其溶解，冷却后全部转移至 100 mL 容量瓶中，用水稀释至刻度线，摇匀。

$(NH_4)_2Fe(SO_4)_2$ 标准溶液（0.2 mol/L）。准确称取 39.214 0 g $(NH_4)_2Fe(SO_4)_2 \cdot 6H_2O$ 于烧杯中，加水搅拌使其溶解，再加入 7.5 mL 浓硫酸，搅拌均匀后全部转入 500 mL 容量瓶，加水稀释至刻度线，摇匀。然后，准确移取 10.00 mL $K_2Cr_2O_7$ 标准溶液于锥形瓶中，分别加入 40 mL 蒸馏水、10 mL 硫酸（浓硫酸与水的体积比为 1∶1），再加入 3 滴邻菲啰啉指示剂，用 $(NH_4)_2Fe(SO_4)_2$ 标准溶液进行滴定，当溶液由橙黄色经蓝绿色刚好变为棕红色时为滴定终点。同时进行空白实验。

2. 土样的制备

取 10 g 均匀风干的土样，挑去其中的砾石，在放大镜下将肉眼可见的全部有机残体挑选干净，在研钵中研磨使其全部通过 100 目的标准筛，保存于广口瓶中。在称样测定的同时，另称取一份土样测定吸附水，换算成烘干样计算结果。

3. 腐殖质中全碳量的测定

采用 $K_2Cr_2O_7$ 氧化加热法测定含碳量。采用递减称量法准确称取 0.4~0.5 g 的风干土样于硬质试管中，加入 0.1 g Ag_2SO_4，再加入 5.00 mL $K_2Cr_2O_7$ 标准溶液，用注射器加入 5 mL 浓硫酸，小心旋转并摇匀。

将油浴锅加热至 185~190 ℃，将盛有土样的硬质试管插入油浴锅内的试管架中加热，控制油浴锅的温度为 170~180 ℃，使溶液沸腾 5 min。取出试管架，待试管稍冷后，用滤纸擦去外部残余的油。如果溶液为绿色，表明 $K_2Cr_2O_7$ 标准溶液用量不足，应减少土样重新实验。如溶液为橙黄色，冷却后洗涤试管内的混合物并转入锥形瓶内，瓶内体积保持为 60 mL，再加入 3 滴邻菲啰啉指示剂，用 $(NH_4)_2Fe(SO_4)_2$ 标准溶液滴定，当溶液由橙黄色经蓝绿色刚好变为棕红色时为滴定终点。

进行空白实验时不加土样，但应加入 0.2 g 石英砂，其余步骤完全相同。

4. 待测溶液的制备

准确称取 5.000 0 g 土样置于 250 mL 锥形瓶中，加入 100.00 mL 浸提液，加塞后振荡 5 min，然后在沸水浴中加热 1 h，摇匀后用离心机进行离心分离，清液收集于锥形瓶内，加塞保存，弃去残渣。

5. 胡敏酸和富啡酸中总碳量的测定

准确移取 5.00~15.00 mL 浸出液置于已加入少量石英砂的硬质试管中，具体体积视溶液颜色深浅而定，再逐滴加入硫酸（0.5 mol/L）进行中和，直至 pH 为 7，溶液出现浑浊时为止。将试管放在水浴上蒸发直至近干状态，然后采用步骤 3 中的 $K_2Cr_2O_7$ 氧化加热法测定胡敏酸和富啡酸的总碳量。

6. 胡敏酸和富啡酸的分离

准确移取 20.00~50.00 mL 浸出液置于 250 mL 锥形瓶中，具体体积视溶液颜色深浅而定。加热达到近沸状态，再逐滴加入硫酸（0.5 mol/L）进行中和，直至 pH 为 1~1.5，将出现胡敏酸絮状沉淀。然后，将锥形瓶在 80 ℃ 水浴上加热 0.5 h 使胡敏酸充分分离，冷却。在过滤漏斗上放置慢速滤纸，用硫酸（0.025 mol/L）进行润湿，然后进行过滤，再用硫酸（0.05 mol/L）洗涤锥形瓶及沉淀直到滤液变为无色为止，所得沉淀即为胡敏酸，弃去滤液。

7. 胡敏酸的测定

用热 NaOH 溶液（0.05 mol/L）少量多次地洗涤沉淀使其溶解，直到滤液无色为止，然后全部转移至 100 mL 容量瓶中，用蒸馏水稀释至刻度线，摇匀。准确移取 10.00~25.00 mL 溶液于盛有少量石英砂的硬质试管中，具体体积视溶液颜色深浅而定，再逐滴加入硫酸（0.5 mol/L）进行中和，直至 pH 为 7，溶液中出现浑浊时为止。将试管在水浴上蒸发至近干状态，采用步骤 3 中的 $K_2Cr_2O_7$ 氧化加热法测定胡敏酸中含碳量。

五、数据处理

（1）$(NH_4)_2Fe(SO_4)_2$ 标准溶液浓度的计算：

$$c(mol/L) = \frac{6 \times 0.800\,0 \times V_1}{V_2}$$

式中，c 为 $(NH_4)_2Fe(SO_4)_2$ 标准溶液的浓度，单位为 mol/L；V_1 为 $K_2Cr_2O_7$ 标准溶液的体积，单位为 mL；V_2 为所消耗 $(NH_4)_2Fe(SO_4)_2$ 标准溶液的体积，单位为 mL。

（2）含碳量的计算：

$$腐殖质全碳量(g/kg) = \frac{0.800\,0 \times 5.00 \times (V_0 - V_1) \times 0.003 \times 1.1}{V_0 \times m \times K} \times 1\,000$$

$$胡敏酸和富啡酸总碳量(g/kg) = \frac{0.800\,0 \times 5.00 \times (V_0 - V_2) \times t \times 0.003 \times 1.1}{V_0 \times m \times K} \times 1\,000$$

$$胡敏酸碳量(g/kg) = \frac{0.800\,0 \times 5.00 \times (V_0 - V_3) \times t \times 0.003 \times 1.1}{V_0 \times m \times K} \times 1\,000$$

$$富啡酸碳量(g/kg) = 胡敏酸和富啡酸总碳量 - 胡敏酸碳量$$
$$胡敏素碳量(g/kg) = 腐殖质全碳量 - 胡敏酸和富啡酸总碳量$$

式中，V_0 为空白实验消耗 $(NH_4)_2Fe(SO_4)_2$ 标准溶液的体积，单位为 mL；V_1 为测定腐殖质全碳量消耗 $(NH_4)_2Fe(SO_4)_2$ 标准溶液的体积，单位为 mL；V_2 为测定胡敏酸和富啡酸总碳量消耗 $(NH_4)_2Fe(SO_4)_2$ 标准溶液的体积，单位为 mL；V_3 为测定胡敏酸碳量消耗 $(NH_4)_2Fe(SO_4)_2$ 标准溶液的体积，单位为 mL；0.003 为 $\frac{1}{4}$ 个碳原子的毫摩尔质量，单位为 g/mmol；1.1 为氧化校正系数；t 为分取倍数；m 为风干土样质量，单位为 g；K 为风干土样换算成烘干土样的水分换算系数。

计算结果保留一位小数。

六、思考题

（1）为什么要测定土壤中的腐殖质？

（2）在准备土样时，为什么要将肉眼可见的有机残体全部挑选干净？

实验 12　大气中氮氧化物的测定

一、实验目的

掌握用气体吸收比色法测定氮氧化物的方法。

二、实验原理

氮氧化物是指由氮、氧两种元素组成的化合物 NO_x，常见的氮氧化物有一氧化氮（NO）、二氧化氮（NO_2）、一氧化二氮（N_2O）、五氧化二氮（N_2O_5）等，除五氧化二氮常态下为固态外，其他都是气态。大气中的氮氧化物 NO_x 主要是指 NO 和 NO_2，它们是常见的大气污染物。天然排放的 NO_x 主要来自土壤和海洋中的有机物分解，这属于自然界的氮循环过程。而人类活动排放的 NO_x 大部分来自化石燃料的燃烧，如汽车、飞机、内燃机、工业窑炉等的燃烧过程，也有部分来自生产和使用硝酸的氮肥厂、有机中间体厂、有色金属及黑色金属冶炼厂等。

氮氧化物对环境的危害作用极大，既是形成酸雨和光化学烟雾的主要物质，也是消耗臭氧的一种重要物质。氮氧化物还能刺激肺部，使人较难抵抗感冒等呼吸系统疾病，尤其是呼吸系统有问题的人群，氮氧化物还会造成儿童肺部发育受损。我国的氮氧化物排放量大、来源复杂，将对环境产生严重影响，因此，必须设法减少氮氧化物的排放。

测定氮氧化物的浓度时，先用 CrO_3 将 NO 氧化成为 NO_2，然后将 NO_2 吸收到溶液中形成 HNO_2。HNO_2 与对氨基苯磺酸能发生重氮化反应，然后与盐酸萘乙二胺偶合生成玫瑰红色偶氮染料，它的颜色可通过比色法进行定量测定，所得结果以 NO_2 表示，其检出下限为 0.05 mg/mL。

三、主要仪器与试剂

（1）主要仪器：电子天平、分光光度计、大气采样器、多孔玻板吸收管、双球玻璃管、棕色容量瓶、比色管、比色皿、干燥箱、红外灯、冰箱、干燥器、容量瓶、脱脂棉、标准筛。

（2）试剂：对氨基苯磺酸、冰醋酸、盐酸萘乙二胺、CrO_3、盐酸（浓盐酸与水的体积比为1:2）、$NaNO_2$、重蒸蒸馏水（不含亚硝酸盐）。

四、实验步骤

1. 吸收液的配制

将 25 mL 冰醋酸加入 300 mL 蒸馏水中，不断搅拌使其混合均匀。称取 2.5 g 对氨基苯磺酸置于烧杯中，将醋酸混合液分多次加入该烧杯中，搅拌使其溶解，再加入 0.025 g 盐酸萘乙酸二胺，溶解后迅速转入 500 mL 棕色容量瓶中，用水稀释至刻度线，摇匀，获得吸收原液，在冰箱中保存。采样时将吸收原液与蒸馏水按 4∶1 的比例混合形成采样的吸收液。

2. $NaNO_2$ 标准溶液的配制

将 $NaNO_2$ 在干燥器内存放 24 h，准确称取 15.001 3 g 于烧杯中，加水搅拌使其溶解后，全部转入 100 mL 容量瓶中，用水稀释至刻度线，摇匀，转入棕色瓶内，存放于冰箱里。其 NO_2^- 含量为 100 mg/mL。

使用前，准确移取 2.50 mL 上述贮备液于 100 mL 容量瓶中，用水稀释至刻度线，摇匀。此溶液中的 NO_2^- 含量为 2.5 mg/mL。

3. 三氧化铬-沙子氧化管的制作

将河沙洗净晒干后，用 20、40 目的标准筛进行筛分，获得 20~40 目的河沙。用盐酸(浓盐酸与水的体积比为 1∶2)浸泡 12 h，再用水清洗至中性，在干燥箱内烘干。将三氧化铬与沙子按 1∶2 的质量比混合，加入少量水调和均匀，在干燥箱内于 105 ℃时干燥，中间应多次搅拌，使三氧化铬-沙子松散地结合在一起，若它们粘在一起，说明所加三氧化铬比例太大，应适当增加一些河沙重新制备。将三氧化铬-沙子装入双球玻璃管中，两端用脱脂棉塞好，并用塑料帽子将氧化管的两端盖紧。

4. 采样

将 5 mL 采样吸收液加入多孔玻板吸收管中，其进气口连接三氧化铬-沙子氧化管，并使氧化管的进气端略向下倾斜，以免潮湿空气将其弄湿，从而污染吸收管。吸收管出气口与大气采样器相连接，以 0.3 L/min 的流量进行避光采样，直至吸收液变为浅玫瑰红色为止，如不变色，应加大采样流量、延长采样时间。与此同时，测定现场的温度和大气压强。

5. 标准曲线的绘制

分别用七支 10 mL 比色管，按表 5-1 所列条件配制标准色阶，加完试剂后摇匀，在避免阳光直射环境下放置 15 min。分别将溶液加入 1 cm 比色皿中，将分光光度计的波长调节至 540 nm 处，以水为参比液，测定各溶液的吸光度。再用各吸光度对 5 mL 溶液中 NO_2^- 的含量(μg)绘制标准曲线。

表 5-1　标准色阶的组成

	0	1	2	3	4	5	6
NO_2^- 标准溶液的体积/mL	0.0	0.10	0.20	0.30	0.40	0.50	0.60
吸收原液的体积/mL	4.00	4.00	4.00	4.00	4.00	4.00	4.00
水的体积/mL	1.00	0.90	0.80	0.70	0.60	0.50	0.40

6. 气样的测定

采样后放置 15 min,将吸收液加入比色皿内,采用绘制标准曲线时的条件测定气样的吸光度。

五、数据处理

(1)鉴别点比值的计算:

$$B_s = \frac{m}{(A_s - A_0) \times 5}$$

式中,A_s 为标准溶液的吸光度;A_0 为空白溶液的吸光度;m 为 5 mL 溶液中 NO_2^- 的含量,单位为 μg。

(2)现场状态下采气体积的计算:

$$V_t = Q \times S$$

式中,V_t 为现场温度和压强时的采样体积,单位为 L;Q 为气体流量,单位为 L/min;S 为采样时间,单位为 min。

(3)参比状态下采气体积的计算:

$$V_{25} = V_t \times \frac{273+25}{273+t} \times \frac{p_A}{101.3}$$

式中,V_{25} 为参比状态下的采气体积,单位为 L;V_t 为现场状态下的采气体积,单位为 L;t 为采样现场的温度,单位为℃;p_A 为采样现场的大气压强,单位为 kPa。

(4)氮氧化物 NO_2 含量的计算:

$$w(mg/m^3) = \frac{(A - A_0) \times B_s \times 5}{V_t \times 0.76}$$

式中,A 为气样溶液的吸光度;A_0 为空白溶液的吸光度;B_s 为计算因子;V_t 为参比状态下的采样体积,单位为 L;0.76 为 NO_2(气)转变为 NO_2^-(液)的转换系数。

六、思考题

(1)气体采样时间应该如何确定?

(2)大气采样器应放在什么位置?

实验 13　工业废水中铬、铅、镉、铜、锌的测定(原子吸收光谱法)

一、实验目的

(1)了解原子吸收分光光度计的结构和测定原理。

(2)掌握连续测定工业废水中铬、铅、镉、铜、锌的方法。

二、实验原理

工业废水指的是工业生产过程中产生的废水,随着经济的迅速发展,废水的种类和数量迅速增加,对环境的污染也日益严重,严重威胁着人类健康。工业废水的分类方法有几种,常用的是按废水所含污染物的主要成分进行分类,如酸性废水、碱性废水、含汞废水、含铬废水、含镉废水、含酚废水、含氰废水、含油废水、含硫废水、含有机磷废水等。工业废水中常含有有毒有害物质,因此处理工业废水至关重要、迫在眉睫,应根据污染物的种类和含量采取相应的处理措施后才能排放,争取做到综合利用、变废为宝。

工业废水中的铬、铅、镉、铜、锌等有害成分能在环境或动植物体内积累,对自然环境和人体健康产生危害,因此,废水必须达到相应的标准才能排放,它们的含量是工业废水排放时的必检项目,我国国家标准规定它们的最高允许排放浓度分别为0.5 mg/L、1 mg/L、0.1 mg/L、1 mg/L、5 mg/L。

原子吸收光谱法是测定废水中杂质元素含量的主要方法,该方法具有灵敏度高、精密度好、应用范围广、干扰少、试样用量少、快速简便、试样无须进行预处理等特点。该方法只能测定无机元素的含量,不能直接测定有机化合物的含量,不能同时测定多种元素,每测一种元素时要更换一次空心阴极灯光源。

原子吸收光谱法,又称为原子吸收分光光度法,它是基于试样蒸气中待测金属元素和部分非金属元素的基态原子对由相应元素灯光源发出的该原子的特征辐射产生的共振吸收,每种元素的原子不仅可以发射一系列特征谱线,还可以吸收与发射波长相同的特征谱线。当光源发射的某种特征波长的光通过原子蒸气时,如果入射光辐射的频率等于原子中电子由基态跃迁到第一激发态所需要的能量频率时,原子中的外层电子将选择性地吸收其同种元素所发射的特征谱线,使入射光减弱。特征谱线因吸收而减弱的程度称为吸光度 A。

原子吸收光谱法能进行各种元素的定量分析,根据朗伯-比尔定律可知,在一定条件下,其吸光度与试液中待测元素的浓度成正比,即 $A = Kc$。常采用标准曲线法进行测定,先制备一系列不同浓度的待测元素的标准溶液,然后依次测定空白溶液、标准溶液、试样溶液的吸光度，再以标准溶液的吸光度为纵坐标、元素浓度为横坐标绘制标准曲线。应使待测元素的浓度在标准溶液的浓度范围内，再从标准曲线上查得相应浓度，从而测定试样中待测元素的浓度。

本实验采用原子吸收光谱法，以不同元素的空心阴极灯测定同一试液中铬、铅、镉、铜、锌元素的含量，该方法适用于试样中多种元素含量的连续测定。

三、主要仪器与试剂

（1）主要仪器：原子吸收分光光度计、空心阴极灯（铬、铅、镉、铜、锌）、空气压缩机、乙炔、容量瓶、移液管、比色管。

（2）试剂：$K_2Cr_2O_7$（分析纯），金属铅、镉、铜、锌（光谱纯），浓硝酸，硝酸（浓硝酸与水的体积比分别为 $1：1$、$1：499$），NH_4Cl，NH_4Cl 溶液（质量分数为 10%）。

四、实验步骤

（1）仪器的操作条件。由于厂家和仪器型号的不同，各原子吸收分光光度计的操作条件不尽相同，测定时应确定最佳的操作条件。测定铬、铅、镉、铜、锌时所需的特征波长分别为 357.87 nm、283.30 nm、228.80 nm、324.75 nm、213.86 nm，相应的灯电流分别为5 mA、6 mA、4 mA、4 mA、4 mA，所用火焰类型均为空气-乙炔。

（2）所用铬、铅、镉、铜、锌标准贮备液的浓度均为 1.000 g/L，然后用硝酸（浓硝酸与水的体积比为 $1：499$）进行稀释，配制浓度分别为 50.00 mg/L、100.0 mg/L、10.00 mg/L、50.00 mg/L、10.00 mg/L 的中间标准溶液。

（3）标准曲线的绘制。在不同的 50 mL 容量瓶中加入中间标准溶液，配制铬的标准溶液时还应加入5.00 mL NH_4Cl 溶液，用硝酸（浓硝酸与水的体积比为1：499）稀释、定容至 50 mL，摇匀，具体见表5-2。

表5-2　工作标准溶液中各元素的浓度

中间标准溶液加入体积/mL		0.00	0.25	0.50	1.50	2.50	5.00
工作标准溶液浓度/(mg/L)	铬	0.00	0.25	0.50	1.50	2.50	5.00
	铅	0.00	0.50	1.00	3.00	5.00	10.0
	镉	0.00	0.05	0.10	0.30	0.50	1.00
	铜	0.00	0.25	0.50	1.50	2.50	5.00
	锌	0.00	0.05	0.10	0.30	0.50	1.00

开启原子吸收分光光度计，测定某种元素时用对应的空心阴极灯作电源，调节灯电流和波长，用浓度为 0.00 mg/L 的溶液作空白溶液，测定其吸光度，再依次测定各容量

瓶中铬、铅、镉、铜、锌的吸光度。用它们对应的浓度与吸光度作图，绘制各种元素的标准曲线。

(4)废水的测定。依次采用洗涤剂、硝酸(浓硝酸与水的体积比为1∶1)、去离子水清洗采样用的聚乙烯塑料试剂瓶。取样前，先用水样清洗试剂瓶，再装入正式水样，而后立即加入浓硝酸，将水样进行酸化处理，调节 pH 为 1~2。移取 200 mL 蒸馏水样于 500 mL 烧杯中，加入 5 mL 硝酸(浓硝酸与水的体积比为 1∶1)，将溶液加热浓缩至 20 mL，将其完全转入 50 mL 容量瓶中，再用去离子水稀释至刻度线，摇匀，即为测定用试液。

向 50 mL 比色管中加入 0.2 g NH_4Cl，再加入 20 mL 待测试液，待其彻底溶解后，用硝酸(浓硝酸与水的体积比为 1∶499)作为空白溶液测定其吸光度值，进一步用原子吸收分光光度计测定试液中铬的吸光度。然后，以硝酸(浓硝酸与水的体积比为 1∶499)为空白溶液，直接测定试液中铅、镉、铜、锌的吸光度。

五、数据处理

以标准溶液中铬、铅、镉、铜、锌的浓度为横坐标、吸光度为纵坐标，绘制它们的标准曲线，再从标准曲线中查出待测试液中各种元素的浓度，根据所取水样体积，计算废水中各元素的浓度。

六、思考题

(1)采用原子吸收光谱法测定不同元素含量时，对光源有什么要求？
(2)测定铬时，为什么要加入 NH_4Cl？

实验 14　金属的表面处理

一、实验目的

(1)了解钢铁发蓝的原理和方法。
(2)了解铝的阳极氧化的原理和方法。

二、实验原理

1. 钢铁的发蓝

采用碱性氧化法能在钢铁表面形成一层防止腐蚀的氧化膜，即钢铁发蓝。钢铁等黑色金属表面经发蓝处理后形成的氧化膜外层、内层分别是 Fe_3O_4、FeO，厚度约为 0.5~1.5 μm，颜色有灰黑、深黑、亮蓝。单独发蓝膜的抗腐蚀性较差，还必须涂油、涂蜡、涂清漆,钢铁的抗腐蚀性、耐摩擦性才能得到明显改善。发蓝处理常用于精密仪器、光学仪器、工具等。

发蓝溶液的成分、氧化温度、氧化时间等与钢铁基体的成分有关,氧化速度与溶液中 NaOH 的浓度有关,浓度越高氧化速度越快,膜厚度也略有增加。高碳钢可以采用较低浓度的 NaOH 溶液,而低碳钢应采用较高浓度的 NaOH 溶液。$NaNO_2$ 是氧化剂,提高其浓度时将加快氧化速度、形成牢固致密的氧化膜层。溶液中还必须含有少量的铁,才能在钢铁表面形成致密且结合牢固的氧化膜。氧化温度、氧化时间与钢铁的含碳量有关,含碳量高的钢容易氧化,所采用的温度较低、时间较短。金属发蓝处理后,还应用热肥皂水漂洗数分钟,再分别用冷水、热水冲洗,吹干。发蓝过程中发生的反应如下:

$$3Fe+NaNO_2+5NaOH=3Na_2FeO_2+NH_3\uparrow+H_2O$$

$$6Na_2FeO_2+NaNO_2+5H_2O=3Na_2Fe_2O_4+NH_3\uparrow+7NaOH$$

$$Na_2FeO_2+Na_2Fe_2O_4+2H_2O=Fe_3O_4+4NaOH$$

2. 铝的阳极氧化

以铝或铝合金制品为阳极,将其置于电解质溶液中进行通电处理,利用电解作用在其表面形成几微米到几百微米厚的 Al_2O_3 薄膜的过程,即为铝及铝合金的阳极氧化,铝的耐蚀性、耐磨性、装饰性得到明显改善。铝的阳极氧化过程的实质是水的电解,所发生的反应如下:

$$阴极:2H^++2e^-=H_2\uparrow$$

$$阳极:4OH^--4e^-=2H_2O+O_2\uparrow$$

反应中析出的氧不仅是分子态的氧,还包括原子氧、离子氧。

作为阳极的铝被析出的一部分氧气氧化形成无水 Al_2O_3 膜,另一部分以气态的形式析出。

铝的阳极氧化在工业上应用广泛、方法种类繁多,其中直流电硫酸阳极氧化法的使用最普遍,这是因为它适用于铝及大部分铝合金的处理,所得膜层较厚、硬且耐磨、封孔后可获得更好的抗腐蚀性,膜层无色透明、吸附能力强、极易着色,所需电压较低、耗电少,氧化过程不必改变电压周期、有利于连续生产。以铝为阳极、铅为阴极在硫酸中进行电解时发生的反应如下:

$$阴极:2H^++2e^-=H_2\uparrow$$

$$阳极:Al-3e^-=Al^{3+}$$

$$Al^{3+}+3H_2O=Al(OH)_3+3H^+$$

$$2Al(OH)_3=Al_2O_3+3H_2O$$

在电解过程中,硫酸将使形成的 Al_2O_3 膜部分溶解,因此要得到一定厚度的氧化膜,必须控制氧化条件以使氧化膜的形成速度大于溶解速度。铝氧化膜是多孔性膜,使用前必须进行封闭处理,最常用的方法是利用沸水或蒸汽进行高温水封闭将非晶质膜变为水合结晶膜，利用醋酸盐或硅酸盐进行无机盐封闭以提高有机着色染料结合的牢固程度。本实验采用沸水封闭法，它利用的是 Al_2O_3 的水化作用，经封闭处理后，Al_2O_3 膜具有较高的抗腐蚀性能。

三、主要仪器与试剂

(1)主要仪器：变压器、直流稳压电源、滑线电阻、电流表、烧杯、酒精灯、蒸发皿、表面皿、铝片、铅片、铁片、砂纸。

(2)试剂：硝酸(2 mol/L)、硫酸(质量分数为17%)、浓盐酸、盐酸(质量分数为20%、25%)、NaOH、Na_2CO_3、Na_2SiO_3、$NaNO_2$、$K_2Cr_2O_7$、碱洗液、酸洗液、乌洛托品、发蓝液、封闭液、亚铁氰化钾溶液(质量分数为10%)、$FeCl_3$ 溶液(质量分数为10%)、K_2CrO_4 溶液(质量分数为10%)、$AgNO_3$ 溶液(质量分数为10%)。

四、实验步骤

1. 钢铁的发蓝处理

(1)前处理。用砂纸将铁片表面擦拭干净，并用水冲洗，再分别进行碱洗、酸洗。将铁片放入温度为60 ℃的碱洗液中，1 min后取出，用水冲洗干净，再将碱洗后的铁片放入酸洗液中，1 min后取出，用水冲洗干净。不要用手接触铁片表面。

碱洗液：NaOH 溶液(30~50 g/L)、Na_2CO_3 溶液(10~30 g/L)、Na_2SiO_3 溶液(5~10 g/L)。

酸洗液：盐酸(质量分数为20%)、乌洛托品溶液(质量分数为5%)。

(2)发蓝处理。将铁片放入发蓝液中，在140 ℃时煮沸20 min；取出后用热水冲洗干净，再放入温度为70 ℃的封闭液中，10 min后取出铁片，用水洗净后，观察铁片的颜色变化，并与未经处理的铁片进行比较。

发蓝液：NaOH 溶液(600~650 g/L)、$NaNO_2$ 溶液(200~250 g/L)。

封闭液：肥皂液(15~20 g/L)。

2. 铝的阳极氧化处理

(1)前处理。将铝片放在80 ℃的碱洗液中浸泡1 min，取出后用水冲洗干净，除去铝表面油污，再将碱洗的铝片放入稀硝酸(2 mol/L)中浸泡1 min，取出后用水冲洗，除去表面氧化物。

碱洗液：NaOH 溶液(20 g/L)、Na_2CO_3 溶液(100 g/L)。

(2)阳极氧化处理。以铝片、铅片分别作为阳极、阴极，硫酸为电解液，按图5-3所示连接电解装置。接通电源，调节滑线电阻使电流密度保持为 20 mA/cm^2，电压为15 V，电解刚开始时应用较小的电流密度，1 min后再调节至规定值，电解30 min后完成氧化处理，关闭电源，取出铝片，用水冲洗干净。

（3）氧化膜的染色。将铝片置于 80 ℃ 的不同染色液中浸泡处理 10 min，在其表面形成不溶性的有机化合物，完成染色，取出铝片用水洗净。

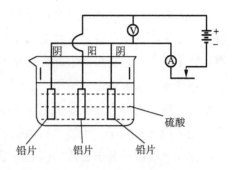

图 5-3　铝的阳极氧化装置

如需染出蓝色或者天蓝色，分别在亚铁氰化钾溶液、$FeCl_3$ 溶液中染色；如需染出橙黄色，分别在 K_2CrO_4 溶液、$AgNO_3$ 溶液中染色。从一种染色液取出后，应用水洗净，再进入下一种染色液进行染色。

（4）氧化膜的封闭。将染色后的铝片放入煮沸的蒸馏水或去离子水中煮沸 30 min。

检查氧化膜质量的好坏时，将氧化后用水洗净的铝片干燥，分别在氧化处理、未进行氧化处理的铝片上各加 1 滴氧化膜质量检查液[$K_2Cr_2O_7$ 溶液（30 g/L）、盐酸（质量分数为 25%）]，由于正六价铬离子被铝还原成为正三价铬离子，铝则由橙色变为绿色。绿色出现时间越晚，说明氧化膜的质量越好。

五、实验记录

记录实验过程中发生的现象。

六、思考题

（1）钢铁发蓝处理时应注意哪些问题？
（2）影响铝阳极氧化膜质量的因素主要有哪些？

实验 15　塑料的导电化处理

一、实验目的

（1）掌握塑料化学镀的原理和方法。
（2）掌握塑料电镀的原理和方法。

二、实验原理

1. 化学镀

化学镀是一种不需要通电，仅借助合适的还原剂使镀液中金属离子在氧化还原反应作用下被还原成为金属，在零件表面形成致密镀层的方法，常见的有化学镀银、镀镍、镀铜、镀钴等。

　　与电镀相比，化学镀具有镀层均匀、针孔小、不需直流电源、能在非导体上沉积等特点。由于废液排放少、对环境污染小、成本较低，化学镀在许多领域已逐步取代电镀。化学镀是一种新型的表面处理技术，该技术因其工艺简便、节能、环保而受到人们的日益关注。化学镀使用范围广、镀层均匀、装饰性好，在防护性能方面，能提高产品的耐蚀性和使用寿命，在功能性方面，能提高工件的耐磨性、导电性、润滑性等。目前，化学镀已在电子、机械、石油化工、汽车、航空航天等行业中获得广泛的应用。

　　化学镀能将某种金属均匀覆盖在塑料制品表面，从而改善塑料的外观、耐磨性、导电性等，拓宽了塑料的应用范围。塑料本身不导电，无法像金属一样直接进行电镀，必须先经过化学镀在其表面沉积一层金属膜。塑料的导电化处理需先进行化学镀，然后再进行电镀。

　　为了提高金属镀层的牢固性，一般须经过除油、粗化、敏化、活化、还原等化学预处理后再进行化学镀，化学镀的预处理步骤如下：

　　(1)除油：利用碱性溶液清除塑料制品表面的油污。

　　(2)粗化：通过酸性强氧化剂的作用，使塑料表面成为微观的粗糙状态，从而增大比表面积、实现亲水性、提高镀层的附着力。

　　(3)敏化：在酸性 $SnCl_2$ 等敏化剂的作用下，使塑料制品表面吸附一层具有强还原性的金属离子，为活化处理提供必要的反应条件。

　　(4)活化：在敏化处理后的塑料表面与具有催化活性的金属化合物作用，在其表面沉积一层具有催化活性的金属膜，它既是化学镀的催化剂，又是化学镀的结晶中心。

　　(5)还原：为保证化学镀液的稳定性、防止活化处理时未反应的活性金属离子进入镀液，通过还原性溶液的作用清除残留的催化剂，本实验以稀甲醛溶液作为还原处理液。

　　本实验以化学镀铜为例，经化学镀预处理的塑料制品与化学镀铜溶液作用，在银微粒的催化作用下析出铜，并形成铜膜的薄层。常见化学镀铜溶液中含有 $CuSO_4$、甲醛、酒石酸钾钠、NaOH 等，所发生的反应如下：

$$HCHO + OH^- \xrightarrow{\text{Ag}} H_2 \uparrow + HCOO^-$$

$$Cu^{2+} + H_2 + 2OH^- = Cu + 2H_2O$$

$$HCHO + OH^- \xrightarrow{\text{Cu}} H_2 \uparrow + HCOO^-$$

2. 电镀

　　经过化学镀后，塑料制品的表面覆盖了一薄层导电的金属膜，为塑料进行电镀打下了良好的基础。根据对塑料制品的不同要求，可以采用不同的金属进行电镀。为了提高塑料制品的导电性可以电镀铜、银，为了增强其耐磨、耐蚀性可以电镀铬，为了美化塑料制品的外观可以依次电镀铜、镍、铬等，不同的电镀层应选用不同的电镀液配方。

电镀是利用电解原理使金属离子在外电场的作用下，经电极反应被还原成为金属原子，在某些金属表面镀上一薄层其他金属或合金的过程。电镀时，以镀层金属或其他不溶性材料作阳极、待镀制品为阴极，使镀液中的金属阳离子在待镀制品表面还原形成镀层。为排除其他阳离子的干扰，使镀层结合得更加均匀、牢固，需用含镀层金属阳离子的溶液为电镀液，从而保持镀层金属阳离子的浓度不变。

电镀时需要有向镀槽供电的低压大电流电源、电镀液、待镀制品（阴极）和阳极构成的电解装置，电镀液的成分视镀层的不同而不同，含有金属离子的主盐、能与主盐金属离子络合的络合剂、用于稳定溶液酸碱度的缓冲剂、阳极活化剂，以及光亮剂、晶粒细化剂、整平剂、润湿剂、应力消除剂、抑雾剂等添加剂。通电后，镀液中的金属离子在电位差的作用下移动到阴极上形成镀层，阳极的金属则形成金属离子进入镀液，以使被镀金属离子的浓度保持不变。镀铬时采用的是铅、铅锑合金制成的不溶性阳极，它仅起传递电子、导通电流的作用，镀铬时要定期地向镀液中加入含铬化合物来维持其中铬离子的浓度。电镀时阳极材料的质量、电镀液成分、温度、电流、时间、搅拌、杂质、电源波形等都会影响镀层的质量。

本实验选用 ABS 工程塑料（丙烯腈-丁二烯-苯乙烯共聚物）为塑料制品，采用化学光亮镀铜从而增强塑料的耐磨、耐蚀性能。电镀时以塑料制品为阴极、金属镍为阳极、镍盐溶液为电镀液，在稳压直流电源的作用下，阳极中的镍不断发生氧化反应、以镍离子的形式进入溶液，而镍离子则在阴极的塑料制品上发生还原反应、析出金属镍层。

三、主要仪器与试剂

（1）主要仪器：直流稳压电源、直流电流计、直流伏特计、调压变压器、电镀槽、电炉、烧杯、镍片、铜丝、鳄鱼夹、导线、塑料镊子、温度计、三角架、石棉网、砂纸。

（2）试剂：NaOH、Na_2CO_3、Na_3PO_4、CrO_3、浓硫酸、$SnCl_2 \cdot 2H_2O$、锡粒、浓盐酸、$AgNO_3$、氨水（6 mol/L）、HCHO 溶液（质量分数为 37%）、$CuSO_4 \cdot 5H_2O$、$NaKC_4H_4O_6$、$NiSO_4 \cdot 7H_2O$、$NiCl_2 \cdot 6H_2O$、$Na_2SO_4 \cdot 10H_2O$、H_3BO_3、糖精、十二烷基硫酸钠、1,4-丁炔二醇、洗涤液。

四、实验步骤

1. 化学镀预处理

测定 ABS 塑料制品的尺寸，计算其比表面积，然后，用自来水将它洗净后，依次放入盛有除油、粗化、敏化、活化及还原等溶液槽中进行处理，各条件见表 5-3。

表 5-3　化学镀预处理工艺

序号	过程	配方及浓度	温度	时间/s	注意事项
1	除油	NaOH(80 g/L)、Na$_2$CO$_3$(15 g/L)、Na$_3$PO$_4$(30 g/L)、洗涤液(5 g/L)	70~80 ℃	5	不断翻动,除油后先用热水洗,再用自来水洗
2	粗化	CrO$_3$(20)、H$_2$O(400 mL)、浓硫酸(600 mL)	25~27 ℃	5	不断翻动,粗化后先用热水洗,再用自来水洗
3	敏化	SnCl$_2$·2H$_2$O(10 g/L)、锡粒、浓盐酸(40 mL)、H$_2$O(960 mL)	室温	5	先在 30~40 ℃水中漂洗,再用去离子水清洗,勿使制品受到强烈冲击
4	活化	AgNO$_3$(2 g/L)、氨水(6 mol/L)滴定至沉淀溶解	室温	5	轻轻翻动制品,用去离子水清洗
5	还原	HCHO:H$_2$O=1:9(体积比)	室温	30	还原后用去离子水清洗干净

2. 化学镀铜

组分 A：CuSO$_4$·5H$_2$O(14 g/L)、NiCl$_2$·6H$_2$O(4 g/L)、HCHO:H$_2$O=1:20(体积比)。

组分 B：NaKC$_4$H$_4$O$_6$(45.5 g/L)、NaOH(9 g/L)、Na$_2$CO$_3$(4.2 g/L)。

分别配制组分 A、B,单独保存,使用前按 1:3 的体积比混合均匀,作为化学镀液。

将经过预处理的 ABS 塑料制品在室温下浸入混合好的化学镀液,适当翻动,处理 30 min。然后,取出 ABS 塑料制品后,用自来水冲洗干净后晾干。

3. 电镀镍

电镀镍时溶液的配方为：NiSO$_4$·7H$_2$O(280 g/L)、NiCl$_2$·6H$_2$O(20 g/L)、Na$_2$SO$_4$·10H$_2$O(30 g/L)、H$_3$BO$_3$(35 g/L)、糖精(1 g/L)、十二烷基硫酸钠(0.05 g/L)、1,4-丁炔二醇(0.8 g/L)。

按图 5-4 所示连接好电镀装置,将电镀镍的溶液加入电镀槽内,调节溶液 pH 为 3.5~5.0,在水浴中将镀液加热至 55 ℃,图中阳极材料 1 为镍板,将 ABS 塑料 2 连接在阴极上。接通电源,调节电压使电流密度为 1.0 A/dm^2,电镀 30 min 后取下 ABS 塑料,用水清洗干净。

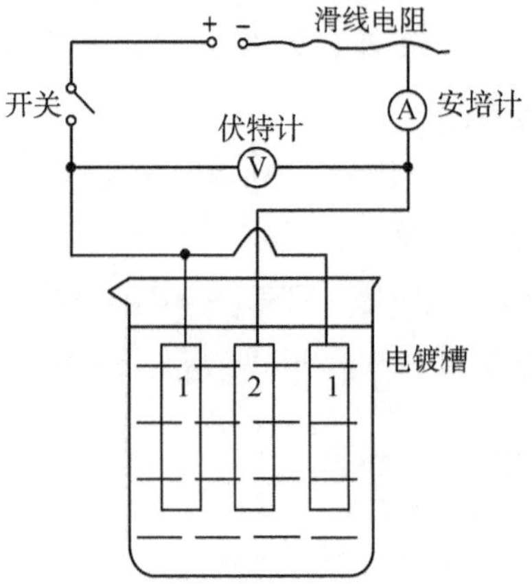

图 5-4　电镀装置示意图

五、实验记录

记录实验过程中发生的现象。

六、思考题

（1）为什么要在敏化液中加入盐酸和锡粒？

（2）塑料电镀和金属电镀有哪些异同点？

实验 16　含铬废水的处理（铁氧体法）

一、实验目的

（1）掌握铁氧体法处理含铬废水的原理和方法。

（2）掌握分光光度法测定铬的方法。

二、实验原理

铬是人体必需的微量元素，在维持身体健康方面起关键作用，它在调节血糖和胰岛素活动中起重要作用。铬的毒性与其离子价态有关，正三价铬离子对人体有益，而正六价铬离子则是有毒的，而且容易被人体吸收、积累。天然水中不含铬，海水中铬的平均浓度为 $0.05\ \mu g/L$，而饮用水中更低。铬主要来自含铬矿石的加工、金属表面处理、皮革鞣制、印染等行业产生的废水，直接排放时将会对环境造成严重污染，必须进行处理。

铁氧体法是处理含铬废水的新方法，铁氧体是指铁离子及其他金属离子构成的、具有一定磁性的复合氧化物，如 Fe_3O_4 中的部分 Fe^{3+}、Fe^{2+} 被离子半径相近的金属离子 M^{3+}、M^{2+} 取代所形成的以铁为主的化合物，可用 $M_xFe_{3-x}O_4$ 表示，以 Cr^{3+} 为例时可写成 $Fe^{3+}[Fe^{2+}Fe^{3+}_{1-x}Cr^{3+}_x]O_4$。含铬的铁氧体是一种磁性材料，可用于电子工业。

废水中的铬与还原剂 $FeSO_4\cdot 7H_2O$ 在酸性介质中能反应生成 Cr^{3+}，所发生的化学反应如下：

$$0.5Cr_2O_7^{2-}+3Fe^{2+}+7H^+=Cr^{3+}+3Fe^{3+}+3.5H_2O$$

加入适量的碱液调节溶液 pH 至 8，然后再加入少量 H_2O_2 或通入空气，将部分过量的 Fe^{2+} 氧化为 Fe^{3+}，使 Fe^{3+}、Fe^{2+}、Cr^{3+} 以氢氧化物沉淀形式析出，经脱水处理后获得铁氧体复合氧化物。

$FeSO_4\cdot 7H_2O$ 的加入量是关键参数，主要用于发生还原反应和形成铁氧体。$FeSO_4\cdot 7H_2O$ 的加入分为一次加入和二次加入两种方式，尽管一次加入能提高废水的处理效率，但是严重浪费试剂、污泥量大、废水含盐量高，因此常采用二次加入方式。第一次加入量为总量的 60%，用来还原废水中的 $Cr_2O_7^{2-}$ 及重金属离子，从而满足废水处理的要求。从上式可知，要还原 $0.5\ mol\ Cr_2O_7^{2-}$ 或 $1\ mol\ CrO_3$ 时需要 $3\ mol\ Fe^{2+}$，反应后生成 1 mol Cr^{3+} 和 3 mol Fe^{3+}。第二次加入量为总量的 40%，是污泥转化为铁氧体所需 Fe^{2+}，从而达到净水的目的。由铁氧体的组成可知，2 mol M^{3+}（Fe^{3+}、Cr^{3+}）需要 1 mol Fe^{2+}，则 0.5 mol $Cr_2O_7^{2-}$ 或 1 mol CrO_3 需要 2 mol Fe^{2+}，即 2 mol $FeSO_4 \cdot 7H_2O$，反应能生成 4 mol M^{3+}。

因此，形成铁氧体时 CrO_3 与 $FeSO_4 \cdot 7H_2O$ 的摩尔比为 1:5，二者质量比为

$$m_{CrO_3} : m_{FeSO_4 \cdot 7H_2O} = M_{CrO_3} : 5M_{FeSO_4 \cdot 7H_2O} = 99.99 : (5 \times 278.01) = 1 : 13.9$$

其中 m、M 分别为相应物质的质量、摩尔质量。结果表明，用铁氧体法处理废水时 $FeSO_4 \cdot 7H_2O$ 的需要量为废水中 CrO_3 含量的 13.9 倍。

三、主要仪器与试剂

（1）主要仪器：电子天平、分光光度计、干燥箱、冰箱、磁铁、烧杯、蒸发皿、容量瓶、移液管、吸量管、抽滤瓶、滴定管。

（2）试剂：$FeSO_4 \cdot 7H_2O$、$K_2Cr_2O_7$、浓硫酸、硫酸（3 mol/L）、NaOH 溶液（6 mol/L）、硫酸-磷酸混酸（浓硫酸、浓磷酸、水的体积比为 15:15:70）、$(NH_4)_2Fe(SO_4)_2$ 标准溶液（0.05 mol/L）、二苯胺磺酸钠指示剂（质量分数为 1%）、二苯基碳酰二肼、乙醇（体积分数为 95%）。

四、实验步骤

1. 溶液的配制

$K_2Cr_2O_7$ 标准溶液。将 $K_2Cr_2O_7$ 在 150 ℃ 干燥箱中干燥 2 h，冷却后密封在干燥器内保存。准确称取 0.028 3 g $K_2Cr_2O_7$，用玻璃棒搅拌使其溶于少量去离子水中，然后转移至 100 mL 容量瓶中，用少量去离子水多次清洗烧杯及玻璃棒，全部转移到容量瓶内，稀释至刻度线，摇匀。准确移取 10 mL 该溶液，将其稀释、定容至 100 mL 的容量瓶内，其中 Cr^{6+} 含量为 10.0 mg/L。

二苯基碳酰二肼溶液。称取 0.2 g 二苯基碳酰二肼，将其加入 100 mL 乙醇中，待其完全溶解后，再滴加 6 滴浓硫酸，摇匀后贮存于棕色瓶中，在冰箱中保存。如该无色溶液显微红色，则不能使用。

2. 废水中铬含量的测定

用移液管准确移取 25.00 mL 废水置于锥形瓶中，依次加入 10 mL 硫酸-磷酸混酸、30 mL 去离子水、4 滴二苯胺磺酸钠指示剂，然后摇匀，用 $(NH_4)_2Fe(SO_4)_2$ 标准溶液进行滴定，当溶液刚好由红色转变为绿色时即为终点。

3. 废水的处理

量取 100 mL 废水置于烧杯中，计算废水中 CrO_3 的含量，估算需要 $FeSO_4 \cdot 7H_2O$ 的质量，分 2 次将 $FeSO_4 \cdot 7H_2O$ 加入废水中，不断搅拌，待其溶解后逐滴加入硫酸

（3 mol/L）并不断搅拌，直至溶液的 pH 为 1，此时溶液显亮绿色。若废水的碱性较强，先用硫酸调至弱酸性，再加入 $FeSO_4 \cdot 7H_2O$ 进行处理。向上述溶液中逐滴加入 NaOH 溶液，调节 pH 至 8，形成氢氧化物沉淀，然后趁热过滤，保留滤液，用去离子水多次洗涤氢氧化物沉淀，再将沉淀转移至蒸发皿中，在干燥箱中于 100 ℃下烘干。冷却后将沉淀摊在白纸上，用纸包紧磁铁并与沉淀接触，检验沉淀是否具有磁性。

4. 水质的检验

用吸量管分别量取 1.00 mL、2.00 mL、3.00 mL、4.00 mL、5.00 mL $K_2Cr_2O_7$ 标准溶液于 50 mL 容量瓶中，再分别加入 30 mL 去离子水、2.5 mL 二苯基碳酰二肼溶液，用去离子水稀释到刻度线，摇匀，其中 Cr^{6+} 含量分别为 0.200 mg/L、0.400 mg/L、0.600 mg/L、0.800 mg/L、1.00 mg/L。将上述溶液加入 1 cm 比色皿中，将分光光度计的波长调至 540 nm，测定它们的吸光度。再以 Cr^{6+} 浓度为横坐标、吸光度为纵坐标绘制标准曲线。

移取 25.00 mL 过滤后的滤液加入 50 mL 容量瓶中，加入 2.5 mL 二苯基碳酰二肼溶液，用去离子水稀释至刻度线，摇匀。然后，在相同的条件下，用分光光度计测定该溶液的吸光度，在标准曲线上查找对应浓度，确定处理后水中 Cr^{6+} 的含量。

五、数据处理

废水中铬离子含量的计算：

$$w(g/L) = \frac{c \times V \times M}{3 \times V_0}$$

式中，c 为 $(NH_4)_2Fe(SO_4)_2$ 标准溶液的浓度，单位为 mol/L；V 为消耗 $(NH_4)_2Fe(SO_4)_2$ 标准溶液的体积，单位为 mL；V_0 为水样的体积，单位为 mL；M 为 Cr^{6+} 的摩尔质量，单位为 g/mol。

六、思考题

（1）本实验中主要发生了哪些化学反应？

（2）处理废水形成沉淀时，为什么要将溶液的 pH 调节为 8？

第6章 材料化学创新实验

——以硅酸盐材料成分的测定为例

硅酸盐指的是硅酸的盐类，是硅酸中的氢被铁、铝、钙、镁、钾、钠及其他金属离子取代而形成的盐。硅酸盐在自然界的分布极广、种类繁多，约占地壳组成的3/4，是构成多数岩石和土壤的主要成分。

由于硅酸分子 $x\mathrm{SiO_2} \cdot y\mathrm{H_2O}$ 中 x、y 比例的不同而能形成正硅酸、偏硅酸、多硅酸，因此，不同硅酸中的氢被金属离子取代后，形成种类不同、含量差异较大的多种硅酸盐。尽管硅酸盐的组成复杂，但从结构上都可以简单看成是由 $\mathrm{SiO_2}$ 和金属氧化物组成的，如钾长石 $\mathrm{K_2Al_2Si_6O_{16}}$ 可以写成 $\mathrm{K_2O \cdot Al_2O_3 \cdot 6SiO_2}$，高岭土 $\mathrm{H_4Al_2Si_2O_9}$ 可视为 $\mathrm{Al_2O_3 \cdot 2SiO_2 \cdot 2H_2O}$。

硅酸盐分为天然硅酸盐和人造硅酸盐。天然硅酸盐，包括硅酸盐岩石和硅酸盐矿物等，在地壳中分布极广，大多数的熔点高、化学性质稳定，是硅酸盐工业的主要原料。在已知的 2 000 余种矿石中，硅酸盐矿石达 800 余种。常见的天然硅酸盐矿石主要有：钾长石 $[\mathrm{K_2(AlSi_3O_8)_2}]$、钠长石 $[\mathrm{Na_2(AlSi_3O_8)_2}]$、钙长石 $[\mathrm{Ca(AlSi_3O_8)_2}]$、高岭土 $(\mathrm{H_4Al_2Si_2O_9})$ 等。人造硅酸盐则是以天然硅酸盐为主要原料，经加工而制成的各种硅酸盐材料和制品，如硅酸盐水泥、玻璃制品、陶瓷制品、耐火材料等。

硅酸盐材料成分分析是分析化学在硅酸盐材料中的应用，对硅酸盐材料的组成进行分析意义重大。地质研究中需要知道矿物的组成，从而分析岩石内部元素的含量变化、探讨元素在地壳内的迁移和演变规律；在工业上，要对硅酸盐生产中的原料进行分析检验、对配料及半成品进行控制分析、对产品进行全分析，以保证生产的产品是合格的，最终得到优质的硅酸盐材料。因此，硅酸盐材料成分分析对硅酸盐材料的研究和生产具有重要的指导意义。

实验1 硅酸盐材料中二氧化硅、氧化铁、氧化铝、二氧化钛、氧化钙、氧化镁的分别测定

一、实验目的

(1)了解离子测定时的显色原理。

(2)掌握干扰离子的消除方法。

二、实验原理

在快速分析中，含有多种离子的硅酸盐试液不经分离或很少分离，通过选择适当的掩蔽剂消除其他离子的干扰，能进行多种离子（氧化物）同步测定。而建立在沉淀分离和质量法基础上的经典分析系统，则是先将二氧化硅（SiO_2）分离出来，再测定其他氧化物。

1. 两次盐酸蒸干质量法测定 SiO_2

将试样经 Na_2CO_3 熔融、热水浸取，再在盐酸介质中采用两次蒸干脱水、过滤，将两次沉淀合并灼烧至恒重。用氢氟酸处理灼烧后的沉淀，根据失去的质量就能计算 SiO_2 的含量。分离 SiO_2 后的溶液可用于其他氧化物的测定。

2. 邻菲啰啉（Phen）分光光度法测定氧化铁（Fe_2O_3）

溶液中的 Fe^{3+} 能与邻菲啰啉作用形成淡蓝色、稳定性较差的配合物，邻菲啰啉是一种测定微量铁的良好显色剂，在分离 SiO_2 后的溶液中，先用盐酸羟胺将 Fe^{3+} 还原成 Fe^{2+}，其反应如下：

$$2Fe^{3+}+2NH_2OH \cdot HCl = 2Fe^{2+}+N_2 \uparrow +4H^+ +2H_2O+2Cl^-$$

所得 Fe^{2+} 能与邻菲啰啉（Phen）生成稳定的橙红色配合物 $[Fe(Phen)_3]^{2+}$，即

$$Fe^{2+}+3Phen = [Fe(Phen)_3]^{2+}$$

在可见光分光光度计的 510 nm 波长处进行测定。

测定时，溶液的 pH 控制在 2~9 的范围较为适宜，因为酸度过高时反应速度慢，而酸度太低时，Fe^{2+} 将会水解，影响显色。Bi^{3+}、Ca^{2+}、Hg^{2+}、Ag^+、Zn^{2+} 也能与该显色剂生成沉淀，Cu^{2+}、Co^{2+}、Ni^{2+}、Cd^{2+}、Mn^{2+} 等也能与邻菲啰啉生成有色的稳定配合物。因此，当以上离子与 Fe^{3+} 共存时，应注意消除它们的干扰。

3. 铝试剂分光光度法测定氧化铝（Al_2O_3）

在 pH 为 4.6~4.8 的范围内，铝试剂作显色剂时能与 Al^{3+} 生成红色的络合物，在波长为 530~540 nm 处进行吸光度的测定。

4. 二安替比林甲烷分光光度法测定二氧化钛（TiO_2）

在浓度为 0.5~2 mol/L 的盐酸介质中，二安替比林甲烷能与 Ti^{4+} 生成水溶性的黄色络合物，用抗坏血酸消除 Fe^{3+} 的干扰，在波长为 390~420 nm 处进行吸光度的测定。

5. 原子吸收分光光度法测定氧化钙（CaO）、氧化镁（MgO）

试样溶液经高氯酸、氢氟酸分解，分离 SiO_2 后，在质量分数为 2% 的盐酸介质中，用锶盐消除干扰，分别在原子吸收分光光度计的 422.7 nm、285.2 nm 波长处测定 CaO、MgO。

三、主要仪器

（1）主要仪器：电子天平、可见光分光光度计、原子吸收分光光度计、电阻炉、电

热板、干燥箱、铂坩埚、坩埚钳、干燥器、烧杯、水浴锅、玻璃棒、容量瓶、表面皿。

（2）试剂：Na_2CO_3、浓盐酸、盐酸（浓盐酸与水的体积比分别为 1∶1、1∶4、1∶9、1∶99，2 mol/L）、硫氰酸钾溶液（10 g/L）、$AgNO_3$ 溶液（10 g/L）、硫酸（浓硫酸与水的体积比为 1∶1）、氢氟酸、盐酸羟胺溶液（50 g/L）、酒石酸溶液（50 g/L）、对硝基苯酚指示剂（1 g/L）、氨水（浓氨水与水的体积比分别为 1∶1、1∶9）、邻菲啰啉溶液（2.5 g/L）、乙酸钠溶液（250 g/L）、抗坏血酸溶液（20 g/L）、二安替比林甲烷溶液（20 g/L）、$SrCl_2$ 溶液（250 g/L）、铝试剂（$C_{22}H_{23}N_3O_9$）、乙酸铵、高氯酸、$K_2S_2O_7$、金属铝片（质量分数为 99.99%）、Fe_2O_3（优级纯）、TiO_2（优级纯）、$CaCO_3$（优级纯）、MgO（优级纯）、乙醇、乙醚。

四、实验步骤

1. 试样的溶解

将通过 200 目标准筛的试样在 110 ℃干燥 2 h，在干燥器中冷却至室温。准确称取 0.5 g 试样于铂坩埚中，加入 4 g Na_2CO_3，再覆盖一薄层 Na_2CO_3，盖上坩埚盖并留有一条缝隙，放入电阻炉中在 1 000 ℃熔融 20 min，取出后冷却至室温。

2. SiO_2 的测定

用滤纸擦净坩埚的外壁，放入盛有 100 mL 沸水的烧杯中并盖上表面皿，稍微冷却，再缓慢加入 30 mL 盐酸（浓盐酸与水的体积比为 1∶1），并用玻璃棒进行搅拌；待熔块脱落、反应结束后，洗涤坩埚盖和坩埚。然后，将试液在沸水浴上加热蒸发至湿盐状，再用玻璃棒捣碎，置于干燥箱中在 110 ℃烘烤 1 h，取出后在通风橱内加热搅拌，加入 10 mL 浓盐酸后放置 10 min 使盐类溶解。冷却后用定量慢速滤纸过滤，再用盐酸（浓盐酸与水的体积比为 1∶99）多次洗涤沉淀，直至用硫氰酸钾溶液检验时滤液不存在铁离子，再用温水洗涤沉淀直至滤液中无氯离子，用 $AgNO_3$ 溶液进行检验，滤液盛接于烧杯中。

将滤液在沸水浴上缓慢加热蒸干，再按上述步骤重复烘干、加酸溶解、过滤，滤液盛接于 250 mL 容量瓶中。将两次沉淀合并于铂坩埚中，放入电阻炉内，炉门保持半开状态，从低温开始升温进行灰化。待灰化完成后，关闭炉门继续升温至 1 000 ℃灼烧 1 h，取出稍微冷却后置于干燥器内冷却至室温，称重，再在同样条件下反复灼烧，直至恒重，所得质量为 m_1。

将恒重后的沉淀用水润湿，加入 0.5 mL 硫酸（浓硫酸与水的体积比为 1∶1）、7 mL 氢氟酸，在电热板上蒸发至冒白烟，再加入 5 mL 氢氟酸，继续加热至白烟冒尽，将铂坩埚移入高温炉内，在 1 000 ℃灼烧 1 h，取出稍微冷却后在干燥器中冷却至室温，称重。再在同样条件下反复灼烧，直至恒重，所得质量为 m_2。

向残渣中加入 4 g $K_2S_2O_7$ 并混合均匀，在 750 ℃的高温炉中熔融 20 min 至熔体清亮，冷却后加入 40 mL 热盐酸（浓盐酸与水的体积比为 1∶9）进行浸取，洗涤并取出坩坩埚，加热使熔块完全溶解，冷却后移入已盛接有滤液的 250 mL 容量瓶中，用水稀释至刻度线，摇匀。此溶液为试液 A，用于铁、铝、钛、钙、镁的测定。

3. Fe_2O_3 的测定

（1）试液的测定。

移取 10~25 mL 试液 A 于 100 mL 容量瓶中，加入 10 mL 盐酸羟胺溶液，摇匀后放置 10 min，再加入 10 mL 酒石酸溶液、1 滴对硝基苯酚指示剂，用氨水（浓氨水与水的体积比为 1：1）中和至试液呈黄色，此时 pH 为 7.6。再用盐酸（浓盐酸与水的体积比为 1：1）中和直至黄色刚好消失，此时 pH 为 5.6。再分别加入 10 mL 邻菲啰啉溶液、乙酸钠溶液，用水稀释至刻度线，摇匀。将可见光分光光度计的波长调节为 510 nm，测定溶液的吸光度。

酒石酸具有还原作用，它与乙酸钠都能防止 Al^{3+}、Ti^{4+} 在弱酸性溶液中发生水解、形成沉淀。

（2）标准溶液的配制及测定。

Fe_2O_3 标准储备溶液（1.00 mg/mL）。准确称取 0.100 0 g 经 110 ℃干燥 2 h 的 Fe_2O_3 于烧杯中，加入 40 mL 盐酸（浓盐酸与水的体积比为 1：1），在低温下加热至全部溶解，冷却后移入 100 mL 容量瓶，用水稀释至刻度线，摇匀。

Fe_2O_3 标准溶液（20.0 μg/mL）。移取 2 mL Fe_2O_3 标准储备溶液于 100 mL 容量瓶中，加入 0.5 mL 盐酸（浓盐酸与水的体积比为 1：1），用水稀释至刻度线，摇匀。

分别移取 0.00 mL、1.00 mL、2.00 mL、3.00 mL、4.00 mL、6.00 mL、8.00 mL、10.00 mL Fe_2O_3 标准溶液于 100 mL 容量瓶中，加入 10 mL 盐酸羟胺溶液，摇匀后放置 10 min，按前述步骤进行测定，根据溶液的吸光度绘制吸光度与标准溶液浓度的标准系列曲线。

4. Al_2O_3 的测定

（1）试液的测定。

铝显色剂（1 g/L）。称取 0.1 g 铝试剂溶于 20 mL 蒸馏水中，分别加入 15 g 乙酸铵、6 mL 浓盐酸，用水稀释至 100 mL，摇匀、过滤后即可。

准确移取 5.00 mL 试液 A 加入 100 mL 容量瓶中，加入 1 滴对硝基苯酚指示剂，分别用氨水（浓氨水与水的体积比为 1：1）、氨水（浓氨水与水的体积比为 1：9）中和使试液呈黄色，再用盐酸（浓盐酸与水的体积比为 1：9）中和至无色，加入 1~2 mL 抗坏血酸溶液，用水冲洗瓶壁至 50 mL，准确加入 10 mL 铝显色剂，用水稀释至刻度线、摇匀。在室温下放置 2 h，将可见光分光光度计的波长调节为 530~540 nm，测定溶液的吸光度。

（2）标准溶液的配制及测定。

Al_2O_3 标准储备溶液（1.00 mg/mL）。当铝片表面有氧化膜时用盐酸（浓盐酸与水的体积比为 1：9）除去，用水洗净，再依次用乙醇、乙醚清洗，风干后即可使用。准确称取 0.052 9 g 金属铝片于烧杯中，加入 5 mL 盐酸(浓盐酸与水的体积比为 1∶4)，在水浴上低温溶解，冷却后移入 100 mL 容量瓶中，用水稀释至刻度线，摇匀。

Al₂O₃ 标准溶液(20.0 μg/mL)。移取 2 mL Al₂O₃ 标准储备溶液于 100 mL 容量瓶中，加入 0.5 mL 盐酸(浓盐酸与水的体积比为 1∶1)，用水稀释至刻度线，摇匀。

分别移取 0.00 mL、1.00 mL、2.00 mL、3.00 mL、4.00 mL、5.00 mL、6.00 mL、8.00 mL、10.00 mL、12.00 mL Al₂O₃ 标准溶液于 100 mL 容量瓶中，加入 1 滴对硝基苯酚指示剂，按前述步骤进行测定，根据溶液的浓度和吸光度绘制标准系列曲线。

5. TiO₂ 的测定

(1)试液的测定。

称取 2 g 二安替比林甲烷，使之溶于 100 mL 盐酸(2 mol/L)中，摇匀后获得二安替比林甲烷溶液。

移取 5~25 mL 试液 A 于 100 mL 容量瓶中，加入 10 mL 盐酸(浓盐酸与水的体积比为 1∶1)并摇匀，再加入 10 mL 抗坏血酸溶液摇匀后放置数分钟，加入 20 mL 二安替比林甲烷溶液，用水稀释至刻度线，摇匀后放置 1 h，将可见光分光光度计的波长调节为 390~420 nm，测定溶液的吸光度。

(2)标准溶液的配制及测定。

TiO₂ 标准溶液(100.0 μg/mL)。准确称取 0.010 0 g 经 1 000 ℃ 灼烧 2 h 的 TiO₂ 于铂坩埚中，加入 0.3 g K₂S₂O₇，在 700 ℃ 高温炉内熔融 15 min，取出冷却，再放入盛有 5 mL 硫酸(浓硫酸与水的体积比为 1∶1)的烧杯中，加热溶解，洗涤坩埚，冷却后移入 100 mL 容量瓶中，用水稀释至刻度线，摇匀。

分别移取 0.00 mL、0.50 mL、1.00 mL、1.50 mL、2.00 mL、2.50 mL、3.00 mL、4.00 mL、5.00 mL、6.00 mL TiO₂ 标准溶液于 100 mL 容量瓶中，分别加入 10 mL 盐酸(浓盐酸与水的体积比为 1∶1)、抗坏血酸溶液，摇匀，按前述步骤进行测定，绘制标准系列曲线。

6. CaO、MgO 的测定

(1)试液的测定。

移取 2~10 mL 试液 A 置于 100 mL 容量瓶中，补加盐酸使其 pH 为 1.5~2，加入 10 mL SrCl₂ 溶液，用水稀释至刻度线，摇匀。开启原子吸收分光光度计，根据操作规程将仪器调至最佳工作状态，分别调节波长为 422.7 nm (CaO)、285.2 nm(MgO)，点燃空气-乙炔火焰，用蒸馏水调零，进行测定。

(2)试样的测定。

将粒度小于 75 μm 的试样在 110 ℃ 干燥 2 h，取出后置于干燥器中冷却至室温。准确称取 0.2 g 试样于铂坩埚中，用蒸馏水润湿，分别加入 0.5 mL 高氯酸、10~15 mL 氢氟酸，在电热板上加热分解至白烟冒尽，取下冷却，若试样分解不完全，可在未蒸干前补加氢氟酸,加入 4 mL 盐酸(浓盐酸与水的体积比为 1∶1)、10~15 mL 蒸馏水,加热使可溶性盐类溶解,冷却后全部转入 100 mL 容量瓶中,加入 10 mL SrCl$_2$ 溶液,用蒸馏水稀释至刻度线,摇匀,按前述步骤进行测定。

(3)标准溶液的配制及测定。

CaO 标准储备溶液(1.00 mg/mL)。称取 0.178 5 g 经 150 ℃ 干燥 2 h 的 CaCO$_3$ 于烧杯中,加入 5 mL 蒸馏水,盖上表面皿,从烧杯口滴入 2 mL 盐酸(浓盐酸与水的体积比为 1∶1),加热使其全部溶解,冷却后全部转入 100 mL 容量瓶中,用蒸馏水稀释至刻度线,摇匀。

MgO 标准储备溶液(1.00 mg/mL)。称取 0.100 0 g 经 800 ℃ 灼烧 2 h 的 MgO 于烧杯中,加入 2 mL 盐酸(浓盐酸与水的体积比为 1∶1),溶解后全部转入 100 mL 容量瓶中,用蒸馏水稀释至刻度线,摇匀。

CaO(100.0 μg/mL)、MgO 标准溶液(50.0 μg/mL)。分别移取 10 mL、5 mL 的 CaO、MgO 标准储备溶液于两个 100 mL 容量瓶中,用蒸馏水稀释至刻度线,摇匀。

分别移取 0.00 mL、0.50 mL、1.00 mL、2.00 mL、4.00 mL、6.00 mL、8.00 mL、10.00 mL CaO、MgO 标准溶液置于 100 mL 容量瓶中,加水至 50 mL,再加入 4 mL 盐酸(浓盐酸与水的体积比为 1∶1)、10 mL SrCl$_2$ 溶液,用蒸馏水稀释至刻度线,摇匀,按前述步骤进行测定,绘制标准系列曲线。

五、数据处理

如下结果均保留至小数点后两位数字。

(1)SiO$_2$ 含量的计算:

$$w(\%) = \frac{m_1 - m_2}{m_s} \times 100\%$$

式中,m_1 为氢氟酸处理前沉淀加坩埚的质量,单位为 g;m_2 为氢氟酸处理后残渣加坩埚的质量,单位为 g;m_s 为试样的质量,单位为 g。

(2)Fe$_2$O$_3$、Al$_2$O$_3$、TiO$_2$、CaO、MgO 含量的计算:

$$w(\%) = \frac{m_1 \times V_s}{m_s \times V_1} \times 10^{-6} \times 100\%$$

式中,m_1 为稀释定容后 100 mL 待测溶液中 Fe$_2$O$_3$、Al$_2$O$_3$、TiO$_2$、CaO、MgO 的质量,单位为 μg;m_s 为试样的质量,单位为 g;V_s 为试液总体积,单位为 mL;V_1 为移取试液的体积,单位为 mL。

(3)单独称样时 CaO、MgO 含量的计算:

$$w(\%) = \frac{m_1}{m_s} \times 10^{-6} \times 100\%$$

式中，m_1 为从标准曲线上所得稀释定容后 100 mL 待测溶液中 CaO、MgO 的质量，单位为 μg；m_s 为试样的质量，单位为 g。

六、思考题

(1)在测定 Fe_2O_3 的含量时，经典分析方法与快速分析方法有什么不同？

(2)标准曲线绘制过程中要注意哪些事项？

实验 2　硅酸盐材料中水分、烧失量的测定

一、实验目的

(1)掌握制备分析试样的方法。

(2)掌握电阻炉的使用方法。

二、实验原理

分析试样的制备主要是针对组成不均匀的固体试样，如矿石、土壤、煤炭等，其任务是由采集到的大批量原始试样物料制备实验用的分析试样。

一般将从采集来的物料中获得具有代表性的均匀试样的过程叫作抽样或采样，因为抽样或采样所得原始试样的绝对量一般较大，不能全部用于分析，必须再在抽样中取少量试样进行分析。取样的过程实际上就是将采集来的试样进行破碎、过筛、混匀和缩分的过程。

一般而言，硅酸盐试样中含有一定的水分，按与矿物结合状态的不同，水分又分为吸附水和化合水两类。其中吸附水又称为附着水、湿存水，以很薄的水膜存在于矿物表面或孔隙中，其含量与矿物的吸水性、环境湿度及存放时间等因素有关，该吸附水在110 ℃加热后就能除去，通过计算其质量的减少就能进行测定。化合水则包括结晶水和结构水两部分，其中结晶水是以分子态 H_2O 存在于矿物的晶格中，在稍低的温度下经灼烧就能排出。而结构水则是以化合状态的氢离子、氢氧根离子形式存在于矿物的晶格中，需要加热到300 ℃以上的高温才能释放出来。

烧失量实际上是灼烧减量，是试样在 600~1 000 ℃高温灼烧后所失去的质量，是灼烧时试样中各组分发生反应所引起的质量增加或减少的总和，它包括化合水、二氧化碳、少量有机质及易挥发的硫、氯、氟等，一般是指化合水和二氧化碳。灼烧时发生的反应较为复杂，有的反应使试样质量增加，有的却能使试样质量减少。

三、主要仪器与试剂

(1)主要仪器：电子天平、电阻炉、瓷坩埚、坩埚钳、干燥箱、干燥器、烧杯。

（2）试剂：变色硅胶。

四、实验步骤

1. 水分含量的测定

准确称取 1 g 试样于已恒重的烧杯中（准确到 0.000 1 g），在 110 ℃ 干燥箱中烘干 1 h，取出稍冷后放入干燥器中冷却至室温，约需 20 min，然后称量。

如果需要准确的水分含量，则需进行恒重实验，将称量后的烧杯再次放入 110 ℃ 干燥箱中干燥 30 min，按同样的方法冷却后进行称量，如果两次的质量一样，说明已达到恒重状态，如果两次的质量差大于称量误差，则应再次进行干燥、冷却、称量，直至恒重，记录最终的质量。

2. 烧失量（LOI）的测定

准确称取 1 g 已烘干的试样于已恒重的瓷坩埚中（准确到 0.000 1 g），在电阻炉中自 600 ℃ 以下逐渐升温至 800 ℃，并保温灼烧 1 h。取出后置于石棉网上冷却 5 min，并放入干燥器中冷却至室温，约需 20 min，然后称量。

如果需要准确的烧失量，则需进行恒重实验，将称量后的瓷坩埚再次放入 800 ℃ 电阻炉中灼烧 30 min，按同样的方法冷却后进行称量，如果两次的质量一样，则说明已达到恒重状态，如果两次的质量差大于称量误差，则应再次进行灼烧、冷却、称量，直至恒重，记录最终的质量。

五、数据处理

（1）水分含量的计算：

$$w(\%) = \frac{m_1 - m_2}{m_1 - m_0} \times 100\%$$

式中，m_0 为烧杯的质量，单位为 g；m_1 为干燥前试样与烧杯的总质量，单位为 g；m_2 为干燥后试样与烧杯的总质量，单位为 g。

（2）烧失量的计算：

$$LOI(\%) = \frac{m_4 - m_5}{m_4 - m_3} \times 100\%$$

式中，m_3 为坩埚的质量，单位为 g；m_4 为灼烧前试样与坩埚的总质量，单位为 g；m_5 为灼烧后试样与坩埚的总质量，单位为 g。

六、思考题

（1）测试用的试样应满足什么要求？

（2）怎样提高烧失量测定结果的准确性？

实验 3　硅酸盐材料的熔融分解

一、实验目的

（1）掌握高纯熔剂的选择原则。

（2）掌握高温熔样的实验技能。

二、实验原理

硅酸盐材料分析过程中使用的试样大部分是固体，不管采用的是经典分析方法还是快速分析方法，都要将试样进行分解，目的是把固体试样转变为可测定的试样溶液，试样分解时要简单快速、试样无损失、没有带入干扰物。

试样分解的主要方法有溶解法、熔融法、半熔法。

溶解法是湿法，常用的是酸溶法。常依据 SiO_2 与碱性金属氧化物的比值来选择分解方法，当二者比值小时，氧化物的含量大，试样的碱性较强，容易被酸溶解，如大理石、石灰石、水泥熟料、碱性矿渣等。酸溶法中常用的酸有盐酸、硝酸、硫酸、磷酸、氢氟酸，其中盐酸是系统分析中的良好溶剂，这是因为它生成的氯化物除了 $AgCl$、$HgCl_2$、$PbCl_2$ 外都能溶于水，而硅酸盐材料中则几乎不含有这几种元素。而当比值大时，氧化物的含量小，试样容易被碱溶解，如水泥生料、黏土、铁矿石等。

熔融法，又称为干法，是将试样与熔剂的混合物在高温下熔融，使试样转变为可溶于水或酸的化合物，如钾盐、钠盐、硫酸盐、氯化物等。熔融法的温度高、分解能力强，酸熔法是用酸性熔剂熔解试样，如 $K_2S_2O_7$；碱熔法则是利用碱性熔剂熔解试样，如 K_2CO_3、Na_2CO_3、KOH、$NaOH$、$LiBO_2$、$Na_2B_4O_7$。

三、主要仪器与试剂

（1）主要仪器：电子天平、电阻炉、干燥箱、烧杯、银坩埚、坩埚钳、镍铬坩埚架、容量瓶、量筒。

（2）试剂：高纯熔剂、盐酸（浓盐酸与水的体积比为 1∶1）。

四、实验步骤

1. 高纯熔剂的预处理

将高纯熔剂在 105 ℃干燥箱内烘干 2 h，冷却后在研钵中磨细，装入干燥的广口塑料试剂瓶中，在干燥器中保存。

2. 浸取液的配制

准确移取 35.00 mL 盐酸，加入 500 mL 容量瓶中，用蒸馏水稀释至刻度线，摇匀。

3. 试样的熔融

准确称取 70 mg 试样于银坩埚中（准确到 0.000 1 g），再准确称取 1.200 0 g 高纯熔剂加入坩埚中，用玻璃棒充分搅匀后，用小毛刷将玻璃棒擦拭干净。将坩埚放在镍铬坩埚架上，盖好银坩埚盖，并留一条细小的缝隙。将坩埚架及银坩埚在温度为 750 ℃ 的电阻炉炉门口位置停留片刻，预热坩埚，然后再移入电阻炉的内部，在温度达到 750 ℃ 时开始熔融 10 min。用坩埚钳取出坩埚架后，在石棉网上冷却 5 min，然后在干燥器内冷却至室温。

4. 试样的浸出

将配制好的 500 mL 浸取液从容量瓶中全部转入干燥后的烧杯内，用滤纸擦拭坩埚表面，然后用玻璃棒将银坩埚缓慢放于烧杯中的浸取液内，在不断搅拌的同时超声振荡 2 min，直至溶液清亮。然后，取出银坩埚，并将烧杯内的溶液全部转入干燥的塑料试剂瓶内，贴好标签。

从浸取液可以看出试样是否分解完全，浸取液应清澈、透明、无颗粒物存在。如浸取的试样溶液中存在灰色絮状物，是坩埚溶解下来的少量 Ag 引起的反应所致，溶液放置的时间越长可能越明显，但不影响测定。如果熔融或溶解时有溢出损失等情况，应重新实验。

应称取烘干后的试样进行分析，黏土、高岭土等试样吸湿很快，尤其是在阴雨潮湿的环境。本实验称样量较少，对于不太熟练的操作者，由于称样速度慢将导致试样吸湿、测试结果偏低。因此，可以称取未烘干的试样进行分析测试，再测定试样的水分并予以扣除。

五、实验记录

观察试样、高纯熔剂及二者混合物的颜色，并观察熔融后、浸取后银坩埚内物质的颜色，分析熔融过程中发生的实验现象，并探索产生的内在原因。

六、思考题

（1）本实验所用试样分解方法属于哪一类？

（2）高纯熔剂的选择应服从哪些原则？

实验 4　标准储备溶液的配制

一、实验目的

(1)掌握标准溶液的配制方法。

(2)准确配制测试用标准储备溶液。

二、实验原理

标准溶液是指具有准确已知浓度的溶液,在滴定分析中常用作滴定剂,在其他分析中常用于绘制标准工作曲线。

配制标准溶液的方法有两种,一种是直接法,即准确称量一定质量的基准物质,用溶剂溶解后,再定容至一定体积的容量瓶内。如果所配制标准溶液的试剂能满足基准物质的要求,就可以采用直接法配制标准溶液。根据试剂的质量、摩尔质量和溶液的体积计算标准溶液的浓度。

另一种是间接标定法,很多物质不符合基准物质的要求,无法获得其基准物质,因此只能先配制成与所需溶液浓度近似的溶液,再用基准物质或已经被基准物质标定过的标准溶液进行滴定,测定标准溶液的准确浓度。

基准物质是一种纯度高、组成与它的化学式高度一致、化学性质稳定的物质,基准物质应符合以下要求:

(1)组成与它的化学式严格相符,含结晶水时结晶水的含量也应该与化学式相符合;

(2)纯度足够高,主成分含量大于 99.9%,所含杂质不影响滴定反应的准确度;

(3)性质稳定,不吸收空气中的水分、二氧化碳,不易被空气中的氧气氧化;

(4)参加反应时按反应式定量地进行、不发生副反应;

(5)最好有较大的摩尔质量,在配制标准溶液时可以称取较多的质量,以减少称量的相对误差。

常用的基准物质有银、铜、锌、铝、铁等纯金属,氧化物,$K_2Cr_2O_7$,K_2CO_3,$NaCl$,邻苯二甲酸氢钾,$H_2C_2O_4$,$Na_2B_4O_7 \cdot 10H_2O$ 等。

三、主要仪器与试剂

(1)主要仪器:电子天平、干燥箱、电阻炉、电炉、瓷坩埚、表面皿、试剂瓶、容量瓶。

(2)试剂:$Na_2SiO_3 \cdot 9H_2O$、Fe_2O_3、TiO_2、$CaCO_3$、MgO,上述试剂均为优级纯;

NaOH、盐酸(浓盐酸与水的体积比为1∶1)、高纯熔剂、高纯铝片、$K_2S_2O_7$、浓硫酸、硫酸(浓硫酸与水的体积比为1∶1)、浓硝酸、硝酸(浓硝酸与水的体积比为1∶1)。

四、实验步骤

1. SiO_2 标准储备溶液

准确称取 1.672 1 g $Na_2SiO_3 \cdot 9H_2O$ 于 50 mL 烧杯中，准确加入 20 mL 去离子水，用玻璃棒搅拌均匀，使其彻底溶解，全部转入塑料试剂瓶中，再准确移取 30 mL 去离子水，分3次清洗烧杯及玻璃棒，并转移至试剂瓶内。此溶液中 SiO_2 的浓度为 7.07 mg/mL。

2. Al_2O_3 标准储备溶液

准确称取 0.132 3 g 高纯铝片于 50 mL 烧杯中，加入 6 mL 盐酸，不断搅拌使其溶解，待完全冷却后全部转入 50 mL 容量瓶中，用少量去离子水清洗烧杯及玻璃棒，清洗液也转入容量瓶内，再加去离子水至刻度线，摇匀。此溶液中 Al_2O_3 的浓度为 5 mg/mL。

3. Fe_2O_3 标准储备溶液

将 Fe_2O_3 在干燥箱中干燥 6 h 后在干燥器内保存，准确称取 0.050 0 g Fe_2O_3 于 50 mL 烧杯中，分别加入 4 mL 硫酸(浓硫酸与水的体积比为1∶1)、0.5 mL 浓硝酸、2 mL 去离子水，在电炉上低温加热，同时用玻璃棒不停地搅拌，直至溶液清亮，冷却后全部转入 50 mL 容量瓶中，用少量去离子水清洗烧杯及玻璃棒，清洗液也转入容量瓶内，再加去离子水至刻度线，摇匀。此溶液中 Fe_2O_3 的浓度为 1 mg/mL。

4. TiO_2 标准储备溶液

将 TiO_2 在 950 ℃ 的电阻炉中高温灼烧至恒重，在石棉网上冷却 5 min 后，再在干燥器内冷却至室温。准确称取 0.071 0 g TiO_2 于光滑的瓷坩埚中，加入 0.8 g $K_2S_2O_7$，在电炉上低温熔融后，再置于 700 ℃ 的电阻炉中高温熔融 10 min，取出冷却至室温。然后，将其转入烧杯中，加入 10 mL 去离子水，再缓缓加入 10 mL 硫酸(浓硫酸与水的体积比为1∶1)，在加热的同时不断搅拌使其溶解，待冷却至室温后，全部移入 100 mL 容量瓶中，用少量去离子水清洗烧杯及玻璃棒，清洗液也转入容量瓶内，加去离子水至刻度线，摇匀。此溶液中 TiO_2 的浓度为 0.71 mg/mL。

5. CaO 标准储备溶液

将 $CaCO_3$ 在 110 ℃ 干燥箱内烘干 2 h，取出后在干燥器内冷却至室温。准确称取 0.178 5 g $CaCO_3$ 置于 50 mL 烧杯中，加入 5 mL 去离子水后盖上表面皿，从烧杯尖嘴处缓慢加入 1 mL 硝酸(浓硝酸与水的体积比为1∶1)，用玻璃棒搅拌使其完全溶解，再全部转入 100 mL 容量瓶中，用少量去离子水清洗烧杯及玻璃棒，清洗液也转入容量瓶内，加去离子水至刻度线，摇匀。此溶液中 CaO 的浓度为 1 mg/mL。

6. MgO 标准储备溶液

将 MgO 在 950 ℃ 的电阻炉中高温灼烧 30 min，在石棉网上冷却 5 min 后，再在干燥器内冷却至室温。准确称取 0.100 0 g MgO 于 50 mL 烧杯中，加入 2 mL 去离子水，再缓慢加入 1 mL 硝酸(浓硝酸与水的体积比为 1∶1)，在电炉上加热至 50 ℃，并用玻璃棒搅拌使其完全溶解，冷却至室温后全部移入 100 mL 容量瓶中，用少量去离子水清洗烧杯及玻璃棒，清洗液也转入容量瓶内，加去离子水至刻度线，摇匀。此溶液中 MgO 的浓度为 1 mg/mL。

五、数据处理

配制溶液所需物质质量的计算：

$$Na_2SiO_3 \cdot 9H_2O: \quad m(g) = \frac{c \times V \times M_1}{1\,000 \times M_{SiO_2}}$$

$$CaCO_3: \quad m(g) = \frac{c \times V \times M_2}{1\,000 \times M_{CaO}}$$

$$铝片: \quad m(g) = \frac{c \times V \times 2 \times M_3}{1\,000 \times M_{Al_2O_3}}$$

$$Fe_2O_3 \text{、} TiO_2 \text{、} MgO: \quad m(g) = \frac{c \times V}{1\,000}$$

式中，c 为所配制标准储备溶液的浓度，单位为 mg/mL；M_1、M_2、M_3 分别为 $Na_2SiO_3 \cdot 9H_2O$、$CaCO_3$、铝片的摩尔质量，单位为 g/mol；V 为所配制标准储备溶液的体积，单位为 mL。

六、思考题

(1)配制标准溶液的方法有哪些?
(2)标准溶液能否长期存放在容量瓶中?

实验 5 溶液的配制及待测离子的显色

一、实验目的

(1)根据不同的待测离子选择适宜的掩蔽剂。
(2)掌握显色剂的显色原理和实验条件。

二、实验原理

溶液中常有多种离子共存，当测定其中一种离子时，其他离子常常会造成干扰。用于掩蔽干扰离子的试剂称为掩蔽剂，根据掩蔽反应机理的不同，可以分为配位反应、氧化还原反应或沉淀反应。

　　测定某种离子时，如果待测离子本身有较深的颜色，可以进行直接测定，但大多数离子是无色的或者颜色很浅，其吸光系数很小，因此很少利用离子本身的颜色进行光度分析。一般是选择适当的试剂将待测离子转化为有色化合物再进行测定，这种将试样中被测离子转变为有色化合物的化学反应，称为显色反应，所用试剂即为显色剂，这种分光光度法是测定金属离子最常用的方法。

　　在光度分析中常用的是有机显色剂，有机显色剂及其产物的颜色与它们的分子结构有密切关系，有机显色剂分子中一般都含有生色团和助色团。生色团是某些含有不饱和键的基团，如偶氮基、对醌基、羰基等，其中的 π 电子被激发时所需能量较小、波长大于 200 nm 的光就可以做到，故往往可以吸收可见光而表现出颜色。而助色团是某些含有孤对电子的基团，如氨基、羟基和卤代基等，这些基团与生色团上的不饱和键作用，可以影响生色团对光的吸收，使颜色加深。

　　在确定了显色反应后，还要确定合适的反应条件，主要包括：溶液酸度、显色剂用量、试剂加入顺序、显色温度、显色时间等。

　　显色反应主要有氧化还原反应和络合反应两大类，其中络合反应是最主要的，显色反应一般应满足下列要求：

　　(1)选择性好，干扰少，或者干扰容易消除；

　　(2)灵敏度高，有色物质的摩尔吸光系数应大于 10^4；

　　(3)有色化合物的组成恒定，符合一定的化学式；

　　(4)有色化合物的化学性质稳定，在测量过程中溶液的吸光度基本恒定不变；

　　(5)有色化合物与显色剂之间的颜色差别较大，即显色剂和络合物对光的吸收有明显区别，两者的吸收峰波长差应大于 60 nm。

三、主要仪器与试剂

　　(1)主要仪器：电子天平、试剂瓶、容量瓶、烧杯、量筒、玻璃棒、移液管、移液器、发色杯。

　　(2)试剂：浓盐酸(优级纯)、NaOH(优级纯)、三乙醇胺、抗坏血酸、硫脲、Fe 试剂、乙醇、无水醋酸钠、Ti 掩蔽剂、二安替比林甲烷、601 试剂(偶氮氯膦-1)、Ca 试剂、酒石酸钾钠(优级纯)、掩蔽剂、Mg 掩蔽剂、Mg 缓冲液、Si 试剂、高纯熔剂、SiO_2 标准储备溶液 (7.07 mg/mL)、Al_2O_3 标准储备溶液(5 mg/mL)、CaO 标准储备溶液(1 mg/mL)、MgO 标准储备溶液(1 mg/mL)、Fe_2O_3 标准储备溶液(1 mg/mL)、TiO_2 标准储备溶液(0.71 mg/mL)。

四、实验步骤

1. 溶液的配制

　　(1)盐酸(浓盐酸与水的体积比为 1∶1)：移取 500 mL 浓盐酸加入试剂瓶中，再加入 500 mL 蒸馏水，摇匀后密封保存。

(2)三乙醇胺溶液(三乙醇胺与水的体积比为 1：1)：用量筒移取 100 mL 三乙醇胺加入棕色试剂瓶中，再加入 100 mL 蒸馏水，混合均匀。

(3)抗坏血酸溶液(质量分数为 1%)：分别称取 2 g 抗坏血酸、0.2 g 硫脲加入试剂瓶中，再加入 200 mL 蒸馏水，搅拌使其完全溶解，避光保存。该溶液限用一周。

(4)Fe 试剂：称取 400 mg Fe 试剂加入试剂瓶中，加入 40 mL 乙醇，摇动使其溶解，再分别加入 400 mL 蒸馏水、16 g 无水醋酸钠，搅拌使其完全溶解，密封保存。该溶液限用一个月。

(5)Ti 掩蔽剂：称取 1 g Ti 掩蔽剂加入小烧杯中，加入 30 mL 蒸馏水，搅拌使其溶解后，过滤至 500 mL 棕色试剂瓶中，再分别加入 2 g 抗坏血酸、0.2 g 硫脲、300 mL 蒸馏水，搅拌均匀后密封保存。该溶液限用一个月。

(6)Ti 试剂：称取 1 g 二安替比林甲烷加入小烧杯中，分别加入 10 mL 盐酸(浓盐酸与水的体积比为 1：1)、10 mL 乙醇，摇动使其完全溶解，转入 500 mL 棕色试剂瓶中，再加蒸馏水稀释至 500 mL，摇匀后备用。

(7)Al 试剂：称取 300 mg 601 试剂于 1 000 mL 棕色试剂瓶中，分别加入 20 g 无水醋酸钠、1 000 mL 蒸馏水，搅拌均匀后密封保存。长期放置时将滋生霉菌及絮状物，不能再用。

(8)Ca 试剂：称取 250 mg Ca 试剂于塑料试剂瓶中，分别加入 2 mL 三乙醇胺溶液(三乙醇胺与水的体积比为 1：1)、400 mL 蒸馏水、100 mL 乙醇，摇动均匀后密封保存。

(9)Ca 混合液：称取 20.5 g NaOH 于 500 mL 烧杯中，加入 4 g 酒石酸钾钠、320 mL 蒸馏水，搅拌使其全部溶解，再分别加入 80 mL 三乙醇胺溶液(三乙醇胺与水的体积比为 1：1)、10 mL 掩蔽剂，摇匀后储存于塑料试剂瓶中，密封保存。

(10)Mg 试剂：称取 100 mg 601 试剂于塑料试剂瓶中，分别加入 200 mL Mg 缓冲液、400 mL 蒸馏水，摇匀后密封保存。

(11)Mg 掩蔽剂：称取 1.5 g Mg 掩蔽剂于塑料试剂瓶中，分别加入 50 mL Mg 缓冲液、250 mL 蒸馏水，摇匀后密封保存。

(12)Si 试剂：移取 100 mL Si 试剂至试剂瓶中，加入 200 mL 蒸馏水，摇匀后密封保存。

2. 空白溶液的配制

准确称取 2.40 g 高纯熔剂于 1 000 mL 容量瓶中(准确到 0.000 1 g)，加入 100 mL 蒸馏水，再加入 70 mL 盐酸(浓盐酸与水的体积比为 1：1)，摇动使其全部溶解后，加蒸馏水至刻度线，摇匀。

3. 混合标准溶液的配制

准确移取 15.00 mL SiO₂ 标准储备溶液加入 1 000 mL 容量瓶中，准确称取 2.40 g 高纯熔剂加入容量瓶内，加入 100 mL 蒸馏水，再准确移入 70 mL 盐酸(浓盐酸与水的体积比为 1∶1)，摇匀直至全部溶解。加入 10 mL Al_2O_3 标准储备溶液，再分别加入 2 mL CaO 标准储备溶液、MgO 标准储备溶液、Fe_2O_3 标准储备溶液、TiO_2 标准储备溶液，加蒸馏水稀释至刻度线，摇匀。所得混合标准溶液中 SiO_2、Al_2O_3、Fe_2O_3、TiO_2、CaO、MgO 的浓度分别为 106.05 μg/mL、50.00 μg/mL、2.00 μg/mL、1.42 μg/mL、2.00 μg/mL、2.00 μg/mL。

4. 溶液的显色

每批次实验过程中只需使用一套空白溶液、一套标准溶液，分别位于振荡器的第一、二排，试样溶液分别位于振荡器的第三至八排，最多可以同时测定 6 个试样。

(1)SiO_2 的显色：分别准确吸取 6.0 mL 空白溶液、标准溶液、试样溶液于不同发色杯中，再分别加入 2.5 mL Si 试剂，摇匀后放置 20 min 进行显色。

(2)Al_2O_3 的显色：分别准确吸取 0.5 mL 空白溶液、标准溶液、试样溶液于不同发色杯中，再分别加入 6.0 mL Al 试剂，摇匀后放置 20 min 进行显色。

(3)Fe_2O_3 的掩蔽及显色：先向不同发色杯中加入 1.0 mL 抗坏血酸溶液，再准确吸取 2.5 mL 空白溶液、标准溶液、试样溶液于不同发色杯中，最后分别加入 2.5 mL Fe 试剂，摇匀后放置 20 min 进行显色。

(4)TiO_2 的掩蔽及显色：先向不同发色杯中加入 1.0 mL Ti 掩蔽剂，再准确吸取 2.5 mL 空白溶液、标准溶液、试样溶液于不同发色杯中，最后分别加入 2.5 mL Ti 试剂，摇匀后放置 20 min 进行显色。

(5)CaO 的掩蔽及显色：先向不同发色杯中加入 1.0 mL Ca 混合液，再准确吸取 2.5 mL 空白溶液、标准溶液、试样溶液于不同发色杯中，最后分别加入 2.5 mL Ca 试剂，摇匀后放置 20 min 进行显色。应特别注意防止空白溶液和试样溶液被污染。

(6)MgO 的掩蔽及显色：先向不同发色杯中加入 1.0 mL Mg 掩蔽剂，再准确吸取 2.5 mL 空白溶液、标准溶液、试样溶液于不同发色杯中，最后分别加入 2.5 mL Mg 试剂，摇匀后放置 20 min 进行显色。

五、实验记录

分别观察待测溶液、显色剂及显色后溶液的颜色，并记录实验现象。

六、思考题

(1)掩蔽剂应具备什么条件?
(2)显色反应通常选择无机显色剂还是有机显色剂? 为什么?

实验 6 硅酸盐材料成分的快速测定

一、实验目的

(1)掌握光度分析的基础知识。

(2)掌握硅酸盐材料主要成分的快速分析方法。

二、实验原理

1. 方法简介

多元素快速分析仪能快速测定陶瓷、玻璃、水泥、耐火材料及其他无机非金属材料及原材料中的成分,该仪器属于高速分析仪,它的分析速度快,从称样开始能在 2 h 内完成 SiO_2、Al_2O_3、Fe_2O_3、TiO_2、CaO、MgO、K_2O、Na_2O 的全分析,其他元素的分析也可在 4 h 内完成。它的分析速度快、操作便捷,特别适合于大量试样的快速分析。

多元素快速分析仪是以光度分析为基础,以微电流向左扩展标尺、光电流向右扩展标尺,实现了大范围内的线性化,避免了光度分析中溶液浓度较大时存在的偏离朗伯-比尔定律、线性较差、分析结果误差较大的缺陷。本方法采用了稳定的、快速准确的显色体系和分析流程,解决了多元素间的相互干扰问题,分析结果准确可靠。

2. 光学知识

分光光度法测定元素含量是基于溶液对可见光和近紫外光辐射的吸收和溶液中有色物质的浓度之间存在的相互关系,几乎能测定惰性气体以外的所有元素,适用的浓度范围宽,是一种十分精密的仪器分析方法。

为了采用分光光度法测定一种物质,通常将该物质与显色剂作用、转变成一种有色配合物。研究表明,有色溶液的浓度越大、颜色越深,浓度越小、颜色越浅,因此,可以通过比较溶液颜色深浅的方法来确定有色溶液的浓度,对溶液中所含的物质进行定量分析。

光是一种电磁波,它在真空中以直线的方式进行传播,在不同介质的界面发生反射、折射、衍射、色散、干涉和偏振等现象。光的颜色是由它的波长决定的,人眼能观察到的光称为可见光,其波长在 400~750 nm 之间,可见光之外则是红外光和紫外光。

若把某两种颜色的光按一定的强度比例混合,就能够得到白色光,则这两种颜色的光叫作互补色,如表 6-1 所示。各种溶液会呈现出不同的颜色,其原因是溶液中有色质点选择性地吸收某种颜色的光,实验证明:溶液所呈现的颜色是其主要吸收光的互补色。如当一束白光通过 $KMnO_4$ 溶液时,绿光大部分被选择性地吸收,其他颜色的光透过溶液,由互补色可以看出,透过光中只剩下紫色光,所以 $KMnO_4$ 溶液呈紫色。

表 6-1　颜色的互补

观察到的颜色	互补色	被吸收的光辐射/nm
绿黄	紫	380~420
黄	紫蓝	420~440
橙	蓝	440~470
红	蓝绿	470~500
紫红	绿	500~520
紫	黄绿	520~550
紫蓝	黄绿	550~580
蓝	橙	580~620
蓝绿	红	620~680
绿	紫红	680~780

3. 朗伯-比尔定律

当一束强度为 I_0 的平行单色光照到装有溶液的比色皿时，一部分光被溶液吸收（I_a），一部分光被界面反射（I_r），其余的光则透过溶液（I），如图 6-1 所示，它们之间的关系符合公式：$I_0 = I_a + I_r + I$。

由于比色皿的表面很光滑，因而 I_r 很小、可忽略不计，上式可简化为：$I_0 = I_a + I$。透射光强度 I 与入射光强度 I_0 的比值称为透光率，用 T 表示，$T = I/I_0$。透光率的负对数称作吸光度，用 A 表示：

$$A = -\lg T = \lg(1/T) = \lg(I_0/I)$$

因此，吸光度越大，表示该物质对光的吸收越强，透光率和吸光度都是用来表示入射光被吸收的程度。

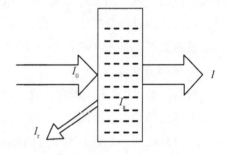

图 6-1　光的吸收、反射、透过

朗伯定律是指入射光被溶液吸收的多少与液层厚度成比例，比尔定律则是指在单色光条件下，入射光被溶液吸收的多少与溶液的浓度成比例，这两条定律结合在一起就是朗伯-比尔定律，它是分光光度法的基本定律，是描述物质对某一波长的光吸收的强弱与吸光物质的浓度及液层厚度间的关系。朗伯-比尔定律认为溶液对光吸收的程度与液层厚度 b 和溶液浓度 c 的乘积成正比，可表示为

$$\lg(I_0/I) = abc$$

其中，以 $\lg(I_0/I)$ 表示光通过溶液时被吸收的程度，若光完全不被吸收，则 $I = I_0$，$\lg(I_0/I) = 0$；光被吸收程度越大，I 越小于 I_0，$\lg(I_0/I)$ 也就越大。朗伯-比尔定律也可以表示为

$$A = abc$$

式中的 a 为常数，即为吸光系数。如果溶液的浓度以 mol/L 表示，液层厚度以 cm 表示，则此常数被称为摩尔吸光系数，以 ε 表示，即 $A=\varepsilon bc$。摩尔吸光系数的物理意义是：浓度为 1 mol/L 的有色溶液在 1 cm 厚的比色皿中，在一定波长下测得的吸光度 A 的数值。因此，有色化合物的颜色越深，则 ε 值越大，该显色反应也就越灵敏。

因此，测定时如果比色皿的厚度保持不变（b 为常数），则吸光度 A 只与浓度 c 成正比，即 $A=\varepsilon c$，它只在单色光及比色皿厚度一定、溶液浓度在一定范围内时才成立。

4. 显色反应

测定某种物质时，如果待测物质本身有较深的颜色，就可以进行直接测定，但大多数待测物质是无色或很浅的颜色，需要选择适当的试剂与被测离子发生反应生成有色化合物再进行测定。这是分光光度法测定金属离子时最常用的方法，发生的反应为显色反应，所用的试剂为显色剂。

5. 测量波长和吸光度范围的选择

为使测定结果具有较高的灵敏度，应选择被测物质的最大吸收波长的光作为入射光，即最大吸收原则。选用这种波长的光进行分析时，不仅灵敏度高，而且能够减少或消除由非单色光引起的对朗伯-比尔定律的偏离。但是，如果在最大吸收波长处有其他吸光物质的干扰，测定时则应根据"吸收最大、干扰最小"的原则来选择入射光波长。

从仪器测量误差的角度来看，为了使测量结果具有较高的准确度，一般应使标准溶液和被测试液的吸光度在 0.2~0.8 的范围内。

6. 测试方法

根据朗伯-比尔定律可知，吸光度与吸光物质的浓度成正比，这是分光光度法进行定量测试的基础，标准曲线就是根据这一原理制作的。具体方法如下：在选择的实验条件下，分别配制一系列不同浓度的标准溶液，测定它们的吸光度，再以标准溶液中待测组分的浓度为横坐标、吸光度为纵坐标作曲线，得到一条通过原点的直线，即为标准曲线。此时，通过测量待测溶液的吸光度，在标准曲线上就可以查到与之相对应的被测物质的浓度。

在标准溶液中：$A_s=K_s\cdot c_s\cdot L_s$

在待测溶液中：$A_x=K_x\cdot c_x\cdot L_x$

测定时，如果选用厚度相同的比色皿，则 L 相等；使用同一波长的单色光在相同温度下进行测量，则 K 也相等；将两式相除可得：$A_s/A_x=c_s/c_x$。由此可见，在满足上述条件下吸光度与溶液浓度成正比，通过测量吸光度 A 值，便可计算待测溶液的浓度。

分光光度法的误差主要来自两方面，一是偏离朗伯-比尔定律；二是吸光度测量引起的误差。

在光度分析中，经常出现标准曲线不呈直线的现象，特别是当吸光物质的浓度较高时，会出现吸光度向浓度轴弯曲的现象，即为吸光度的负偏离，也有少数向吸光度轴弯曲的正偏离，这两种情况被称为偏离朗伯-比尔定律。若在弯曲部分进行计算，将会引起较大的误差。在一般情况下，如果偏离朗伯-比尔定律的程度不严重，即标准曲线弯曲程度不严重时，该曲线仍可用于定量分析。

三、主要仪器与试剂

（1）主要仪器：多元素快速分析仪、移液器、振荡器。

（2）试剂：Ti 试剂、Fe 试剂、Ca 试剂、Mg 试剂、Si 试剂、Al 试剂、Ti 掩蔽剂、抗坏血酸、Ca 混合液、Mg 掩蔽剂。

四、实验步骤

1. 多元素快速分析仪的主要技术参数

该仪器的测量范围如下：

$0.01\% \sim 99.9\%$：SiO_2、Al_2O_3、Fe_2O_3、TiO_2、CaO、MgO、ZrO_2、PbO、ZnO、NiO、CoO、CuO、V_2O_5、MoO_3。

$0.01\% \sim 15.0\%$：K_2O、Na_2O、Li_2O、SnO、MnO、Cr_2O_3。

$0.01\% \sim 30.0\%$：B_2O_3、P_2O_5。

$0.01\% \sim 10.0\%$：BaO。

超出范围时可适当减少称样量、分取量即可满足要求。该方法的分析精度能满足相关国家标准规定的允许误差，常见的陶瓷材料参照 GB/T 4734—1996，耐火材料参照 GB/T 6900—2016，具体参数见附录。对于高硅、高铝或其他高含量组分，国家标准未给出测量范围和允许误差时，可参照耐火材料 GB/T 6900—2016 中 Al_2O_3 的误差。

2. 测定

本仪器有 8 个吸液通道，由左至右排列的前 6 个通道的准确吸液量为 2.5 mL，并带有检测装置，第七、八个通道的准确吸液量分别为 6.0 mL、0.5 mL。

先用移液器向发色杯中分别加入 1.0 mL 掩蔽剂，再用右边 6 个通道分别加入空白溶液、标准溶液、试样溶液，用中间 6 个通道加入显色剂，此时仪器面板上的"加液-测量"开关必须指向加液挡。然后，用左边 6 个通道进行定量吸液，将仪器面板上的"加液-测量"开关指向测量挡，进行测定。具体的测试流程如表 6-2 所示，测试时温度必须控制在 20~30 ℃ 范围，显色时间不低于 20 min，每加完一种试剂后都要振荡摇匀，才能进行下一种试剂的吸取。

材料化学基础实验

表 6-2　测试流程表

操作过程	使用工具	TiO₂	Fe₂O₃	CaO	MgO	SiO₂	Al₂O₃
加入掩蔽剂	移液器	Ti 掩蔽剂 1.0 mL	抗坏血酸 1.0 mL	Ca 混合液 1.0 mL	Mg 掩蔽剂 1.0 mL	—	—
加入溶液	右边 6 个通道	2.5 mL	2.5 mL	2.5 mL	2.5 mL	6.0 mL	0.5 mL
加入显色剂	中间 6 个通道	Ti 试剂 2.5 mL	Fe 试剂 2.5 mL	Ca 试剂 2.5 mL	Mg 试剂 2.5 mL	Si 试剂 2.5 mL	Al 试剂 6.0 mL
吸液测量	左边 6 个通道	2.5 mL	2.5 mL	2.5 mL	2.5 mL	2.5 mL	2.5 mL

五、数据处理

（1）标准溶液中待测物质质量的计算：

$$G_标 = c_标 \times V_{分标}$$

式中，$c_标$ 为标准溶液的浓度，单位为 mg/mL；$V_{分标}$ 为分取标准溶液的体积，单位为 mL。

（2）试样溶液中待测物质质量的计算：

$$G_样 = G_质 \times V_{分样} / V_容$$

式中，$G_质$ 为称取试样的质量，单位为 mg；$V_容$ 为试样浸取液的体积，单位为 mL；$V_{分样}$ 为分取试样溶液的体积，单位为 mL。

（3）试样中待测物质含量的计算：

$$w(\%) = \frac{A_样 - A_空}{A_标 - A_空} \times \frac{c_标}{c_样} \times 100\%$$

$$= \frac{A_样 - A_空}{A_标 - A_空} \times c_标 \times \frac{V_{分标}}{G_质 \times V_{分样} / V_容} \times 100\%$$

$$= \frac{A_样 - A_空}{A_标 - A_空} \times c_标 \times \frac{V_{分标} \times V_容}{G_质 \times V_{分样}} \times 100\%$$

式中，$A_空$ 为空白溶液的读数；$A_标$ 为标准溶液的读数；$A_样$ 为试样溶液的读数。

六、思考题

（1）多元素快速分析仪的测定原理是什么？

（2）如何提高测试结果的准确性？

324

实验 7　硅酸盐材料中氧化钾、氧化钠的测定

一、实验目的

(1) 了解火焰光度计的结构、工作原理及使用方法。

(2) 掌握 K、Na 的测定方法。

二、实验原理

当原子或离子受到来自火焰、电弧放电等的热能或电能而激发时，有一部分核外电子将吸收能量跃迁到距离原子核较远的轨道上，当这些被激发的电子返回或部分返回到稳定或过渡状态时，原来吸收的能量将会以光的形式释放出来，形成发射光谱，每种元素都有自己特定的发射光谱。

火焰提供的能量比电火花小得多，因此只能激发电离能较低的元素使之产生发射光谱，如碱金属和碱土金属，而高温火焰则可以激发 30 余种元素产生火焰光谱。当待测元素(如 K、Na)在火焰中被激发后，产生的发射光谱光线通过滤光片或其他波长选择装置(如单色器)时，该元素特有波长的光照射到光电池上产生光电流，该电流经过一系列的放大，其强度就能被检流计测量。如果激发光条件保持不变，如燃料气体和压缩空气的供应速度、试样溶液的流速、溶液中其他物质的含量等，检流计的读数将与待测元素的浓度成正比，从而能进行定量测定。

尽管火焰光度计有各种不同的型号，但都包括如下三个主要部件：

(1) 光源：包括气体供应、喷雾器、喷灯等，使待测溶液分散在压缩空气中成为雾状，再与液化石油气等燃料气体混合，在喷灯处燃烧。

(2) 单色器：简单的是滤光片，复杂的则是用石英棱镜与狭缝来选择一定波长的光线。

(3) 光度计：包括光电池、检流计、调节电阻等，用于测量光度。

影响火焰光度法测定准确度的因素主要有如下三个方面：

(1) 激发的稳定性，如气体压强和喷雾情况发生改变，将严重影响火焰的稳定，喷雾器不够清洁也会引起误差。在测定过程中，如果激发情况发生变化，应及时校正压缩空气、燃料气体的压强，重新测试标准溶液和试样溶液。

(2) 分析溶液组成的稳定性，待测溶液与标准溶液的组成应比较接近，如酸的浓度和其他粒子浓度要力求相近。

(3) 光度计的稳定性，光电池连续使用时将会发生"疲劳"现象，应停止测定，待其恢复效能后再进行测试。

实验证明，待测溶液中酸的浓度为 0.02 mol/L 时对测定几乎没有影响，但酸度太高时将可能使测定结果偏低。如果溶液中盐的浓度过高，测定时形成的盐霜将使结果大大降低，应及时进行清洗。

三、主要仪器与试剂

(1)主要仪器：火焰光度计、电子天平、干燥箱、干燥器、容量瓶、烧杯、量筒、移液管。

(2)试剂：KCl(基准试剂)、NaCl(基准试剂)、高纯熔剂、硝酸(浓硝酸与水的体积比为 1∶1)、盐酸(浓盐酸与水的体积比为 1∶1)。

四、实验步骤

1. 标准储备溶液的配制

分别将 KCl、NaCl 在 150 ℃ 的干燥箱中烘干 2 h，取出后在干燥器中冷却至室温。分别准确称取 0.158 6 g KCl、0.188 8 g NaCl 并置于 100 mL 烧杯中，准确到 0.000 1 g，加入适量去离子水，并用玻璃棒搅拌使其完全溶解，全部转入 100 mL 容量瓶中，用去离子水清洗烧杯和玻璃棒，清洗液也转入容量瓶内。加入 0.5 mL 硝酸(浓硝酸与水的体积比为 1∶1)，加去离子水至刻度线，摇匀。此标准储备溶液中 K_2O、Na_2O 的浓度均为 1 mg/mL。

2. 标准溶液的配制

准确称取 0.240 0 g 高纯熔剂于 100 mL 容量瓶内，再加入 20 mL 去离子水、7 mL 盐酸(浓盐酸与水的体积比为 1∶1)，当其溶解至溶液清亮后，准确移入 1 mL 标准储备溶液，用去离子水稀释至刻度线，摇匀。此标准溶液中 K_2O、Na_2O 的浓度均为 10 μg/mL。

3. 仪器的调试

接通电源，打开主机开关，火焰光度计的电源指示灯亮；打开空气压缩机开关，待其运转正常后，将压强表调节为 0.15 MPa。然后，将进样软管放入一个盛有去离子水的烧杯中，在排液口下面放一个废液杯。

打开液化石油气的阀门，用右手按压点火按钮，从观察窗口观察电极丝是否发亮，然后，慢慢旋动点火按钮直至电极丝上产生火焰，再松开点火按钮。旋动燃气阀，直至燃烧头产生 40~60 mm 高的火焰。

随着进样空气的补充，燃气得到充分燃烧。此时，一边察看火焰形状，一边慢慢调节燃气阀，使进入燃烧室的液化气达到一定值，火焰将呈最佳的形状，火焰应为蓝色的锥形、尖端摆动小，火焰底部的中间有十二个小突起，周围有波浪形的圆环，火焰高度为 50 mm，火焰中不得有白色亮点。

预热 20 min 待仪器稳定后，方可进行正式测试。

4. 试样的测定

分别将空白溶液、标准溶液、试样溶液经进样口吸入仪器内部，待燃烧稳定后，观察火焰颜色，记录相应的 K、Na 读数。每更换一种溶液时，都应充分吸入去离子水，使仪器读数降至标准零点。测试过程中，试样中 K_2O、Na_2O 的浓度不应超过标准溶液中的浓度。

5. 仪器的关机

测试完毕后，务必用去离子水进样 5 min 以清洗管路。然后，关闭仪器的火焰开关，顺时针关闭燃气阀，关闭空气压缩机并泄压至 0 MPa。最后关闭主机开关，切断电源。

五、数据处理

试样中 K_2O、Na_2O 含量的计算：

$$w(\%) = \frac{A_样 - A_空}{A_标 - A_空} \times \frac{c_标}{m_样} \times 50\%$$

式中，$A_空$ 为空白溶液的读数；$A_标$ 为标准溶液的读数；$A_样$ 为试样溶液的读数；$c_标$ 为标准溶液中 K_2O 或 Na_2O 的浓度，单位为 $\mu g/mL$；$m_样$ 为试样的质量，单位为 mg；50 为特定的系数。

六、思考题

(1)火焰光度法属于哪类分析方法？其工作原理是什么？
(2)用火焰光度法是否能测量电离能较高的元素？为什么？

参考文献

[1] 史文权. 无机化学[M]. 武汉：武汉大学出版社，2011.

[2] 李东风，李炳奇. 有机化学[M]. 武汉：华中科技大学出版社，2007.

[3] 傅献彩，沈文霞，姚天扬. 物理化学[M]. 4版. 北京：高等教育出版社，1990.

[4] 钱玲，陈亚玲. 分析化学[M]. 成都：四川大学出版社，2015.

[5] 范长岭，李玉平，韩绍昌，等. 大学专业实践教学质量的监控途径[J]. 大学教育，2015
    (1)：31-32.

[6] 范长岭，李玉平，陈石林，等. 材料科学与工程专业材料化学基础实验的改革与探索[J]. 教育教
    学论坛，2018(42)：127-128.

[7] 邵一波. 铁氧体法处理含铬废水的几个问题[J]. 山西化工，1996(4)：47-49.

[8] 沈义俊. 新型气流分级机结构设计及参数计算[J]. 流体机械，1996，24(4)：22-25.

[9] 王华林. 普通化学实验[M]. 合肥：中国科学技术大学出版社，1999.

[10] 宗汉兴. 化学基础实验[M]. 杭州：浙江大学出版社，2000.

[11] 崔学桂，张晓丽. 基础化学实验：无机及分析部分[M]. 济南：山东大学出版社，2000.

[12] 邱光正，张天秀，刘耘. 大学基础化学实验[M]. 济南：山东大学出版社，2000.

[13] 刘军坛. 工程化学基础实验[M]. 杭州：浙江大学出版社，2001.

[14] 罗志刚. 基础化学实验技术[M]. 广州：华南理工大学出版社，2002.

[15] 吴肇亮，俞英. 基础化学实验：上册[M]. 北京：石油工业出版社，2003.

[16] 吴肇亮，俞英. 基础化学实验：下册[M]. 北京：石油工业出版社，2003.

[17] 蔡良珍，虞大红. 大学基础化学实验(Ⅱ)[M]. 北京：化学工业出版社，2003.

[18] 高丽华. 基础化学实验[M]. 北京：化学工业出版社，2004.

[19] 周井炎. 基础化学实验：上册[M]. 武汉：华中科技大学出版社，2004.

[20] 周井炎. 基础化学实验：下册[M]. 武汉：华中科技大学出版社，2004.

[21] 贾素云. 基础化学实验：下册[M]. 北京：兵器工业出版社，2005.

[22] 沈建中，马林，赵滨，等. 普通化学实验[M]. 上海：复旦大学出版社，2006.

[23] 文建国，常慧，徐勇军，等. 基础化学实验教程[M]. 北京：国防工业出版社，2006.

[24] 赵福岐. 基础化学实验[M]. 成都：四川大学出版社，2006.

[25] 高绍康. 工科基础化学实验[M]. 福州：福建科学技术出版社，2006.

[26] 徐云升，陈军，胡海强. 基础化学实验[M]. 广州：华南理工大学出版社，2007.

[27] 李聚源. 普通化学实验[M]. 2版. 北京：化学工业出版社，2007.

[28] 柯伙钊. 药用基础化学实验[M]. 北京：中国医药科技出版社，2008.

[29] 周井炎. 基础化学实验：上册[M]. 2版. 武汉：华中科技大学出版社，2008.

[30] 周井炎. 基础化学实验：下册[M]. 2版. 武汉：华中科技大学出版社，2008.

[31] 姚卡玲. 大学基础化学实验[M]. 北京：中国计量出版社，2008.

[32] 管棣. 大学化学基础实验[M]. 成都：西南交通大学出版社，2008.

[33] 韩春亮，陆艳琦，张泽志. 大学基础化学实验[M]. 成都：电子科技大学出版社，2008.

[34] 陈琳. 基础有机化学实验[M]. 北京：中国医药科技出版社，2009.

[35] 胡应喜. 基础化学实验[M]. 北京：石油工业出版社，2009.

[36] 韩修林. 中医药基础化学实验[M]. 北京：中国协和医科大学出版社，2009.

[37] 姚素梅. 无机与基础化学实验教程[M]. 开封：河南大学出版社，2009.

[38] 胡忠勤. 基础实验化学教程[M]. 哈尔滨：东北林业大学出版社，2009.

[39] 倪惠琼. 普通化学实验[M]. 上海：华东理工大学出版社，2009.

[40] 杨道武，曾巨澜. 基础化学实验：下[M]. 武汉：华中科技大学出版社，2009.

[41] 陈红余，董丽花. 基础化学实验[M]. 济南：山东教育出版社，2010.

[42] 曹渊，陈昌国. 现代基础化学实验[M]. 重庆：重庆大学出版社，2010.

[43] 宋一林，章小丽. 基础化学实验[M]. 昆明：云南大学出版社，2010.

[44] 傅杨武. 基础化学实验（Ⅲ）：物理化学实验[M]. 重庆：重庆大学出版社，2011.

[45] 刘绍乾. 基础化学实验指导[M]. 2版. 长沙：中南大学出版社，2014.

[46] 金丽萍，邬时清. 物理化学实验[M]. 上海：华东理工大学出版社，2016.

[47] 洪建和，王君霞，付凤英. 物理化学实验[M]. 武汉：中国地质大学出版社，2016.

[48] 李婷婷，武子敬. 实验室化学安全基础[M]. 成都：电子科技大学出版社，2016.

[49] 刘卫，苟高章. 综合化学实验Ⅰ[M]. 成都：西南交通大学出版社，2016.

[50] 蓝德均. 基础化学实验[M]. 北京：北京理工大学出版社，2016.

[51] 鲁红霞. 大学基础化学实验[M]. 成都：电子科技大学出版社，2017.

[52] 中华人民共和国国家标准. 土壤有机质测定法[S]. NY/T 85—1988.

[53] 中华人民共和国国家标准. 陶瓷材料及制品化学分析方法[S]. GB/T 4734—1996.

[54] 中华人民共和国建材行业标准. 非金属矿物和岩石化学分析方法 第2部分 硅酸盐岩石、矿物及硅质原料化学分析方法[S]. JC/T 1021.2—2007.

[55] 中华人民共和国国家标准. 数值修约规则与极限数值的表示和判定[S]. GB/T 8170—2008.

[56] 中华人民共和国国家标准. 粒度分析 激光衍射法[S]. GB/T 19077—2016.

[57] 中华人民共和国国家标准. 分析实验室用水规格和试验方法[S]. GB/T 6882—2008.

[58] 中华人民共和国国家标准. 铝硅系耐火材料化学分析方法[S]. GB/T 6900—2016.

附 录

陶瓷材料及制品化学分析方法的允许误差
（GB/T 4734—1996）

项目	含量范围/%	允许误差/%
SiO_2	≤60 >60	0.30 0.40
Al_2O_3	≤10.00 10.01~20.00 >20	0.10 0.30 0.40
Fe_2O_3	≤0.50 0.51~1.00 1.01~2.00	0.05 0.10 0.15
TiO_2	≤0.30 0.31~1.00 >1.00	0.05 0.10 0.15
CaO （MgO）	≤0.10 0.11~1.00 >1.00	0.05 0.10 0.15
K_2O （Na_2O）	≤1.0 1.01~5.00 5.01~10.00 >10.00	0.15 0.25 0.35 0.45
灼烧减量	≤1.00 1.01~5.00 >5.00	0.05 0.10 0.15

铝硅系耐火材料化学分析方法的允许误差
（GB/T 6900—2016）

项目	含量范围/%	允许误差/%
SiO_2	≤0.5 0.5~2 2~15 15~30 30~60 >60	0.05 0.10 0.20 0.30 0.50 0.60
Al_2O_3	5~15 15~30 30~60 >60	0.40 0.50 0.60 0.70
Fe_2O_3	≤0.1 0.1~1 1~5 5~15	0.03 0.10 0.20 0.30
TiO_2	≤0.1 0.1~0.5 0.5~2 2~5 5~15	0.01 0.02 0.10 0.20 0.30
CaO	≤0.1 0.1~0.5 0.5~1 1~2 2~5 5~30	0.02 0.05 0.10 0.15 0.20 0.30
MgO	≤0.1 0.1~0.5 0.5~1 1~2	0.02 0.05 0.10 0.15
K_2O （Na_2O）	≤0.1 0.1~0.5 0.5~1 1~2 2~5（15）	0.02 0.06 0.10 0.20 0.30